普通高等院校材料类精品教材

普通高等院校"十三五"规划教材

先进金属材料成形技术及理论

樊自田　蒋文明　魏青松

宋　波　黄安国　刘富初　编　著

华中科技大学出版社

中国·武汉

内 容 简 介

本书分为 6 章,主要介绍了金属材料的先进成形技术、理论与方法,具体包括金属材料及先进成形方法、液态金属精密成形技术及理论、金属塑性精密成形技术及理论、金属先进连接技术及理论、金属材料复合成形技术及理论、金属粉末成形技术及理论等。

本书作为涉及金属材料的各专业本科生及研究生的教材,将使学生对金属材料及其成形加工的新技术与新理论有个全面的了解,引导学生在大材料学科领域进行思考与分析,为从事材料加工工程及成形新技术的研究与开发奠定基础。本书也可以作为在金属材料成形加工、材料科学与工程领域进行研究的学者及工程技术人员的参考书。

图书在版编目(CIP)数据

先进金属材料成形技术及理论/樊自田等编著.—武汉:华中科技大学出版社,2019.12(2024.7重印)
普通高等院校材料类精品教材　普通高等院校"十三五"规划教材
ISBN 978-7-5680-5706-6

Ⅰ.①先…　Ⅱ.①樊…　Ⅲ.①金属材料-成型-高等学校-教材　Ⅳ.①TG39

中国版本图书馆 CIP 数据核字(2019)第 230362 号

先进金属材料成形技术及理论　　　　　　　　　　樊自田　蒋文明　魏青松
Xianjin Jinshu Cailiao Chengxing Jishu ji Lilun　　　宋　波　黄安国　刘富初　　编著

策划编辑:张少奇
责任编辑:刘　飞
封面设计:原色设计
责任校对:刘　竣
责任监印:周治超
出版发行:华中科技大学出版社(中国·武汉)　　电话:(027)81321913
　　　　　武汉市东湖新技术开发区华工科技园　　邮编:430223
录　　排:武汉三月禾传播有限公司
印　　刷:广东虎彩云印刷有限公司
开　　本:787mm×1092mm　1/16
印　　张:23.25
字　　数:590 千字
版　　次:2024 年 7 月第 1 版第 3 次印刷
定　　价:65.00 元

前　　言

材料是人类生存和发展的基础,材料技术的发展是人类社会进步的要素之一。金属材料是应用最广泛、最重要的结构材料,常用的金属材料的成形方法主要包括铸造、塑性成形、焊接等三大类,这些工艺方法延续了千年的发展历程。近年来,随着科学技术的快速发展,新材料、材料成形的新技术与新理论层出不穷,金属材料及其成形新技术、新理论也蓬勃发展。本书结合金属材料及成形加工技术的特点,介绍金属材料及其成形领域中的理论与技术的最新进展,阐述金属材料成形加工中的共性与一体化技术,为学习学科专业知识及其创新起到积极的推动作用。

本书的主要内容有金属材料及先进成形方法、液态金属精密成形技术及理论、金属塑性精密成形技术及理论、金属先进连接技术及理论、金属材料复合成形技术及理论、金属粉末成形技术及理论等。在阐述金属材料分类及其成形方法的特点、先进金属材料成形技术及其发展趋势等基础上,重点介绍液态金属精密成形中的现代砂型铸造、消失模精密铸造、半固态铸造、铝(镁)合金的精确成形、精密熔模铸造、特殊凝固等技术及理论,金属材料塑性精密成形中的超塑成形、精密体积成形、精密板料成形、模具数字化制造等技术及理论,金属材料先进连接中的激光焊接、电子束焊接、变极性等离子弧焊接、摩擦焊接、扩散连接等技术及理论,金属材料复合成形中的连铸连轧复合成形、成形与精密加工复合、复合能量场成形等技术及理论,金属粉末材料成形中的粉末冶金、喷射成形、注射成形、等静压成形、增材制造成形等技术及理论,阐明金属材料组成、成形加工、性质特征、使用性能的相互关系等内容。

本书共分为6章,由华中科技大学樊自田教授等6位学者编著,具体分工为:第1章,樊自田教授;第2章,蒋文明副教授、樊自田教授;第3章,宋波副教授;第4章,黄安国副教授;第5章,刘富初博士后、樊自田教授;第6章,魏青松教授。全书由樊自田教授最终整理审定。

由于涉及的内容繁多,加之作者水平有限,书中难免有不当之处,敬请读者批评指正。

本教材由华中科技大学2018年度教材基金项目支持出版。

作　者

2019 年 6 月

目　　录

第1章 金属材料及先进成形方法

材料(materials)通常是指可以用来制造有用的物品、构件、器件或其他物品的物质。材料是人类生存和发展的基础,材料技术的发展是人类社会进步的里程碑。从石器时代到青铜器时代,再到铁时代,直到今日,新材料都是现代科学技术进步的重要标志,人类社会每一次飞跃性的进步,都与材料技术的发展密切相关。

有学者将材料技术进步,概括为5次革命(飞跃),其基本特征如表1-1所示。从表1-1中可以看出,材料技术的进步带来了人类社会飞跃式的发展。公元1500年前后的材料合金化技术(第三次革命)和20世纪初期的材料合成技术的出现与发展,推动了近代和现代工业的快速发展,为人类现代文明做出了巨大的贡献。

表1-1 材料技术进步的5次革命(飞跃)及其特征

	开始时间	时代特征	技术发展契机	对技术和产业的促进和带动作用举例
第一次革命	公元前4000年	从漫长的石器时代进入青铜器时代	1.铜的熔炼; 2.铸造技术	1.自然资源加工技术; 2.器具、工具的发达; 3.农业和畜牧业的发展
第二次革命	公元前1350—公元1400年	从青铜器时代进入铁器时代	1.铁的规模冶炼; 2.锻造技术	1.低熔点合金的钎焊; 2.武器的发达; 3.铸铁技术、大规模铸铁产品; 4.混凝土等
第三次革命	公元1500年	从铁器时代进入合金化时代	1.高炉技术的发展和成熟; 2.纯金属的精炼与合金化	1.钢结构(军舰、铁桥); 2.蒸汽机、内燃机、机床; 3.电镀、电解铝; 4.不锈钢,铜、铝等非铁合金等
第四次革命	20世纪初期	合成材料时代的到来	1.酚醛树脂、尼龙等塑料合成技术; 2.陶瓷材料合成制备技术	1.结构材料轻质化; 2.材料复合技术; 3.航空航天技术迅速发展; 4.陶瓷材料的发展与应用; 5.人造金刚石技术; 6.超导材料与技术; 7.计算机技术和信息技术; 8.新材料大量涌现和应用
第五次革命	20世纪末期	新材料设计与制备加工工艺时代的开始	1."资源—材料—制品"界限的弱化与消失; 2.性能设计与工艺设计的一体化要求	1.生物工程; 2.环境工程; 3.可持续发展; 4.太空时代

材料技术没有确切的定义,现代材料技术可理解为:材料的制备、成形与加工、表征与评价,材料的使用和保护的知识、经验、诀窍等。材料技术的种类主要包括:制备技术(如高分子材料合成、材料复合、粉体材料制备等)、成形与加工技术(如液态成形、塑性加工、连接成形等)、改质改性技术(如热处理、改性等)、防护技术(如涂层和镀层处理等)、评价表征技术(如力学性能试验、微观组织分析等)、模拟仿真技术(如性能预报、过程仿真)等。

1.1 金属材料分类及成形方法概述

1.1.1 金属材料分类与性能特征

金属材料是应用最广泛、最重要的结构材料,它是指金属元素或以金属元素为主构成的具有金属特性的材料的统称。一般是指工业应用中的纯金属或合金,它包括纯金属、合金、金属材料金属间化合物和特种金属材料等。自然界中有 70 多种纯金属,其中常见的有铁、铜、铝、锡、镍、金、银、铅、锌,等等。而合金常指两种或两种以上的金属或金属与非金属结合而成,且具有金属特性的材料。常见的合金有:铁和碳组成的钢合金,铜和锌形成的黄铜合金等。

1. 金属材料的种类

金属材料通常分为黑色金属、有色金属和特种金属材料。

(1) 黑色金属又称钢铁材料,包括含铁 90% 以上的工业纯铁,含碳 2%~4% 的铸铁,含碳小于 2% 的碳钢,以及各种用途的结构钢、不锈钢、耐热钢、高温合金、精密合金等。广义的黑色金属还包括铬、锰及其合金。

(2) 有色金属是指除铁、铬、锰以外的所有金属及其合金,也称非铁金属,通常分为轻金属、重金属、贵金属、半金属、稀有金属和稀土金属等。有色合金的强度和硬度一般比纯金属的高,并且电阻大、电阻温度系数小。

(3) 特种金属材料包括不同用途的结构金属材料和功能金属材料。其中有通过快速冷凝工艺获得的非晶态金属材料,以及准晶、微晶、纳米晶金属材料等;还有隐身、抗氢、超导、形状记忆、耐磨、减振阻尼等特殊功能合金以及金属基复合材料等。

常见的黑色金属及有色金属分类如图 1-1 所示。

几种典型的金属零部件如图 1-2 所示。

2. 金属材料的性能

金属材料的性能一般分为工艺性能和使用性能两类。

所谓工艺性能是指机械零件在加工制造过程中,金属材料在所定的冷、热加工条件下表现出来的性能。金属材料工艺性能的好坏,决定了它在制造过程中加工成形的适应能力。由于加工条件不同,要求的工艺性能也就不同,如铸造性能、可焊性、可锻性、热处理性能、切削加工性等。

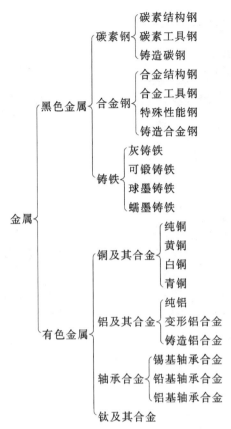

图 1-1　常见的黑色金属及有色金属分类

所谓使用性能是指机械零件在使用条件下，金属材料表现出来的性能，它包括力学性能、物理性能、化学性能等。

金属材料使用性能的好坏，决定了它的使用范围与使用寿命。在机械制造业中，一般机械零件都是在常温、常压和非常强烈腐蚀性介质中使用的，且在使用过程中各机械零件都将承受不同载荷的作用。金属材料在载荷作用下抵抗破坏的性能，称为力学性能（过去也称为机械性能）。金属材料的力学性能是零件的设计和选材时的主要依据。外加载荷性质不同（例如拉伸、压缩、扭转、冲击、循环载荷等），对金属材料要求的力学性能也将不同。

（1）力学性能　金属材料的力学性能又称机械性能，是材料在力的作用下所表现出来的性能。力学性能对金属材料的使用性能和工艺性能有着非常重要的影响。金属材料的力学性能有：强度、塑性、硬度、韧性、疲劳强度等。

力学性能对金属材料的使用性能和工艺性能有着非常重要的影响。例如，金属材料在压力加工（锻造、轧制等）下的成形性能，与金属材料的塑性有关，金属材料的塑性越好，变形抗力越小，金属材料的压力加工性能就越好。

（2）物理性能　金属材料的物理性能主要有密度、熔点、热膨胀性、导热性、导电性和磁性等。由于机器零件的用途不同，对其物理性能要求也有所不同。例如：飞机零件常选用密度小的铝、镁、钛合金来制造；设计电机、电器零件时，常要考虑金属材料的导电性等。

金属材料的物理性能有时对加工工艺也有一定的影响。例如，高速钢的导热性较差，锻造时应采用低的速度来加热升温，否则容易产生裂纹；而材料的导热性对切削刀具的温升有重大影响。又如，锡基轴承合金、铸铁和铸钢的熔点不同，故所选的熔炼设备、铸型材料等均

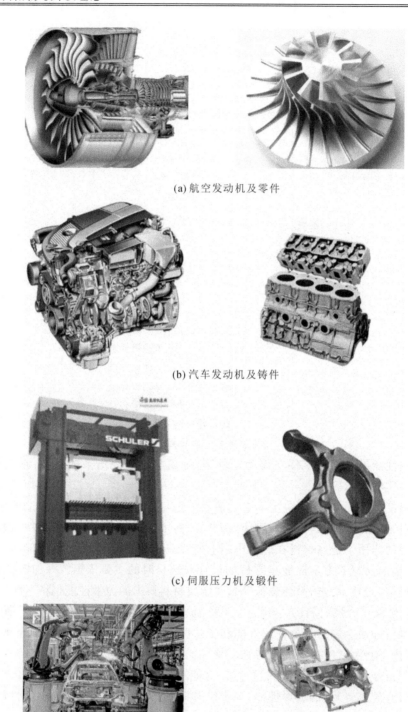

(a) 航空发动机及零件

(b) 汽车发动机及铸件

(c) 伺服压力机及锻件

(d) 汽车车体焊接及零件

图 1-2　几种典型的金属零件

有很大的不同。

（3）化学性能　金属材料的化学性能主要是指在常温或高温时，抵抗各种介质侵蚀的能力，如耐酸性、碱性、抗氧化性等。

对于在腐蚀介质中或高温下工作的机器零件,由于比在空气中或室温时所受到的腐蚀更为强烈,故在设计这类零件时应特别注意金属材料的化学性能,并采用化学稳定性良好的合金。如化工设备、医疗用具等常采用不锈钢来制造,而内燃机排气阀和电站设备的一些零件则常选用耐热钢来制造。

（4）工艺性能　工艺性能是金属材料物理、化学性能和力学性能在加工过程中的综合反映,是指是否易于进行冷、热加工的性能。按工艺方法的不同,可分为铸造性、可锻性、焊接性和切削加工性等。

在设计零件和选择工艺方法时,都要考虑金属材料的工艺性能。例如,灰铸铁的铸造性能优良,是其广泛用来制造铸件的重要原因,但他们的可锻性极差,不能进行锻造,其焊接性也较差。又如,低碳钢的焊接性能优良,而高碳钢则很差,因此焊接结构广泛采用低碳钢。

3. 金属材料的特点

金属材料的特点通常包括疲劳、塑性、耐久性、硬度等。

（1）疲劳。

许多机械零件和工程构件,是承受交变载荷工作的。在交变载荷的作用下,虽然应力水平低于材料的屈服强度,但经过长时间的应力反复循环作用以后,也会发生突然脆性断裂,这种现象称为金属材料的疲劳。

金属材料疲劳断裂的特点是:载荷应力是交变的;载荷的作用时间较长;断裂是瞬时发生的;无论是塑性材料还是脆性材料,在疲劳断裂区都是脆性的。所以,疲劳断裂是工程上最常见、最危险的断裂形式。

（2）塑性。

塑性是指金属材料在载荷外力的作用下,产生永久变形（塑性变形）而不被破坏的能力。金属材料在受到拉伸时,长度和横截面积都要发生变化,因此,金属的塑性可以用长度的伸长（伸长率）和断面的收缩（断面收缩率）两个指标来衡量。

金属材料的伸长率和断面收缩率越大,表示该材料的塑性越好,即材料能承受较大的塑性变形而不破坏。一般把伸长率大于百分之五的金属材料称为塑性材料（如低碳钢等）,而把伸长率小于百分之五的金属材料称为脆性材料（如灰铸铁等）。塑性好的材料,它能在较大的宏观范围内产生塑性变形,并在塑性变形的同时使金属材料因塑性变形而强化,从而提高材料的强度,保证了零件的安全使用。此外,塑性好的材料可以顺利地进行某些成型工艺加工,如冲压、冷弯、冷拔、校直等。因此,选择金属材料制作机械零件时,必须满足一定的塑性指标。

（3）耐久性。

金属的耐久性主要体现于它在应用环境下的腐蚀速度,金属腐蚀的主要形态包括:均匀腐蚀、孔蚀、电偶腐蚀、缝隙腐蚀、应力腐蚀等。

① 均匀腐蚀,即金属表面的腐蚀使断面均匀变薄。因此,常用年平均的厚度减损值作为腐蚀性能的指标（腐蚀率）。钢材在大气中一般呈均匀腐蚀。

② 孔蚀,即金属腐蚀呈点状并形成深坑。孔蚀的产生与金属的本性及其所处介质有关。在含有氯盐的介质中易发生孔蚀。孔蚀常用最大孔深作为评定指标。管道的腐蚀多考虑孔蚀问题。

③ 电偶腐蚀,即不同金属的接触处,因所具不同电位而产生的腐蚀。

④ 缝隙腐蚀,即金属表面在缝隙或其他隐蔽区域常发生由于不同部位间介质的组分和

浓度的差异所引起的局部腐蚀。

⑤ 应力腐蚀,即在腐蚀介质和较高拉应力共同作用下,金属表面产生腐蚀并向内扩展成微裂纹,常导致突然破裂。混凝土中的高强度钢筋(钢丝)可能会发生这种破坏。

(4) 硬度。

硬度表示材料抵抗硬物压入其表面的能力。它是金属材料的重要性能指标之一。一般硬度越高,耐磨性越好。常用的硬度指标有布氏硬度、洛氏硬度和维氏硬度。

① 布氏硬度(HB)　以一定的载荷(一般 3000 kg)把一定大小(直径一般为 10 mm)的淬硬钢球压入材料表面,保持一段时间,去载后,负荷与其压痕面积之比值,即为布氏硬度值(HB),单位为 N/mm^2(或 kgf/mm^2)。

② 洛氏硬度(HR)　当 HB>450 或者试样过小时,不能采用布氏硬度试验而改用洛氏硬度计量。它是用一个顶角 120°的金刚石圆锥体或直径为 1.59、3.18 mm 的钢球,在一定载荷下压入被测材料表面,由压痕的深度求出材料的硬度。根据试验材料硬度的不同,可采用不同的压头和总试验压力组成几种不同的洛氏硬度标尺,每一种标尺用一个字母在洛氏硬度符号 HR 后面加以注明。常用的洛氏硬度标尺是 A、B、C 三种(HRA、HRB、HRC),其中 C 标尺应用最为广泛。

③ 维氏硬度(HV)　以 120 kg 以内的载荷和顶角为 136°的金刚石方形锥压入器压入材料表面,用材料压痕凹坑的表面积除以载荷值,即维氏硬度值(HV)。

硬度试验是机械性能试验中最简单易行的一种试验方法。为了能用硬度试验代替某些机械性能试验,生产上需要一个比较准确的硬度和强度的换算关系。实践证明,金属材料的各种硬度值之间,硬度值与强度值之间具有近似的相应关系。因为硬度值是由起始塑性变形抗力和继续塑性变形抗力决定的,材料的强度越高,塑性变形抗力越高,硬度值也就越高。

1.1.2　金属材料的成形方法及成形加工性能

1.成形方法概述

金属材料的成形方法主要包括:铸造、塑性成形、焊接等三大类。金属零件的热处理强化,是通过加热方式使零件组织相变来改变材料的组织性能,虽然不属于金属零件的"成形",但是属于重要的金属强化工艺。金属材料的成形方法分类如图 1-3 所示。

根据材料被加工成形时所处的状态,金属材料的成形方法又可分类为:液体成形(如,液态金属成形的铸造、焊接)、固体(板、块)材料成形(如,固体金属塑性成形的锻压)、半固态成形(如,半固态金属的铸造或液态模锻成形等)、粉末材料成形(如,粉末材料的注射成形、喷射成形、粉末冶金成形等)。

采用铸造方法可以生产各种类和大小的金属零件。铸件的比例在机床、内燃机、重型机械中占 70%～90%,在风机、压缩机中占 60%～80%,在农业机械中占 40%～70%,在汽车中占 20%～30%。综合起来,在一般机器生产中铸件占总质量的 40%～80%。

采用塑性成形方法,可以生产钢锻件、钢板冲压件、各类非铁金属的锻件和板冲压件,还可生产塑料件与橡胶制品。各类塑性加工零件的比例,在汽车与摩托车行业中占 70%～80%,在农业机械中约占 50%,在航空航天飞行器中占 50%～60%,在仪表和家用电器中约占 90%,在工程与动力机械中占 20%～40%。

焊接成形技术的应用也极为广泛,它在钢铁,汽车和铁路车辆,船舶,航空航天飞行器,

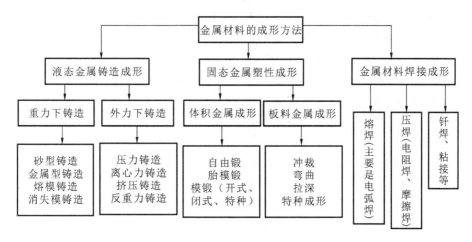

图 1-3 金属材料的成形方法分类

原子能反应堆及电站,石油化工设备,机床和工程机械,电子电器产品及家电等众多现代工业产品与桥梁,高层建筑,城市高架或地铁,油和气远距离输送管道,高能粒子加速器等许多重大工程中,焊接或连接成形技术都占有十分重要的地位。

现代金属材料成形方法还包括:金属粉末材料成形、金属三维打印快速成形、半固态成形、喷射成形等。

1) 粉末材料成形

金属粉末材料,可采用压制-烧结成形(如粉末冶金)和黏结注射成形等。

粉末冶金是一种制造金属粉末,并以金属粉末(有时也添加少量非金属粉末)为原料,经过混合、成形和烧结,制造材料或制品的成形方法。它能制造出用传统的熔铸和加工方法无法制成、具有独特性能的材料或制品,粉末冶金的生产工艺与陶瓷的生产工艺在形式上相似,故粉末冶金又称为金属陶瓷法。

粉末注射成形(powder injection molding,PIM)是一种采用黏结剂固结金属粉末、陶瓷粉末、复合材料、金属间化合物的一种特殊成形方法。它是在传统粉末冶金技术基础上,结合塑料工业的注射成形技术而发展起来的一种近净成形(near-shaped)技术。目前,极有发展前景的注射成形粉末材料有:金属粉末的注射成形(metal powder injection molding,MIM)和陶瓷粉末的注射成形(ceramic injection molding,CIM)。

2) 金属材料的快速成形

快速成形(rapid prototyping,RP)技术的发明和出现,给材料的加工成形注入了全新的概念。它基于"离散/堆积"的成形思想,集数控技术、CAD/CAM 技术、激光技术、新材料和新工艺技术等于一身,以极高的加工柔性,可以成形几乎所有种类的材料(树脂、金属、塑料、陶瓷、石蜡等)。

快速成形技术彻底摆脱了传统的"去除"加工法,而采用全新的"增长"加工法,将复杂的三维加工分解成简单的二维加工的组合。它不需采用传统的加工机床和工装模具,只要传统加工方法的 10%～30% 的工时和 20%～35% 的成本,就能直接制造出产品样品或模具。它已成为现代材料加工与先进制造技术中的一项支柱技术,是实现并行工程(concurrent engineering)的不可缺少的手段。

近年来,快速成形技术发展极为迅速,又被称为"增材制造""3D 打印"等。它给予了更多的知识含义,应用也更加广泛。快速成形方法有很多种,其中,运用最为广泛的有:立体平版印刷机(stereo lithography apparatus，SLA)、分层物体制造(laminated object manufacturing，LOM)、选择性激光烧结(selective laser sintering，SLS)、熔丝沉积制造(fused deposition modeling，FDM)、粉末材料选择性黏结(three dimensional printing，3DP)等五种。

金属材料及其零件的直接快速成形，一直是多年来快速成形技术领域发展的重点方向，它通常是采用高功率激光熔化同步输送的金属基粉末(预合金化粉末、元素混合粉、金属与陶瓷的混合粉末等)或丝材，在沉积基板的配合运动下，逐点逐层堆积材料，通过不断生长制备出金属零件。具有以下特点：

① 突破了传统去除加工方法的限制，不需要零件毛坯及模具，可实现材料制备与成形的一体化，显著缩短零件制造周期、降低制造成本、提高材料利用率；

② 在同一套系统上可进行不同材料零件的制造，具有广泛的材料及设计适应性；

③ 所沉积零件具有致密的组织和良好的综合性能；

④ 可以很方便地通过材料及工艺的调节与控制，实现多种材料在同一零件上的集成制造，满足零件不同部位的不同性能需要。

3) 半固态铸造(semi-solid casting)成形

半固态铸造是指在液态金属的凝固过程中进行强烈搅拌，使普通铸造易于形成的树枝晶网络骨架被打碎而形成分散的颗粒状组织形态，从而制成半固态金属液，然后将其压铸或挤压成坯料、铸件等。

半固态铸造与普通液态铸造相比，具有如下特点：铸件的凝固收缩减小，铸件尺寸精度高、外观质量好，可减少机械加工量；消除了常规铸件中的柱状晶和粗大树枝晶，铸件组织细小、致密，分布均匀，不存在宏观偏析；金属充型平稳、无湍流、无飞溅，而且充型温度低，延长模具寿命；降低能耗，改善劳动条件，由于凝固速度快，生产率高；成形零件可以进行热处理，较大提高铸件的力学性能。但半固态铸造成形的工艺控制较为严格，温度控制范围较窄，其优势的体现及工业应用都有待加强。

4) 喷射成形(spray forming)

喷射成形是用高压惰性气体将合金液流雾化成细小熔滴，在小熔滴高速气流下飞行并冷却，在尚未完全凝固前沉积成坯件的一种工艺。

由于快速凝固的作用，所获金属材料成分均匀、组织细化、无宏观偏析，且含氧量低。与传统的铸造、锻压及粉末冶金工艺相比较，它流程短、工序简化、沉积效率高，不仅是一种先进的制取坯料技术，还可以成为直接制造金属零件的方法。

喷射成形主要用于钢铁合金及高强度铝合金的坯料或零件制备，也可以直接生产扁锭、板带、圆棒、轧辊和管等型材。有研究认为，利用喷射成形技术生产或制造轧辊，可使得轧辊的寿命提高 3～20 倍。

2. 成形加工性能

金属材料的成形性，又指金属材料的成形工艺性能，它是指金属材料对不同成形方法的适应能力。它包括铸造性能、压力加工性能、焊接性能、切削加工性能、热处理工艺性能等。

1) 铸造性能

金属及合金熔化后铸造成优良铸件的能力称为铸造性能。铸造性能的好坏主要取决于液体金属的流动性、收缩性及成分均匀度、偏析的趋向。

① 流动性，即液体金属充满铸型型腔的能力称为流动性。流动性好的金属容易充满整个铸型，获得尺寸精确、轮廓清晰的铸件。流动性不好，金属则不能很好地充满铸型型腔，得

不到所要求形状的铸件,就会使铸件因"缺肉"而报废。

流动性的好与坏主要与金属材料的化学成分、浇铸温度和熔点高低有关。例如,铸铁的流动性比钢好,易于铸造出形状复杂的铸件。同一金属,浇铸温度越高,其流动性就越好。

② 收缩性,即金属材料从液体凝固成固体时,其体积收缩程度称为收缩性。也就是铸件在凝固和冷却过程中,其体积和尺寸减小的现象。铸件收缩不仅影响尺寸,还会使铸件产生缩孔、疏松、内应力等缺陷;特别是在冷却过程中容易产生变形甚至开裂。因此,用于铸造的金属材料,应尽量选择收缩性小的。收缩性的大小主要取决于材料的种类和成分。

③ 成分不均匀对工件质量的影响。铸造时,要获得化学成分非常均匀的铸件是十分困难的。铸件(特别是厚壁铸件)凝固后,截面上的不同部分及晶粒内部不同区域会存在化学成分不均匀的现象,这种现象称为偏析。

偏析会使铸件各部位的组织和性能不一致。铸件的化学成分不均匀,会使其强度、塑性和耐磨性下降。产生偏析的主要原因是合金凝固温度范围大,浇铸温度高,浇铸速度及冷却速度快。偏析严重时可使铸件各部分的力学性能产生很大差异,降低了铸件的质量。

2) 压力加工性能

金属材料在压力加工(锻造、轧制等)下成形的难易程度称为压力加工性能。它与金属材料的塑性有关,金属材料的塑性越好,变形抗力越小,金属材料的压力加工性能就越好。

① 可锻性,即金属材料的可锻性是指金属材料在压力加工时,能改变形状而不产生裂纹的性能。钢能承受锤锻、轧制、拉拔、挤压等加工工艺,表现为良好的可锻性。

② 锻压性,即金属承受压力加工的能力叫锻压性。

③ 锻接性,即把两块金属加热到熔点以下附近温度,加上锻接剂[硅铁(SiFe) 40%＋铸铁末 10%＋脱水硼砂($Na_2B_4O_7$) 50%,三种都是粉末状,混到一起,搅拌均匀],再加锤击,使两块金属接合在一起的能力。

3) 焊接性能

金属材料的焊接性能是指在给定的工艺条件和焊接结构方案,用焊接方法获得预期质量要求的优良焊接接头的性能。

焊接的性能好坏与材料的化学成分及采用的工艺有关。钢中含碳量越高,其焊接性能就越差。合金钢的焊接性能比碳钢差,铸铁的焊接性能更差。一般低碳钢的焊接性能好于高碳钢。

熔接性能是另一种焊接性能的表示,它是指两块金属接触,用氧气、乙炔或电弧热使金属部分熔化将其结合在一起的能力。

4) 切削加工性能

切削加工性能是指金属材料承受切削加工的能力。

当金属材料具有适当的硬度和足够的脆性时则容易切削。所以铸铁比钢切削加工性能好,一般碳钢比高合金钢的切削加工性能好。

5) 热处理工艺性能

热处理工艺性能是指金属材料通过热处理后改变或改善其性能的能力,是金属材料的重要工艺性能之一。对于钢而言,主要包括淬透性、淬硬性、氧化和脱碳、变形及开裂等。

钢制工件通过热处理,可改善其切削加工性能,提高力学性能,延长其使用寿命。

1.2　金属材料成形的作用与特点

1.2.1　金属材料成形的作用与要素

金属材料成形是机械制造技术的重要领域,金属材料有 70% 以上需要经过铸造、锻压(塑性加工)、焊接成形才能获得所需零件。一辆汽车有 80%~90% 的零件为各种成形加工方法所生产,例如:发动机的缸体缸盖用铸造方法生产,曲轴连杆、车桥等受力采用模锻工艺生产,车门顶棚采用冲压和焊接联合生产。

金属材料是最重要的结构材料,金属材料的成形加工,与其成分、结构、性能等因素密切相关。材料的成分与结构、材料的性质、材料的制备与加工、材料的使用性能,被认为是现代材料科学与工程的四个基本要素,它们之间的相互关系如图 1-4 所示。金属材料及其成形加工要素,也包括:金属材料组成及熔炼、成形加工、性质特征、使用性能等,与图 1-4 所示要素基本相同。

金属材料的成形加工对其他三要素都有直接的影响。先进的金属材料制备与成形加工技术,既对新金属材料的研究开发与实际应用具有决定性的作用,也可有效地改进和提高传统金属材料的使用性能,对传统金属材料的更新改造具有重要作用。有关新型金属材料的研究及其成形加工技术的开发,也是目前材料科学技术中最活跃的领域之一。

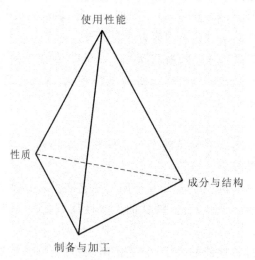

图 1-4　材料科学与工程的四个基本要素

1.2.2　金属材料成形的特点

金属材料成形主要是在模具或模型条件下完成成形(常指铸造、塑性加工、焊接成形等),它们与金属材料的机械切削加工比较,有如下特点:

(1) 通常,材料在热态下通过模具或模型而成形。

(2) 材料利用率高。以生产锥齿轮为例,切削加工的材料利用率约为 41%,采用铸、锻成形的材料利用率约为 68%,采用精铸或精锻的材料利用率约为 83%,材料利用率分别约提高了 27% 和 42%。通常零件越复杂、采用成形加工的材料利用率越高。

（3）劳动生产率高。可实现机械化自动化生产。

（4）产品尺寸规格的一致性好。

（5）产品性能好。由成形产生的金属纤维属连续性金属纤维,其强度和疲劳寿命提高,而切削加工会破坏连续性金属纤维,降低强度和疲劳寿命约 20%。

（6）通常,成形加工零件的尺寸精度较切削加工的低、表面粗糙度较切削加工的高。

随着材料成形精度的不断提高,金属材料的成形比例越来越大。

1.2.3　金属材料的精确成形

精确成形是相对于原来的成形毛坯的概念提出的,精确成形是指被形成的零件无须进行精加工而直接使用,精确成形(net shape process)有时又称为近净成形(near net shape process)或近精确成形。目前精确成形还很难达到,只能是近似达到。材料加工中精确成形技术的目标是,实现少机械切削加工或无切削加工。因此,精确成形技术是材料加工(热加工与冷加工)的基础和发展的趋势。在国民经济发展中具有重要作用。

目前,金属材料的精确成形主要包括:压力铸造成形、精密熔模铸造、低压铸造、高紧实度的精密砂型铸造;精密锻造、精密冲压;粉末冶金;精密连接等。这些成形方法金属零件的成形精度可达到 CT6～CT8 等级及以上(GB/T 6414—1999)。

1.3　材料成形方法的选择及精度比较

材料的成形加工方法很多,主要方法有:铸造、压力加工(锻造、冲压)、焊接、注塑,以及粉末冶金、挤压等。其选用的基本原则是"技术上可行、经济上合理",具体为"形状精、性能好、用料少、能耗低、工装简、无公害"。

1.3.1　主要成形加工方法比较

主要成形加工方法的比较见表 1-2 所示。

表 1-2　主要成形加工方法的比较

序号	比较内容	铸造	塑性压力加工(锻造、冲压)	焊接
1	材料及其成形特点	液态金属成形	固态金属塑性成形	金属焊接成形
2	对原材料性能的要求	液态下的流动性好、凝固时的收缩率低	塑性好、变形抗力小	强度高、塑性好、液态下化学稳定性好
3	制品的材料种类	铸铁、铸钢、各类非铁金属	中低碳钢、合金钢,有色金属薄板	低碳钢、低合金结构钢
4	制品的组织特征	晶粒较粗、有疏松、杂质排列无方向性	晶粒细小、致密,杂质呈方向性排列	焊缝区为铸造组织,熔合、过热区晶粒较粗
5	制品的力学性能特征	铸铁件的力学性能较差,但减振耐磨性好;铸钢件的力学性能好	力学性能优于相同成分的铸钢件	焊缝的力学性能可达到或接近母材金属
6	零件的结构特征	形状不受限制,可结构复杂	形状较铸件简单,冲压件的结构轻巧	尺寸、形状不受限制,结构轻便

序号	比较内容	铸造	塑性压力加工（锻造、冲压）	焊接
7	材料利用率	高	低，但冲压件较高	较高
8	生产周期	长	长，但自由锻短	短
9	生产成本	较低	较高，冲压件的批量越大，其成本越低	较高
10	主要适用范围	铸铁件用于受力不大及承压为主，或要求有减振、耐磨性能的零件；铸钢件用于承受重载且形状复杂的零件；非铁金属铸件用于受力不大、要求重量轻的零件	锻件用于承受重载及动载的重要零件；冲压件用于以薄板成形的各种零件	主要用于制造各种金属构件（尤其是框架结构件），部分用于制造零件的毛坯及修复废旧零件

1.3.2　成形加工方法选用原则

零件毛坯或成品的成形方法，应根据零件的使用性能要求、生产批量、生产条件和经济合理性来选择，选择原则归纳如下。

（1）零件的使用性能要求：包括力学性能、物理性能、化学性能；如锻件的力学性能更高。

（2）材料的成形性：铸造性、塑性成形性、焊接性等；如低碳钢的塑性加工和焊接性较好。

（3）性能价格比：应选择"性价比"高的成形方法。

（4）生产条件：应尽量根据本企业的生产和设备条件，选择成形加工方法。

（5）生产批量：生产批量常常是毛坯成形工艺方案选择的主要依据，如模锻的批量大、自由锻的批量小。

（6）经济合理性：不同的成形工艺方案，需要不同的装备、模具、生产条件等，各种方法均要进行技术经济分析，做到技术上先进、经济上合理。

1.3.3　典型零件毛坯的成形方法举例

机械零件按形状和用途不同，可分为饼盘类，轴杆类，机箱、机架、机座类，薄板类共四大类。

（1）饼盘类：常用铸造、锻造成形，复杂的、力学性能要求低的用铸造成形，反之用锻造成形。

（2）轴杆类：常用锻造、铸造成形，轴类毛坯多采用锻件，曲轴可采用球墨铸铁毛坯。

（3）机箱、机架、机座类：常用铸造、焊接成形，机箱（齿轮箱）、机座（电机座、机床座）常用铸造成形，机架可用焊接成形。

（4）薄板类：主要是板料冲压件和注射塑料件，复杂、大型薄板零件还可以采用焊接拼装而成。

1.3.4　典型金属材料成形方法的特点及精度比较

典型的金属材料成形方法包括：砂型铸造、压力铸造、熔模铸造，自由锻造、精密模锻、精密冲压，电弧焊接、激光焊接、摩擦焊接等。它们的基本原理、应用、特点及精度比较详见表1-3所示。

表1-3　几种典型金属材料成形方法的特点及精度比较

序号	成形方法		基本原理	特点及精度	应用情况
1	液态铸造	砂型铸造	以石英砂为原砂，以黏土（或水玻璃、树脂等）做黏结剂，辅之以其他固化剂、助剂等辅助材料形成造型材料，紧实成砂型，进行液态金属浇注	成本低、铸件清理容易，但铸件的尺寸精度和表面精度都不太高。砂型铸造的铸件精度一般为：CT8～CT13（GB/T 6414—2017）	适用于各种金属、各类尺寸和大小的铸件生产
2		压力铸造	在高压作用下将液态或半固态金属快速压入金属压铸型内，在压力下凝固成形	生产率高、自动化程度高，铸件精度和表面质量高；但设备投资大，压铸型成本高、加工难度大，压铸件通常不能进行热处理。压力铸造的铸件精度为：CT5～CT7	主要用于锌、铝、镁等非铁合金的小型、薄壁、形状复杂件的大量生产
3		熔模铸造	液态金属在重力作用下注入由蜡模熔失而形成的中空型壳中而铸造成形，是真正意义上的精密铸造	铸件的精度高、表面粗糙度低；但工序复杂、生产周期长，成本高。熔模铸造铸件精度可达：CT4～CT6	适于100 kg以下的高熔点、难加工、精密要求的中小铸件的大量生产
4	压力加工	自由锻造	自由锻造是利用冲击力或压力使金属在上下砧面间各个方向自由变形，不受任何限制而获得所需形状及尺寸和一定力学性能的锻件的一种加工方法	人工操作控制锻件的形状和尺寸，工具和设备简单，通用性好，成本低，操作灵活。锻件精度低，加工余量大，劳动强度大，生产率不高	主要应用于单件、小批量、精度要求不高的锻件毛坯成形加工
5		精密模锻	在模锻设备上锻造出形状复杂、锻件精度高的模锻工艺。需要精确计算原始坯料的尺寸，严格按坯料质量下料，还要求锻模的精度高、模具润滑、设备的精度高	金属精密锻压（体积）成形工艺。模锻件尺寸精度可达IT12～IT15，表面粗糙度值 Ra 为3.2～1.6 μm	用于精密锻件的大量生产。如：精密模锻锥齿轮，其齿形部分可直接锻出而不必再经过切削加工
6		精密冲压	精密冲压是靠压力机和模具对板材、带材、管材和型材等施加外力，使之产生塑性变形或分离，从而获得所需形状和尺寸的精密工件（冲压件）的成形加工方法	冲压件与铸件、锻件相比，具有薄、匀、轻、强的特点。由于采用精密模具，工件精度可达微米级，且重复精度高、规格一致	仪器仪表、家用电器、自行车、办公机械、生活器皿等产品中，大量采用冲压件

序号	成形方法		基本原理	特点及精度	应用情况
7	焊接成形	电弧焊接	简称电弧焊,是指以电弧作为热源,利用空气放电的物理现象,将电能转换为焊接所需的热能和机械能,从而达到连接金属的目的。主要方法有焊条电弧焊、埋弧焊、气体保护焊等	是利用电弧热将焊缝间隙局部熔化,形成焊缝连接。操作灵活,可以在任何有电源的地方进行焊接作业。与精密铸件、锻件比较,电弧焊件的精度不高,受装夹精度的影响	是目前应用最广泛、最重要的金属熔焊方法,占焊接生产总量的60%以上。适用于各种金属材料、各种厚度、各种结构形状的焊接
8		激光焊接	激光焊是指以高能量密度的激光作为热源,熔化金属后,形成焊接接头的焊接方法	可形成深熔焊接,具有焊接速度快、深度大、变形小、精度高等特点,可焊接难熔材料如钛、石英等	在机械、汽车、钢铁等工业领域获得了日益广泛的应用;能对异性材料施焊,效果良好
9		摩擦焊接	摩擦焊,是指利用工件接触面摩擦产生的热量为热源,使工件在压力作用下产生塑性变形而进行焊接的方法	相比于传统熔焊,最大的不同是整个焊接过程中是金属在热塑性状态下实现的类锻态固相连接。焊接效率高、质量稳定、一致性好,可实现异种材料焊接等	目前主要用在铝合金焊接中,在航空、航天、兵器、汽车等领域愈来愈广泛应用

1.3.5 材料成形中的共性技术与方法

1.模具技术

模具通称为工业生产上用以铸造、锻压、注塑、冶炼等方法得到所需产品的各种模子和工具。简言之,模具是用来制作成形物品的工具,这种工具由各种零件构成,不同的模具由不同的零件构成。它主要通过所成形材料物理状态的改变来实现物品外形的加工。素有"工业之母"的称号。

模具又是在外力作用下使坯料成为有特定形状和尺寸的制件的工具。广泛用于金属铸造、塑性加工、粉末冶金,以及工程塑料、橡胶、陶瓷、玻璃等制品的成形加工中。模具具有特定的轮廓或内腔形状,应用具有刃口的轮廓形状可以使坯料按轮廓线形状发生分离(冲裁)。应用内腔形状可使坯料获得相应的立体形状。模具一般包括动模和定模(或凸模和凹模)两个部分,两者可分可合。分开时取出制件,合拢时使坯料注入模具型腔成形。模具是精密工具,形状复杂,承受坯料的膨胀力,对结构强度、刚度、表面硬度、表面粗糙度和加工精度都有较高要求。

模具技术是材料成形中的共性技术之一,许多材料的成形(金属、塑料、橡胶、陶瓷、玻璃等)都要用到模具。模具技术所涉及的行业及其新工艺、新设备、新材料等是先进设计和制造的重要组成。模具技术的发展水平也是机械制造水平的重要标志之一。

2.成形方法

材料成形是指将原材料以常温状态或加热成液态、半固态后,在特定模具中依靠重力或承受压力,使其变形或凝固成具体零件的方法。

金属材料常用的成形方法包括:铸造、塑性加工(锻造、挤压、轧制、拉拔等)、焊接、粉末冶金等。陶瓷材料的成形方法也可分为：塑性成形法、注浆成形法、粉料压力成形法（干压法）等。玻璃成形的方法有：压制法、吹制法、拉制法、压延法、浇铸法和烧结法等。

不同材料的性质虽然各不相同，但它们的成形方法在本质上相似，无非是在常温下成形或受热下成形、重力状态下成形或受压状态下成形。比较不同材料（金属、陶瓷、玻璃）的成形方法及装备，工作原理上有很多相同之处。

3. 形性控制一体化

零件的形状与性能是材料成形中两个主要的关注点，通常希望成形零件有很高的尺寸精度又有很好的使用性能。因此，当今研究材料成形技术时，通常会通过零件的形状和性能控制一体化、协同调控，综合考虑材料的成形性及高强性，最终实现高性能零件的精密成形。

1.4　先进金属材料成形技术及发展趋势

1.4.1　从"夕阳工业"到"先进制造技术"

金属的铸造（翻砂）、锻造（打铁）作为悠久的金属加工工艺，有着数千年的历史。当人类历史进展到 20 世纪中叶，科学技术发展开始加速。以现代计算机技术、先进材料（高分子材料、陶瓷材料、复合材料）技术等为代表的高新技术出现后，传统的金属材料加工业（如钢铁工业等）或制造业遇到了极大的竞争和挑战，似乎穷途末路。那么，先进材料是否一定能取代传统的金属材料，而古老的制造业是否与高科技"绝缘"，传统的金属材料加工成形工业是否已是"夕阳工业"？不少以金属材料为主要对象的传统制造业的从业人员、管理者及相关的科技工作者，都想尽快寻找"传统制造业在高科技飞速发展的浪潮中何去何从？"这个问题的答案。

以美国汽车工业的发展兴衰过程为例。二十世纪七八十年代，美国由于片面地强调发展第三产业的重要性，而忽视了制造业对国民经济健康发展的保障作用，逐步丧失了其制造业世界霸主的地位，美国汽车在国际市场上的竞争力日渐下降，日本、德国汽车工业快速崛起，引起了美国政府的震惊。为了寻找科技高度发达的美国在汽车市场上缺乏竞争力的原因，二十世纪九十年代克林顿政府组织以麻省理工学院（MIT）为主的科学家们对美国近年来科技成果进行评价，并对美国汽车工业竞争力下降的原因进行调查，由此提出了一系列先进制造技术（advanced manufacturing）的发展战略，以提高制造业的技术水准和产品的竞争能力。这些先进制造技术包括：精益生产（lean production）、并行工程（concurrent engineering）、敏捷制造（agile manufacturing）、动态合智联盟（virtual organization）等。开始研发先进制造技术，将发明创造和高新技术应用于传统的制造技术中，提高制造技术的知识含量和产品的竞争力。

1.4.2　先进制造技术的定义及发展趋势

先进制造技术通常是指制造业不断地吸收机械、电子、信息、材料、能源及现代管理等方面的成果，将其综合应用于制造业的全过程，实现优质、高效、低耗、清洁、灵活生产，取得理想技术经济效果的制造技术的总称。概括地说，先进制造技术就是现代高新技术与传统制造业相结合的一个系统工程。

除高科技作用外,制造技术还受市场需求的驱动。因此,先进制造技术是在科技发展和市场需求两个车轮的带动下逐渐发展和形成的。在市场需求不断变化的驱动下,制造业的生产规模沿着"小批量→少品种大批量→多品种变批量"的方向发展;在科技高速发展的背景下,制造业的资源配置沿着"劳动密集→设备密集→信息密集→知识密集"的方向发展。与之相适应,制造技术的生产方式沿着"手工→机械化→单机自动化→刚性流水自动化→柔性自动化→智能自动化"的方向发展。

近年来,先进制造技术的发展趋势可归纳为如下六个方面:

(1) 常规制造技术的优化;

(2) 新型(非常规)加工方法的发展;

(3) 专业学科间的建设逐渐淡化、消失;

(4) 工艺设计由经验走向定量分析;

(5) 信息技术、管理技术与工艺技术紧密结合;

(6) 金属零件成形制造时形状、性能综合调控。

当前,工业革命与技术发展开始进入了"工业 4.0"时代,而"工业 4.0"的两大主题是智能工厂与智能制造。智能工厂是在数字化工厂的基础上,利用物联网的技术和设备监控技术加强信息管理和服务。智能制造是一种由智能机器和人类专家共同组成的人机一体化智能系统,它在制造过程中能进行智能活动,诸如分析、推理、判断、构思和决策等。智能制造是未来制造的主要形式。

1.4.3 先进材料成形技术在先进制造技术中的地位

先进的材料成形加工技术是先进制造技术的重要组成部分,它对国民经济的发展起着十分重要的作用。据统计,世界约 75% 的钢材需要经过塑性加工,45% 的钢材需要焊接成形。汽车工业是许多国家的支柱产业。据德国统计,2000 年汽车重量的 65% 由钢材(约45%)、铝合金(约 13%)、铸铁(约 7%)通过冲压、焊接、铸造成形。据日本统计,铸造铝合金年产量的约 75%、铸铁年产量的约 50% 全部用在汽车制造及相关工业。这些数据表明,汽车工业的发展与材料加工成形技术的发展密切相关。因此,新一代材料的加工成形技术是机械制造业的基础,在先进制造技术中具有重要的地位。

近年来,世界各国制造业竞争日趋激烈,西方发达国家(美国、德国等)及中国分别提出了发展制造业的振兴计划。

1. 美国制造创新计划

2012 年 3 月 15 日,美国奥巴马政府推动国家制造业创新网络《National Network for Manufacturing Innovation》,主要内容包括:

(1) 提供 10 亿美元资金,联邦政府支持建设 15 个制造创新中心。

(2) 工业界、大学与政府密切合作,进行技术创新,利用高端技术与装备,进行产品开发和基础研究。

(3) 强化和确保美国制造业的长期竞争力和就业创造力,避免制造业岗位流向中国、印度等国家。

(4) 鼓励和引导企业对制造业创新进行大规模投入。

(5) 每个制造中心,致力于研发一个精心选定的技术,重点解决大规模工业制造的挑战,降低成本和商业化风险。

2015 年新版的美国创新战略,有六个关键要素。主要包括战略举措、创新要素两个方面。其中,战略举措是指创造优质就业机会和持久经济增长、促进国家优先事项的突破、为人民提供创新政府,而创新要素是指推动私营部门创新引擎、赋予创新者国家权力、投资于创新的基石。奥巴马政府重点强调了先进制造、精密医疗、大脑计划、先进汽车、智慧城市、清洁能源和节能技术、教育技术、太空探索和计算机技术共九大战略领域。

2017 年后,特朗普政府更加强调"美国优先""制造业回归美国",他执政以来,采取了多个具体政策措施,让制造业回归美国,振兴传统的钢铁、能源等产业,以创造更多就业机会。由此可看出,技术创新与美国的工业现代化结伴而行,推动着美国制造及经济蓬勃发展。

2. 中国制造 2025

2015 年 5 月 19 日,中国政府发布《中国制造 2025》,概括起来为:分"三步走"战略,在 10 大重点领域,完成 9 大任务和 5 项重大工程。

(1)"三步走"战略:即通过"三步走"实现制造强国的战略目标。第一步,到 2025 年迈入制造强国行列;第二步,到 2035 年中国制造业整体达到世界制造强国阵营中等水平;第三步,到新中国成立一百年时,综合实力进入世界制造强国前列。

(2)10 大重点领域:新一代信息技术产业、高档数控机床和机器人、航空航天装备、海洋工程装备及高技术船舶、先进轨道交通装备、节能与新能源汽车、电力装备、农机装备、新材料、生物医药及高性能医疗器械。

(3)9 大任务:提高国家制造业创新能力、推进信息化与工业化深度融合、强化工业基础能力、加强质量品牌建设、全面推行绿色制造、大力推动重点领域突破发展、深入推进制造业结构调整、积极发展服务型制造和生产性服务业、提高制造国际化发展水平。

(4)5 项重大工程:制造业创新中心(工业技术研究基地)建设工程、智能制造工程、工业强基工程、绿色制造工程、高端装备创新工程。

我国的上述国家计划及重大战略的实际内涵表明,先进金属材料成形加工技术是先进制造技术的基础,也是《中国制造 2025》技术发展的重要组成部分。

1.4.4 先进材料成形加工技术的发展趋势

1. 精密成型

在 20 世纪 90 年代中期,国际生产技术协会及有关专家预测:到 21 世纪初,零件粗加工的 75%、精加工的 50%将采用精密成形工艺来实现。其总体发展趋势是,由近形(near net shape of productions)向净形(net shape of productions)发展,即向精密成形方向发展。以轿车制造为例,其铸、锻件生产工艺的发展趋势为以轻代重,以薄代厚,少、无切削精密化,成线成套,高效自动化。

以精密成形为代表的新一代材料加工技术。它包括:精密铸造成形、精密塑性成形、精密连接成形、激光精密加工、特种精密加工等。

2. 材料制备与成形一体化

材料制备、成形与加工一体化,是指各个环节的关联越来越紧密、多个工序综合化(或短程化),如半固态成形技术、创形创质制造技术、喷射成形技术、激光快速成形、连续铸轧技术等。它可实现先进材料与零部件的高效、近净形、短流程成形,也是不锈钢、高温合金、钛合金、难熔金属及化合物、陶瓷、复合材料、梯度功能材料等零部件制备成形的好方法。

3.复合成形

复合成形工艺有铸锻复合、铸焊复合、锻焊复合和不同塑性成形方法的复合等。如：液态模锻、连续铸轧、冲压件的焊接成形等。

液态模锻是铸锻复合成形工艺，它是将一定量的液态金属注入金属模膛，然后施加机械静压力，使熔融或半熔融状的金属在压力下结晶凝固，并产生少量塑性变形，从而获得所需制件。它综合了铸、锻两种工艺的优点，尤其适合于锰、锌、铜、镁等非铁金属合金零件的成形加工，近年来发展迅速。

随着连续铸造（简称"连铸"）技术的进一步发展，出现了连铸坯热送热装、直接轧制的"连铸连轧"技术，使得连铸和轧制这两个原先独立存在的工艺过程紧密地衔接在一起，金属材料在连铸、凝固的同时伴随着轧制过程。而"连续铸轧"技术，是直接将金属熔体"轧制"成半成品带坯或成品带材的工艺，其显著特点是其结晶器为两个带水冷却系统的旋转铸轧辊，熔体在轧辊缝间完成凝固和热轧两个过程，而且在很短的时间内（2～3 s）完成。"连续铸轧"不同于"连铸连轧"，后者实质上将薄锭坯铸造与热轧连续进行（即金属熔体在连铸机结晶器中凝固成厚 50～90 mm 的坯料后，再在后续的连轧机上连续轧成板材），其铸造和轧制是两道独立的工序。"连续铸轧"具有"一步"成形的特点，其投资省、成本低、流程短，广泛用于非铁合金，特别是铝带的生产上。

冲压件的焊接成形，是板料冲压与焊接复合工艺，即先采用冲压方法获得所需制件，再通过焊接方法得到所需整体构件，这在载货汽车的车身和轿车覆盖件的生产中应用广泛。同样，还有铸焊、铸锻复合工艺，它们主要用于一些大型机架或构件的成形。

4.数字化成形

计算机及其应用技术展，对材料加工成形技术的进步起到了重要的促进作用。材料的数字化成形已开始被人们所接受，其具体表现为：加工前形成过程的模拟仿真和组织预测，加工过程中材料成形的数字化控制，加工后产品质量的自动检测（X 光检查、磁粉探伤等）等。数字化成形的最终目标是，优化成形加工方法和工艺，实现对制备、成形与加工全过程的精确设计与精确控制，对制品零件的内在质量实施自动检测。

5.材料成形自动化与智能化

自动化是一种把复杂的机械、电子和以计算机为基础的系统应用于生产操作和控制中，使生产在较少人工操作与干预下自动进行的技术。实现材料成形加工过程的自动化，可以大大提高劳动生产率、降低工人的劳动强度，避免人力生产中的人为因素（如疲劳、情绪景况影响等），保障产品的质量与精度，大大降低了原材料的消耗。因此，自动化是高质量、快速生产的前提，也是人类现代化的主要标志。目前，材料成形的机械化、自动化已普遍实现，如：自动化压力铸造生产线、自动化锻压生产线、机械人焊接生产线等在现代化企业比比皆是。

智能化是指事物在网络、大数据、物联网和人工智能等技术的支持下，所具有的能动地满足人的各种需求的属性。例如：无人驾驶汽车，就是一种智能化的事物，它将传感器物联网、移动互联网、大数据分析等技术融为一体，从而能动地满足人的出行需求。它不像传统的汽车，需要被动的人为操作驾驶，而是能够实现自动无人驾驶。

智能化是现代人类文明发展的趋势，要实现智能化，智能材料及成形是不可缺少的重要环节。智能材料及器件制造是材料科学与工程发展的一个重要方向,也是材料科学与工程发展的必然。智能材料结构、特性及制备是一门新兴起的多学科交叉的综合科学,它涉及许多前沿学科和高新智能材料,在工农业生产、科学技术、国民经济等各方面起着非常重要的作用,应用领域十分广阔。

6. 绿色清洁生产

材料成形加工行业一直是劳动环境较恶劣的行业、也是对环境污染较大的行业之一,改善操作环境,实现绿色清洁生产应是 21 世纪材料加工成形行业的奋斗目标。随着人们环境保护的意识不断加强,环保和清洁生产工艺与装备大量采用。除尘设备、降噪设备的使用,使得工人的操作环境及劳动条件大为改善;生产废料(废渣、废气、废水等)再生回收利用(或无害处理),大大减少了生产资源浪费和对环境的污染,符合绿色可持续发展的时代要求。采用绿色材料与绿色成形工艺,可优化工厂环境、实现无工业污染物排放。

1.5　本教材的特色及主要任务

(1) 材料的种类繁多,但金属材料是主要结构受力材料,其加工成形方法各异。近年来,新材料、材料加工新技术与理论层出不穷。本课程教材将结合金属材料成形加工技术发展的特点,主要介绍该领域中的理论与技术的最新进展,阐述金属材料成形加工中的共性与一体化技术,为学科及专业的融合与创新起到积极的推动作用。

(2) 该课程描述了材料的分类及其加工方法选择;重点介绍液态金属精密成形、金属材料塑性精确成形、金属连接成形、粉末金属材料成形等研究与应用领域的新技术、新理论;阐述材料加工中的共性与一体化(即复合化成形加工)技术。

(3) 本教材作为涉及金属材料的"材料成型及控制工程"和"材料科学与工程"等专业的本科生的主要课程内容,"材料加工工程"及"材料数字化成形"专业研究生重要的专业课程内容,将使学生对金属材料及其成形加工的新技术与新理论有个全面的了解,引导学生在大材料学科领域进行思考与分析,为从事材料加工工程及成形新技术的研究与开发奠定基础。本书也可以作为金属材料成形加工、材料科学与工程的学者及工程技术人员的参考书。

第2章 液态金属精密成形技术及理论

以精密成形(precision forming)和近净成形(near net shaping)为代表的新一代液态金属成形技术,主要包括消失模铸造、高密度黏土砂型铸造、压力铸造、化学黏结剂砂型铸造、半固态铸造、反重力铸造、熔模精密铸造等。本章在介绍这些先进铸造技术与理论的基础上,还将介绍特殊凝固和金属零件的数字化快速铸造的技术原理及应用。

2.1 液态金属成形技术概述

金属液态成形通常是指铸造成形,它可以分为重力下铸造和外力下铸造两大类。铸造成形又可分为砂型铸造、特种铸造两种(见图2-1),砂型铸造一般用石英砂制造型芯,而特种铸造很少采用(或基本不用)石英砂。消失模铸造,按其工艺特征介于砂型铸造与特种铸造之间,它既有砂型铸造的特点又有特种铸造的特点。

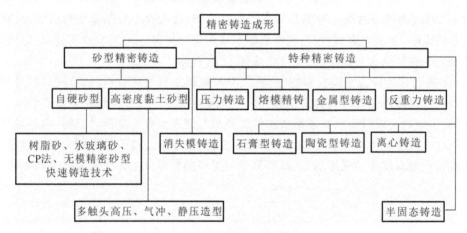

图 2-1 精密铸造成形的方法

砂型铸造、特种铸造及消失模铸造的特点概述如下。

1. 砂型铸造

砂型铸造是指以石英砂为原砂,以黏结剂作为黏结材料,将原砂黏成铸型,根据所用黏结剂的不同,砂型又可分为黏土砂型、树脂砂型、水玻璃砂型三大类。在砂型铸造中,黏土砂型铸造,历史悠久、成本低,普通黏土砂型铸造零件的尺寸精度和表面精度较低,它广泛用于铸铁件、各类非铁铸件、小型铸钢件,为了提高铸件的尺寸精度和表面精度,20世纪中期以后,世界上先后出现了高密度黏土砂型和化学自硬砂型(树脂砂、水玻璃砂)。随着现代砂型铸造技术的快速发展,又出现了 Corsworth Process 工艺(简称 CP 法)和无模精密砂型快速铸造技术。

高密度黏土砂型,主要是采用机械和物理的方法,提高黏土砂型的紧实度,从而提高铸型的精度。化学黏结剂砂型(树脂砂、水玻璃砂),采用树脂及水玻璃等化学黏结剂,辅之固化剂(树脂砂常用磺酸固化,水玻璃砂常用 CO_2 和有机酯等固化)调节砂型的硬化速度,形成强度和精度更高的砂型。

Corsworth Process 工艺是一种精确锆英树脂自硬砂的组芯造型,金属液在可控气氛、压力下充型的复合铸造工艺,属于一种绿色集约化的铸造技术,可大幅提高铸件质量。

无模精密砂型快速铸造技术是快速成形技术或数控切削加工技术与精密砂型铸造工艺的结合产物,可直接快速完成可供浇注的砂型。相比于传统精密砂型铸造,避免了木模、模样等的设计与制造,大大缩短铸件的生产周期,对于复杂铸件的设计和制造具有较高的自由度。

2. 特种铸造

在铸造行业,砂型铸造以外的铸造方法,统称为特种铸造。特种铸造的种类很多,它通常包括:精密熔模铸造、压力铸造、金属型铸造、离心铸造、反重力铸造(低压铸造、压差铸造)等。特种铸造大多采用金属铸型,铸型的精度高、表面粗糙度低、透气性差、冷却速度快。因此,与砂型铸造比较,特种铸造的零件的尺寸精度和表面精度更高,但制造成本也更高;特种铸造,大多为精密铸造的范畴。

3. 消失模铸造

笔者认为,消失模铸造是介于砂型铸造与特种铸造之间的铸造方法,它采用无黏结剂的砂粒作为填充,又采用金属模具发泡成形泡沫塑料模样,浇注及生产过程与砂型铸造过程相似,其铸件的精度和表面质量与特种铸造相似(属精密铸造范围)。

一些常用铸造方法的原理及特点比较,如表 2-1 所示。

表 2-1 常用铸造方法的原理及特点比较

铸造方法分类		原 理 概 述	特 点 比 较	应 用 范 围
砂型铸造	黏土砂型	以石英砂为原砂,以黏土作黏结剂,辅之以煤粉、水等辅助材料,紧实成铸型	成本低、铸件清理容易,但铸件的尺寸精度和表面精度都不太高	适用于各种金属、各类大小铸件的生产
	水玻璃砂型	以石英砂为原砂,以水玻璃作黏结剂、以 CO_2 和有机酯为固化剂,紧实硬化成铸型	铸型的强度和精度较高、旧砂的溃散性不太好,成本较低,工作环境友好	常用于铸钢件的大量生产
	树脂砂型	以石英砂为原砂,以树脂作黏结剂,以对甲苯磺酸为固化剂,紧实硬化成铸型	铸型的强度和精度高、旧砂的溃散性好,成本较高,工作场地有气味	主要用于各类铸铁件的生产
	CP 法	以石英砂为原砂,以树脂作黏结剂,自硬紧实成铸型,在可控气氛、压力下充型	精密自硬树脂砂型强度高、尺寸精确,铸铝件组织性能好、缺陷少、尺寸精度高	主要用于高质量铝合金铸件生产
	无模精密砂型快速铸造	是快速成形技术或数控切削加工技术与精密砂型铸造工艺的结合,可直接成形可供浇注的砂型	该技术不需要木模、模样等,具有制造周期短、成本低、砂型/砂芯一体化制造及可快速制造出任意复杂形状的砂型等优点	主要用于单件、小批量复杂铸件的生产

铸造方法分类		原理概述	特点比较	应用范围
特种铸造	熔模精密铸造	液态金属在重力作用下注入由蜡模熔失后形成的中空型壳并在其中成形。又称失蜡铸造	铸件的精度高、表面粗糙度低(少、无加工),但工序复杂、生产周期长、成本高	最适于 50kg 以下的高熔点、难加工的中小合金铸件的大量生产
	压力铸造	在高压作用下将液态或半固态金属快速压入金属压铸型内,在压力下凝固成形	生产率高、自动化程度高,铸件的精度和表面质量高;但设备投资大,压铸型的成本高、加工难度大,压铸件通常不能进行热处理	主要用于锌、铝、镁等合金的小型、薄壁、形状复杂件的大量生产
	离心铸造	将液态金属浇入高速旋转的铸型中,使其在离心力作用下充填铸型并凝固形成铸件	生产率和成品率高,便于生产"双金属"轴套,但铸件内孔的尺寸误差大、品质差,不适合密度偏差大的合金及铝镁合金	主要用于大量生产管类、套类铸件
	金属型铸造	液态金属在重力作用下注入金属铸型中成形的方法。金属可重复使用,又称永久型铸造	工艺过程较砂型铸造简单,铸件的表面质量较好,但金属铸型的透气性差、无退让性、耐热性不太好	锡、锌、镁等,用灰铸铁做金属型;铝、铜等用合金铸铁或钢做金属型
	低压铸造	介于金属型与压力铸造之间的一种铸造方法,充型气压为 0.02～0.07 MPa	可弥补压力铸造的某些不足:浇注速度、压力便于调节,便于实现定向凝固,金属利用率高,铸件的表面质量高于金属型,设备投资较小,但生产率较低、升液管寿命较短	主要用于铝合金铸件的大量生产
	半固态铸造	在金属液凝固过程中进行强烈的搅动,使普通铸造易于形成的树枝晶网络骨架被打碎而形成分散的颗粒状组织形态,从而制得半固态金属液,然后将其压铸成坯料或铸件。有触变铸造与流变铸造之分	与压力铸造成形相比,具有成形温度低、模具的寿命长、节约能源、铸件性能好、尺寸精度高等优点;它与传统的锻压技术相比,又有充型性能好、成本低、对模具的要求低、可制作复杂零件等优点	目前工业应用的方法有:铝合金的触变成形,镁合金的注射成形
消失模铸造		用泡沫模样代替木模等,用干砂或水玻璃砂等进行造型,无须起模,直接将高温液态金属浇注到型中的模样上,使模样燃烧汽化消失而制成铸件	无须起模、无分型面、无型芯,铸件的尺寸精度和表面精度接近熔模精铸;铸件结构设计自由度大,工序较砂型铸造和熔模铸造简化	目前主要用于铸铁、铸钢、铸铝件生产,低碳钢的消失模铸造易产生增碳作用,镁合金的消失模铸造在研究之中

2.2　现代砂型铸造成形技术

2.2.1　黏土砂的紧实机理及其现代造型方法

黏土砂铸造是铸造生产的主力,占铸件总量的 $70\%\sim80\%$。黏土砂造型是黏土砂铸造成形的主要工艺过程,其目的是获得一个紧实度高而且分布均匀的砂型。造型过程主要包括填砂、紧实、起模、下芯、合箱及砂型、砂箱的运输等工序,造型过程的机械化、自动化水平在很大程度上决定着企业的劳动生产率和产品质量。造型机是整个造型过程的核心装备,它的作用有三个:填砂、紧实和起模。其中紧实是关键的一环。所谓的紧实就是将包覆有黏结剂的松散砂粒在模型中形成具有一定强度和紧实度的砂块或砂型。常用紧实度来衡量型砂被紧实的程度,一般用单位体积内型砂的质量或型砂表面的硬度来表示。

从黏土砂铸造成形工艺上讲,紧实后的砂型应具有如下性能:(1)有足够的强度。能经受起搬运、翻转过程中的震动或浇注时金属液的冲刷而不破坏;(2)容易起模。起模时不能损坏或脱落,能保持型腔的精确度;(3)有必要的透气性,避免产生气孔等缺陷。上述要求,有时互相矛盾。例如紧实度高的砂型透气性差,所以应根据具体情况对不同的要求有所侧重,或采取一些辅助补偿措施,如高压造型时,用扎通气孔的方法解决透气性的问题。

常用黏土砂紧实型砂的方法(简称实砂)有:震击紧实、压实紧实、射砂紧实、气流紧实等,而现代造型装备为获得最佳的型砂紧实效果,往往将几种紧实方法结合起来。根据紧实原理,造型机可分为震击/震压造型机、高压造型机、射压造型机、静压造型机、气冲造型机等;而根据是否使用砂箱又可分为有箱造型机和无箱/脱箱造型机。下面介绍几种较先进的黏土砂造型方法及装备。

1. 高压造型

为获得紧实度均匀一致的砂型,目前在实际应用中,通常采用多触头压头,如图 2-2 所示。每个小压头的后面是一个液压缸,而所有液压缸的油路是互相连通的。压实时每个小压头的压力大致相等,各个触头能随着模样的高低,压入不同的深度,使砂型的紧实度均匀化。

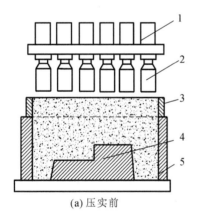 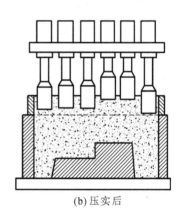

(a) 压实前　　　　　　　　　　　　　　　(b) 压实后

图 2-2　多触头压头

1—小液压缸;2—多触头;3—辅助框;4—模样;5—砂箱

当压实比压达到 0.7~1.5 MPa 时,我们称之为高压造型。大量的实验研究证明:采用高压造型,能提高砂型的紧实度,减少浇注时的型壁移动,从而提高铸件的尺寸精度和表面光洁度。另外由于砂型紧实度高、强度高,砂型受震动或冲击而塌落的危险性小,因此高压造型得到了大量应用。另外单纯的高压造型很难满足砂型紧实均匀化的要求,它更多的是和其他紧实方法联合使用。与气动微震紧实相结合,采用多触头压头就是我们常说的多触头高压微震造型机,简称高压造型机。

2.射压造型

1) 射压造型

射压造型由射砂预紧实及高压紧实组成。射砂预紧实是利用压缩空气将型（芯）砂以很高的速度射入型腔（或芯盒）内而得到紧实。射砂机构如图 2-3 所示。射砂紧实过程包括加砂、射砂、排气紧实三个工序。① 加砂：打开加砂闸板 6，砂斗 5 中的砂子加入射砂筒 1 中，然后关闭加砂闸板。② 射砂：打开射砂阀 7，贮气包 8 中的压缩空气从射砂筒 1 的顶横缝和周竖缝进入筒内，形成气砂流射入芯盒（或砂箱）中。③ 排气紧实：型腔中的空气通过排气塞排除，高速气砂流由于型腔壁的阻挡而滞止，砂气流的动能转变成型（芯）砂的紧实功，使型（芯）砂得到紧实。射砂紧实时，主流方向上以冲击紧实为主，在非主流方向或拐角处（此处常开设不少排气塞），型砂靠压力差下的滤流作用得到紧实。

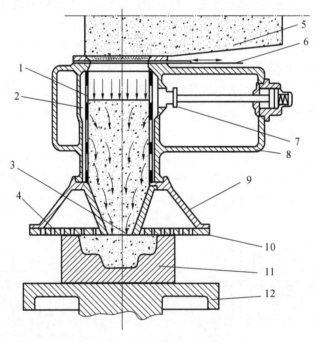

图 2-3 射砂机构示意图

1—射砂筒；2—射腔；3—射砂孔；4—排气塞；5—砂斗；6—加砂闸板；
7—射砂阀；8—贮气包；9—射砂头；10—射砂板；11—芯盒；12—工作台

单纯射砂紧实的紧实度不高，射砂紧实通常用于制造泥芯，或与压实等紧实方法配合使用。

射砂能同时完成快速填砂和预紧实的双重作用。具有生产效率高、工作环境好、砂型紧实度比较均匀的优点，广泛用于制芯和造型。但芯盒或模样的磨损比较大，且得到的砂型紧实度不够。如果将射砂和压实紧实结合起来，便成为射压造型机。射压造型机先用射砂方法填砂并使砂型预紧实，然后再加压紧实，因此可以得到紧实度高而且比较均匀的砂型。

如果射压造型时不用砂箱（无箱）或者在造型后能先将砂箱脱去（脱箱），使砂箱不进入浇注、落砂、回送的循环，就能减少造型生产的工序，节省许多砂箱，而且可使造型生产线所需辅机减少，布线简单，容易实现自动化。所以无箱或脱箱射压造型机发展迅速，应用广泛。射压造型机按砂型分型情况不同，可分成垂直分型或水平分型两大类。

2）垂直分型无箱射压造型

垂直分型无箱射压造型工作原理见图 2-4。造型室由造型框及正、反压板组成。正、反压板上有模样，封住造型室后，由上面射砂填砂（见图 2-4(a)），再由正、反压板两面加压，紧实成两面有型腔的型块（见图 2-4(b)）。然后反压板退出造型室并向上翻起让出型块通道（见图 2-4(c)）。接着正压板将造好的型块从造型室推出，且一直前推，使其与前一块型块贴合，并且还将整个型块列向前推过一个型块的厚度（见图 2-4(d)）。此后正压板退回（见图 2-4(e)），反压板放下并封闭造型室（见图 2-4(f)），机器进入下一造型循环。

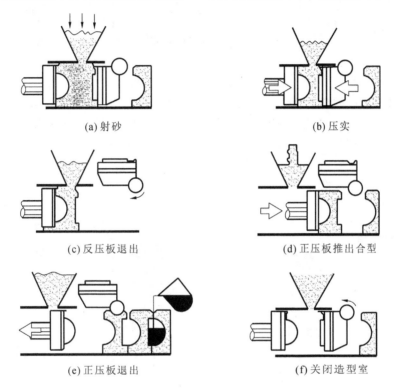

(a) 射砂　　　　　　　　　　　　　　　(b) 压实

(c) 反压板退出　　　　　　　　　　　　(d) 正压板推出合型

(e) 正压板退出　　　　　　　　　　　　(f) 关闭造型室

图 2-4　垂直分型无箱射压造型机工作原理

这种造型方法的特点是：① 用射压方法紧实砂型，所得型块紧实度高而均匀。② 型块的两面都有型腔，铸型由两个型块间的型腔组成，分型面是垂直的。③ 连续造出的型块互相推合，形成一个很长的型列。浇注系统设在垂直分型面上。由于型块互相抵住，在型列的中间浇注时，几块型块与浇注平台之间的摩擦力可以抵住浇注压力，型块之间仍保持密合，不需要卡紧装置。④ 一个型块相当于一个铸型，而射压都是快速造型方法，所以造型机的生产率很高。制造小型铸件时，生产率可达 300 型/h 以上。

3. 静压造型

静压造型机，是利用压缩空气气流渗透预紧实并辅以加压压实型砂的一种造型机。所谓的气流渗透紧实方法，是用快开阀将贮气罐中的压缩空气引至砂箱的砂粒上面，使气流在较短的时间内透过型砂，经模板上的排气孔排出。气流在穿过砂层时受到砂子的阻碍而产生压缩力即渗透压力使型砂紧实，如图 2-5 所示。因渗透压力随着砂层厚度的增加而累积叠加，所以最后得到的型砂紧实度和震击实砂的效果一样，也是靠近模板处高而砂箱顶部低。该法具有机器结构简单、实砂时间短、噪声和振动小等优点，故而称为静压造型法。

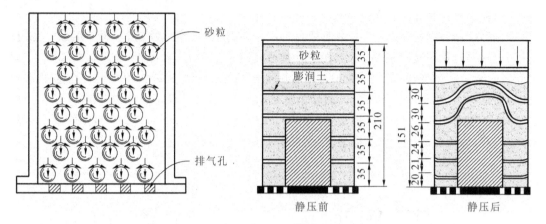

图 2-5　气流渗透实砂法的工作原理

　　为克服气流实砂的缺点,获得紧实度高而均匀的砂型,型砂经过气流紧实后再实施加压紧实的静压造型机于 1989 年开发成功后得到了广泛应用。其造型过程如图 2-6 所示。图 2-7 为静压、压实、静压+压实造型方法的铸型强度分布示意图。

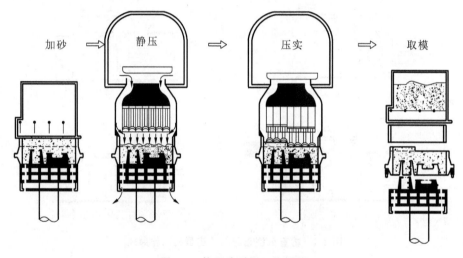

图 2-6　静压造型机工作原理

　　2000 年以来,静压造型的优势逐渐被国人所接受,目前国内一些厂已引进了最新的自动化静压造型线。如国内某柴油机制造公司的新铸车间引进 HWS 公司的静压造型机,用于大功率柴油机缸体的生产,效益显著,其外形照片如图 2-8 所示。

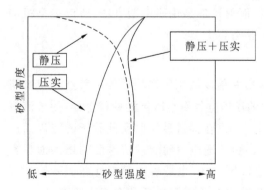

图 2-7　静压紧实的铸型强度分布

图 2-8　静压造型机照片

4.气冲造型

20 世纪 80 年代,欧洲和我国都开发成功了利用气流冲击紧实型砂的气冲造型机。气流冲击紧实是先将型砂填入砂箱内,然后压缩空气在很短的时间内(10～20 ms)以很高的升压速度($dp/dt=4.5～22.5$ MPa/s)作用于砂型顶部,高速气流将型砂冲击紧实。

气冲紧实过程如图 2-9 所示。高速气流作用于砂箱散砂(见图 2-9(a))的顶部,形成一预紧砂层(见图 2-9(b));预紧砂层快速向下运动且愈来愈厚,直至与模板发生接触(见图 2-9(c)),加速向下移动的预紧实砂体受到模板的滞止作用,而产生对模板的冲击,最底下的砂层先得到冲击紧实(见图 2-9(d)),随后上层砂层逐层冲击紧实,一直到达砂型顶部(见图 2-9(e))。气冲紧实机构的工作原理如图 2-10 所示。

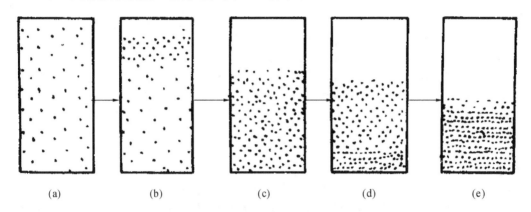

(a) (b) (c) (d) (e)

图 2-9 气流冲击紧实过程示意图

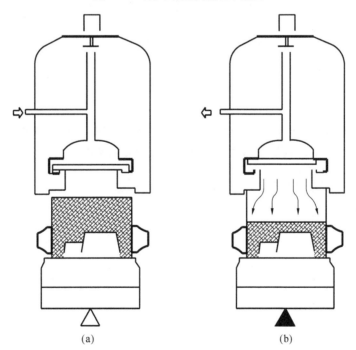

(a) (b)

图 2-10 气冲紧实机构的工作原理

气冲紧实时,最底层的砂所受的冲击力最大,因而紧实度最高;砂层越高,所受冲击力越小,紧实度越低。图 2-11 为气冲造型时的铸型强度分布。由此可知,砂型顶部的砂层由于它上面没有砂层对它的冲击,紧实度很低,常以散砂的形式存在,因此气冲造型时,砂型顶部的砂层必须刮去。

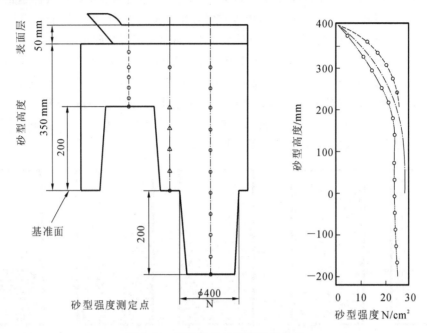

图 2-11　气冲紧实的砂型强度分布

气冲紧实的优点是:靠近型面处紧实度高且均匀,较符合铸造工艺要求,生产率高,机器结构简单;但也有冲击力大,模板磨损快及模型反弹降低铸型尺寸精度,对地基的影响较大等缺点。

气冲紧实的关键是进气时砂型顶部气压上升的速度(dp/dt)。升压速度越高,则气流冲击力越大,型砂的紧实度也越高。气冲紧实的升压速度是评判气冲紧实效果和气冲装置质量的重要指标之一。而气体的升压速度取决于气冲装置内快开阀的结构和动作速度。

由于气冲造型机对地基、模具等冲击力大,气冲对模型磨损及对地基的损害较大,虽然它在二十世纪八九十年代风行一时,但进入 21 世纪以来就逐步被静压造型机所替代。

2.2.2　化学黏结剂砂材料原理及特点

砂型铸造是铸造工业生产的主体,占铸件产量的 $80\%\sim90\%$。常用的砂型铸造按其所用的黏结剂的不同,可分为:树脂砂、水玻璃砂、黏土砂。其中,树脂砂和水玻璃砂,统称为化学黏结剂砂。它们通常以树脂、水玻璃为黏结剂,加入不同的固化剂,通过化学硬化结成铸型。各种型砂生产铸件的性能比较如表 2-2 所示。下面以自硬树脂砂为例,介绍化学黏结剂砂的工艺原理和特点。

树脂自硬砂是常用的化学黏结剂砂,指原砂(石英砂、铬铁矿砂、锆砂等)或其再生砂,以合成树脂为黏结剂,由相应(苯磺酸、磷酸)的催化剂作用,在室温下自行硬化成形的一类型(芯)砂,其基本特点是:

表 2-2　铸件生产的几种常见型砂性能比较

型砂种类		优　点	缺　点	成本及目前的应用情况
树脂砂	酸硬呋喃树脂	树脂加入量少（<1%）、黏结强度大、耐热性好，铸件的表面质量好，落砂性能好，旧砂易再生。用于铸铁件生产工艺成熟	造型、浇注时有刺激性气味（含有害气体十余种），劳动环境较差，高温下型砂的退让性差、铸钢件的裂纹倾向大	成本较高，目前主要用于铸铁件的生产，铸钢件受阻于裂纹缺陷，应用较少
	酯硬碱性酚醛树脂	树脂中不含 N、P、S 元素，高温下有"二次硬化现象"，裂纹倾向比呋喃树脂砂小，不放出有刺激性气味、生产环境友好、落砂清理性能好	型砂强度比呋喃树脂砂低，树脂的加入量较高（1.5%～2.5%），成本比呋喃树脂砂高，旧砂再生比呋喃树脂砂困难，铸型（芯）的存放稳定性较差	成本高，应用较少。英国使用较多，近年来在我国应用有增加的趋势
	胺硬酚尿烷树脂（Pep set）	树脂砂可使用时间长、型（芯）砂流动性好、可用射砂制芯，硬化速度快、1 小时可合箱浇注，落砂性能好，裂纹倾向比呋喃树脂砂小，旧砂再生较容易	树脂的加入量较高（1.4%～2.0%）、成本比呋喃树脂砂高，制芯时有二甲苯等有毒气体放出、作业环境较差，含氮量较高，对铸钢件易产生气孔缺陷	成本高，目前在我国的应用主要限于铸铁件
水玻璃砂	普通 CO_2 硬化	环境友好，操作方便，成本低（水玻璃加入量 6%～8%），裂纹倾向小	溃散性差、落砂性能差，型（芯）的表面安装性不太好，铸件的质量较差，旧砂再生困难	成本低，是目前我国用于铸钢件生产的主要型砂
	真空 CO_2 硬化	与普通 CO_2 硬化相比，节省 CO_2 和水玻璃（水玻璃加入量 3.0%～4.0%），溃散性有较大改善，裂纹倾向小	增加了抽真空负压系统，同时应有吹气控制装置配套，应用有局限性，旧砂再生较困难	成本较低，应用较少
	普通酯硬化	水玻璃加入量 3.0%～4.0%，溃散性有较大改善，裂纹倾向小	旧砂干法再生困难（干法再生砂只能作背砂使用），湿法再生较适宜，不能实现干法振动落砂	成本较低，具有较好的应用前景
	改性水玻璃酯硬化	水玻璃加入量 2.0%～3.0%，溃散性大为改善，裂纹倾向小	溃散性接近树脂砂，有望实现真正的干法落砂；旧砂可实现干法回用作背砂，湿法再生作面砂或单一砂；为水玻璃砂工艺的发展方向之一	成本较低，具有广泛的应用前景
黏土砂	湿型黏土砂	砂型无须烘干，不存在硬化过程；生产灵活性大，生产率高，生产周期短，便于组织流水线生产和实现机械化、自动化生产；成本低，能耗少	不适合很大或很厚实的铸件生产，铸件易产生结疤、黏砂、气孔等缺陷，铸件的质量、精度都不太高	主要用于铸铁件的大量生产，也用于小型铸钢件的生产
	干型黏土砂	与湿型黏土砂相比，强度高、透气性好，铸件的缺陷少，适用于中、大型铸铁件和某些铸钢件	铸型在合箱、浇注前将整个砂型放入窑中烘干，退让性差，能耗大，铸件的精度不高	目前应用较少，正在逐步被化学黏结剂的自硬砂所取代

（1）型砂的硬化无须加热烘干，比加热硬化树脂砂节省能源，可以采用木质或塑料芯盒和模板。

（2）铸件的尺寸精度（铸铁件可达 CT8～CT10，铸钢件 CT9～CT11）。表面粗糙度（铸钢件 $Ra25～100$，铸铁件 $Ra25～50$），比黏土砂、水玻璃砂好，铸件质量高。

（3）型砂容易紧实、易溃散、好清理，旧砂容易再生回用，大大减轻了劳动强度，使单件小批生产车间容易实现机械化。

（4）树脂的价格较贵，同时要求使用优质原砂，因而型砂的成本比黏土砂、水玻璃砂高。

（5）起模时间一般为几分钟至几十分钟，生产效率比覆膜砂热芯盒砂低。工艺过程受环境温度、湿度的影响大，要求比较严格的工艺控制。

（6）混砂、造型、浇注时，有刺激性的气味，应注意劳动保护。

树脂自硬砂特别适合于单件，小批量的铸铁、铸钢和非铁合金铸件的生产，不少工厂已用它取代黏土砂、水泥砂，部分取代水玻璃砂，在国内外应用十分广泛。树脂自硬砂主要分三类：酸自硬树脂砂，尿烷自硬树脂砂，酚醛-酯自硬树脂砂。目前最常用的为酸自硬树脂砂。

2.2.3　Corsworth Process 新技术及应用

Corsworth Process 铸造新工艺（简称 CP）是 20 世纪 70 年代由英国人发明的，最初用来生产性能要求很高的一级方程式赛车发动机中的复杂铸铝件（缸体、缸盖等），它是一种精确锆英树脂自硬砂的组芯造型，在可控气氛、压力下充型的复合工艺。CP 法的充型原理如图 2-12 所示，其生产流程如图 2-13 所示。它将激冷砂精密铸型（芯）技术、电磁泵低压铸造技术、流化床旧砂热法再生技术、可控气氛熔化保护技术等多项新技术综合在一起，是一种绿色集约化铸造技术。

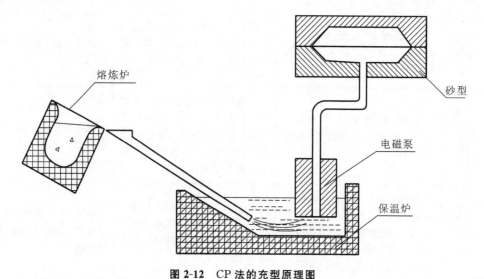

图 2-12　CP 法的充型原理图

1. CP 法的特点

（1）采用锆英砂作原砂，铸型的冷却速度快，热膨胀变形小；精密自硬树脂砂型的强度高、尺寸精确。故由 CP 生产的铸铝件组织性能好、尺寸精度高。

（2）铝坯在惰性气体保护下熔化、精炼、浇注，在这个过程中铝液很少与大气有直接接触，故铝液纯净、品位高，基本没有氧化夹杂物。

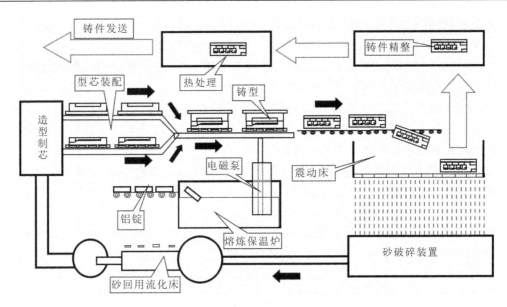

图 2-13 CP 法工艺生产流程图

（3）铸型由电磁泵驱动浇注（属低压底注式），通过电磁泵控制金属液流动充型，使金属浇注过程中的流动平稳，卷气、夹杂缺陷等减少到最低，铸件的致密度达到 $0.001\% \sim 0.01\%$（体积比）；铸件在可控压力和气氛下结晶凝固，故所得铸件的组织性能优良，铸件的缺陷少。

（4）全部采用砂芯，并用机械手下芯，组芯精度高（砂芯间连接误差每个仅为 ± 0.1 mm），铸件的飞边很少，大大减少了清理工时，铸件的精度也大为提高，铸件壁厚薄均匀、加工余量小（仅为 $1.5 \sim 2.0$ mm），铸件的质量比普通砂型铸件的质量轻 $10\% \sim 12\%$。

（5）旧砂采用热法再生、循环使用，砂的损失率仅为 1.5%，材料损耗少。

（6）生产工艺过程循环闭式进行，铸型落砂、旧砂破碎、旧砂再生等工序可组合进行，旧砂热法再生中的余热可以用来完成对铸件的热处理，工艺流程简单紧凑，一举数得，车间环境也大大改善。

CP 法的主要目标是：降低铝合金液体的扰动，减少夹杂、卷气产生的内部缺陷，提高砂型的冷却速度，改善铸件的内在质量。但该工艺的生产率很低，只有 10 型/小时左右，只能用于高级赛车部件的生产，因此提高该工艺的生产率是一个迫切的问题。20 世纪 80 年代以后，随着该工艺技术的进一步发展，CP 法更加完善，对熔炼、造型制芯、充型、废砂回收、铸件处理等工序进行了综合考虑。尤其是翻转浇注系统的发明，使它进入了大规模发展时期。该工艺的主要优点是：由于采用锆砂（激冷砂）和精密树脂砂工艺，并在可控气氛下低压铸造，适用于制造薄壁、高致密度、复杂的铝合金铸件，且铸造的生产环境得到了根本的改善。该工艺在欧美、南非等国家的许多企业得到了应用。

2.CP 法的关键技术

1）原砂及其组芯技术

CP 法的造型制芯工艺及装配技术要求较严，因为每一个铸型中都有多个独立复杂的砂芯。因此对芯盒的设计要求较高，而且要求射芯机制芯。为了尽可能地减少型芯的变形，原砂的级配和黏结剂系统必须经过严格选择，一般采用气体硬化树脂砂，生产率高、尺寸精度高。原砂用的是锆英砂，因为石英砂的热膨胀往往会导致铸型的热变形，使铸件的精度变差，采用热膨胀小的锆英砂就解决了这个问题。为保证型芯的装配精度，采用特制的夹具进行组芯装配,使精度控制在±0.05 mm 以内。

采用锆英砂作为造型制芯的原砂还有以下几个十分显著的优点:

① 由于锆英砂的高的热导率使金属液的凝固速度很快,与金属型的冷却速度相近,得到的铝合金铸件的凝固组织致密、性能很高。

② 锆英树脂砂与铝合金液体的比重相近,在浇铸的过程中,砂芯呈现"零浮力",因此,砂芯不会因为浮力而产生位置的移动,保证了铸件的尺寸精度,尤其是铸件的内腔的精度。这对于浇铸水管类或油管类铸件非常适合。

③ 锆英砂的热膨胀系数小,在循环回用的过程中,锆英砂颗粒不至于由于反复膨胀和收缩而产生热裂损耗,其回用率达到 99%。

2)合理的可控气氛熔炼规范

CP 法的金属熔炼最初是将熔炼好的金属液通过有电热的导管输送到保温炉中,实现"静态传输"。金属液中的微小氧化物和气体经静置后,气体和轻的颗粒物上浮,重颗粒物下降。电磁泵的入口位于液面以下的中部,可将洁净的金属液平稳地输送到铸型中。但是,在实际生产中,铝合金液体与空气接触,氧化是不可避免的,所以效果不是很好。后来经过改进,将熔炼和保温静置在同一个炉内进行。该炉是一种电热辐射顶炉(封闭的),炉内充入惰性气体——氩气,使大部分的铝合金金属液不与空气接触,产生氧化的机会大大减少,因此极大地减少了氧化物的生成。可控气氛下的辐射加热,使得熔炼中的氢大为减少,铸件中的氢的出现与普通铸件相比要低得多。CP 法的熔炼炉是一种电加热辐射炉,上面有氩气保护和脱氢装置。铝锭进入熔炼炉之前经过预热,去掉油污、水分等杂质,然后加入炉内熔炼。熔炼好了的液体从另一头通过电磁泵无扰动地浇注到铸型中。从炉子到铸型之间的浇注管道都用电加热。可以看出,熔炼和浇注的整个过程都是无扰动的,是一种完全的"静态传输"过程。

最新式的熔炼炉是一种燃气辐射三室熔炼保温炉,有三个工作区:预热、熔化、保温,能实现一体化操作。该炉的优点:低耗高热效率、低的金属损耗率、生产率高(250~10000 kg/h)、操作安全可靠、金属液质量高。

3)可控压力无接触式液态金属输送技术

高温铝合金熔体与空气接触时易产生氧化,它在传输的过程中,如发生扰动,就会卷入气体,同时也会破坏液体表面的氧化铝膜,使铸件产生气体和夹杂。因此,实现铝合金液体的"静态传输"是得到高质量铸件的一个重要前提。

Corsworth 铸造有限公司是一家生产 Corsworth 一级方程式赛车发动机的专业公司,赛车发动机铸件的要求是:质量轻(铝合金铸件)、组织性能好、尺寸精度高。Corsworth Process 铸造工艺,最初就是生产质量要求非常高的铝合金发动机缸体、缸盖。多年来,CP 法已被证明是世界上最好的生产高质量铝合金发动机缸体、缸盖的方法。其关键的技术之一就是实现了铝合金液体的"静态传输"。CP 法的熔炼和浇注工艺与普通重力铸造工艺对比,如图 2-14 所示。

4)充型翻转技术

CP 工艺的浇注,原始采用的是底注式(见图 2-15),电磁泵的浇口必须不断地提供铝液直至凝固结束。一般情况下,一个缸盖浇注完毕需要 4.25 min,而铸型充满只需 10~12 s。对于薄壁铸件来说,不需要过多的凝固补缩时间,因此,有 4 min 以上的多余时间被耽误,生产率很低。

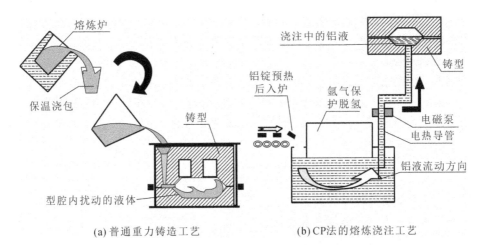

(a) 普通重力铸造工艺　　　　　　(b) CP法的熔炼浇注工艺

图 2-14　CP 法的熔炼浇注工艺与普通重力铸造工艺对比

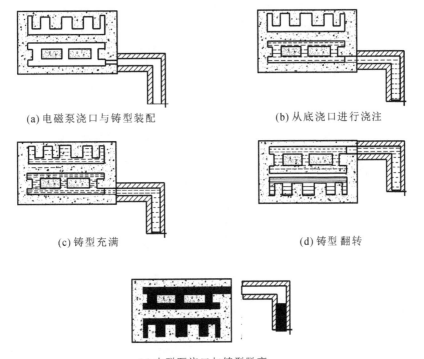

(a) 电磁泵浇口与铸型装配　　　　　　(b) 从底浇口进行浇注

(c) 铸型充满　　　　　　(d) 铸型翻转

(e) 电磁泵浇口与铸型脱离

图 2-15　底注式浇注工艺

　　1988 年,美国底特律的福特汽车公司在加拿大的 Windsor 铝合金制造厂购买了 CP 法的专利,随后发明了翻转充型法。翻转充型工艺的主要原理是将原来的底注式浇铸变为下侧注式浇铸,如图 2-15 所示,金属液通过电磁泵从下侧浇口浇铸到铸型中,直至铸型充满。铸型翻转 180°,此时下侧浇口转到了上面,电磁泵的充型压力降低,使泵的浇口脱离铸型。铸型内的金属液在自重力的作用下结晶凝固,不至于使金属液从下侧浇口流出而浪费,不仅提高了生产率,而且优化了冶金组织。美国福特公司的 CP 生产线,采用翻转充型工艺使生产率达到 100 型/小时,每年生产 110 万型;南非 M&R 公司 CP 生产线采用单工位翻转充型工艺使生产率达到 55 型/小时。

5）电磁泵充型浇注技术

CP 法的另一关键技术是，采用了电磁泵充型浇注技术。

（1）电磁泵的原理。

电磁泵的原理是通入电流的导电流体在磁场中受到洛仑兹力的作用，使其定向移动，如图 2-16 所示。其主要参数是电磁铁磁场间隙的磁感应强度 B（单位 T）和流过液态金属的电流密度 J（单位 A/mm²）。它们与电磁泵的主要技术性能指标——压头（ΔP）间存在如下关系：

$$\Delta P = \int_0^L J_x B_y \, dx \tag{2-1}$$

式中：J_x——垂直于磁感应强度和金属液体流动方向上的电流密度；

B_y——垂直于电流和金属液体流动方向上的磁感应强度；

L——处于磁隙间的金属液体长度。

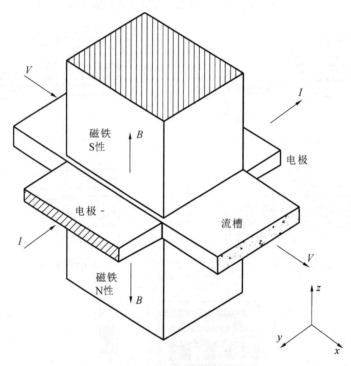

图 2-16　电磁泵原理图

扁平管道是电磁泵体流槽，内部充满导电金属液体，流槽左右两侧的装置是直流电磁铁的磁极，两磁极之间形成一个具有一定磁感应强度的磁隙。流槽的前后两侧是直流电极，电极上有电压时，电流流过流槽壁和内部的金属液体。

直流电磁泵工作时，作用于流槽内金属液体的电流（I）和磁隙磁感应强度（B）的方向，互相垂直，根据左手安培定则，在磁场中的电流元将受到磁场的作用力，该力称为安培力，其方向向上。电磁铁、电极和流槽是构成电磁泵的基本结构单元。其中电极与铝合金直接接触，并加载电流，工作环境恶劣，因此对电极的综合性能要求很高。

（2）电磁泵浇注的技术要点。

电磁泵浇注时，金属液可取自液面以下未氧化的纯净铝液，具有无接触、充型平稳、可控性好等一系列优点。但电磁泵的效率通常很低，如何提高电磁泵的效率，对于电磁泵的推广应用是一个十分重要的课题。电磁泵的效率受诸多因素的影响,其中,泵体流槽结构、直流电极是关键结构因素。另外,直流平面电磁泵在工作时还存在种种实际因素影响着它的压头和效率。

① 液态金属内流过的电流会产生一个感生磁场,它叠加到外加磁场上,就会使合成磁场从泵的进口到出口不均匀地分布(进口处场强比出口处的强)。

② 直流泵的端部损失。由于在泵沟有效区(受磁铁磁力作用的区域)前后也有能导电的液态金属,所以有一部分电流直接从有效区前后的液态金属中流过(这部分电流称为漫流电流),而不产生有用的电磁推力。

③ 电磁泵的流槽结构。

④ 摩擦损失。由于液态金属有黏性,所以,当它在流槽内流动时还受到摩擦力的阻碍,电磁推力克服摩擦阻力后,才是电磁泵实际能给出的压头。

⑤ 场强的不均匀性。磁铁边缘附近的场强比中心的弱,从而使位于磁铁边缘部分的液态金属受到的电磁推力也减弱。

(3)电磁泵低压铸造技术。

近年来,电磁泵在铸造中的应用日趋广泛,"电磁泵与压铸机"或"电磁泵与低压铸造机"配用,如图 2-17 所示。主要是利用电磁泵流动平稳及精确可调的定量性能,流量可控范围为 $0\sim6$ kg/s,同时,电磁泵浇注时无机械的摩擦接触,还易于实现自动化生产,可大大减少金属液的氧化和吸气。

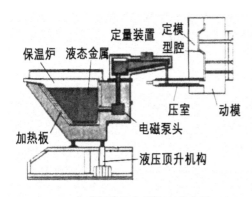
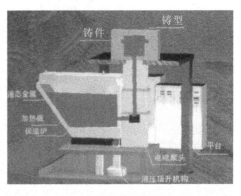

(a) 电磁泵输送在压铸中的应用　　　　　(b) 电磁泵低压铸造系统

图 2-17　电磁泵在铸造中的应用

2.2.4　无模精密砂型快速铸造技术

近年来,3D 打印技术在铸造行业得到了推广应用,无模精密砂型快速铸造(rapid casting,简称 RC)复杂铸件体现了较大优势。相对于传统砂型铸造,其无须制作木模、模样,制造周期短、成本低、砂型/砂芯一体化制造、可制造出任意复杂形状的铸件,用该方法制备的砂型(芯)尺寸精度提高到了 CT 6～CT 7 级,表面粗糙度达到 3.2～6.3 μm,可实现复杂铸件的整体近净成形。在单件、小批量复杂铸件的制造和新产品的试制方面具有更好的发展前景,已在整体叶轮、发动机的缸体、缸盖等铸件上得到应用。

无模精密砂型快速铸造技术是快速成形技术与精密砂型铸造工艺的结合产物,将配备浇注系统的 CAD 模型进行反求并作切片处理,在快速成形机上直接完成可供浇注的砂型。

相比于传统精密砂型铸造,避免了木模、模样等的设计与制造,开发时间可缩短 50%~80%。同时,对于复杂铸件的设计和制造有较高的自由度。目前,主要的无模精密砂型制备方法有基于激光烧结原理的无模精密砂型 RC 技术、基于三维打印原理的无模精密砂型 RC 技术和基于数控加工原理的无模精密砂型 RC 技术。

(1) 基于激光烧结原理的无模精密砂型 RC 技术。

选择性激光烧结(SLS)砂型具有制造中不需要任何机械辅助设备、灵活性高、稳定性好,适合制造复杂形状的砂型(芯)。适用的砂型是覆膜砂。其原理为:覆膜砂表面被酚醛树脂等添加材料包覆着,在激光烧结快速成形时,通过激光加热酚醛树脂使其受热熔化后冷却固化,使覆膜砂黏结形成砂型/芯,如图 2-18 所示。用激光烧结覆膜砂制作砂型/芯的工艺过程如下:零件三维造型及数据输入设备→筛砂→铺砂→烧结成形→取件→清砂→预固化→固化处理→砂型/芯修整。

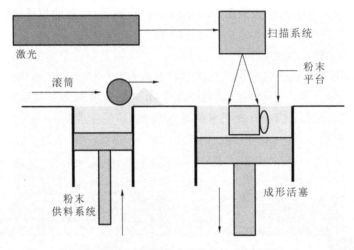

图 2-18 选择性激光烧结的工作原理图

SLS 是美国得克萨斯大学的 C. R. Dechard 于 1989 年研制成功。采用激光技术作为使能技术,由 RPM 激光烧结覆膜砂、陶瓷粉末等材料分层叠加直接完成铸型制造。德国 EOS 公司,美国 DTM 公司,我国北京隆源自动成形系统有限公司和华中科技大学都推出了各自的 SLS 铸造成形机。

目前,SLS 直接砂型制造的方法有两种,直接烧结工艺和间接烧结工艺。2003 年,新加坡国立大学对硅砂的直接烧结工艺进行研究,提出由于硅砂中少量 Al_2O_3 的存在可降低砂粒表面的熔点,因此不需要黏结剂即可烧结的观点。此方法激光功率在 140~200 W 之间,但成形速度较慢,制造周期较长,且它对设备要求高,因此未得到广泛的应用。目前普遍采用的是间接烧结工艺,即烧结表面覆有热塑性黏结剂的覆膜砂,酚醛树脂的固化温度不高,激光功率只要求在 25~100 W 内。完成的砂型(芯)强度较低,需经过进一步的后固化处理,其固化温度一般控制在 200~280 ℃。无模砂型 SLS 铸造,一般采用的是传统铸造用覆膜砂,但由于激光烧结的瞬时传热及固化反应等一系列复杂的物理化学反应过程,传统覆膜砂的激光成形性能并不理想,存在酚醛树脂含量过多、激光烧结初强度偏低,且砂型表面的浮砂导致尺寸精度较差、清砂困难,特别是一些精细结构成形困难。另外,在开发适用于 SLS 技术的新材料,降低发气量的同时,砂型(芯)的初强度要能满足要求。目前 SLS 用覆膜砂粉体材料正朝着小颗粒方向发展,以德国 EOS 公司为代表,采用的是粒度 100/200 目,甚至更细的覆膜砂。国内这方面的研究与之有一定的差距。但目前专门开发的 SLS 覆膜砂价格普遍偏高，扩大应用受到限制。

因此，目前 SLS 研究的重点是激光烧结粉末材料的研制。覆膜砂 SLS 砂型铸造采用 SLS 工艺，用覆膜砂直接制造整体砂型或型芯（见图 2-19），最终的砂型可用于非铁金属、铸铁、铸钢件等的浇注。但受设备成形空间的限制，该方法主要适用于中小型复杂铸件的生产。尤其是单件、小批量铸件的制造或新产品试制。在航空航天、汽车等工业领域如航空发动机、坦克发动机的缸体、缸盖等生产上得到实际应用。图 2-19（b）为 SLS 覆膜砂砂芯，其中砂芯流道形状复杂，沿空间任意方向弯扭，有的流道细长且最小直径仅为 6 mm。

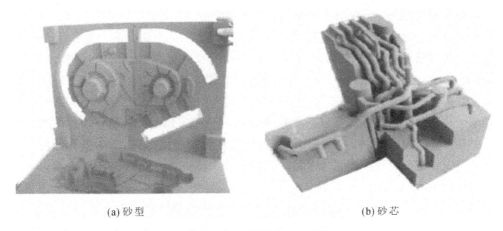

(a) 砂型　　　　　　　　　　　　　　　　(b) 砂芯

图 2-19　SLS 覆膜砂砂型及砂芯

（2）基于三维打印原理的无模精密砂型 RC 技术。

基于三维打印原理的无模砂型 RC 技术同 SLS 技术相似，都是基于粉末材料的分层叠加思想，区别在于前者是微滴喷射黏结成形，原理如图 2-20 所示。常用该项技术快速成型的砂型有自硬酚醛树脂砂型、呋喃树脂砂等。

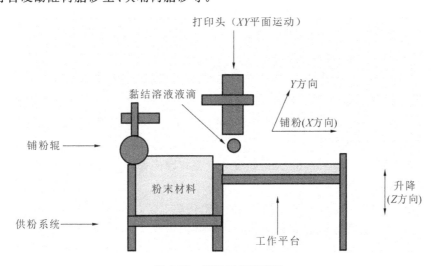

图 2-20　3DP 工作原理图

与 SLS 覆膜砂工艺相比，基于三维打印原理的无模砂型 RC 技术具有以下特点：打印粉体是采用预混固化剂的铸造型砂，和传统砂型工艺完全兼容；打印速度快（SLS 的 10 倍）、成本低；初始强度较高；黏结剂加入量与传统工艺基本相同，发气量比 SLS 覆膜砂小；透气性好

（可用 70 目以下的砂粒）；溃散性好。

三维打印工艺不需要激光器等高成本设备，成本相对较低，且可以采用传统工艺中的水洗砂、黏结剂等，不需要特殊处理，因此应用较为广泛。但仍存在一些问题需要进一步完善，如：喷头易堵塞、生产速度受黏结剂喷射量的限制等。

目前，基于三维打印原理的无模精密砂型快速铸造技术有：我国的无模铸型制造技术（PCM）、德国的 generis RP systems 工艺、美国的直接壳型制造技术（DSPC）、Z Corp 公司 Z cast direct metal casting 工艺、ExOne 公司的 prometal RCT 技术和德国的 generissand（GS）工艺等。上述方法都是基于有机树脂黏结砂型。

无模铸型制造技术（patternless casting manufacturing，简称 PCM）在三维打印技术喷射黏结剂的基础上，第二个喷头沿相同的路径喷射催化剂，或者双喷头一次复合喷射技术按照截面轮廓信息同时喷射黏结剂和催化剂。两者进行交联固化，最终得到具有一定强度的砂型，在型腔上涂上涂料之后就能用于浇注铸件。PCM 技术的原砂、黏结剂等基本沿袭了传统树脂砂的要求，采用传统铸造中的 70/140 树脂砂。结合 PCM 工艺特点，对黏结剂和催化剂的物理化学性能也有特殊要求。目前，效果最好的是采用呋喃树脂作为黏结剂，甲苯磺酸作为催化剂。采用 PCM 技术制造砂型，成本低廉、砂型强度较高，无须特殊的后处理，但其表面质量有待进一步提高。该技术尤其适用于大中型铸型的制造。图 2-21 为采用 PCM 工艺制造的叶轮。

美国 Soligen 公司根据美国麻省理工学院（MIT）的三维打印专利开发形成了 DSPC 技术。该工艺采用陶瓷粉末作为造型材料，颗粒尺寸在 $75\sim150~\mu\mathrm{m}$ 之间，因此铸型的表面质量较高。但由于采用硅酸盐水溶液作为黏结剂，获得的陶瓷铸型强度较低，必须经过焙烧之后才能用于浇注，因此一般适用于中小型铸型的制造。

Z Corp 公司将 3D 打印与铸造工艺相结合，推出了 Z cast direct metal casting 工艺。Z cast 工艺能达到的最高浇注温度为 1100 ℃，可制造出壁厚为 12 mm 的型壳，主要适用于非铁金属砂型制造。Z cast 一般采用铸造砂、塑料和其他添加物的混合物 501 粉末作为材料。研究发现，标准的 ZP14 粉末也可作为打印材料，且成本相对较低。该粉末的使用有利于降低打印成本，为三维打印砂型铸造提供支持。

ExOne 公司的 prometal RCT 技术是一种专门制作铸造砂型的 3DP 技术，其成形材料为树脂砂，其型砂多为硅砂、合成砂及其他的铸造介质。成形件（砂型）不需要特别的后处理工序，进行清扫后就可以用于铸造生产。prometal RCT 技术的工作空间达到 1800 mm× 1000 mm×700 mm，层厚为 0.28～0.50 mm，打印速度为 59400～108000 cm³/h，可用于大型铸型的制造。图 2-22 是 ExOne 公司研发的砂型打印设备。prometal RCT 技术打印的砂型设备如图 2-23 所示。

GS 是德国 Generis 公司开发的直接 RP 精密铸造工艺，它是将砂粒铺平后，首先向砂层均匀喷洒树脂，然后数控喷头根据轮廓规划轨迹喷射催化剂，催化剂与树脂产生交联反应，层层固化叠加生成精密铸型。该工艺分层精度 0.3 mm，加工范围 1500 mm×750 mm× 750 mm，常用于大中型铸型生产。

此外，近年来，3DP 无机黏结剂（如硅酸钠、磷酸盐等）砂型/砂芯被研究者关注，但是其存在加热后处理速度慢等问题。采用微波加热的方式对 3DP 砂型进行后处理，既可解决微波加热的模具材料问题，又能大大缩短铸型的烘焙时间，具有较好的应用前景。

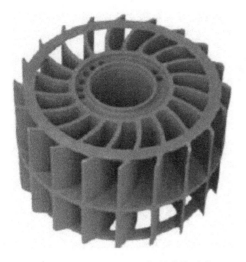

图 2-21　采用 PCM 工艺制造的叶轮

图 2-22　ExOne 砂型打印设备

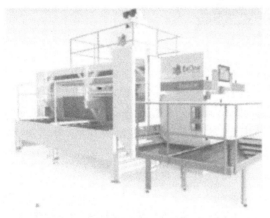

(a) 大型工业机Exerial

(b) M-Flex 教学造型设备

图 2-23　prometal RCT 技术打印的砂型设备

（3）基于数控加工原理的无模精密砂型 RC 技术。

基于数控加工原理的无模精密砂型 RC 技术不同于前述的离散/堆积原理快速成形技术，它是基于去除原理的制造方法获得砂型的工艺，通过砂型高速减式切削加工毛坯，直接切削砂坯得到铸型，省去模具环节，大大缩短铸造时间，同时还提高了铸件制造工艺的精度和柔性，如图 2-24 所示。适用于该项技术的有水玻璃砂型、树脂砂型、覆膜砂型等铸造用砂型，且采用的是粒度 70/140 目的传统水洗砂。

直接模具铣削工艺（direct mold milling，DMM）是德国 AcTech 公司提出的专利，它是数控加工与砂型铸造的结合，可在短期内制造出数量更多的铸型，如图 2-25 所示。将准备好的型砂置于数控铣削中心，用铣削工具对其进行加工，最终获得完整的砂型或型芯。获得的单个铸型最大尺寸可达到 2.5 m。DMM 工艺对砂型进行分割，可用于制造出接近无限大的模具及快速原型，因此，一般用于大型铸件的生产。但受铣削工具活动范围的限制，不适合形状十分复杂，尤其是内腔结构复杂的铸件生产。该工艺对型砂直接加工，大型铸件的生产周期从原来的 2～3 周缩短到 1 周左右，且铸件的精度较高，也适用于新产品的研究试制及单件或小批量的大型铸件的近净成形。

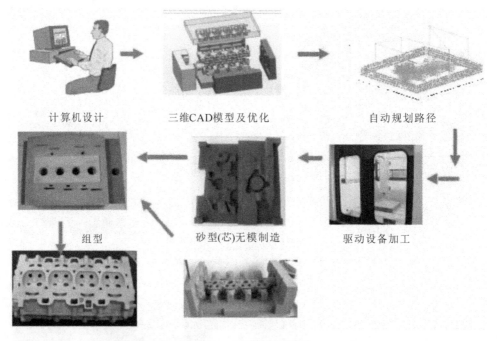

计算机设计　　　　三维CAD模型及优化　　　　自动规划路径

组型　　　　砂型(芯)无模制造　　　　驱动设备加工

图 2-24　无模铸造原理图

图 2-25　DMM 砂型加工示意图

国内,机械科学研究总院首先开展了铸型数控加工制造技术的研究工作,进行了刀具材料、加工工艺、系统软件等研究工作,研发的铸型数控加工成形机已经商业化,加工精度达到 ±0.1 mm,最大可以加工砂型尺寸为 2000 mm×1000 mm×300 mm,如图 2-26 所示。目前,能够使用的砂型有水玻璃砂型、树脂砂型、覆膜砂型等。制造铸型尺寸为 930 mm×430 mm×240 mm 的汽车罩壳件,耗时 30 h 左右,误差最大值仅为 0.1 mm,开发周期由传统的 2～4 个月缩至 5 天,模具毛坯加工余量大幅度减少,由 15～20 mm 减至 3～5 mm。图 2-27 是采用无模铸型数控加工工艺获得的发动机缸体砂芯。

图 2-26　铸型数控加工成形设备

图 2-27　采用无模铸型数控加工工艺获得的砂型/芯

基于数控加工原理的无模精密砂型 RC 技术,利用三维造型软件进行造型后,在计算机的控制下直接对铸造砂型进行铣削加工,既缩短了制造时间,节约了成本,又提高了砂型的加工精度,使铸件的加工余量降低。成形区域范围较大,可用于汽车产业、模具等产品的快速试制,也可用于大型核电、水电等重要装备中关键的大型零件的砂型制造,具有很好的应用前景。但该工艺对型砂直接切削加工,存在着复杂薄壁型砂加工易出现坍塌的现象,因此不适合薄壁件的生产。并且表面粗糙高速旋转的刀具加工砂型易磨损或崩刃,要求砂的粒径比较小,一般用于大型、型壳较厚的精密砂型的制造。

2.3　消失模精密铸造技术

2.3.1　消失模精密铸造技术原理及特点

2.3.1.1　消失模精密铸造技术特点

消失模铸造(expendable pattern casting,简称 EPC;或 lost form casting,简称 LFC),又称汽化模铸造(evaporative foam casting,简称 EFC)或实型铸造(full mold casting,简称 FMC)。泡沫模样的获得有两种方法:模具发泡成形、泡沫板材的加工成形。

它是采用泡沫塑料模样代替普通模样紧实造型,造好铸型后不取出模样、直接浇入金属液,在高温金属液的作用下,泡沫塑料模样受热汽化、燃烧而消失,金属液取代原来泡沫塑料模样占据的空间位置,冷却凝固后即获得所需的铸件。消失模铸造浇注的工艺过程如图 2-28所示。用于消失模铸造的泡沫模样材料又包括:EPS(聚苯乙烯)、EPMMA(聚甲基丙烯酸甲酯)、STMMA(共聚物,EPS 与 MMA 的共聚物)等,它们受热汽化产生的热解产物及其热解的速度有很大不同。

整个消失模铸造过程包括:① 制造模样,② 模样组合(模片之间及其与浇注系统等的组合),③ 涂料及其干燥,④ 填砂及紧实,⑤ 浇注,⑥ 取出铸件等工部。

与砂型铸造相比,消失模铸造方法具有如下主要特点。

(1)铸件的尺寸精度高、表面粗糙度低。铸型紧实后不用起模、分型,没有铸造斜度和活块,取消了砂芯,因此避免普通砂型铸造时因起模、组芯、合箱等引起的铸件尺寸误差和错箱等缺陷,提高了铸件的尺寸精度;同时由于泡沫塑料模样的表面光整、其粗糙度可以较低,故消失模铸造的铸件的表面粗糙度也较低。铸件的尺寸精度可达 CT5~CT6 级、表面粗糙

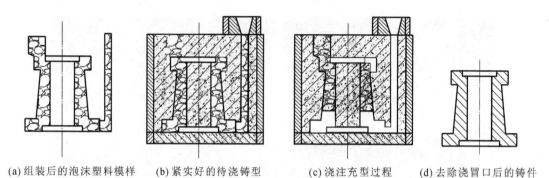

(a) 组装后的泡沫塑料模样　(b) 紧实好的待浇铸型　(c) 浇注充型过程　(d) 去除浇冒口后的铸件

图 2-28　消失模铸造浇注的工艺过程

度可达 $6.3 \sim 12.5 \ \mu m$。

（2）增大了铸件结构设计的自由度。在进行产品设计时，必须考虑铸件结构的合理性，以利于起模、下芯、合箱等工艺操作及避免因铸件结构而引起的铸件缺陷。消失模铸造由于没有分型面，也不存在下芯、起模等问题，许多在普通砂型铸造中难以铸造的铸件结构在消失铸造中不存在任何困难，增大了铸件结构设计的自由度。

（3）简化了铸件生产工序，提高了劳动生产率，容易实现清洁生产。消失模铸造不用砂芯，省去了芯盒制造、芯砂配制、砂芯制造等工序，提高了劳动生产率；型砂不需要黏结剂、铸件落砂及砂处理系统简便；同时，劳动强度降低、劳动条件改善，容易实现清洁生产。消失模铸造与普通砂型铸造的工艺过程对比，如图 2-29 所示。

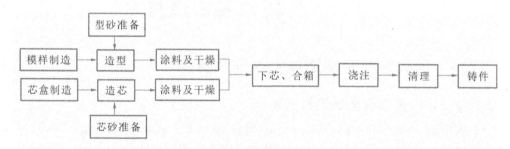

(a) 普通砂型铸造工艺过程简图

(b) 消失模铸造工艺过程简图

图 2-29　普通砂型铸造与消失模铸造的工艺过程比较

（4）减少了材料消耗，降低了铸件成本。消失模铸造采用无黏结剂干砂造型，可节省大量型砂黏结剂，旧砂可以全部回用。型砂紧实及旧砂处理设备简单，所需的设备也较少。因此，大量生产的机械化消失模铸造车间投资较少，铸件的生产成本较低。

总之，消失模铸造是一种近无余量的液态金属精确成形技术，它被认为是"21 世纪的新型铸造技术"及"铸造中的绿色工程"，目前它已被广泛用于铸铁、铸钢、铸铝件的工业生产。用消失模铸造出的复杂的汽车发动机缸体铸件及泡沫模样如图 2-30 所示。

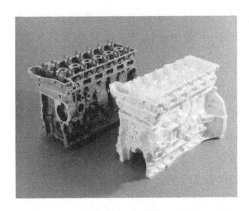

图 2-30　六缸缸体消失模铸件及泡沫模样

2.3.1.2　消失模铸造成形理论基础

消失模铸造与其他铸造法的区别主要在于泡沫模样不取出,留在铸型内,泡沫模样在金属液的作用下在铸型中发生软化、熔融、汽化,产生"液相－气相－固相"的物理化学变化。由于泡沫模样的存在,也大大改变了金属液的充填过程及金属液与铸型的热交换。在金属液流动前沿,存在如下复杂的物理、化学反应:① 在液态金属的前沿气隙中,存在着高温液态金属与涂料层、干砂、未汽化的泡沫模样之间的传导、对流和辐射等热量传递;② 消失模铸造的热解产物(液态或气态)与金属液、涂料及干砂间存在着物理化学反应,发生质量传递;③ 由于气隙中的气压升高,以及模样热解吸热反应使金属液流动前沿温度不断降低,对金属液的流动产生动量传递。

正是由于金属液与泡沫模样汽化产物的相互作用,使得普通砂型铸造过程原理不能解释消失模铸造过程的原理,消失模铸造缺陷也与砂型铸造的缺陷不同。

1. 消失模铸造充型时的气体间隙压力

消失模铸造浇注系统及液态金属流动前沿示意,见图 2-31。图 2-31(a)为由泡沫模样组成的浇注系统及铸件示意图,图 2-31(b)为金属液流动前沿的"液相-气相-固相"关系示意图。

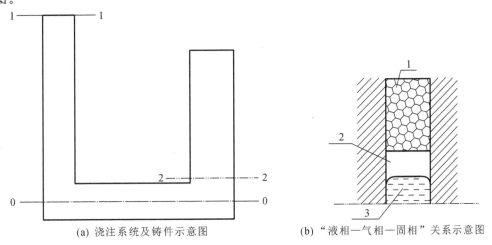

(a) 浇注系统及铸件示意图　　　　　　(b) "液相－气相－固相"关系示意图

图 2-31　消失模铸造浇注系统及液态金属流动前沿示意图

断面 1—1,断面 2—2,基准面 0—0,1—泡沫模样,2—气体间隙,3—液态金属设浇注过程中的流动是平稳的（即浇口杯中的液体高度不变，或静压头不变），此时图2-31(a)中的断面1—1、断面2—2满足流体力学中的伯努利方程：

$$Z_1 + \frac{p_1}{\gamma} + \frac{v_1^2}{2g} = Z_2 + \frac{p_2}{\gamma} + \frac{v_2^2}{2g} + h_\xi \tag{2-2}$$

式中：Z_1、Z_2——位置水头(m)；

$\quad p_1$、p_2——断面上的压力(Pa)；

$\quad v_1$、v_2——流经各断面的平均速度(m/s)；

$\quad \gamma$——金属液的重度(N/m^3)；

$\quad g$——重力加速度(m/s^2)；

$\quad h_\xi$——总阻力损失水头(m)。

设基准面选在图2-31中的0—0线上，且为等截面流动，故 $Z_2 = 0$、$v_1 = v_2$。令 $p_1 = p_0$（大气压），代入式(2-2)得

$$\frac{p_2 - p_0}{\gamma} = \frac{\Delta p}{\gamma} = Z_1 - h_\xi \tag{2-3}$$

如果 $h_\xi = 0$，即阻力损失不计，则

$$\Delta p = p_2 - p_0 \approx \gamma Z_1 \tag{2-4}$$

可以理解为：消失模铸造正常充型时，如果忽略金属液流动的阻力，则液态金属与泡沫模样间的气隙压力近似等于液态金属在该处的静压。

而影响该气隙压力的因素应包括：液态金属的流动速度及流量、泡沫模样的密度及发气速度、涂层厚度及透气性、真空度大小、透气面积、浇注温度等。

2. 消失模铸造的浇注温度

与空腔砂型铸造相比，消失模铸造需要汽化泡沫模样后充型，故通常需要更高浇注温度 Δt。设铸型的体积为 $V(m^3)$，分解汽化 1 kg 泡沫模样所需热量为 $W(J/kg)$，铸型内的消失模汽化所需热量 Q 为

$$Q = V\rho_1 W \tag{2-5}$$

式中：ρ_1——泡沫模样的密度。

设液态金属的质量（含浇冒口）为

$$M = V\rho_2 \tag{2-6}$$

式中：ρ_2——液态金属的密度，令液态金属的比热容为 C，液态金属浇注时应升高的温度为

$$\Delta t = \frac{Q}{CM} = \frac{\rho_1 W}{\rho_2 C}$$

因此，通常情况下由于热解泡沫模样的热量损失，消失模铸造的浇注温度应比砂型铸造的浇注温度高 20 ℃～30 ℃（有的文献推荐高 30 ℃～50 ℃）。

3. 消失模铸造的合理浇注速度

消失模铸造的合理浇注速度，应该是能生产出合格铸件的浇注速度。从传质平衡角度看，汽化模汽化后的产物能顺利排出型腔才有可能生产出合格铸件，否则就会产生卷气等缺陷。即浇注时，液态金属注入型腔的体积（或流量），应等于泡沫模样受热汽化而退让的体积（或流量）。

为了简化理论推导过程，将图2-31(b)所示的"液相-气相-固相"传热看成是一维稳定换热，且令液态金属的温度不变，则导热问题由傅里叶导热定律得[5]

$$q_1 = -\lambda \frac{\mathrm{d}t}{\mathrm{d}\delta} \approx \lambda \frac{T_1 - T_2}{\delta} \qquad (2\text{-}7)$$

式中：q_1——热流能量（$\mathrm{W/m^2}$）；

λ——热导率[$\mathrm{W/(m \cdot ℃)}$]；

δ——气体间隙厚度（m）；

T_1——液态金属的热力学温度（K）；

T_2——泡沫模样的热力学温度（K）。

其对流和辐射换热可用复合公式表达：

$$q_{RC} = (\alpha_C + \alpha_R)(T_1 - T_2) \qquad (2\text{-}8)$$

式中：q_{RC}——对流辐射复合换热的热流通量（$\mathrm{W/m^2}$）；

α_C——表面传热系数；

α_R——辐射传热系数[$\mathrm{W/(m^2 \cdot K)}$]。

而 $\alpha_R = C_{12}(T_1^4 - T_2^4) \times 10^{-8}/(T_1 - T_2)$，$C_{12}$ 为液态金属对泡沫模样的相当辐射系数[$\mathrm{W/(m^2 \cdot K^4)}$]。

总的热流通量是热传导与对流辐射热流通量的和，即

$$q = \left(\frac{\lambda}{\delta} + \alpha_C + \alpha_R \right)(T_1 - T_2) \qquad (2\text{-}9)$$

所以，当 δ 变小，α_C、α_R 增大，q 变大；而 $T_1 - T_2$ 增大时，q 快速变大。

又知，汽化单位体积泡沫模样所需热量为 $W \cdot \rho_1$，则

泡沫模样在浇注时为液态金属退让的速度 v_T 为

$$v_T = \frac{q}{\rho_1 \cdot W} = \frac{1}{\rho_1 \cdot W} \left(\frac{\lambda}{\delta} + \alpha_C + \alpha_R \right)(T_1 - T_2) \qquad (2\text{-}10)$$

单位时间泡沫模型退让的体积为

$$Q_v = \frac{A}{\rho_1 \cdot W} \left(\frac{\lambda}{\delta} + \alpha_C + \alpha_R \right)(T_1 - T_2) \qquad (2\text{-}11)$$

式中：A——垂直于流动方向上泡沫模型的截面积（$\mathrm{m^2}$）。

故液态金属注入型腔的质量流量为

$$Q_m = \frac{A\rho_2}{\rho_1 \cdot W} \left(\frac{\lambda}{\delta} + \alpha_C + \alpha_R \right)(T_1 - T_2) \qquad (2\text{-}12)$$

充型时间为

$$\tau = M_z / Q_m \qquad (2\text{-}13)$$

式中：M_z——包括浇冒口系统在内的铸件总质量。

所以，在直浇道中液体下落的速度为

$$v_z = \frac{Q_v}{S_z} = \frac{A}{\rho_1 \cdot W \cdot S_z} \left(\frac{\lambda}{\delta} + \alpha_C + \alpha_R \right)(T_1 - T_2) \qquad (2\text{-}14)$$

式中：S_z——直浇道的截面积。

如果从气体向外排出的角度来考察，由图 2-31(b)可知，间隙气体向外排出的体积流量为

$$Q_v = \frac{p_j - p_0 + p_z}{R} = \frac{\Delta p + p_z}{R} \qquad (2\text{-}15)$$

式中：p_j——间隙气体的绝对压力值（Pa）；

p_0——大气压力（Pa）；

p_z——砂型中的真空度(Pa);

R——间隙周围涂料层的气阻(N·s/m⁵)。

而气阻 R 可表示为

$$R = \frac{H}{FK \times \frac{5}{3} \times 10^{-8}} \tag{2-16}$$

式中:F——与负压相通的气隙四周的面积(m²),$F = \delta s$,s 为气隙的周长;

K——涂层高温状态的透气性[cm⁴/(g·min)];

H——涂层的厚度(m)。

将式(2-16)代入式(2-15)中得

$$Q_v = \frac{(\Delta p + p_z)\delta \cdot S \cdot K \times \frac{5}{3} \times 10^{-8}}{H} \tag{2-17}$$

将式(2-4)代入式(2-17)中得

$$Q_v = \frac{(\gamma \cdot Z_1 + p_z)\delta \cdot S \cdot K \times \frac{5}{3} \times 10^{-8}}{H} \tag{2-18}$$

这一排出的气体体积是从铸型直浇道流入的液态金属,所驱替的同体积的泡沫模样的发气量 Q_v',因 Q_v' 可表示为

$$Q_v' = v_z S_z \rho_1 \cdot \frac{(t-416)}{680} \cdot \frac{p_0 T_m}{T_0 p_m} \tag{2-19}$$

式中:$v_z S_z \rho_1$——单位时间汽化的泡沫模样的质量;

$\dfrac{(t-416)}{680}$——单位质量 EPS 发出的标准态气体体积;

t——浇注温度;

p_0、T_0——标准态下的大气压力和热力学温度;

T_m、p_m——间隙处的热力学温度和压力。

而 T_m 可近似成金属液的热力学温度($T_m \approx t$)、$p_m \approx p_0 + \gamma h$($\gamma$ 为液态金属的重度、$h = Z_1$ 为液态金属在气隙处的静压头)。因 $Q_v' = Q_v$,故由式(2-18)和式(2-19)得

$$v_z S_z = \frac{(\gamma \cdot h + p_z)\delta \cdot S \cdot K \times \frac{5}{3} \times 10^{-8}}{H} \cdot \frac{680}{\rho_1(t-416)} \cdot \frac{T_0(p_0 + \gamma \cdot h)}{p_0 t} \tag{2-20}$$

所以,由式(2-20)可知,合理的充型速度 $v_z S_z$ 随着静压头 h、真空度 p_z、气隙厚度 δ、气隙的周边长度 S、透气性 K 的增大而增大,随着涂层厚度 H、模样密度 ρ_1、液态金属的浇注温度 t 的增大而减小,特别是静压头 h 与浇注温度 t 对它的影响最为显著(以平方形式进行)。

4. 消失模铸造中铸型坍塌缺陷的形成机理

当模样四周散砂的紧实力不高或紧实力不均匀时,消失模铸造中的铸型易产生坍塌缺陷。为了避免坍塌,其受力 p_f 必须满足下列关系式:

$$p_f + p_2 \geqslant (\rho g z + p_0 - p_1) \times \frac{1 - \sin\varphi}{1 + \sin\varphi} + p_1 \tag{2-21}$$

式中:p_0——大气压(Pa);

p_1——砂箱内型砂中的气体压力(Pa),$p_1 = p_0 - p_z$,p_z 是真空度;

p_2——气隙内气体压力(Pa)，$p_2 \approx p_0 + \gamma h$；

g——重力加速度(m/s²)；

z——型砂深度(m)；

ϕ——型砂内摩擦角，一般小于 90°，故 $\dfrac{1-\sin\varphi}{1+\sin\varphi} \leqslant 1$；

ρ——型砂密度(kg/m³)。

即

$$p_f + \gamma \cdot h \geqslant \rho g z \times \frac{1-\sin\varphi}{1+\sin\varphi} - 2p_z \frac{\sin\varphi}{1+\sin\varphi} \tag{2-22}$$

所以，坍塌缺陷与真空度 p_z、型砂深度 z、型砂内摩擦角 ϕ、型砂的紧实度 p_f 和密度 ρ、金属液的高度 h 等因素有关。

2.3.1.3　消失模铸造的充型特征及界面作用

1. 消失模铸造的充型过程及裂解产物

消失模铸造通常采用散砂紧实，其工艺过程为：加入一层底砂后，将覆有涂料的泡沫模样放入砂箱内，边加砂边振动紧实直至砂箱的顶部；然后用塑料薄膜覆盖砂箱上口，以确保铸型呈密封状态；再将浇口杯放置在直浇口上方，使铸型呈密封状态。为了防止浇注时溅出的金属液烫坏塑料薄膜而使铸型内的真空度下降，通常在密封薄膜的上面撒上一层干砂。浇注时，开启真空泵抽真空，使铸型紧实。

消失模铸造工艺的本质特征是在金属浇注成形过程中，留在铸型内的模样汽化分解，并与金属液发生置换。与金属液接触时，泡沫塑料模样总是依"变形收缩—软化—熔化—汽化—燃烧"的过程进行。在金属液与泡沫塑料模样之间存在着气相、液相，离液态金属越近、温度越高、气体分子质量越小。浇注时液体金属前沿的气体成分变化趋势如图 2-32 所示。这些过程及变化与铸件的质量密切相关。

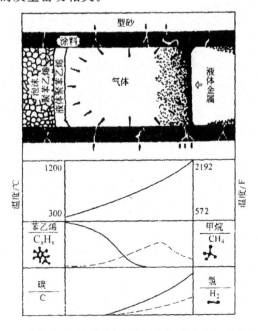

图 2-32　液态金属(铁合金)前沿的气体成分变化趋势示意图

由于不同金属的浇注温度相差很大,金属液流动前沿气隙中热解气体的成分也有较大的不同(如表 2-3 所示)。铝合金浇注温度低(750 ℃),泡沫模样的裂解程度小,以 EPS 泡沫模样材料为例,其热解产物中小分子气体产物的体积分数仅占 11.42%,发气量较小。而铸铁、铸钢的浇注温度较高,泡沫模样的裂解程度大,小分子气体产物的体积分数分别为 32.79%、38.57%,发气量大。

表 2-3　不同合金浇注温度下 EPS 热解产物的含量(质量分数,%)

合金及浇注温度	小分子气体产物	蒸气态产物				
		苯	甲苯	乙苯	苯乙烯	多聚体
铸铝(750 ℃)	11.42	6.57	10.38	0.78	69.31	1.42
铸铁(1350 ℃)	32.79	51.61	3.21	0.10	12.34	微量
铸钢(1600 ℃)	38.57	52.73	3.57	微量	5.13	微量

注:(1) 微量代表质量分数小于 0.10%;(2) 小分子气体产物是指 CH_4、C_2H_4、C_2H_2 等。

通过透明的耐热石英玻璃浇注试验,观看到的铝合金与铁合金消失模铸造的充型前沿区别,如图 2-33 与图 2-34 所示。铝(或镁)合金液的流动前沿的气隙主要是液态的 EPS,它浸润渗透耐火涂层的过程成为铝液流动前沿控制的主要因素;而铸铁、铸钢浇注时金属液的流动前沿主要是高温气体产物,它能否顺利通过涂层是控制金属液充型流动的主要因素。

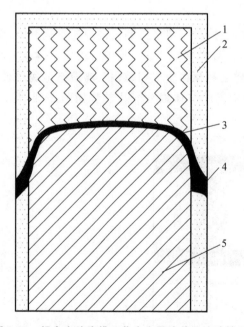

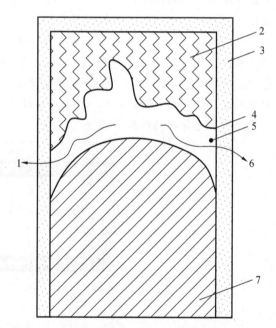

图 2-33　铝合金消失模工艺中金属液前沿流动情况
1—固态 EPS;2—涂层;3—液态 EPS;
4—液态 EPS 浸润和渗透;5—金属液

图 2-34　铁合金消失模工艺中金属液前沿流动情况
1,6—气体产物的扩散;2—固态 EPS;
3—涂层;4—液态 EPS;5—气体间隙;7—金属液

2.热解产物对铸件质量的影响

热解产物对铸件质量有着重要的影响,但对不同的合金种类有着不同的表现方面。

1) 对铸钢件的影响

由于铸钢件的浇注温度高(1550 ℃以上),热解产物汽化和裂解充分,会产生大量的碳粉,形成与钢水成分的浓度梯度,高温下碳原子和金属晶格都很活泼,碳粉将向铸件表面渗透,使表面增碳,钢水的原始含碳量越低,增碳量越严重。由于增碳,消失模铸件的表面硬度 HB 明显升高,这往往是造成加工困难的原因;消失模铸件增碳的不均匀性(铸件各部位增碳不一致)会造成其机械性能的波动。

2) 对铸铁件的影响

铸铁件的浇注温度一般都在 1350 ℃以上,在这么高的温度下,模样迅速热解为气体和液体,同样在二次反应以后,也会有大量裂解碳析出,不过由于铸铁本身的含碳量很高,在铸铁件中不表现为增碳缺陷,而是容易形成波纹状或滴瘤状的皱皮缺陷;当液体金属的充型速度高于热解产物的汽化速度时,铁液流动前沿聚集了一层液态聚苯乙烯,会使与之接触的表层金属激冷形成一层硬皮,当这层薄薄的硬皮被前进的铁水冲破时,被压向铸件两侧表面,使之形成波纹状或滴瘤状皱皮缺陷,开箱以后,可发现皱皮表面堆积的碳粉,这就是热解产物二次反应后生成的裂解碳。

对于球铁件,除了表面皱皮之外,热解产物还容易在铸件中形成黑色的碳夹杂缺陷,特别是当模样密度过高、黏合面的用胶量过大,浇注充型不平稳造成紊流时更为严重。

3) 对铝合金铸件的影响

铝合金的浇注温度较低,一般在 750 ℃左右,实际上与金属液流动前沿接触的热解产物温度不超过 500 ℃,这正好是 EPS 汽化分解区,因此浇注铝件时产生的不是黑烟雾,而是白色雾状气体,不会像钢、铁铸件那样形成特有的增碳或皱皮缺陷,研究认为热解产物对铝合金的成分、组织、性能影响甚微,仅仅由于分解产物的还原气氛与铝件的相互作用,使铝件表面失去原有的银白色光泽。另外,浇注过程中,模样的热解汽化将从液态铝合金吸收大量的热量(699 kJ/kg)势必造成合金流动前沿温度下降,过度冷却使部分液相热解产物来不及分解汽化,而积聚在金属液面或压向型壁,形成冷隔、皮下气孔等缺陷,因此适当的浇注温度和浇注速度对获得优质铝铸件至关重要,尤其是薄壁铝铸件。

总之,从减少热解产物对各类铸件质量的影响出发,希望热解的残留液、固产物越少越好、模样应该尽量汽化完全排出型腔之外。为达到此目的,要求模样比重轻,汽化充分;同时,涂层和铸型的透气性好,使金属液流动前沿间隙中的压力和热解产物浓度尽可能低。

3. 消失模铸造的充型及凝固特点

1) 充型特征

由于泡沫模样的作用,消失模铸造的充型形态与普通砂型铸造的充型形态具有很大的不同。普通砂型铸造中,金属液从内浇道进入后,先填满底层,然后液面逐渐上升,直至充满最高处为止(见图 2-35(a));而消失模铸造中,金属液从内浇道进入后,呈放射弧形逐层向前推进(见图 2-35(b)),最后充满离内浇道最远处。铝合金(薄板)试件,在顶注、底注、侧注时的流动形态如图 2-36 所示,图中的数字是时间,图中的曲线为充型时的等时曲线。

对于壁厚较大的模样和铸件,金属液在有、无负压下浇注的充型形态差别较大,如图 2-37 所示。负压往往容易产生附壁效应,即沿型壁的金属液受负压的牵引而超前运行。当超前到一定的程度时就会将一部分尚未热解的模样包围在铸件中心,这是产生气孔、渣孔等缺陷的重要原因之一。故选择工艺参数时,不应将负压度定得过低。

采用电触点法,实测不同浇注方式时的圆筒形铸铁件的流动前沿形态,如图 2-38 所示。测试条件:浇注温度 1350 ℃,负压度-0.03 MPa,材质 HT200,模样材料 EPS(密度18 kg/m³),涂

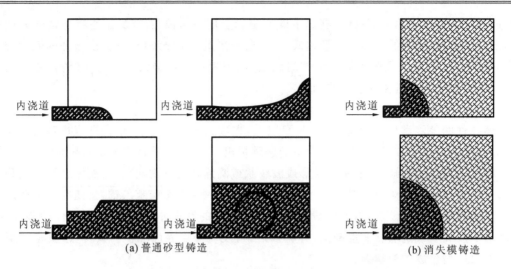

(a) 普通砂型铸造　　　　　　　　　　　　(b) 消失模铸造

图 2-35　普通砂型铸造与消失模铸造的不同充填形态

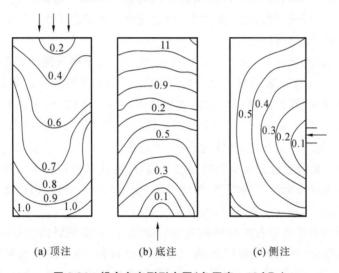

(a) 顶注　　　　　　(b) 底注　　　　　　(c) 侧注

图 2-36　铝合金充型形态图(负压度−13 kPa)

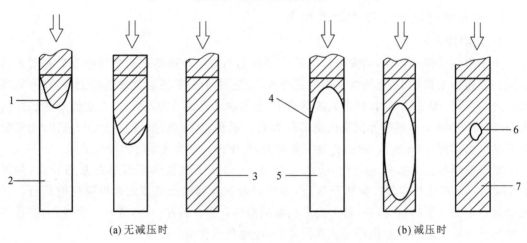

(a) 无减压时　　　　　　　　　　　　　(b) 减压时

图 2-37　金属液充填的附壁效应

1—液态 EPS；2,5—EPS模样；3,7—金属液；4—先充填的金属液；6—空洞层透气性 7.8 cm²/Pa·min。圆筒尺寸:内径 75 mm、外径 115 mm、高 115 mm。

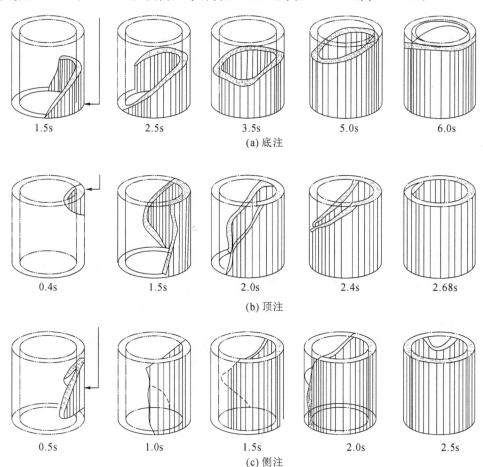

1.5s　　2.5s　　3.5s　　5.0s　　6.0s

(a) 底注

0.4s　　1.5s　　2.0s　　2.4s　　2.68s

(b) 顶注

0.5s　　1.0s　　1.5s　　2.0s　　2.5s

(c) 侧注

图 2-38　圆筒形铸铁件采用不同浇注方式时金属液流动前沿形态

2) 影响充型的主要因素

① 模样材料:低密度的泡沫模样,发气量小、充型速度快。

② 涂料:透气性好、充型速度快。

③ 金属液静压头:充型速度随金属液静压头的增大而提高。

④ 浇注温度:浇注温度提高、充型速度加快。消失模铸造的浇注温度比普通砂型铸造的浇注温度要高 30 ℃～50 ℃。

⑤ 负压度:金属液在空型中的充型速度比消失模铸型大 3 倍;而采用负压可以显著提高消失模铸型金属液的充型速度,如负压度为－27 kPa 条件下铸铝的充型速度是无负压时的 5 倍。但必须注意,过低的负压度会造成附壁效应,引起气孔、表面碳缺陷以及粘砂等缺陷。

3) 凝固及组织特点

(1) 消失模铸造的冷却凝固速度比普通的砂型铸还慢,负压度对铸件的冷却凝固速度影响不大。

(2) 负压消失模铸造铸型刚度好,浇注铸铁件时,铸型不发生体积膨胀,使铸件的自补缩能力增强,因而大大减少了铸件的缩孔倾向。

（3）负压消失模铸件冷却慢，均匀进入弹塑性转变温差小，而且铸型阻力比黏土砂型小，所以铸件形成应力和热裂倾向比其他方法小。表2-4列出了三种不同铸型应力框实验的对比结果，负压消失模铸件的变形量小、残余应力低。几种不同工艺条件下的基体组织，如图2-39所示，金属型的冷却速度快，故组织较细小，而负压消失模铸型的冷却速度较树脂砂铸型的稍慢，故负压消失模铸件的组织稍粗。

表 2-4　三种不同铸型应力框试验结果

铸型种类	应力框粗杆变形量/mm	应力框粗杆残余应力/MPa
负压消失模（−400 mmHg）	0.53	77
干黏土砂型	0.77	112
湿黏土砂型	0.91	131

(a) 负压消失模铸造　　(b) CO_2 树脂砂铸造　　(c) 金属型铸造

图 2-39　3 种工艺条件下冲击试样的基体组织（×100）

4）消除消失模铸造组织不利因素的措施

消失模铸造工艺，由于采用干砂造型，铸型的冷却速度通常较慢，铸件组织较粗大，为此需采取措施加于克服或消除。常用的措施有两种：

（1）采用激冷造型材料（如铬铁矿砂、石墨砂等）可以加快铸件冷却速度；

（2）通过调整铸件化学成分和优化变质处理可以抵消冷却凝固速度慢带来的不利影响。

2.3.2　消失模铸造的关键技术及应用

根据工艺特点，消失模铸造可分为如下几个部分：一是泡沫塑料模样的成形加工及组装部分，通常称为白区；二是造型、浇注、清理及型砂处理部分，又称为黑区；三是涂料的制备及模样上涂料、烘干部分，也称为黄区。消失模铸造的关键技术包括：制造泡沫模样的材料及模具技术、涂料技术、多维振动紧实技术等。

2.3.2.1　消失模铸造的关键技术

1. 消失模铸造的白区技术

泡沫塑料模样通常采用两种方法制成：一种是采用商品泡沫塑料板料（或块料）切削加工、黏结成形为铸件模样；另一种是商品泡沫塑料珠粒预发后，经模具发泡成形为铸件模样。

泡沫塑料模样的切削加工成形及模具发泡成形的过程如图2-40所示。不少工厂采用木工机床(铣、车、刨、磨等)来加工泡沫塑料模样,但由于泡沫塑料软柔脆弱,在加工原理、加工刀具及加工转速上都有很大区别。泡沫塑料一般按"披削"原理加工,加工转速要求更高。数控高速加工床(旋转速度大于 10000 r/min)的出现为实型铸造的发展带来了光明前景。日本的木村铸造所采用数控设备加工泡沫塑料模样,开发用于实型铸造的 CAD/CAM 系统软件,主要生产模具毛坯、机床机架、小批量异形铸件等(见图 2-41 和图 2-42)。

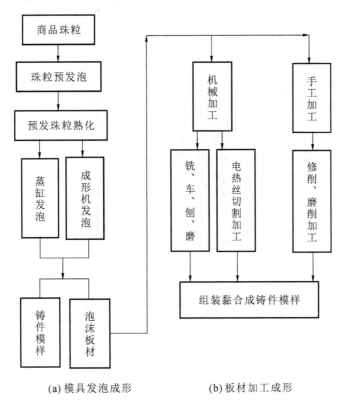

(a) 模具发泡成形　　　　　(b) 板材加工成形

图 2-40　泡沫塑料模样的成形方法

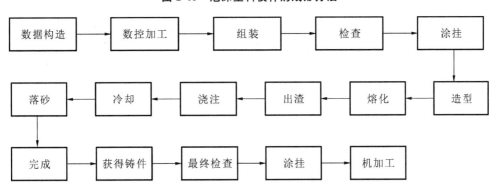

图 2-41　用数控加工泡沫模样生产铸件的工艺流程图

　　图 2-43 为一种采用蒸缸式发泡成形的模具及其成形后的泡沫塑料模样照片。复杂模样需要分片成形,再组装成整体模样(铸件形状)。图 2-44 是珠粒预发、泡沫模样片成形、模样组装的照片。组装后的整体泡沫塑料模样,再配上浇口、冒口系统,采用热熔胶或冷黏胶黏结组装,即完成了消失模铸造模样的制造工作。进入下一工序的上涂料、涂料干燥、造型紧实和浇注工作。

(a) 数控加工过程   (b) 数控加工泡沫模   (c) 铸件

图 2-42   数控加工的泡沫模样及其铸件

图 2-43   发泡成形模具及成形后的泡沫塑料模样照片

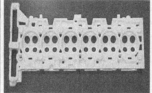

(a) 珠粒预发   (b) 模样片成形   (c) 模样组装

图 2-44   珠粒预发、模样成形及组装照片

    泡沫塑料模样的材料种类及性能(密度、强度、发气量等)对消失模铸件的质量具有重大影响。泡沫塑料的种类很多,但能用于消失模铸造工艺的泡沫塑料种类却较少,目前常用于消失模铸造工艺的泡沫塑料及其特性如表 2-5 所示。

表 2-5   用于消失模铸造工艺的泡沫塑料

名称	英文缩写	强度	发气量	主要热解产物	价格	应用情况
聚苯乙烯	EPS	较大	较小	分子量较大的毒性芳香烃气体较多、单质碳较多	便宜	广泛
聚甲基丙烯酸甲酯	PMMA	较小	大	小分子气体较多、单质碳较少	较贵	较广泛
共聚物	EPS-PMMA	较大	较大	小分子气体较多、单质碳较少	较贵	较广泛

    EPS 的热解产物中大分子气体和单质碳含量较多,铸件易产生冷隔、皱皮和增碳等缺陷;PMMA 热解产物的小分子气体较多、单质碳较少,克服了 EPS 的某些缺点,但其发气量大、强度小,易产生模样变形和浇注时金属液返喷现象;EPS-PMMA 综合了上两者的某些优点而克服了它们的一些缺点,是目前较好的泡沫塑料模样材料。

较理想的泡沫塑料模样材料应具有如下性能特点：成形性好、密度小、刚性高、具有一定的强度；较好的机械加工性能，加工时不易脱珠粒、加工表面光洁；气化温度较低，受热作用分解汽化速度快；被液态金属热作用生成的残留物少、发气量小、且对人体无害等。

2. 消失模铸造的涂料技术

泡沫塑料模样及其浇注系统组装成形后，通常都要上涂料。涂料在消失模铸造工艺中具有十分重要的控制作用：涂层将金属液与干砂隔离，可防止冲砂、粘砂等缺陷；浇注充型时，涂层将模样的热解产物气体快速导出，可防止浇不足、气孔、夹渣、增碳等缺陷产生；涂层可提高模样的强度和刚度，使模样能经受住填砂、紧实、抽真空等过程中力的作用，避免模样变形。

为了获得高质量的消失模铸件，消失模铸造涂料应具有如下性能：

（1）良好的透气性（模样受热汽化生成的气体容易通过涂层，经型砂之间的间隙由真空泵强行抽走）；

（2）较好的涂挂性（涂料涂挂后能在模样表面获得一层厚度均匀的涂层）；

（3）足够的强度（常温下能经受住搬运、紧实时的作用力使涂层不会剥落，高温下能抵抗金属液的冲刷作用力）；

（4）发气量小（涂料层经烘干后，在浇注过程中与金属液作用时产生的气体量小）；

（5）低温干燥速度快（低温烘干时，干燥速度快，不会产生龟裂、结壳等现象）。

消失模铸造涂料与普通砂型铸造涂料的组成相似，主要由耐火填料、分散介质、黏结剂、悬浮剂及改善某些特殊性能的附加物组成。但消失模铸造涂料的性能不同于一般的铸造涂料，消失模铸件的质量和表面粗糙度在很大程度上依赖于涂料的质量。研究开发适合不同铸件材质的消失模铸造优质涂料仍是我国消失模铸造技术研究及应用的重要课题。

根据分散介质（溶剂）的不同，消失模铸造涂料又可分为：水基涂料和有机溶剂快干涂料两大类。

3. 消失模铸造的黑区技术

消失模铸造的黑区包括：加砂、造型、浇注、清理及型砂处理等部分。

1）消失模铸造用砂

消失模铸造通常采用无黏结剂的石英散砂来充填、紧实模样，砂粒的平均粒度为 AFS25～45 较常见。粒度过细有碍于浇注时塑胶残留物的逸出；粗砂粒则会造成金属液渗入，使得铸件表面粗糙。砂子粒度分布集中较好（最好都在一个筛号上），以便保证型砂的高透气性。

2）雨淋式加砂

在模样放入砂箱内紧实之前，砂箱的底部要填入一定厚度的型砂作为放置模样的砂床（砂床的厚度一般约为 100 mm）。然后放入模样，再边加砂、边振动紧实，直至填满砂箱、紧实完毕。为了避免加砂过程中因砂粒的冲击使模样变形，由砂斗向砂箱内加砂常采用：柔性管加砂、雨淋式加砂两种方法。前者是用柔性管与砂斗相接，人工移动柔性管陆续向砂箱内各部位加砂，可人为地控制砂粒的落高，避免损坏模样涂层；后者是砂粒通过砂箱上方的筛网或多管孔雨淋式加入。雨淋式加砂均匀、对模样的冲击较小，是生产中常用的加砂方法。

3）型砂的振动紧实

消失模铸造中干砂的加入、充填和紧实是得到优质铸件的重要工序。砂子的加入速度必须与砂子紧实过程相匹配，如果在紧实开始前将全部砂子都加入，肯定会造成变形。砂子填充速度太快会引起变形;但砂子填充太慢造成紧实过程时间过长,生产速度降低,并可能促使变形。消失模铸造中型砂的紧实一般采用振动紧实的方式,紧实不足会导致浇注时铸型壁塌陷、胀大、黏砂和金属液渗入,而过度紧实振动会使模样变形。振动紧实应在加砂过程中进行,以便使砂子充入模型束内部空腔,并保证砂子达到足够紧实而又不发生变形。

根据振动维数的不同,消失模铸造振动紧实台的振动模式可分为:一维振动、二维振动、三维振动3种。研究表明:

① 三维振动的充填和紧实效果最好,二维振动在模样放置和振动参数选定合理的情况下也能获得满意的紧实效果,一维振动通常被认为适合紧实结构较简单的模样(但由于振动维数越多,振动台的控制越复杂且成本越高,故目前实际用于生产的振动紧实台以一维振动居多);

② 在一维振动中,垂直方向振动比水平方向振动的效果好;

③ 垂直方向与水平方向两种振动的振幅和频率均不相同或两种振动存在一定相位差时,所产生的振动轨迹有利于干砂的充填和紧实。

影响振动紧实效果的主要振动参数包括:振动加速度、振幅和频率、振动时间等。振动台的激振力大小和被振物体总质量决定了振动加速度的大小,振动加速度在 $1\sim2g$ 范围内较佳,小于 $1g$ 对提高紧实度没有多大效果,而大于 $2.5g$ 容易损坏模样。在激振力相同的条件下,振幅越小、振动频率越高,充填和紧实效果越好(实践表明,频率为 50 Hz、振动电动机转速为 $2800\sim3000$ r/min、振幅为 $0.5\sim1$ mm 较合适)。振动时间过短,干砂不易充满模样各部位特别是带水平空腔的模样的充填紧实不够;但振动时间过长,容易使模样变形损坏(一般振动时间控制在 $30\sim60$ s 较宜)。

常用的消失模铸造振动紧实台的结构示意图如图 2-45、图 2-46 所示。一种常见的三维振动紧实台的外形照片如图 2-47 所示。

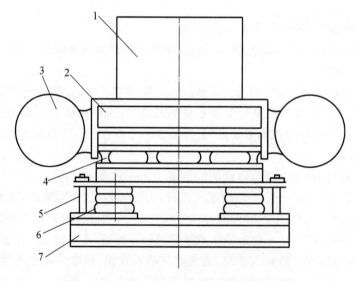

图 2-45　美国 Valcan 公司的一维振动紧实台

1—砂箱;2—振动台体;3—振动电动机;4—橡胶弹簧;5—高度限位杆;6—空气弹簧;7—底座

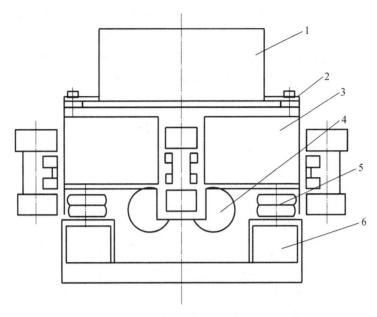

图 2-46　日本太洋铸机(株)的三维振动紧实台

1—砂箱；2—砂箱夹紧装置；3—振动台体；4—振动电动机；5—空气弹簧；6—底座

图 2-47　一种三维振动紧实台

4）真空下浇注

型砂紧实后的浇注通常在抽真空下进行(有时振动紧实时也施加真空)。抽真空的目的是将砂箱内砂粒间的空气抽走，使密封的砂箱内部处于负压状态，因此砂箱内部与外部产生一定的压差。在此压差的作用下，砂箱内松散流动的干砂粒可变成紧实坚硬的铸型，具有足够高的抵抗液态金属作用的抗压、抗剪强度。抽真空的另一个作用是，可以强化金属液浇注时泡沫塑料模汽化后气体的排出效果，避免或减少铸件的气孔、夹渣等缺陷。

真空度大小是消失模铸造的重要工艺参数之一，真空大小的选定主要取决于铸件的重量、壁厚及铸造合金和造型材料的类别等。通常真空度的使用范围是：$(-0.08 \sim -0.02)$ MPa。

5）型砂的冷却

消失模铸件落砂后的型砂温度很高，由于是干砂，其冷却速度相对也较慢，对于规模较大的流水生产的消失模铸造车间，型砂的冷却是消失模铸造正常的关键，型砂的冷却设备是消失模铸造车间砂处理系统的主要设备。用于消失模铸造型砂的冷却设备主要有：振动沸腾冷却设备、振动提升冷却设备、砂温调节器等。常把振动沸腾冷却或振动提升冷却作为初级冷却振动沸腾冷却设备、振动提升冷却设备、砂温调节器，而把砂温调节器作为最终砂温的调定设备，以确保待使用的型砂的温度不高于 40 ℃。

4. 原砂振动充填紧实原理及装置

消失模铸造由于采用无黏结剂的硅砂来充填模型，通常只需用振动的方法来实现紧实。振动紧实台也是消失模铸造中的关键设备之一。

1）原砂振动充填紧实原理及紧实过程

原砂在振动状态下的充填、紧实过程是一个极为复杂的散粒体动力学过程。砂粒在振动过程中必须克服砂粒之间的内摩擦力、砂粒与模型及砂粒与砂箱壁间的外摩擦力、砂粒本身的重力等作用，才能充满模型的内、外型腔，并得到紧实。因此，原砂的充填、紧实不仅与砂粒受到的激振力有关，还与砂粒本身的特征、砂箱形状和大小有关。

原砂是由许多砂粒组成的松散堆积体，自由状态下砂粒的联系以接触为主。干砂紧实的实质是：通过振动作用使砂箱内的砂粒产生微运动，砂粒获得冲量后克服四周遇到的摩擦力，产生相互滑移及重新排列，最终引起砂体的流动变形及紧实。

以原砂向水平孔的充填、紧实为例，其过程可大致分为三个阶段，如图 2-48 所示。

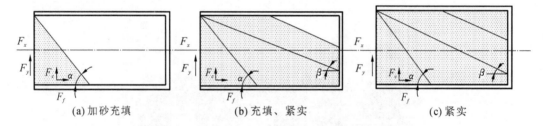

| (a) 加砂充填 | (b) 充填、紧实 | (c) 紧实 |

图 2-48　干砂向水平孔的充填、紧实过程的 3 个阶段

① 加砂充填阶段：此阶段振动台还未开始振动，砂粒自由落至水平孔口后，由于水平侧压应力 F_x 的作用，在进砂口处以自然堆积角向水平孔内充填至一定长度。干砂的自然堆积角度通常等于砂粒的内摩擦角 α，如图 2-48(a) 所示。

② 充填、紧实阶段：振动台开始振动后，砂粒获得的激振力使砂粒间的内摩擦角急剧减少，摩擦角变为 β。为了维持受力平衡，砂粒向水平孔的纵深方向移动，堆积角达到 β 后，砂粒前沿呈 β 斜面继续向前推进，直至砂粒受力平衡，如图 2-48(b) 所示。在此阶段，由于振动力的作用，砂粒间的间隙减小，原砂在填充期间得到初步的紧实，砂粒受到的摩擦力也加大。

③ 紧实阶段：砂箱内加砂量高度的增加，水平侧压应力 F_x 增大，水平孔中的砂面升高、堆积倾角增大，原砂继续充填、紧实，直至砂粒的受力产生新的平衡，如图 2-48(c) 所示。当水平管较长或管径较小时，砂粒不能完全充满、紧实。此阶段，砂粒受到的阻力较大，砂粒间的间隙进一步减小，砂粒也得到进一步紧实。

上述三个阶段之间没有绝对的界限，水平侧压应力 F_x、摩擦角 β 与振动加速度、振动频率、模样的形状等都有很大关系，从而影响模样水平孔内干砂的紧实度。通常，加大振动加速度和振动频率可增加水平孔内原砂的紧实度。

2）三维振动紧实原理

目前，振动紧实台通常采用振动电动机作驱动源，结构简单，操作方便，成本低。根据振动电动机的数量及安装方式,振动紧实台可分为一维振动紧实台、二维振动紧实台、三维振动紧实台等。

消失模铸造的振动紧实台,不仅要求要求砂粒快速到达模样各处,形成足够的紧实度,而且在紧实过程中应使模样变形较小,以保证浇注后形成轮廓清晰、尺寸精确的铸件。一般认为,消失模铸造的振动紧实应采用高频振动电动机进行三维微振紧实(振幅 0.5～1.5 mm,振动时间 3～4 min),才能完成砂粒的充填和紧实过程。

三维振动紧实台通常由六台(三组)振动电动机激振,生产中,操作人员可控制不同方向上(x、y、z 方向)的电动机运转,以满足不同方向上的充填、紧实要求。大多数三维振动紧实台可按一定的组合方式、先后顺序来实现 x、y、z 三个单方向以及 xy、xz、xyz 等复合方向的振动。三维振动紧实的原理和实质可认为是三个方向上单维振动的不同叠加。

3)原砂振动充填紧实的影响因素

用振动前后砂粒的体积比来表征砂粒的相对紧实率(即密度法)。测试表明,紧实率大小的影响因素主要如下。

① 振动维数。振动维数对紧实率的影响如图 2-49 所示。从图中可以看出,垂直方向的振动是提高干砂紧实率的主要因素。在垂直振动的基础上,增加水平方向的振动,紧实率有所提高;而单纯水平方向的振动,紧实效果较差。

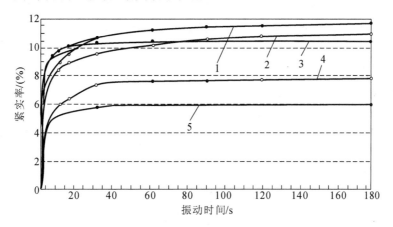

图 2-49　振动维数对紧实率的影响

1—xyz 轴振动;2—xz 轴振动;3—z 轴振动;4—xy 轴振动;5—x 轴振动

② 振动时间。在振动开始后的 40 s 内紧实度变化很快;振动时间 40～60 s 时,紧实率的变化较小;振动时间大于 60 s 后,紧实率基本不变。

③ 原砂种类。实验表明,原砂种类对紧实率具有一定的影响。自由堆积时,圆形砂的密度大于钝角形砂(或尖角形砂),振动紧实后,多角形砂(或尖角形砂)的紧实率增加较大。另外,砂粒的粒度大小对型砂的紧实率也有影响。

④ 振动加速度。振动加速度对原砂紧实率的影响如表 2-6 所示。结果表明,加速度为1.44～2.62g 之间(其中,1g = 9.8 m/s²),获得的平均紧实率较高。

表 2-6　振动加速度对原干砂紧实率的影响

振动加速度/g	1.05	1.44	2.04	2.62	3.41	4.15
紧实度/(%)	8.9	9.8	10.5	10.1	9.8	9.4

(注:测试条件为 50 Hz 的工作频率下,垂直一维振动,振动时间为 60 s。)

⑤ 振动频率。改变振动电动机的振动频率,测试振动频率对紧实率的影响,结果如表2-7所示。结果表明,振动频率对紧实率有一定的影响,当振动频率大于50 Hz后,紧实率的变化不太大。

表 2-7 振动频率对紧实率的影响

振动频率/Hz	30	50	70	100	130
紧实率增量/(%)	5.93	7.00	7.20	7.16	7.17

(注:测试条件为垂直一维振动,振动加速度2.0 g,振动时间60 s。)

2.3.2.2 消失模铸造工艺参数及铸件缺陷防治

1. 消失模铸造的浇注系统特征及工艺参数

浇注系统是高质量铸件的关键因素之一。消失模铸造工艺浇注系统的基本特点是"快速浇注、平稳充型"。由于泡沫塑料模样的存在,与普通砂型铸造相比,消失模铸造工艺的浇注系统具有如下特征。

1) 常采用封闭式浇注系统

封闭式浇注系统的特点是流量控制的最小截面处于浇注系统的末端,浇注时直浇道内的泡沫塑料迅速汽化,并在很短的时间内被液体金属充满,浇注系统内易建立起一定的静压力使金属液呈层流状充填,可以避免充型过程中金属液的搅动与喷溅。浇注系统各单元截面积比例一般为

对于黑色金属铸件,$F_直:F_横:F_内=(2.2\sim1.6):(1.25\sim1.2):1$

对于有色金属铸件,$F_直:F_横:F_内=(2.7\sim1.8):(1.30\sim1.2):1$

由于影响的因素很多,目前还没有计算消失模铸造工艺浇注系统参数的公式及方法,浇注系统的最小截面积通常都由生产经验来确定。

2) 常采用底注式浇注系统

与普通铸造方法相同,金属液注入消失模内的位置,主要有顶注式、底注式、侧注式和阶梯式共四种。不同浇注方式有各自不同的特点,应根据铸件的特点、金属材质种类等因素加以考虑。顶注式适用于高度不大的铸件;侧注式适合薄壁、质量小、形状复杂的铸件,对于管类铸件尤为适合;阶梯式适合壁薄、高大的铸件。由于底注式浇注系统的金属液流动充型平稳、不易氧化、也无激溅、有利于排气浮渣等,较符合消失模铸造的工艺特点,故底注式浇注系统在消失模铸造中采用较多。

3) 消失模铸造工艺允许尽快浇注

快速浇注是消失模铸造工艺的主要特征之一。消失模铸造浇注系统尺寸比常规铸造的浇注系统尺寸大,一些研究资料介绍:消失模铸造工艺的浇注系统的截面积比砂型铸造大约1倍,主要原因是金属液与汽化模之间的气隙太大,充型浇注速度太慢有造成塌箱的危险。

4) 较高的浇注温度

由于汽化泡沫塑料模样需要热量,消失模铸造的浇注温度比普通砂型铸造的浇注温度通常要高20 ℃～50 ℃。不同材质的浇注温度为:灰铸铁件1370 ℃～1450 ℃;铸钢件1590 ℃～1650 ℃;铸铝合金720 ℃～790 ℃;铸镁合金730 ℃～800 ℃。浇注温度过低,夹渣、冷隔等缺陷明显增多。对于钢铁金属,提高浇注温度对获得高质量的铸件都十分有利;但对铝(镁)合金铸件,浇注温度不宜超过790 ℃～800 ℃,否则易产生铸件的针孔和氧化夹

杂缺陷。

2.消失模铸造的常见缺陷及防治措施

消失模铸造工艺的常见铸件缺陷有:增碳、皱皮、气孔和夹渣、黏砂、塌箱、冷隔、变形等。其产生原因及防治措施简述如下。

(1)增碳 消失模铸钢件中,铸件的表面乃至整个断面的含碳量明显高于钢水的原始含碳量,造成铸件加工性能恶化而报废的现象称为增碳。浇注过程中泡沫模样受热汽化产生大量的液相聚苯乙烯、汽相苯乙烯、苯及小分子气体(CH_4、H_2)等,沉积于涂层界面的固相碳和液相产物是铸件浇注和凝固过程中引起铸件增碳的主要原因。采用增碳程度较轻的泡沫模样材料(如 PMMA)、优化铸造工艺因素(浇注系统、涂料、真空度等)、开设排气通道、缩短打箱落砂时间等都有利于有效控制铸钢件的增碳缺陷。表 2-8 和表 2-9 分别是钢水原始碳量和模样材料对铸钢增碳的影响。

表 2-8 钢水原始碳量对增碳的影响

钢水 牌号	钢水原始成分/(%)			铸件增碳	
	C	Si	Mn	最大增碳量/(%)	增碳层深度/mm
16Mn	0.13	0.31	1.36	0.31	0.70
25#	0.22	0.29	0.78	0.16	0.52
35#	0.36	0.29	0.81	很少	极薄
45#	0.42	0.32	0.75	不增碳	

表 2-9 模样材料对铸钢增碳的影响

模样材料	最大增碳量/(%)	增碳层深度/mm
EPS	0.31	0.70
STMMA	0.23	0.45
EPMMA	0.14	0.37

测试条件:(1) 原钢水主要成分:C 0.14%,Si 0.31%,Mn 1.20%;
(2) 模样密度:EPS 15 kg/m³,EPMMA 21 kg/m³,STMMA 17 kg/m³;
(3) 浇注温度:1550~1570 ℃;
(4) 负压度:0.028~0.03 MPa;
(5) 浇注完毕后 5 分钟开箱清理。

(2)皱皮 对皱皮表面的分析表明,皱皮是金属中夹进的氧化膜,有机残余物薄层覆盖着一层较厚的氧化膜。实践研究表明:在突然变狭窄的断面或浇注期间两股会合液态金属流相遇处发生皱皮最频繁;透气性低的保温涂料可以减少皱皮;较低的泡沫密度也有助于减少皱皮。

(3)气孔和夹渣 铸件上出现气孔和夹渣缺陷主要来源于浇注过程中,泡沫塑料模样受热汽化生成大量气体和某些残渣物。采用底注式浇注系统、提高浇注温度和真空度、开设集渣冒口等可消除气孔和夹渣铸造缺陷。

(4)粘砂 粘砂是指铸件表面黏结型砂而不易清理的铸造缺陷,它是铸型与金属界面动压力、静压力、摩擦力及毛细作用力平衡被破坏的结果。提高型砂的紧实度、降低浇注温度和真空度、增加涂料的厚度和均匀性等都有利于防治粘砂缺陷。

(5)塌箱 塌箱是指浇注过程中铸型向下塌陷,金属液不能再从直浇口进入型腔,造成浇注失败。造成塌箱的主要原因是浇注速度太慢、砂箱内的真空度太低、浇注方案不合理。

合理地掌握浇注速度、提高真空度、恰当地设计浇注系统有利于防止塌箱缺陷。

（6）冷隔　铸件最后被填充的地方，金属不能完全填充铸型时便出现冷隔。其主要原因是浇注温度过低、泡沫模样的密度过高和浇注系统不合理所致。提高浇注温度和真空度、降低泡沫模样的密度、合理设计浇注系统等可克服冷隔缺陷产生。

（7）变形　铸件变形是在上涂料、型砂紧实等操作时由于模样变形所致。提高泡沫塑料模样的强度、改进铸件的结构及刚度、均匀地上涂料和型砂紧实等，都有利于克服变形缺陷。

2.3.3　铝（镁）合金消失模铸造新技术

由于汽车节能、轻量化的要求，铝、镁合金已被广泛用于汽车零件的生产，取代钢铁零件。用消失模铸造技术生产复杂的铝、镁合金汽车铸件具有独特的优势。但由于铝、镁合金的浇注温度、热容量等较钢铁合金相差甚远，使得铝、镁合金消失模铸造的技术难度更大。

2.3.3.1　铝合金消失模铸造技术

在美国，消失模铸造已广泛用于铝合金铸件的生产，尤其是汽车零件（缸体、缸盖等），通用汽车的消失模铸造铝合金的缸体、缸盖如图 2-50 所示。相对于钢铁金属，铝合金消失模铸造具有其特点。

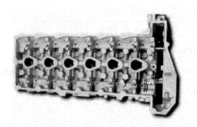 

(a) GM Vortec 3.5 L轻卡5缸缸体　　　　(b) GM Vortec 4.2 L卡车6缸缸盖

图 2-50　通用汽车的消失模铸造铝合金的缸体、缸盖

1. 铝合金消失模铸造的主要特征及难点

与钢铁合金相比，铝合金消失模铸造存在如下主要特征及技术难点：

① 液态铝合金的熔化温度较黑色钢铁合金低许多，而金属液浇注时模样的热解汽化将吸收大量的热量，造成合金流动前沿温度下降，故过度冷却易形成冷隔、皮下气孔等铸件缺陷。因此，足够的浇注温度和浇注速度对获得优质铝合金铸件至关重要，尤其是薄壁铝铸件。

② 为了达到汽化泡沫模样、顺利充填浇注的目的，铝合金消失模铸造的浇注温度往往需要 800 ℃以上。而此时，高温铝液的吸（氢）气性强，易使铸件产生（氢）针孔（铸件的致密性差）。必须加强高温铝液的除气精炼处理。

③ 铝合金铸件较好的浇注温度应在 750 ℃左右，因为此时高温铝液的吸（氢）气性较小。为此需要采用适合铝合金的低温汽化的泡沫模样材料。

④ 浇注铝件时，泡沫模样的汽化产物主要是 CO、CO_2 等还原性气氛；因此浇注铝件时产生的不是黑烟雾，而是白色雾状气体，也不会像钢、铁铸件那样形成特有的增碳或皱皮缺陷。

⑤ 热解产物对铝合金的成分、组织、性能影响甚微，但由于分解产物的还原气氛与铝件

的相互作用,会使铝件表面失去原有的银白色光泽。

2. 铝合金消失模铸造的关键技术

根据铝合金消失模铸造的特征,铝合金消失模铸造的关键技术包括如下几方面:

① 铝合金高温熔体处理技术。高温下,铝合金熔体易氧化、吸气,因此,浇注前对高温铝合金熔体进行充分的精炼、除气是获得高质量的铝合金消失模铸件的条件之一。精炼、除气后的铝液应尽量减少与潮湿空气的接触,及时地浇注。

② 适合铝合金消失模铸造的泡沫模样材料技术。为了降低铝合金消失模铸造的浇注温度(由 800 ℃以上降低至 750 ℃左右),国外已开发了一种低温汽化的泡沫模样材料,它通过在普通的泡沫粒珠(EPS、PMMA 等)中加入一种添加剂,可使泡沫模样的汽化温度降低,从而可降低铝合金消失模铸造的浇注温度,减少高温铝液的吸气性和氧化性。

③ 适于铝合金消失模铸造的涂料技术。涂料在消失模铸造工艺中具有十分重要的控制作用。透气好、强度高、涂层薄而均匀的消失模铸造涂料是获得优质铝合金消失模铸件的关键之一。

3. 铝合金消失模铸件的针孔问题

研究与实践表明,目前铝合金消失模铸造的主要技术问题是铝合金消失模铸件的针孔问题,其主要原因是:浇注温度要求较高,氢针孔倾向大;泡沫模样的汽化能力差,其裂解产物不能顺利排出等。

目前,铝合金消失模铸造已在美国的汽车行业得到了广泛的应用,制得的铝合金铸件尺寸精度高、表面粗糙度低。随着我国消失模铸造技术的进步,铝合金消失模铸造有着广阔的应用前景。典型的铝合金消失模铸造零件如图 2-51 所示。

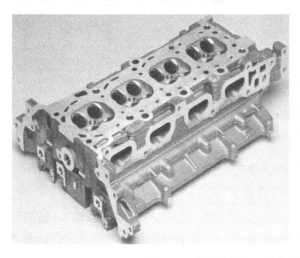

图 2-51　典型的铝合金消失模铸件

2.3.3.2　镁合金消失模铸造技术

试验研究表明,镁合金的特点非常适合消失模铸造工艺,因为镁合金的消失模铸造除具有近无余量、精确成形、清洁生产等特点外,它还具有如下独特的优点:① 镁合金在浇注温度下,泡沫模样的分解产物主要是烃类、苯类和苯乙烯等气雾物质,它们对充型成形时极易氧化的液态镁合金具有自然的保护作用;② 采用干砂负压造型避免了镁合金液与型砂中水分的接触和由此而引起的铸件缺陷;③ 与目前普遍采用的镁合金压铸工艺相比较,其投资成本大为降低,干砂良好的退让性大大减轻了镁合金铸件凝固收缩时的热裂倾向;金属液较慢和平稳的充型速度避免了气体的卷入,使铸件可经热处理进一步提高其力学性能。所以,镁合金的消失模铸造具有巨大的应用前景,已引起人们的广泛注意和研究。

1.美国铸造协会对镁合金消失模铸造的初步研究

美国铸造协会(AFS)在 2000 年 5 月成立了镁合金委员会,并一直在镁合金铸件生产问题上进行探索和研究,在 2001 年邀请镁合金工业界、大学、国家实验室的有关人士对在汽车和商业上优质的非压铸镁合金铸件领域的研究提出预建议。这个委员会的主要目的在于镁合金的金属型重力铸造、金属型低压铸造和消失模铸造的潜在研究,研究内容包括氢的影响、晶粒细化、镁合金热物性的测量、铸型和温度的温度界面、模样和涂料的性能、热处理工艺、优化的力学性能等。

2002 年 9 月,美国铸造协会(AFS)公开了由 AFS 消失模委员会和 AFS 镁合金委员会联合于 6 月份在位于美国威斯康星州的 Eck 公司成功进行的重力下 AZ91E 镁合金消失模铸造试验,浇注铸件如图 2-52(a)所示。图 2-52(b)是被含有阻燃剂(硫黄和氟硼酸钾混合物)的硅砂填盖的窗体模样。这项工作证实了消失模铸造适合于镁合金铸件铸造,采用与铝合金消失模铸造相似的技术成功浇注了轮廓完整、表面光洁的零件,随着今后更深入的研究工作,镁合金的消失模铸件会作为有成本效益的工艺来代替生产一些压力铸造镁合金产品。

(a)镁合金盒状、窗体件　　　　　　　　(b)硅砂填盖的窗体模样

图 2-52　AFS 成功重力浇注的镁合金消失模壳体、窗体件

2.国内镁合金消失模铸造研究进展

华中科技大学将反重力的低压铸造与真空消失模铸造有机地结合起来,应用于镁(铝)合金的液态精密成形,开发出了一种新的"镁(铝)合金真空低压消失模铸造方法及其设备"。该新型铸造方法的显著特点是:金属液在真空和气压的双重作用下浇注充型,液态镁合金的充型能力较重力消失模铸造大为提高,较易克服镁合金消失模铸造中常见的浇不足、冷隔等缺陷,且不需太高的浇注温度,它是铸造高精度、薄壁复杂镁合金铸件的一种好的方法。

上海交通大学对重力下浇注的镁合金消失模铸造工艺及对充型的影响因素进行了初步实验研究。刘子利等采用玻璃窗口观察和数码相机拍摄,并试验研究了镁合金消失模铸造充型过程中不同真空度和浇注方式对液态金属前沿的流动形态和充型时间的影响。根据试验结果,给出了镁合金重力负压消失模铸造充型过程的模型。

2.3.3.3　消失模铸造工艺的新方向

为了适合铝镁合金消失模铸造的特点,国内外开发了一些新的消失模铸造技术。

1. 压力消失模铸造技术

压力消失模铸造技术是消失模铸造技术与压力凝固结晶技术相结合的铸造新技术,它是在带砂箱的压力罐中,浇注金属液使泡沫塑料汽化消失后,迅速密封压力罐,并通入一定压力的气体,使金属液在压力下凝固结晶成形的铸造方法。这种铸造技术的特点是能够显著减少铸件中的缩孔、缩松、气孔等铸造缺陷,提高铸件致密度,改善铸件力学性能。这是因为在加压凝固时,外力对枝晶间液相金属的挤滤作用和使初凝枝晶发生显微变形,并且大幅提高了冒口的补缩能力,使铸件内部的缩松得到改善。另外,加压凝固使析出氢需更高的内压力才能形核形成气泡,从而抑制针孔的形成,同时压力增加了气体在固相合金中的溶解度,使可能析出的气泡减少,其装置示意图如图 2-53 所示。

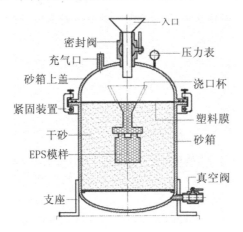

图 2-53　消失模铸造压力凝固示意图

早在 1935 年,波契瓦尔与斯帕斯基就采用了各向气体压力下结晶的方法制造了铝合金铸件,可以有效减少铸件中弥散气孔的出现。20 世纪 90 年代早期,消失模铸造就应用了压力凝固。2001 年 6 月 8 日,Mercury Castings 公司建立了第一条工业上自动化程度很高的压力凝固消失模铸造生产线(见图 2-54),以降低铝合金铸件的气孔率。其特点是,重力浇注后,将砂箱放入压力容器内密封,充入 10 个标准大气压,让铝合金液体在压力下凝固,产生的缩孔和气孔程度是传统消失模铝合金铸件的 1/100,是金属型铝合金铸件的 1/10。

图 2-54　Mercury Castings 公司的全自动化压力凝固消失模铸造生产线

赵忠等采用自制的消失模真空压力设备研究了压力对 ZL101 铝合金铸件组织和性能的影响。图 2-55 是不同压力下凝固铝合金消失模试样的横截面照片和对应二色图。可以看出,随着施加压力的增加,ZL101 铝合金铸件断面孔隙率显著降低,铸件不断变得致密。图 2-56 为不同外加压力对 ZL101 铝合金抗拉强度与延伸率的影响。由图可看出,随着外加压力的增大,试样的抗拉强度、延伸率逐渐提高。当外加压力达到 0.5 MPa 以上时,抗拉强度提高幅度逐渐减缓。其中,0.5 MPa 压力下凝固的 ZL101 铝合金试样与常压下的消失模铸造试样比较,抗拉强度从 137 MPa 提高到了 183 MPa,提高了 34%。

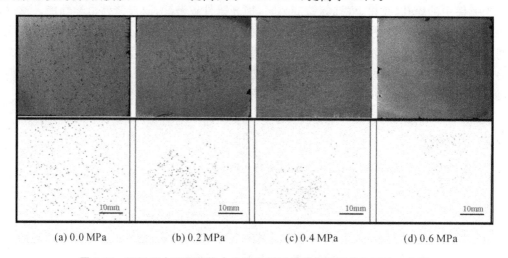

(a) 0.0 MPa   (b) 0.2 MPa   (c) 0.4 MPa   (d) 0.6 MPa

图 2-55　不同压力下凝固铝合金消失模试样横截面照片和对应二色图

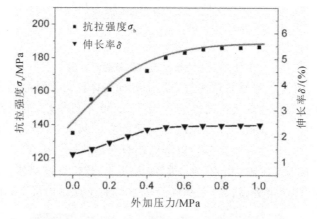

图 2-56　外加压力对 ZL101 试样抗拉强度与伸长率的影响

图 2-57 为压力凝固下镁合金消失模铸件针孔和缩松的变化规律,明显看出,压力下凝固可以显著减少镁合金消失模铸件的针孔和缩松缺陷,使得铸件致密性大大提高。

2. 真空低压消失模铸造技术

真空低压消失模铸造技术是将负压消失模铸造方法和低压反重力浇注方法复合而发展的一种新铸造技术。该方法是将上涂料的泡沫塑料模样埋入干砂,振动紧实造型,然后将砂箱迅速和带升液管的低压浇注系统连接密封,并向坩埚炉中通入干燥的压缩空气,金属液在气体压力的作用下,沿升液管上升,进入砂箱底部浇道,此时打开消失模砂箱上的真空装置,金属液在低压作用下上升使泡沫模样汽化而填充模腔,模样分解气体被真空负压抽走,浇注

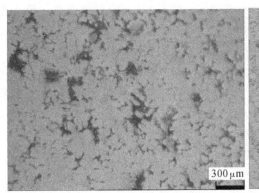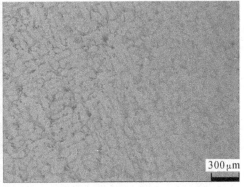

(a) 常压下试样缩松体视图　　　　　　　(b) 0.6 MPa 下试样缩松体视图

图 2-57　压力凝固对镁合金消失模铸件缩松的影响

完成后保持压力一定时间至铸件完全凝固,解除金属液面上的气体压力,使升液管中的未凝固金属液流回坩埚中,推出砂箱,关闭真空,取出铸件,图 2-58 是真空低压消失模铸造技术工作原理图。

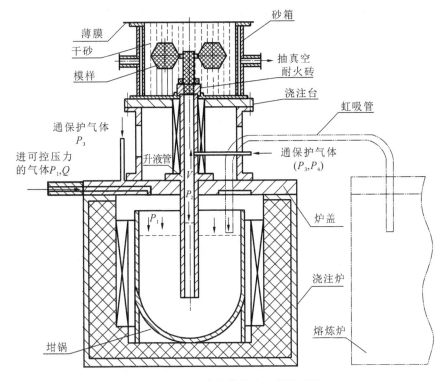

图 2-58　低压消失模铸造工艺原理图

真空低压消失模铸造技术的特点是:综合了低压铸造与真空消失模铸造的技术优势,在可控的气压下完成充型过程,大大提高了合金的铸造充型能力;与压铸相比,设备投资小、铸件成本低、铸件可热处理强化;而与砂型铸造相比,铸件的精度高、表面粗糙度小、生产率高、性能好;反重力作用下,直浇口成为补缩短通道,浇注温度的损失小,液态合金在可控的压力下进行补缩凝固,合金铸件的浇注系统简单有效、成品率高、组织致密;真空低压消失模铸造的浇注温度低,适合于多种非铁合金。

樊自田等发明了镁、铝合金反重力真空消失模铸造方法及其设备,将真空低压消失模技术应用到铝、镁合金成形,该技术可以解决现有反重力铸造对铸型要求高、调压方法相对复杂、液态合金浇注时易氧化的问题。其工艺特点为:① 将消失模铸造模样放入底注式砂箱,加入型砂振动紧实;② 镁、铝合金液送入浇注炉,并通入保护性气体;③ 浇注炉内通入可控压力的惰性气体,在其作用下合金液进入砂箱,将消失模铸造模样汽化,实现浇注。其综合了真空消失模铸造和反重力铸造的技术优势,适用于高精度复杂的镁、铝合金铸件大规模生产。

真空低压消失模铸造的实质为真空消失模铸造与反重力低压铸造的有机结合,其充型原理及物理模型可简化如图 2-59 所示,0—0 面为充型前的金属液表面,充型速度由通过控制调节阀的流量与压力来确定。以 1—1(升液管底面)为基准面,由伯努利方程可写出如下平衡方程:

$$h + \frac{p_1}{\gamma_1} + \frac{v_1^2}{2g} = H + \frac{p_2}{\gamma_2} + \frac{v_2^2}{2g} + h_g \tag{2-23}$$

式中:p_1、v_1——金属液面运动至 1—1 面时,作用于液面上的压力和金属液面下降的速度;

γ_1——1—1 面金属液的重度;

p_2、v_2——金属液充型至 2—2 面时,作用于液面上的压力和金属液面上升的速度;

γ_2——2—2 面(充型前沿)处金属液的重度;

H、h——充型过程中的某时刻 t 时,以升液管底部为参照,铸型中金属液的充型高度和坩埚内金属液的高度;

h_g——金属液流动过程中的沿程阻力。

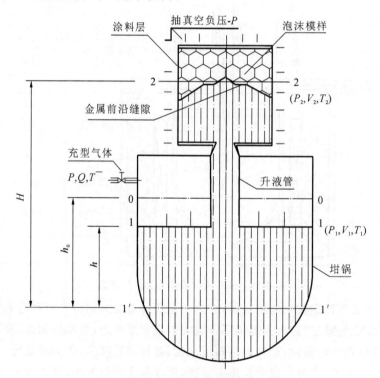

图 2-59 低压消失模铸造的充型模型

由流体传动力学可知,流体流动的流速 v 与流量 Q 和流过的截面积 A 存在如下关系:

$$v = \frac{Q}{A} \tag{2-24}$$

设金属液流动时为连续流动,故在 1—1 面和 2—2 面的流量 Q_1、Q_2 相等,即

$$A_1 v_1 = A_2 v_2 \tag{2-25}$$

式中:A_1、A_2——1—1 面和 2—2 面的流动截面积。

合并式(2-23)和式(2-25),得

$$H - h = \left(\frac{p_1}{\gamma_1} - \frac{p_2}{\gamma_2}\right) + \left(1 - \frac{A_1^2}{A_2^2}\right)\frac{v_1^2}{2g} + h_g \tag{2-26}$$

设升压曲线为直线,则升压时间为 t_1 后,坩埚内表面的压力 p_1 为

$$p_1 = p_0 + k_p t_1 \tag{2-27}$$

式中:p_0——升压前坩埚内表面的初始压力;

k_p——升压常数,即 $\dfrac{\mathrm{d}p_1}{\mathrm{d}t} = k_p$。

p_2 为充型前沿,金属液与泡沫模样之间的间隙气体的压力,它的大小取决于泡沫模样的汽化速度(该汽化速度又取决于泡沫模样材料的性质、金属液的温度、金属液的充型速度等)、涂料层的透气性、真空度等因素。间隙气体的压力 p_2 可近似为

$$p_2 = k_q v_q - p_c + p_T \tag{2-28}$$

式中:v_q——泡沫模样的汽化速度;

k_q——汽化比例系数;

p_c——真空度;

p_T——涂料层的透气阻力。

设 p_c、p_T 为常数,则

$$\frac{\mathrm{d}p_2}{\mathrm{d}t} = k_q \frac{\mathrm{d}v_q}{\mathrm{d}t}$$

设式(2-26)中,h_g 为常数,对式(2-26)两边求导得

$$\frac{\mathrm{d}H}{\mathrm{d}t} - \frac{\mathrm{d}h}{\mathrm{d}t} = \frac{1}{\gamma_1}\frac{\mathrm{d}p_1}{\mathrm{d}t} - \frac{1}{\gamma_2}\frac{\mathrm{d}p_2}{\mathrm{d}t} + \left(1 - \frac{A_1^2}{A_2^2}\right)\frac{v_1}{g}\frac{\mathrm{d}v_1}{\mathrm{d}t} \tag{2-29}$$

由于,$\mathrm{d}H/\mathrm{d}t = v_2$,$\mathrm{d}h/\mathrm{d}t = v_1$,且 $v_2 = (A_1/A_2)v_1$,则

$$\left(\frac{A_1}{A_2} - 1\right)v_1 = \frac{k_p}{\gamma_1} - \frac{k_q}{\gamma_2}\frac{\mathrm{d}v_q}{\mathrm{d}t} + \left(1 - \frac{A_1^2}{A_2^2}\right)\frac{v_1}{g}\frac{\mathrm{d}v_1}{\mathrm{d}t} \tag{2-30}$$

设金属液的充型速度 v 趋于匀速,即 $\mathrm{d}v_1/\mathrm{d}t = 0$;且 $\gamma_1 = \gamma_2 = \gamma$,则

$$v_1 = \left(k_p - k_q \frac{\mathrm{d}v_q}{\mathrm{d}t}\right)\frac{A_2}{(A_1 - A_2)\gamma} \tag{2-31}$$

$$v_2 = \left(k_p - k_q \frac{\mathrm{d}v_q}{\mathrm{d}t}\right)\frac{A_1}{(A_1 - A_2)\gamma} \tag{2-32}$$

所以,铸型的充型速度 v_2 主要取决于升压常数 k_p(即充型气体的压力及流量)、泡沫模样的受热汽化速度 v_q 和汽化比例系数 k_q、坩埚及铸件的截面积 A_1 和 A_2、金属液的重度 γ 等。

低压消失模铸造的工艺特点概括如下:

(1)真空低压消失模铸造,具有低压铸造与真空消失模铸造的综合技术优势,使得镁合金消失模铸造在可控的气压下完成充型过程,大大提高了镁合金溶液的充型能力,消除了镁合金重力消失模铸造常出现的浇不足缺陷。

(2)镁合金液体在可控的压力下充型,可以控制液态金属的充型速度,让金属液平稳流

动,避免紊流,减少卷气,这样最终的铸件可以进行热处理。

(3)采用真空低压消失模铸造时,直浇口即补缩短通道,液态镁合金在可控的压力下进行补缩凝固,镁合金铸件的浇注系统小、成品率高。

(4)整个充型冷却过程中,液态镁合金不与空气接触,且泡沫模样的热解产物对镁合金铸件成形时的自然保护作用,消除了液态镁合金浇注充型时的氧化燃烧现象,可铸造出光整、优质、复杂的镁合金铸件。

(5)与压铸工艺相比,它具有设备投资小、铸件成本低、铸件内在质量好等优点;而与砂型铸造相比,它又有铸件的精度高、表面粗糙度好、生产率高的优势,同时可以较好地解决液态镁合金成形时易氧化燃烧的问题。

(6)重力消失模铸造中,金属液的流动过程和充型速度与浇注温度及速度、浇注系统、模样密度及裂解特性、涂料透气性、真空度、砂型等因素有关,充型速度不易控制,而在低压消失模铸造中,金属液的流动过程和充型速度除了与重力消失模铸造中的影响因素有关外,还与充型气体的流量和压力有关,充型速度可以被控制,但其流动过程更为复杂。

图 2-60 所示为采用重力下浇注与反重力下浇注的镁合金零件的对比,重力下浇注产生了严重的浇不足现象。浇注成形电动机壳体镁合金铸件如图 2-60(c)所示,其最小壁厚约 2 mm,该零件采用压力铸造、低压铸造等工艺都无法实现,用砂型铸造工艺其精度不高、表面粗糙度大,用普通的消失模铸造也易产生铸件浇不足等缺陷。

(a) 重力下浇注　　　　　(b) 反重力下浇注　　　　　(c) 电动机壳体模样及其铸件

图 2-60　采用重力下浇注与反重力下浇注的镁合金零件的对比

实践表明,如果工艺参数控制不当,反重力的真空低压消失模铸造较容易产生浸入性气孔和机械粘砂缺陷,优化铸造工艺参数和涂料性能可获得高内在质量的复杂、薄壁镁合金铸件。

总之,低压消失模铸造新工艺,利用低压铸造充型性能好,又能够使金属液在一定的压力下凝固,达到使铸件组织致密的目的,非常适合复杂薄壁镁(铝)合金铸件的工业化大量生产的特点,因此它是一种极具有潜力和优势的液态镁合金精密成形技术,在汽车、航空航天、电子等领域具有巨大的实用价值。

3. 振动消失模铸造技术

振动消失模铸造技术是在消失模铸造过程中施加一定频率和振幅的振动,使铸件在振动场的作用下凝固,由于消失模铸造凝固过程中对金属溶液施加了一定时间的振动,振动力使液相与固相间产生相对运动,而使枝晶破碎,增加液相内结晶核心,使铸件最终凝固组织细化、补缩提高,力学性能改善,结构示意图如图 2-61 所示。该技术利用消失模铸造中现成的紧实振动台,通过振动电动机产生的机械振动,使金属液在动力激励下生核,达到细化组织的目的,是一种操作简便、成本低廉、无环境污染的方法。相比之下,砂型铸造过程中,如对铸型施以机械振动,很容易把铸型振垮;而在金属型铸造过程中,由于其冷速过快,振动对结晶的影响作用不大。

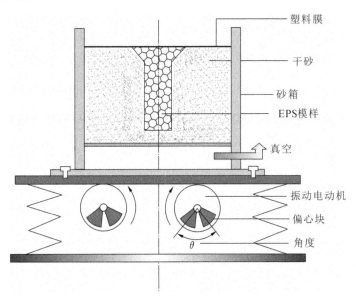

塑料膜
干砂
砂箱
EPS模样
真空
振动电动机
偏心块
θ
角度

图 2-61　消失模铸造振动凝固试验台示意图

金属凝固过程中施加振动可以有效细化晶粒,振动对组织的影响包括增加形核、减小晶粒尺寸、提供同质结构等,并能提高合金的性能。日本的山本康雄等将机械振动应用到球墨铸铁的消失模铸造中,促使石墨球化和晶粒的细化,提高铸件性能。

图 2-62 所示为不同振幅下 AZ91D 镁合金消失模铸造振动凝固试件的显微组织。从图中明显可以看出,随着振幅的增加,AZ91D 镁合金消失模铸造试件的晶粒逐渐变得细小。

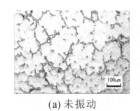 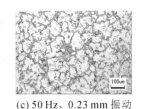 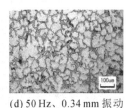

(a) 未振动　　　(b) 50 Hz、0.11 mm 振动　　(c) 50 Hz、0.23 mm 振动　　(d) 50 Hz、0.34 mm 振动

图 2-62　不同振幅下 AZ91D 镁合金消失模铸造振动凝固试件的显微组织

表 2-10 是不同状态下 AZ91D 消失模铸造试件的力学性能,由表 2-10 可知,经过振动后,消失模铸件的综合力学性能较未振动前大大提高。

表 2-10　740 ℃不同状态下 AZ91D 消失模铸造试件的力学性能

状态	屈服强度/MPa	抗拉强度/MPa	伸长率/(%)
铸态	99.4	134.48	1.85
振动	110.34	165.72	2.24

同时,在 ZL101 铝合金消失模凝固过程中进行不同频率的垂直振动,组织明显细化(见图 2-63)。在不同频率振动凝固试样的抗拉强度和伸长率变化如图 2-64 所示。随着振动频率的增加,试样抗拉强度、伸长率和硬度逐渐增大,频率在 0~20 Hz 之间,性能提高显著,但振动频率为 20~60 Hz 时,试样的抗拉强度和伸长率增加趋缓。

此外,将振动消失模铸造技术应用于球墨铸铁也可对其组织产生显著影响,振动不仅能

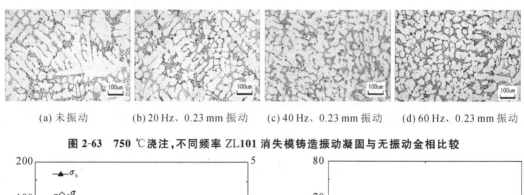

(a) 未振动　　(b) 20 Hz、0.23 mm 振动　　(c) 40 Hz、0.23 mm 振动　　(d) 60 Hz、0.23 mm 振动

图 2-63　750 ℃浇注,不同频率 ZL101 消失模铸造振动凝固与无振动金相比较

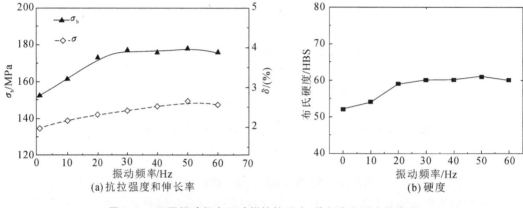

(a) 抗拉强度和伸长率　　　　　　　　　　(b) 硬度

图 2-64　不同振动频率下试样抗拉强度、伸长率和硬度的变化

够增加球墨铸铁中球状石墨的数量(见图 2-65),而且能够使球墨铸铁中的珠光体组织由片状转变为粒状(见图 2-66),提高球墨铸铁零件的性能。

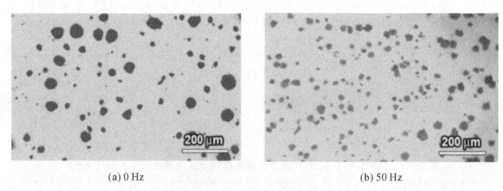

(a) 0 Hz　　　　　　　　　　　　　　(b) 50 Hz

图 2-65　球墨铸铁石墨形态图

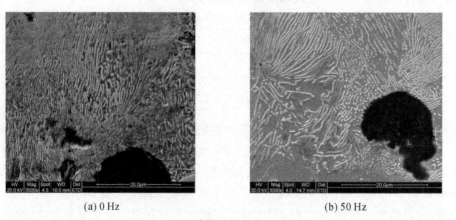

(a) 0 Hz　　　　　　　　　　　　　　(b) 50 Hz

图 2-66　球墨铸铁基体组织图

4.消失模壳型铸造技术

消失模壳型铸造技术是熔模铸造技术与消失模铸造结合起来的新型铸造方法。该方法是在用发泡模具制作的与零件形状一样的泡沫塑料模样表面涂上数层耐火材料，待其硬化干燥后，将其中的泡沫塑料模样燃烧汽化消失而制成型壳，经过焙烧，然后进行浇注，而获得较高尺寸精度铸件的一种新型精密铸造方法。它具有消失模铸造中的模样尺寸大、精密度高的特点，又有熔模精密铸造中的结壳精度、强度等优点。与普通熔模铸造相比，其特点是泡沫塑料模料成本低廉，模样组合方便，汽化消失容易，克服了熔模铸造模料容易软化而引起的熔模变形的问题，可以生产较大尺寸的各种合金复杂铸件。

此外，还出现了一种适合生产大型复杂薄壁铝镁合金精密铸件的真空低压消失模壳型铸造新技术。它是将"消失模铸造精密泡沫模样成形技术""熔模精密铸造制壳技术""反重力真空低压铸造成形技术"多项精密铸造技术结合起来，实现大型复杂薄壁铝镁合金铸件精密成形。图 2-67 为其铸造流程图。

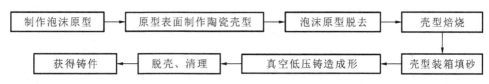

图 2-67　真空低压消失模壳型铸造工艺流程

较其他单一的铸造方法该技术具有以下特点：

（1）与普通熔模精密铸造相比，其特点是泡沫塑料模料成本低廉，模样组合方便，汽化消失容易，克服了熔模铸造模料容易软化而引起的熔模变形的问题。另外，泡沫模与蜡模相比，具有收缩小、耐热性好等优点，表面不易产生缩陷，也有利于提高大型铸件的尺寸精度。因此可以生产较大尺寸的各种合金的精密复杂铸件。

（2）与消失模铸造相比，可采用较低的浇注温度，克服了普通消失模铸造浇注过程中，因泡沫模样受热分解带来的气孔、夹杂等铸造缺陷。

（3）与压铸相比，具有投资小、成本低、铸件内在质量好、铸件可热处理等优点。

（4）与砂型铸造相比，具有铸件的尺寸精度高、表面粗糙度好、生产率高的优势。

下面以复杂薄壁发动机进气歧管零件为对象，进行其真空低压消失模壳型铸造浇注实践。

首先制备泡沫原型，图 2-68 所示为泡沫模样，由图 2-68（a）可以看出，该进气歧管零件的泡沫模样分为四部分，经过黏接最终获得进气歧管零件完整的泡沫模样，如图 2-68（b）所示。

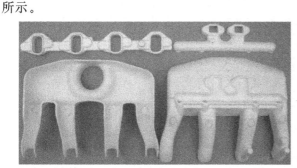
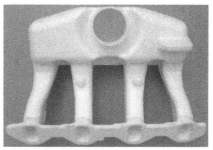

(a)分片模样　　　　　　　　　　　(b)整体模样

图 2-68　进气歧管零件泡沫模样

图 2-69　发动机进气歧管铸件照片

铸造用型壳的制备:选用熔模铸造精密制壳技术来制备铸型,采用较少层数的硅溶胶-水玻璃复合陶瓷型壳(2~3 层),其中:锆英粉硅溶胶用来制作表面层,铝矾土作为背层耐火材料。铸件的真空低压铸造成形过程:首先将制备好的型壳放入砂箱中,填入干砂,砂箱经振动紧实后,被放入(或推入)可控气氛和压力下的"低压铸造"工位。砂箱在抽真空的同时,液态铝镁合金在可控气压下完成浇注充型、冷却凝固工作,即完成了真空低压铸造。图 2-69所示为进气歧管铸件照片。由图可见,铸件表面光洁,轮廓清晰,铸件质量较高。

真空低压铸造工艺使金属液在真空与充型气体的双重压力进行充型,充型能力大大提高,在生产大型复杂薄壁铸件时具有明显的优势,且金属液在压力下凝固,铸件得到了充分的补缩,减少了气孔、缩松、针孔等缺陷,提高了组织致密性。

图 2-70 为不同工艺下 A356 合金铸态微观组织。由图可以看出,真空低压消失模壳型铸件组织相比前三种工艺的组织大大细化,且组织致密,气孔、缩孔等缺陷较少。

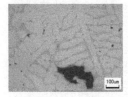 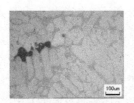 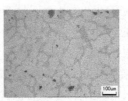 

(a) 重力消失模铸造　　(b) 重力消失模壳型铸造　　(c) 真空低压消失模铸造　(d) 真空低压消失模壳型铸造

图 2-70　不同工艺 A356 合金铸态显微组织

表 2-11 为不同铸造工艺获得 A356 合金的力学性能对比。从表中可以看出,真空低压消失模壳型铸造较重力消失模铸造、重力消失模壳型铸造和真空低压消失模铸造具有优越的力学性能,尤其较重力消失模铸造优势更加明显,其抗拉强度、伸长率和布氏硬度分别提高了 20.2%、166.4%、17.6%。另外,真空低压消失模壳型铸件表面质量要优于消失模铸件。

表 2-11　不同铸造工艺力学性能对比

工艺	重力消失模铸造	重力消失模壳型铸造	真空低压消失模铸造	真空低压消失模壳型铸造
抗拉强度/MPa	231.57	260.53	251.98	278.27
伸长率/(%)	3.04	6.15	3.30	8.10
硬度/HBS	79.2	86.0	80.9	93.1
表面粗糙度 $Ra/\mu m$	6.3~12.5	3.2~6.3	6.3~12.5	3.2~6.3

综上所述,铝(镁)合金真空低压消失模壳型铸造技术综合了泡沫原型的低成本、收缩小、可满足大件及熔模陶瓷型壳的精度等特点,可解决普通消失模铸造气孔、夹杂等缺陷,同时可解决大型复杂薄壁铝(镁)合金铸件充型难,易出现浇不足、冷隔、针孔等缺陷及铸件不致密等问题,铸件在真空和低压的双重压力下成形,可大大提高金属液的充型能力及铸件的表面和内部质量,用来实现大型复杂薄壁铝(镁)合金精密成形,通过浇注实践证明该项新技术完全可行,并具有较大优势。因此该技术将在航空、航天、军工、汽车、电子、机械等行业具有巨大的优势和潜力,有着广阔的应用前景。

5.消失模铸造双金属铸件制备技术

将消失模铸造技术应用于双金属铸件的制备中,可结合消失模铸造的技术特点,获得的双金属铸件具有尺寸精度高、表面粗糙度低、结构设计自由度大、易实现清洁生产、成本低、泡沫模分解出的小分子还原性气体对双金属界面具有很好的保护作用的特点,可直接成形复杂的双金属铸件,可解决其他工艺在制备双金属铸件遇到的成本高以及金属易于氧化的问题。其工艺原理图如图 2-71 所示,首先将一种固定合金嵌体装入泡沫模样中,经过涂刷涂料、烘干、造型后浇注,待凝固后即可获得双金属铸件。

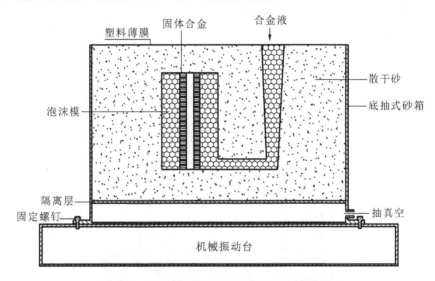

图 2-71 消失模铸造双金属铸件制备技术原理图

图 2-72 是消失模铸造 Al/Mg 双金属铸件的界面组织和成分分析。可以看出,镁合金和铝合金在界面处生成了明显的冶金反应层,界面层厚度较为均匀,界面结合紧密,未发现孔洞缺陷。界面处元素线扫描结果显示,镁、铝和硅元素在界面层处有明显扩散。界面反应层由三层组成:靠近镁侧的 $Al_{12}Mg_{17}+\delta(Mg)$ 共晶层、$Al_{12}Mg_{17}+Mg_2Si$ 中间层及靠近铝侧的 $Al_3Mg_2+Mg_2Si$ 层。

图 2-73 是消失模铸造 Al/Al 双金属铸件的界面组织形貌。可以明显看出,铝合金和纯铝在界面处也产生了良好的冶金结合,形成了均匀致密的冶金反应层。

图 2-74 是消失模铸造 Al/Cu 双金属铸件的界面组织形貌。可以看出,铝合金和铜在界面处也产生了良好的冶金结合,形成了均匀致密的冶金反应层。界面反应层由靠近铝侧的 $\alpha(Al)+Al_2Cu$ 共晶层以及靠近铜侧的 Al_2Cu、$AlCu$ 和 Al_4Cu_9 层组成。

因此,消失模铸造可以成功制备 Al/Mg、Al/Al 和 Al/Cu 等双金属铸件,此外,消失模

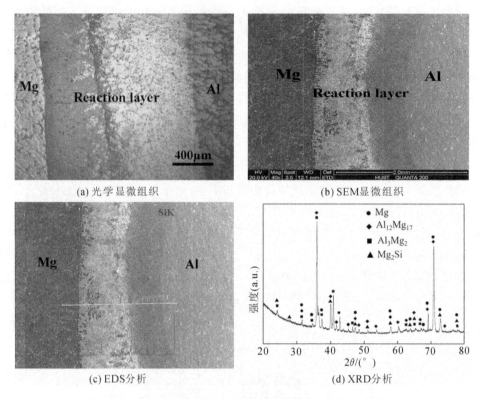

(a) 光学显微组织

(b) SEM显微组织

(c) EDS分析

(d) XRD分析

图 2-72　消失模铸造 Al/Mg 双金属铸件界面组织和成分分析

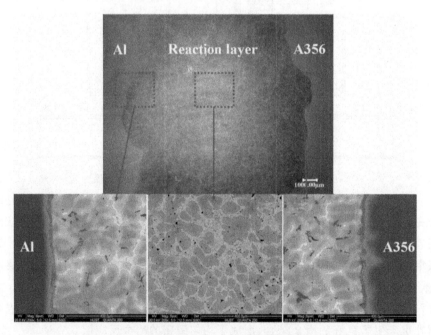

图 2-73　消失模铸造 Al/Al 双金属铸件界面层形貌

铸造还可以制备 Al/Fe、Mg/Fe、铸铁/碳钢等双金属铸件,未来在航空航天、汽车、电子、电力、机械等领域具有较大的应用潜力。

图 2-74　消失模铸造 Al/Cu 双金属铸件界面层形貌

2.4　半固态铸造技术

2.4.1　半固态铸造技术原理及特点

1. 半固态铸造成形的原理及方法

20 世纪 70 年代美国麻省理工学院(MIT)的 M. C. Flemings 等人提出了搅拌铸造(stir casting)新工艺:用旋转双桶机械搅拌制备出了 Sn-15％Pb 半固态金属浆料用于浇注。但由于专利保护等原因,半固态铸造成形仅局限于实验室研究及小规模的生产,没有得到较大的应用。直到 20 世纪 90 年代,半固态铸造的研究和实际应用才迅速扩大。

半固态铸造成形的基本原理是:在液态金属的凝固过程中,在金属的液相和固相区间进行强烈的搅动(见图 2-75),使普通铸造易于形成的树枝晶网络骨架被打碎而形成分散的颗粒状组织形态,从而制得半固态金属液,然后将其压铸成坯料或铸件。它是由传统的铸造技术及锻压技术融合而成的新的成形技术。半固态成形与传统压力铸造成形相比,具有成形温度低(Al 合金至少可降低 120 ℃)、模具的寿命长、节约能源、铸件性能好(气孔率大大减少、组织呈细颗粒状)、尺寸精度高(凝固收缩小)等优点;它与传统的锻压技术相比,又有充型性能好、成本低、对模具的要求低、可制造复杂零件等优点。因此,半固态铸造成形工艺被认为是 21 世纪最具发展前途的近净成形技术之一。

根据工艺流程的不同,半固态铸造可分为流变铸造(rheocasting)和触变铸造(thixocasting)两类。流变铸造是将从液相到固相冷却过程中的金属液进行强烈搅动,在一定的固相分数下将半固态金属浆料压铸或挤压成形,又称“一步法”(见图 2-76(a))。触变铸造是先由连铸等方法制得的具有半固态组织的锭坯,然后切成所需长度,再加热到半固态状,然后再压铸或挤压成形,又称“二步法”(见图 2-76(b))。

由于流变铸造中,半固态金属浆料的保持及输送控制严格而困难,目前的实际应用较少。但如果能在半固态金属浆料的获取、保持及输送方面取得进展和突破,流变铸造的工业应用前景会更加广阔,因为流变铸造的工艺更简单、能耗更低(不需二次加热)、铸件的成本也更低。

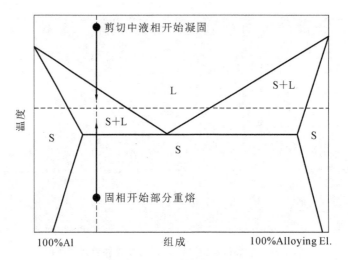

图 2-75 半固态铸造原理图

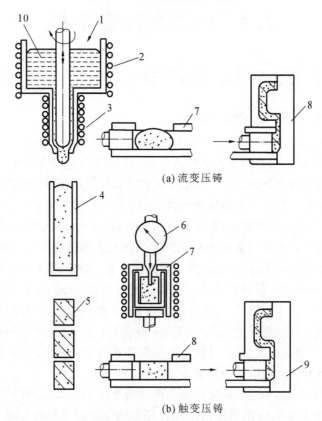

(a) 流变压铸

(b) 触变压铸

图 2-76 半固态铸造装置示意图

1—金属液;2—加热炉;3—冷却器;4—流变铸锭;5—料坯;6—软度指示仪;
7—坯料二次加热器;8—压射室;9—压铸模;10—压铸合金

目前,国外工业主要应用的是触变铸造,即"二步法"。但触变铸造首先需要生产半固态金属坯料,成本高(坯料的成本占零件的成本约50%),二次加热能耗大,工艺过程较复杂,具有触变性能的材料种类不多等。半固态铸造的关键技术包括:半固态浆料的制备(机械搅拌法、电磁搅拌)、半固态浆料的保持(或半固态料坯的制备)、二次加热技术、半固态零件的成形等。

用机械搅拌法制备半固态浆料,设备结构简单、搅拌的剪切速度快,但对设备的材料要求高;电磁搅拌制备半固态浆料,构件的磨损少,但搅拌的剪切速度慢(电磁损耗大)。

近年来,世界各国的研究人员在研究新的半固态铸造成形工艺技术时,加强了以流变铸造为基础的半固态金属铸造(或成形)新工艺技术研究探索工作。他们将塑料的注射成形原理,应用于半固态金属流变铸造中,集半固态金属浆料的制备、输送、成形等过程于一体,较好地解决了半固态金属浆料的保存及输送控制困难问题,形成了"半固态金属流变注射成形"新技术。其核心是对"一步法"技术的重大突破。使得半固态流变铸造技术的工业应用展现出了光明的前景。

对金属材料而言,半固态是其从液态向固态转变或从固态向液态转变的中间状态,尤其是对于结晶温度区间宽的合金,半固态阶段较长。金属材料在液态、固态和半固态三个阶段均呈现明显不同的物理特性,利用这些特性,便形成了液态的铸造成形、半固态的流变成形或触变成形、固态的塑性成形等多种金属热加工成形方法。

2. 半固态金属的特点

半固态金属(合金)的内部特征是固液相混合共存,在晶粒边界存在金属液体,根据固相分数的不同,其状态不同,如图 2-77 所示。半固态金属的金属学和力学特点主要有如下几点:

(1) 由于固液共存,在两者界面处熔化、凝固不断发生,产生活跃的扩散现象。因此,溶质元素的局部浓度不断变化。

(2) 由于晶间或固相粒子间夹有液相成分,固相粒子间几乎没有结合力,因此,其宏观流动变形抗力很低。

(3) 随着固相分数的降低,呈现黏性流体特性,在微小外力作用下即可很容易变形流动。

(4) 当固相分数在极限值(约 75%)以下时,浆料可以进行搅拌,并可以很容易地混入异种材料的粉末、纤维等,实现难加工材料(高温合金、陶瓷等)的成形。

(5) 由于固相粒子间几乎没有结合力,在特定部位虽然容易分离,但因液相成分的存在,又可很容易地将分离的部位连接形成一体,特别是液相成分很活跃,不仅半固态金属间的结合,而且与一般固态金属材料也容易形成很好的结合。

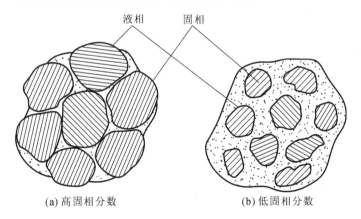

图 2-77　半固态金属(合金)的内部结构

（6）当施加外力时，液相成分和固相成分存在分别流动的情况，通常，存在液相成分先行流动的倾向和可能性。

（7）上述现象在固相分数很高或很低或加工速度特别高的情况下都很难发生，主要是在中间固相分数范围或低加工速度情况下较显著。

与常规铸造方法形成的枝晶组织不同，利用流变铸造生产的半固态金属零件，具有独特的非枝晶、近似球形的显微组织结构。由于是在强烈的搅拌下凝固结晶，造成枝晶之间互相磨损、剪切，液体对晶粒的剧烈冲刷，这样，枝晶臂被打断，形成了更多的细小晶粒，其自身结构也逐渐向蔷薇形演化。而随着温度的继续下降，最终使得这种蔷薇形结构演化成更简单的球形结构，如图 2-78 所示。球形结构的最终形成要靠足够的冷却速度和足够高的剪切速率。

图 2-78 球形组织的演化过程示意图

与普通的加工成形方法比较，半固态金属加工具有许多独特的优势。

（1）黏度比液态金属高，容易控制。模具夹带的气体少，可减少氧化、改善加工性，减少模具粘接，可以实现零件加工成形的高速化，改善零件的表面精度，易实现成形自动化。

（2）流动应力比固态金属低。半固态浆料具有流变性和触变性，变形抗力小，可以更高的速度成形零件，而且可进行复杂件的成形；缩短了加工周期，提高了材料利用率，有利于节能节材，并可进行连续形状的高速成形（如挤压），加工成本低。

（3）应用范围广。凡具有固液两相区的合金均可实现半固态加工成形。适用于多种加工工艺，如铸造、轧制、挤压和锻压等，还可进行复合材料的成形加工。

2.4.2 半固态金属铸造关键技术及应用

半固态铸造的基本工艺及过程，如图 2-79 所示。半固态金属铸造成形主要分为流变铸造成形和触变铸造成形两种。前者的关键技术包括半固态浆料制备、流变铸造成形；后者的关键技术包括半固态浆料制备、半固态坯料制备、二次加热、触变成形。下面就有关的关键技术进行介绍。

1. 半固态浆料制备

无论是流变铸造成形还是触变铸造成形，首先是要获得半固态浆料。因此，半固态金属浆料的制备方法及设备的发展，是多年来半固态铸造成形技术发展的标志性技术，其内容十分丰富多彩，已出现了很多专利技术，各有特点。目前主要有电磁搅拌、机械搅拌两大类。

1）机械搅拌式半固态浆料制备装置

机械搅拌制备方式是最早采用的半固态浆料制备方式，其设备的结构简单，可以通过控制搅拌温度、搅拌速度和冷却速度等工艺参数，获得半固态金属浆料。机械搅拌可以获得很高的剪切速度，有利于形成细小的球形微观组织。机械搅拌式装置的缺点是：高温下机械搅拌构件的热损耗大，被热蚀的构件材料对半固态金属浆料会产生污染，因此对搅拌构件材料的高温性能（耐磨、耐蚀等）要求较高。机械搅拌式装置通常可分为连续式和间歇式两种类型。图 2-80 是 MIT 最早报道的机械搅拌装置及流变铸造机。

图 2-81 是转轮式半固态制浆装置和 Brown 发明的半固态制浆装置，它们可以获得较高

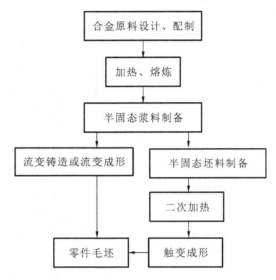

图 2-79　半固态成形的基本工艺及过程

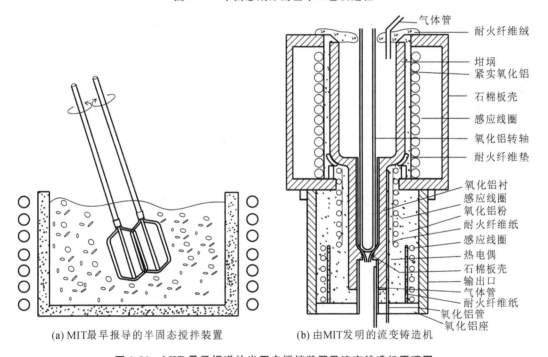

(a) MIT最早报导的半固态搅拌装置　　　　(b) 由MIT发明的流变铸造机

图 2-80　MIT 最早报道的半固态搅拌装置及流变铸造机原理图

的剪切速度。其中,转轮式半固态制浆装置可连续制得半固态金属浆料,Brown 发明的半固态制浆装置属间歇式制浆装置。

2) 电磁搅拌式半固态浆料制备装置

电磁搅拌法是利用感应线圈产生的平行于或垂直于铸型方向的强磁场对处于液-固相线之间的金属液形成强烈的搅拌作用,产生剧烈的流动,使金属凝固析出的枝晶充分破碎并球化,进而制备半固态浆料或坯料的方法。该方法不污染金属液,金属浆料纯净,不卷入气体,可以连续生产流变浆料或连铸锭坯,产量可以很大。通常,影响电磁搅拌效果的因素有搅拌功率、冷却速度、金属液温度、浇注速度等。但直径大于 150 mm 的铸坯不宜采用电磁

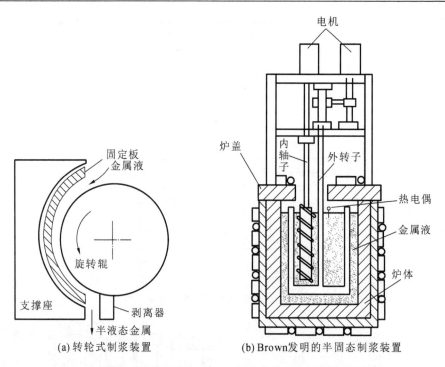

图 2-81　转轮式制浆装置和 Brown 发明的半固态制浆装置原理图

搅拌法生产,电磁搅拌获得的剪切速度不及机械搅拌的高。

从搅拌金属液的流动方式看,电磁搅拌主要有两种形式:一是垂直式,即感应线圈与铸型的轴线方向垂直,另一种是水平式,即感应线圈平行于铸型的轴线方向,如图 2-82 所示。电磁搅拌法在国外已用于工业化生产,大量生产半固态原材料铸锭。

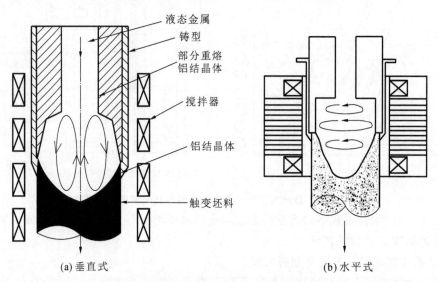

图 2-82　电磁搅拌式浆料制备装置示意图

3)超声波振动半固态浆料制备

超声波振动半固态浆料制备原理是:利用超声机械振动波扰动金属的凝固过程,细化金属晶粒,获得球状初晶的金属浆料,如图 2-83 所示。

超声波振动作用于金属熔体的方法有两种:一种是将振动器的一面作用在模具上,模具

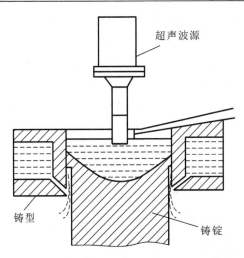

图 2-83　利用超声振动波制备半固态浆料的原理示意图

再将振动直接作用在金属熔体上;另一种是振动器的一面直接作用于金属熔体上。实验证明,对合金液施加超声振动,不仅可以获得球状晶粒,还可使合金的晶粒直径减小,获得非枝晶坯料。

4）蛇形通道浇注法制备半固态浆料

蛇形通道浇注法是北京科技大学的毛卫民等提出的半固态浆料制备新方法。该方法的技术路线是:将过热度不大于 100 ℃ 的合金熔体浇入立式蛇形通道中,在合金熔体沿蛇形通道向下流动的过程中,流动方向不断改变,同时向通道内部快速传热,合金熔体流出蛇形通道时即成为半固态浆料(见图 2-84)。其原理为:蛇形通道内过冷的合金熔体经过弯道的作用,熔体内部的对流、剪切和"搅拌"使初生激冷晶核经过游离、增殖、长大和熟化,最后演变成近球状和蔷薇状的晶粒。该半固态浆料可直接流入压室或锻模内进行流变成形,也可以流入坩埚中对半固态浆料质量做进一步改善。

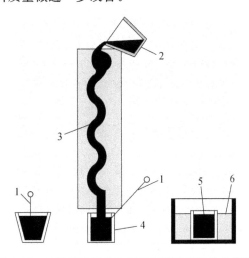

图 2-84　蛇形通道浇注法制备半固态浆料的示意图

1—K 型热电偶;2—熔化坩埚;3—蛇形通道管;4—收集坩埚;5—浆料;6—冷却水

5）倾斜滚筒法制备半固态浆料

倾斜滚筒法是南昌大学的杨湘杰等提出的半固态浆料制备新方法。其技术路线是:将一定过热的铝合金熔体从不断旋转的圆筒上方浇入,当其从圆筒下方流出时即获得半固态浆料,如图 2-85 所示。高温金属熔体流经转管的过程中,金属熔体主要经历两个阶段:第一个阶段是迅速降温阶段,在这一个阶段内转管对高温熔体主要起激冷作用,其目的就是要使合金熔体的温度快速下降到接近合金的液相线附近;第二个阶段主要是大量形核及枝晶的破碎与晶粒球化,当流经转管的金属熔体温度降低到液相线附近时,开始出现大量细小的初生相固相,并随着熔体温度的快速下降而不断长大,出现枝状的网络结构,由于转管一直在转动,对合金熔体不断搅拌,使刚形成的枝状结构迅速破碎,在转管剪切力的作用下,不断地翻滚,晶粒不断地被球化,最终形成近似球体的晶粒。

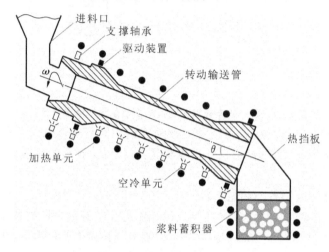

图 2-85　倾斜滚筒法示意图

6) 应变诱导熔化激活法制备半固态料坯

应变诱导熔化激活法(strain-induced melt activation process)制备半固态料坯的工艺要点为:利用传统的连铸法制出晶粒细小的金属锭坯;然后将该金属锭坯在回复再结晶的温度范围内进行大变形量的热态挤压变形,通过变形使铸态组织破碎;再对热态挤压变形过的坯料加以少量的冷变形,在坯料的组织中储存部分变形能量;最后按需要将经过变形的金属锭坯切成一定大小,迅速将其加热到固液两相区并适当保温,即可获得具有触变性的球状半固态坯料。

2. 二次加热及坯料重熔测定控制技术

流变铸造采用"一步法"成形,半固态浆料制备与成形连为一体,装备较为简单;而触变铸造采用"二步法"成形,除有半固态浆料制备及坯料成形外,还有二次加热装置、坯料重熔测定控制装置等。下面就介绍触变铸造中的二次加热装置、坯料重熔测定控制装置。

1) 二次加热装置

触变成形前,半固态棒料先要进行二次加热(局部重熔)。根据加工零件的质量大小精确分割经流变铸造获得的半固态金属棒料,然后在感应炉中重新加热至半固态供后续成形。二次加热的目的是:获得不同工艺所需的固相体积分数,使半固态金属棒料中细小的枝晶碎片转化成球状结构,为触变成形创造有利条件。

目前,半固态金属加热普遍采用感应加热,它能够根据需要快速调整加热参数,加热速度快、温度控制准确。图 2-86 为一种二次加热装置原理图,它利用传感器信号来控制感应加热器,得到所要求的液固相体积分数。其工作原理为:当金属由固态转化为液态时,金属的电导率明显减小(如铝合金液态的电导率是固态的 0.4~0.5);同时,坯锭从固态逐步转变为液态时,电磁场在加热坯锭上的穿透深度也将变化,这种变化将会引起加热回路的变化,因此可通过安装在靠近加热锭坯底部的测量线圈测出回路的变化。比较测量线圈的信号与标定信号之间的差别,就可计算出坯锭的加热温度,从而实现控制加热温度(即控制液相体积分数)的目的。

2) 重熔程度测定装置

理论上,对于二元合金,重熔后的固相体积分数可以根据加热温度由相图计算得出。但实际中,常采用硬度检测法,即用一个压头压入部分重熔坯料的截面,以测定加热材料的硬度来判定是否达到了要求的液相体积分数。半固态金属重熔硬度测定装置如图 2-87 所示。

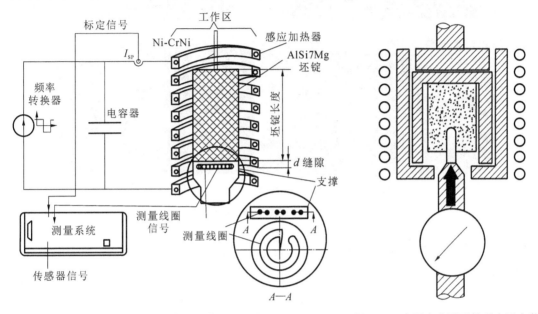

图 2-86　一种二次加热装置原理图　　图 2-87　半固态金属重熔硬度测定装置

3. 半固态金属零件的成形

半固态金属零件加工的最后工序是成形,常用的成形方式有:压力铸造、挤压铸造、轧制成形、锻压成形等。理论上,所有带温度控制、压力控制的压力成形机都可进行半固态金属零件的压力成形,但因各种成形设备的原理不同,其成形工艺过程不尽相同,详见有关专著。

随着航空、航天、舰船、现代交通、机械制造业的快速发展,轻合金材料的需求量越来越大,性能要求越来越高,利用半固态成形技术工艺来近净成形轻合金制件具有较大潜力和优势。半固态加工方法能够生产形状复杂的零部件,半固态加工在镁合金产品的商业性生产主要是 Thixomolding(触变注射成形)工艺,在铝合金生产方面,进行生产的主要集中在半固态触变成形。北京有色金属研究总院已建成国内第一条年产 300 t 的铝合金半固态材料制备生产线,可批量生产 A356、A390、7075、6061 等多种合金牌号的半固态坯料,同时还可以进行半固态坯料制备设备、流变制浆机、二次加热专用加热设备等半固态加工成套设备的生产。北京交通大学利用半固态流变挤压技术成功地制造碳钢 ZG230-450 基座和低合金钢齿轮和箱体。南昌大学利用流变铸造技术实现了传统铸造专用合金如 ADC10 的铸造。在国外,英国康明斯公司利用半固态技术进行高品质零部件的生产,如增压涡轮发动机叶轮、自动变速器齿轮变速杆、引擎座、控制臂、上悬挂、发动机支架、柴油发动机泵体等。意大利 Annalisa Pola 采用半固态技术生产铅锑合金、生产车用电池上的金属零件,以提高其机械性能和抗腐蚀能力。泰国 J. Wannasin 气泡诱导半固态流变铸造工艺生产了转子盖、修复管接、修复脚适配器等零部件。半固态铸造成形件如图2-88所示。

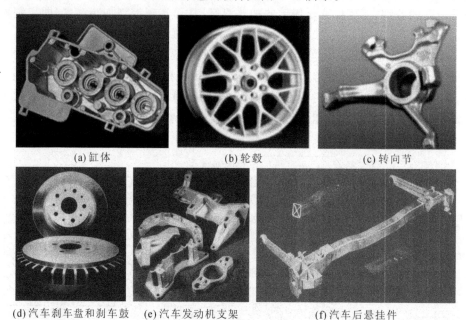

| (a) 缸体 | (b) 轮毂 | (c) 转向节 |

(d) 汽车刹车盘和刹车鼓　(e) 汽车发动机支架　　(f) 汽车后悬挂件

图 2-88　半固态铸造成形件

2.4.3　半固态铸造成形新技术

世界各国的研究人员在研究新的半固态铸造成形工艺技术时,他们将塑料的注射成形原理,应用于半固态金属铸造中,集半固态金属浆料的制备、输送、成形等过程于一体,形成了"半固态金属注射成形"新技术,较好地解决了半固态金属浆料的保存及输送控制困难问题。

1. 半固态金属触变注射成形工艺

由美国 Thixomat 公司提出的半固态金属触变注射成形工艺,近乎采用了塑料注射成形的方法和原理,其结构示意图如图2-89所示。目前该设备系统主要用于镁合金零件的半固态注射成形。其成形过程为:被制成粒料、稍料或细块料的镁合金原料从料斗中加入;在螺旋的作用下,粒、稍状镁合金材料被向前推进并加热至半固态;一定量的半固态金属液在螺旋的前端累积;最后在注射缸的作用下,半固态金属液被注射入模具内成形。

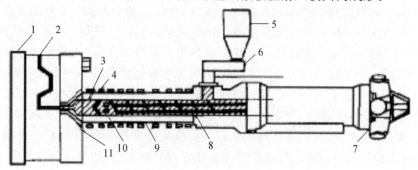

图 2-89　触变注射成形原理示意图

1—模具架;2—模型;3—半固态镁合金累计器;4—加热器;5—镁粒料斗;6—给料器;
7—旋转驱动及注射系统;8—螺旋给进器;9—筒体;10—单向阀;11—注射嘴

该成形方法的优点是:成形温度低(比镁合金压铸温度低 100 ℃)、成形时不需要气体保护、制件的孔隙率低(低于 0.069%)、制件的尺寸精度高等。此方法是目前国外成功用于实际生产的唯一的"一步法"半固态金属成形工艺方法。该方法的缺点是:所用原材料为粒料、稍料或细块料,原材料的成本高;由于半固态金属的工作温度较高,机器内的螺杆及内衬等构件材料的使用寿命短,高温下构件材料的耐磨、耐蚀性问题一直使用户感到头痛。

2.半固态金属流变注射成形

美国 Conell 大学的 K.K. Wang 等,首先将半固态金属流变铸造(SSM-rheocasting)与塑料注射成形(injection-moulding)结合起来,形成了一种称之为"流变注射成形"(rheomoulding)的半固态金属成形新工艺,所发明的流变注射成形机(rheomoulding machine)的结构原理如图 2-90 所示。流变注射成形机垂直安装,它由液态金属熔化及保护装置、单螺旋搅拌装置、搅拌筒体、冷却及加热装置、注射成形系统等部分组成。

流变注射成形的工作原理是:液态金属依靠重力从熔化及保温炉中进入搅拌筒体,然后在单螺旋的搅拌作用下(螺旋没有向下的推进压力)冷却至半固态,积累至一定量的半固态金属液后,由注射装置注射成形。上述过程全在保护气体下进行。

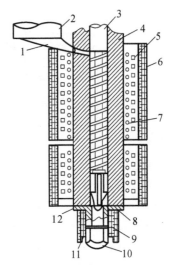

图 2-90　K.K. Wang 的流变注射成形机原理图
1—金属液输入管;2—保温炉;3—螺杆;4—筒体;
5—冷却管;6—绝热管;7—加热线圈;
8—半固态金属累积区;9—绝热层;
10—注射嘴;11—加热线圈;12—单向阀

上述方法的不足之处是:设备构造材料的性能要求较高(高温下的耐磨、耐蚀性能等),设备的生产循环也存在某些问题;且由于单螺旋搅拌装置没有类似于泵的推进作用,故设备必须垂直安装;另外,由单螺旋搅拌装置产生的剪切速度不高。

它与 K.K. Wang 专利的主要区别在于:采用叶片式搅拌装置(搅拌叶片具有类似于泵的推进作用),搅拌筒体的前端为半固态浆料累积室,并在搅拌筒体与半固态浆料累积室之间设有一球形控制阀。该控制阀可以有选择地打开和关闭,可以适应或调节搅拌筒体与半固态浆料累积室之间的压力变化。但设备构造材料的性能要求仍然较高,叶片搅拌产生的剪切速度不高。

1999 年,由英国 Brunel 大学 Z. Fan 等提出的双螺旋注射成形技术(见图 2-91),克服了 Kono Kaname 专利的缺点:双螺旋搅拌产生的剪切速度很快;搅拌螺杆及搅拌筒体内衬等构件采用陶瓷作材料,其耐磨、耐蚀性能大大提高。

总之,流变注射成形(rheo-molding)技术的完善和工业化应用,是半固态金属流变铸造技术研究及应用的巨大成就,将为半固态金属流变铸造技术的发展带来美好的前景。

3.低过热度浇注式流变铸造

1)低过热度倾斜板浇注式流变铸造

1996 年,日本 UBE 公司申请了非机械或非电磁搅拌的低过热度倾斜板浇注式流变铸造技术,称为 new rheocasting,如图 2-92 所示。其过程为:首先降低浇注合金的过热度,将

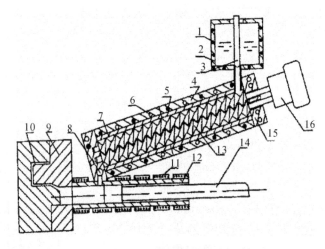

图 2-91 双螺旋注射成形原理图

1—加热源；2—坩埚；3—活塞杆；4—搅拌桶；5—加热源；6—冷却通道；7—内衬；8—输送阀；

9—模具；10—型腔；11—加热源；12—射室；13—双螺旋；14—活塞；15—端冒；16—驱动系统

合金液浇注到一个倾斜板上，合金熔体流入收集坩埚；再经过适当的冷却凝固，这时半固态合金熔体中的初生固相就呈球状，均匀地分布在低熔点的残余液相中；然后对收集于坩埚中的合金浆料进行温度调整，获得尽可能均匀的温度场或固相分数，最后将收集于坩埚中的半固态合金浆料送入压铸机或挤压铸造机中进行流变铸造。

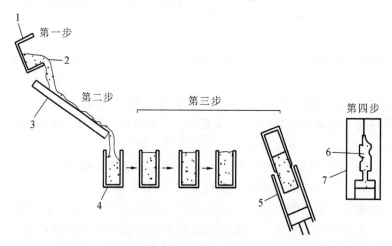

图 2-92 低过热度倾斜板浇注式流变铸造工艺示意图

1—熔化坩埚；2—合金液；3—倾斜板；4—收集坩埚；5—射室；6—毛坯；7—模具

2）低过热度浇注和短时弱机械搅拌流变铸造

2001 年，MIT 的 Martinez 和 Flemings 等提出了一种新的流变铸造技术，如图 2-93 所示。该技术的核心思想是：将低过热的合金液浇注到制备坩埚中（坩埚内径尺寸适合压铸机的射室尺寸），利用镀膜的铜棒对坩埚中的合金液进行短时间的弱机械搅拌，使合金熔体冷却到液相线温度以下，然后移走搅拌铜棒，让坩埚中的半固态合金熔体冷却到预定的温度或固相分数，最后将坩埚中的半固态合金浆料倾入压铸机射室内，进行流变压铸。

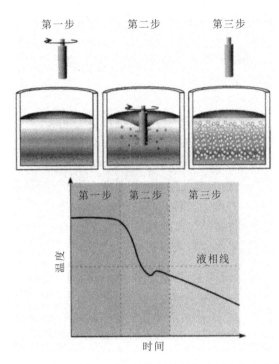

图 2-93　低过热度浇注和短时弱机械搅拌制备半固态合金浆料示意图

2.5　铝(镁)合金的精确成形新技术

随着航空、航天、汽车等工业的轻量化要求,铝(镁)合金材料被大量采用,适合高质量铝(镁)合金铸件大量生产的压力铸造、低压铸造等方向的新技术不断涌现与采用。高真空压力铸造可实现铸件热处理,反重力铸造可生产复杂的高致密度铸件。下面介绍铝(镁)合金精确成形中的新技术进展。

2.5.1　压力铸造新技术及装备

2.5.1.1　压力铸造概述

1. 压力铸造工艺原理

压力铸造(简称压铸)是在高压作用下将液态或半液态金属快速压入金属压铸型(或称压铸模、压型)中,并在压力下凝固而获得铸件的方法。

压铸所用的压力一般为 30～70 MPa,充型速度可达 5～100 m/s,充型时间为 0.05～0.2 s。金属液在高压下以高速充填压铸型,是压铸区别于其他铸造工艺的重要特征。

金属的压力铸造广泛地应用于汽车、冶金、机电、建材等行业。目前,90%的镁铸件和60%的铝铸件都会采用压力铸造成形。

2. 压力铸造的特点及应用

1) 优点

(1) 生产率高,每小时可压铸 50～150 次(最高可达 500 次);便于实现自动化、半自动化。

（2）铸件的尺寸精度高（IT11～IT13），表面粗糙度低（$Ra=3.2～0.8\ \mu m$），可以直接铸出螺纹孔。

（3）铸件冷却速度快，并在压力下结晶，故晶粒细小、表面紧实、铸件的强度和硬度高。

（4）便于采用嵌铸法（或称镶铸法）。

2）缺点

（1）压铸机费用高，压铸型制造成本极高，工艺准备时间长，不适宜单件小批生产；

（2）由于铸型寿命的原因，目前压铸尚不适用于钢、铁等高熔点合金的铸造；

（3）由于金属液的压入及冷却速度过快，型腔内的气体难以完全排出，厚壁处又难以进行补缩，故压铸件内部常存在气孔、缩孔和缩松等缺陷，通常压铸件不能进行热处理。

近年来，国外已研究成功的真空压铸、充氧压铸等新工艺装备，可以提高压铸件的力学性能、减少铸件中的气孔、缩孔、缩松等微孔缺陷；加之新型模具材料的研制，钢、铁金属的压铸也取得了一些进展，压铸工艺的应用范围日益扩大。

3.压铸填充理论

1）喷射填充理论

当液流在速度、压力不变时，保持内浇口截面的形状喷射至对面型壁，称为喷射阶段；由于对面型壁的阻碍，部分金属呈涡流状态返回，部分金属向所有其他方向喷溅并沿型腔壁由四面向内浇口方向折回，称为涡流阶段。涡流中容易卷入空气及涂料燃烧产生的气体，使压铸件凝固后形成 0.1～1 mm 的孔洞，降低了压铸件的致密度。如图 2-94 所示。

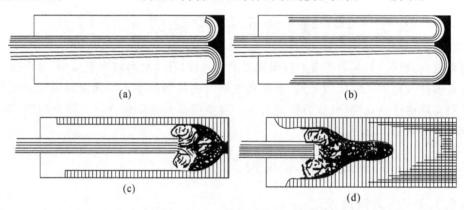

（a）　　　　　　　　　　　（b）

（c）　　　　　　　　　　　（d）

图 2-94　合金液的喷射填充形态

2）全壁厚填充理论

金属液经内浇口进入型腔后，即扩展至型壁，后沿整个型壁截面向前填充，直到充满为止。当内浇口速度低于 0.3 m/s 时，容易产生全壁厚填充形态。该理论一般用于结晶区间较宽的合金和形状较简单的压铸件。如图 2-95 所示。

3）三阶段填充理论

H. K. Barton 综合了填充过程中的力学、热力学、流体力学等因素，提出了压铸的充填过程分为三个阶段：① 受内浇口截面限制的金属射入型腔后，首先冲击对面型壁，沿型腔表面向各方向扩展，并形成压铸件表面的薄壳层，在型腔转角处产生涡流；② 后续金属液沉积在薄壳内的空间里，直至填满，凝固层逐渐向内延伸，液相逐渐减少；③ 金属液完全充满型腔后，与浇注系统和压室构成一封闭的水力学系统，在压力作用下，补充熔融金属，压实压铸件。如图 2-96 所示。

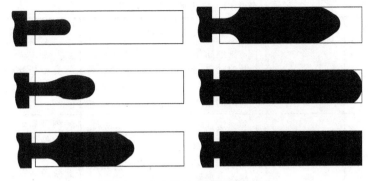

图 2-95　合金液的全壁厚填充形态

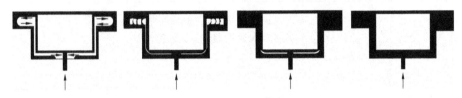

图 2-96　三阶段填充形态

　　三阶段填充理论与喷射填充理论的实验结果基本一致,全壁厚填充理论只在特定的条件下出现,上述三种理论不是孤立的,它随着压铸件的形状、尺寸和工艺参数而改变。在同一压铸件上,由于各部位结构尺寸的差异也会出现不同的填充形态。

4.压力铸造工艺过程

　　压铸的工艺过程:浇注,冲头前进、压射开始,压射室充满,压射完毕等工序。整个压铸过程又分:慢速压射(封孔)、一级快速压射(填充)、二级快速压射、增压等几个阶段。在现代压铸机的自动控制中,常采用多级实时压射控制系统,压铸过程中,冲头所受的压力与速度变化如图 2-97 所示,其压力的变化与作用如表 2-12 所示。多级实时压射的主要目的是:减少压铸过程中的气体卷入,提高压铸件的致密性和质量。因此,压铸过程中,作用在液态金属上的压力不是一个常数,它随压铸过程的不同阶段而变化。

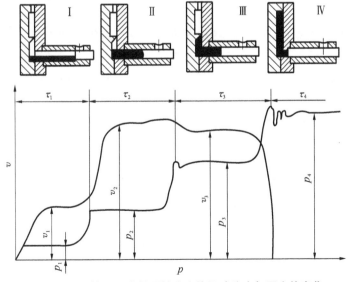

图 2-97　压铸不同阶段压射冲头的运动速度与压力的变化

表 2-12 压力的变化与作用

压射阶段	压力 p	压射冲头速度 v	压射过程	压力作用
第一阶段 τ_1	p_1	v_1	慢速压射（封孔）：压射冲头以低速前进，封住浇料口，推动金属液，压力在压室内平稳上升，使压室内的空气慢慢排出	克服压室与压射冲头和液压缸与活塞之间的摩擦阻力
第二阶段 τ_2	p_2	v_2	一级快速压射（填充）：压射冲头以较快的速度前进，金属液被推至压室前端，充满压室并堆积在浇口前沿	内浇口是整个浇注系统中阻力最大的位置，压力升高，足以达到突破内浇口阻力。此阶段后期，因内浇口阻力产生第一个压力峰
第三阶段 τ_3	p_3	v_3	二级快速压射：压射冲头按要求的最大速度前进，金属液充满整个型腔	金属液突破内浇口阻力，填充型腔，压力升至 p_3。此阶段结束前，由于水锤作用，压力升高，产生第二个压力峰
第四阶段 τ_4	p_4	v_4	增压：压射冲头运动基本停止，但稍有前进	此阶段为最后增压阶段，压力作用于正在凝固的金属液上，使之密实，消除或减少疏松提高压铸件的密度

2.5.1.2 压力铸造新技术

压力铸造具有成形精度高、生产效率高、铸件力学性能良好等优点，越来越广泛地应用于汽车零部件制造领域。然而，由于普通压力铸造是熔体在高压高速下快速填充模具型腔，型腔中的气体来不及排出，从而在铸件内部易形成气孔等缺陷，因此压铸件通常无法进行固溶热处理以及焊接加工，这严重阻碍了压铸件的更广泛的应用。为了解决此问题，目前国内外有两个途径：一是改进现有设备，特别是对三级压射机构的压射机，控制压射速度、压力，控制模型内的气体卷入量；二是发展特殊压铸工艺，如真空压铸、充氧压铸、局部加压压铸、电磁给料压铸、半固态压铸等。下面就介绍几种压力铸造的新技术和方法。

1. 真空压铸

为了减少或避免压铸过程中气体随金属液高速卷入而使铸件产生气孔和疏松，压射前采用对铸型抽真空的真空压铸最为普遍。真空压铸按获得真空度的高低可分为：普通真空压铸和高真空压铸两种。普通真空压铸的真空度为 20～50 kPa，铸件的气体含量为 5～20 mL/100 g；高真空压铸的真空度＜10 kPa，所得铸件的气体含量为 1～3 mL/100 g。

真空压铸的特点是：可消除或减少压铸件内部的气孔，压铸件强度高，表面质量好，还可以进行热处理；减少了压铸时型腔的反压力，可用小型压铸机生产较大、较薄的铸件；但真空压铸的密封结构复杂，制造及安装困难，若控制不当，效果就不明显。在真空压铸中，真空度的大小对压铸件的性能影响很大，真空度对 Al 压铸件伸长率的影响如图 2-98 所示。由此可看出，高真空度压铸的 Al 合金压铸件的延展性较普通压铸件明显提高。

1）普通真空压铸

普通真空压铸，即采用机械泵抽出压铸模腔内的空气，建立真空后注入金属液的压铸方法。真空罩及分型面抽真空示意图如图 2-99、图 2-100 所示。

实践表明，真空压铸可以提高压铸件的致密性，而普通真空压铸由于获得的真空度不

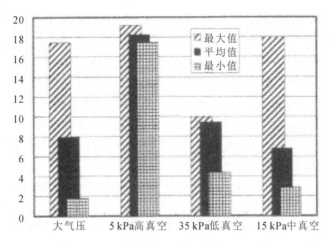

图 2-98　真空度对 Al 压铸件伸长率的影响

高,压铸件的致密性还不能达到热处理的要求,因此,应用不太广泛。近年来,高真空压铸技术的应用表明,其压铸件的致密性明显提高,其推广应用的速度也较快。

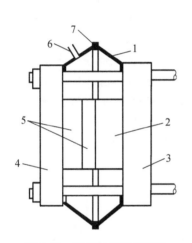

图 2-99　真空罩安装示意图

1—真空罩;2—动模座;3—动模安装板;4—定模安装板;
5—压铸模;6—抽气孔;7—弹簧垫衬

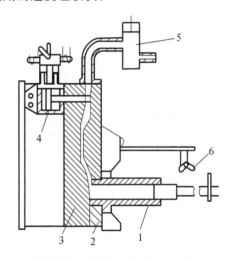

图 2-100　由分型面抽真空示意图

1—压室;2—定模;3—动模;
4—小液压缸;5—真空阀;6—行程开关

2) 高真空压铸

高真空压铸是在普通压铸的基础上,采用辅助的高真空控制系统、真空泵、真空截止阀等装置,在金属液填充模具型腔之前,将型腔中的气体抽出,使模具型腔中形成较高的真空度,并保持至填充结束。在高真空压铸过程中,型腔处于真空状态,紊流的金属液不会再卷入气体形成气孔,从根本上消除了压铸零件气孔的成因。因此,铸件含气量得到降低,气孔率下降,致密度提高;铸件的整体力学性能得到改进,抗拉强度、伸长率、硬度和密度均有所提高;同时可以满足热处理、焊接及耐压实验等要求。高真空压铸工艺一般要求压射过程中型腔的有效真空压力小于 5 kPa,以大幅度减少铸件中气孔的存在,满足后续热处理及焊接工艺的要求。

高真空压铸的关键是能在很短的时间内获得高真空。为此,必须在铸型结合处建立良好的密封系统,在真空建立时有阻止金属液流入真空管道的真空闭锁阀。其中最为关键的核心装备是真空截止阀和真空压铸控制系统。真空压铸用真空截止阀具有的功能是能够迅速排除模具型腔内的气体,在排除型腔气体后能及时关闭分离抽真空系统与模具,以防止金属液进入真空抽气管道造成堵塞。

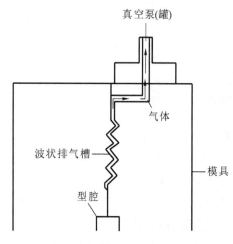

图 2-101　激冷排气槽法的真空压铸原理

目前,真空阀有激冷排气槽式真空阀和机械式真空阀两类。激冷排气槽式真空阀是在模具上开设很薄的波纹状排气槽,用来连接模具型腔和真空管道,金属液充满型腔后继续流动进入排气槽时会受到较大的阻力,使得金属液迅速凝固堵住排气通道,从而有效地阻止金属液流入真空管道,如图 2-101 所示。但是该真空阀的抽真空效果因排气道截面大小受限制而大打折扣,同时型腔中的真空度也存在着很大的波动。该装置的优点在于结构简单,易于实现,不需要在模具上增设额外的真空阀,所以在普通真空压铸中应用较为普遍。机械式真空阀法(gas free 法)是采用专有的截断阀即真空阀来关闭气路。利用金属液流动的惯性力使截止阀的阀芯关闭来达到对型腔抽真空的目的。图 2-102 为 gas free(GF)法的工作原理图。开始抽真空时,阀芯处于打开状态,模具型腔内的气体通过两侧的排气道迅速排出;进行压铸时金属液在冲头的压力作用下充填型腔,当金属液前端抵达真空阀时,金属液在流动惯性中继续前冲,推动截止阀阀芯往上移动,金属液也会同时流入到左右两侧的排气槽内。由于排气槽具有足够的长度,所以在金属液到达阀芯侧面的排气槽时,阀芯已经关闭,从而避免了金属液进入真空管路造成堵塞。真空阀法的优点是排气面积大、气流阻力小,型腔真空度高且稳定、排气道设置灵活等。

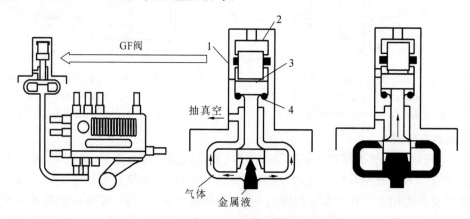

图 2-102　cas free 法真空压铸原理示意图
1—阀体;2—活塞腔;3—活塞;4—缓冲室

此外,在模具的设计上(浇注系统、抽芯机构等)采用防止卷气、排气的措施;在模具的脱模剂上,采用高温下高附着力、小发气量的脱模剂材料。图 2-103 为吸入式高真空压铸机的工作原理图,它采用真空吸入金属液至压射室,然后进行快速压射,可获得较高的压铸真空度。

华中科技大学研发了 NHVDC 型压铸用多向抽真空装置,是一种可以同时在型腔、压室

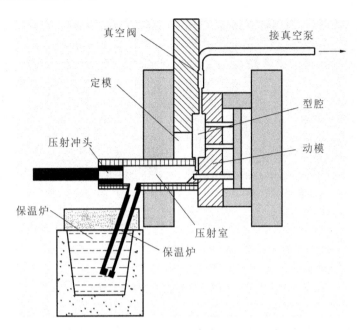

图 2-103　吸入式高真空压铸机的工作原理图

和模架三个方向上抽真空的真空压铸辅助装置,如图 2-104 所示。相比于传统的仅从型腔抽真空的装置,该系统装置提高了抽气效率:增加压室抽真空部分的目的在于提高抽真空的速率,减小浇注时的各种烟气和水蒸气对铸件的影响;增加模架抽真空部分的目的在于阻止空气从模架缝隙进入型腔,降低模架泄漏对型腔真空度的影响,大大提高了铸件成品率和质量。图 2-105 为高真空压铸件和普通真空压铸件的对比照片。

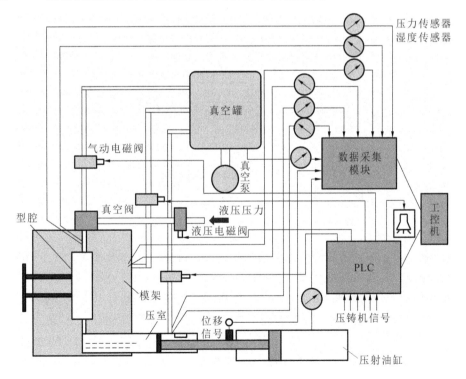

图 2-104　NHVDC 型压铸用多向抽真空装置原理图

(a) 高真空压铸件

(b) 普通真空压铸件

图 2-105　高真空压铸件和普通真空压铸件对比照片

2. 充氧压铸

1) 基本原理及应用

充氧压铸是将干燥的氧气充入压室和压铸模型腔,以取代其中的空气和其他气体。又称:反应气氛压铸法。充氧压铸工艺原理如图 2-106 所示,其装置原理如图 2-107 所示。当铝合金压入压室和压铸模腔时与氧气发生化合,生成 $2Al_2O_3$,形成均匀分布的 $2Al_2O_3$ 小颗粒(直径在 $1\ \mu m$ 以下),从而减少或消除了气孔,提高了压铸件的致密性。

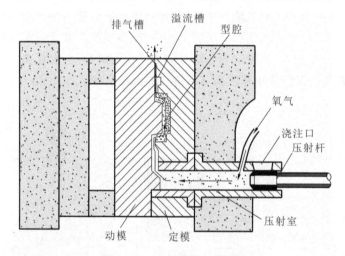

图 2-106　充氧压铸工艺原理

这些小颗粒占压铸件总质量的 $0.1\%\sim0.2\%$,不影响机械加工。充氧压铸仅适用于铝合金。

2) 充氧压铸的特点

充氧压铸消除或减少了压铸件内部的气孔,强度提高 10%、伸长率增加 $1.5\sim2$ 倍,压铸件可进行热处理;Al_2O_3 有防蚀作用,充氧压铸件可在 $200\sim300$ ℃的环境下工作;与真空压铸相比,充氧压铸的结构简单、操作方便、投资少。但充氧压铸也有以下局限性:① 必须使用胶体石墨系列的水溶性脱模/润滑剂或固体粉末;② 氧气置换和除去水分的时间稍长;③ 对压射室及冲头要防止黏模及吃入飞边;④ 铸造合金中的 Fe 及 Mn 的含量要适当;⑤ 熔液和氧气完全反应下的铸造条件优化比较难。

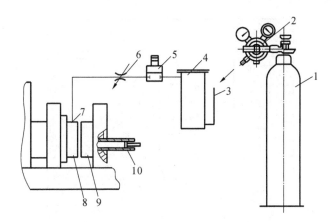

图 2-107　充氧压铸装置原理图

1—氧气瓶；2—氧气表；3—氧气软管；4—干燥器；5—电磁阀；6—节流阀；7—接嘴；8—动模；9—定模；10—压射冲头

3. 局部加压压铸

压铸工艺由于金属液的压入及冷却速度过快，厚壁处通常难以进行补缩而形成缩孔缩松。为了解决压铸件厚壁处的缩孔缩松问题，可采用局部增压工艺。该工艺的加压位置通常在：型腔厚壁部位和横浇道部位。局部加压压铸原理示意图如图 2-108 所示。

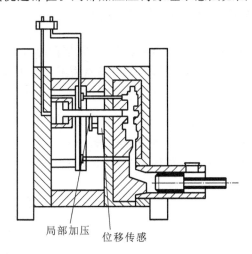

局部加压　　位移传感

图 2-108　局部加压压铸原理图

局部加压的工艺要点如下：

（1）局部加压的影响范围小，一般为杆径的 2～3 倍、杆行程的 1～2 倍，因此，加压位置的选择非常重要；

（2）最好能直接利用铸孔，或设置加压杆；

（3）加压时间的管理至关重要，过早或过晚均不能获得预期的效果；

（4）局部加压压力一般为压射压力的 1.5～3 倍；

（5）加压杆速度为 8～10 mm/s。

4. 电磁给料压铸

图 2-109 所示为电磁给料压铸法的原理图，它采用电磁泵将金属液送入压铸室，减少了压铸过程中的气体卷入。压铸冲头自下向上压入，有利于压铸时型腔中气体的排出。

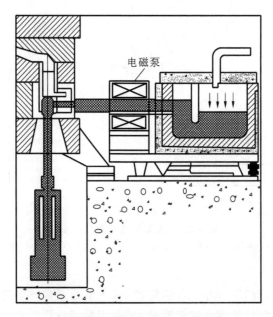

图 2-109　电磁给料压铸法原理图

2.5.2　反重力精密铸造技术及应用

反重力铸造通常包括低压铸造和差压铸造两种,它与普通重力下的铸造(浇注、凝固)相对,是在反重力下实施金属液的浇注与凝固,具有与重力下铸造不同的充型与凝固特征。

1. 低压铸造

低压铸造是一种介于重力铸造和压力铸造之间的铸造方法。在较低的气体压力(0.02~0.05 MPa)下将金属液自下而上地压入铸型,并使铸件在一定压力下结晶凝固的一种特种铸造方法。低压铸造的工艺原理及装置如图 2-110、图 2-111 所示。

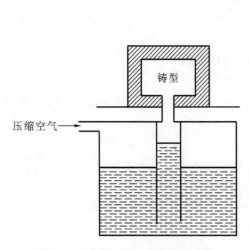

图 2-110　低压铸造工艺原理示意图

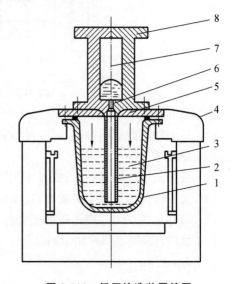

图 2-111　低压铸造装置简图
1—坩埚；2—升液管；3—铝液；4—进气管；
5—密封盖；6—浇口；7—型腔；8—铸型

1) 低压铸造工艺的主要特点

低压铸造工艺的主要优点是：金属液上升速度慢，仅仅为 0.05～0.2 m/s，流动非常平稳，很少卷气和夹杂，因而铸件质量可得到保证；铸型处于正压力场的作用下，缩松缺陷大为减少，力学性能明显提高，还可浇注较复杂、不同壁厚的铸件。低压铸造工艺的主要缺点是：设备的密封系统易泄漏，液面加压系统精度差；升液管易腐蚀，管内的夹杂难以清除，而且升液管最上端易过早凝固堵塞，造成生产率、成品率下降；低压铸造金属液结晶凝固压力低。

由于低压铸造时浇注系统与位于铸型下方的升液管直接相连，充型时液态金属从内浇口引入，并由上而下地充满铸型，凝固过程中升液管中的炽热金属液经由浇注系统提供补缩，因此该工艺实现"自上而下的顺序凝固"方式。

与普通铸造方法和压力铸造方法相比，低压铸造工艺具有如下特点。

① 与普通铸造相比：低压铸造可以采用金属型、砂型、石墨型、熔模壳型等，它综合了各种铸造方法的优势；低压铸造不仅适用于非铁金属，而且适用于钢铁金属，因此适用范围广；由于底注式充型，而且充型速度可以通过进气压力进行调节，因此充型非常平稳；金属液在气体压力作用下凝固，补缩非常充分；采用自下而上浇注和压力下凝固，大大简化了浇冒系统，金属液利用率达 90% 以上；金属液流动性好，可以获得大型、复杂、薄壁铸件；劳动条件好，机械化、自动化程度高，可以采用微机控制（机械化、自动化操作时设备成本高）。

② 与压力铸造相比：铸型种类多，要求低；铸件能根据需要进行热处理；不仅适用薄壁铸件，同样适用厚壁铸件；铸件不易产生气孔；合金种类多、铸件质量范围大；铸件机械性能好、尺寸精度、表面粗糙度稍低；设备结构简单、成本较低。

2) 低压铸造的工艺曲线

低压铸造时，铸型的充型过程是靠坩埚中液态金属表面上气体压力作用来实现的。铸件的成形过程分为升液、充型和凝固（结晶）三个阶段，每个阶段所需的时间、压力及加压速度等，均根据铸件的工艺要求有所不同。如图 2-112、表 2-13 所示。

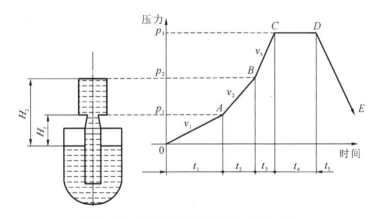

图 2-112　低压铸造过程各阶段所需的压力

① 升液阶段　加压开始至液体金属上升到浇口处为止，时间 t_1、压力 p_1、速度 v_1。为了防止液态金属自浇口进入型腔产生喷溅或涡流现象，升液速度 v_1 一般不超过 0.15 m/s。

② 充型阶段　液态金属由浇口进入型腔起至充满为止，时间 t_2、压力 p_2、速度 v_2。充型速度（v_2）关系到液态金属在型腔中的流动状态和温度分布。此阶段的充型速度慢，液态金属充型平稳，有利于型腔中气体的排出，铸件各处的温度差增大；但充型速度太慢，对于形状复杂的薄壁铸件，尤其是采用金属铸型时，易产生冷隔、浇不足等缺陷。充型速度常为

$0.06\sim0.07$ m/s,增压速度一般为 $1\sim3$ m/s。

表 2-13 低压铸造过程各段的压力和加压速度关系

参数 \ 阶段	加压过程的各个阶段				
	$0\sim A$ 升液阶段	$A\sim B$ 充型阶段	$B\sim C$ 增压阶段	$C\sim D$ 保压阶段	$D\sim E$ 放气阶段
时间	t_1	t_2	t_3	t_4	t_5
压力/(N/m²)	$p_1=H_1\gamma\mu$	$p_2=H_2\gamma\mu$	p_3（根据工艺要求）	p_4（根据工艺要求）	0
加压速度/(N/m²·s)	$V_1=\dfrac{p_1}{t_1}$	$V_2=\dfrac{p_2-p_1}{t_2}$	$V_3=\dfrac{p_3-p_2}{t_3}$	—	—

③ 凝固阶段 液态金属充满铸型至凝固完毕,时间 t_3、压力 p_3、速度 v_3。铸件在压力作用下凝固,此时压力称为凝固(结晶)压力,一般高于充型压力,有一增压过程。通常,$p_3=(1.3\sim2.0)p_2$。

保压时间 t_4 是自增压结束至铸件完全凝固所需的时间。保压时间的长短与铸件的结构特点、铸型的种类和合金的浇注温度等因素有关,通常由试验来确定。

小汽车铝合金轮毂大多采用低压铸造生产,其浇注系统及铸件如图 2-113 所示。

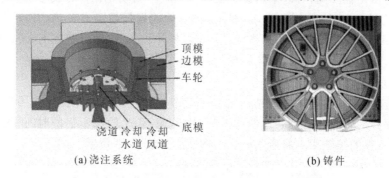

(a)浇注系统   (b)铸件

图 2-113 铝合金低压铸造轮毂的浇注系统及铸件

2. 差压铸造

差压铸造又称反压铸造或压差铸造,它是在低压铸造基础上发展起来的,其实质是低压铸造和压力下结晶两种工艺的结合,即充型成形是低压铸造过程,而铸件凝固是压力下结晶过程。因此,差压铸造具有这两种工艺的特点,可获得无气孔、无夹杂、组织致密的铸件,其力学性能大大优于一般的重力铸造工艺。差压铸造的工作原理如图 2-114 所示。控制上、下筒体的进气压力,可实现低压充型、加压凝固等工艺过程。

差压铸造设备的工作压力为 0.6 MPa,压差范围为 50 kPa 左右。由于铸件在很高的压力下凝固(补缩能力是低压铸造的 $4\sim5$ 倍),因此,铸件无气孔、缩松,组织致密,力学性能很高,可用于复杂零件的生产。差压铸造的突出优点有:减少铸件气孔、针孔缺陷,改善铸件表面质量,明显减少大型复杂铸件凝固时的热裂倾向,差压铸造的补缩能力是低压铸造的 $4\sim5$ 倍,差压铸造的铸件质量高(组织致密,力学性能好,抗拉强度提高 10%～20%、伸长率提高 70%);但差压铸造设备比较复杂、昂贵,生产率不高。

近年来,在差压铸造的基础上又出现了真空压差铸造方法,如图 2-115 所示。该铸造法的充型是在铸型室的真空度达到一定值后进行的,不仅克服了真空吸铸抽气不完全而产生背压的缺点,使充型能力有很大提高,而且充型时气体稀少,可有效地抑制紊流和送气的产

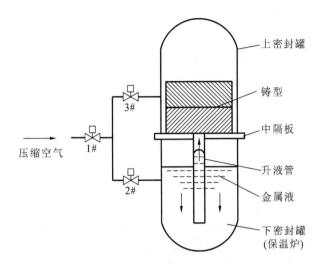

图 2-114　差压铸造的工作原理图

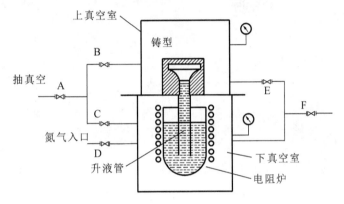

图 2-115　真空压差铸造工艺原理图

生。在充型完成后，能及时地给予金属液面以较大的压力，使铸件在较大的压力下实施补缩凝固，获得致密的铸件。该方法能在铸造过程中综合运用真空和压力，控制充型与凝固过程中的压力差，达到生产高质量铸件之目的。真空压差铸造的充型速度快（最高充型速度为3 m/s，远远高于低压铸造和差压铸造 0.05～0.8 m/s 的充型速度，仅低于压力铸造的充型速度），有利于成形复杂薄壁铸件；在较大的压力差（0.4～0.5 MPa）下进行补缩、凝固，铸件的致密性好；设备结构上，避免了结构复杂的高压罐容器部件，结构简单、成本低、操作控制方便。

2.6　熔模精密铸造

2.6.1　精密熔模铸造技术原理与特点

熔模精密铸造，简称熔模铸造，又称"失蜡铸造"，是一种近净成形工艺，其铸件精密、复杂，接近于零件最后的形状，可不经加工直接使用或经很少加工后使用。

熔模铸造，通常是在蜡模表面涂上数层耐火材料，待其硬化干燥后，将其中的蜡模熔去而制成型壳，再经过焙烧，然后进行浇注而获得铸件的一种方法。由于获得的铸件有很好的尺寸精度和表面光洁度,故又称"熔模精密铸造"。早在两千多年前,我国的劳动人民就已掌握了青铜钟鼎等器皿的熔模精密铸造技术。熔模铸造的主要特点包括:易熔材料制成模型;模型熔失后的铸型无分型面;可铸造各种形态复杂的零件,且可获得较高的尺寸精度和表面粗糙度,大大减少机械加工工作量,显著提高金属材料利用率。

熔模精密铸造的适用范围有:尺寸要求高的铸件,尤其对于无加工余量的铸件(涡轮发动机叶片等);能铸造各种碳钢、合金钢及铜、铝等各种非铁金属,尤其适用于那些难切削加工合金的铸件。

熔模精密铸造的工艺过程主要包括:熔模制造、壳型制造、壳型焙烧与浇注等工序。

典型的熔模精密铸造有:航天叶片(含定向凝固和单晶叶片)、离心叶轮、整流器、高尔夫球头、精密管接头等。如图 2-116、图 2-117 所示。

图 2-116　精密铸造蜡模模样(离心叶轮、整流器、航空叶片等)

(a)民用零件(高尔夫球头、精密管接头等)

(b)离心叶轮

(c)航空叶片

图 2-117　典型的熔模精密铸造零件

下面按照熔模精密铸造的主要工序介绍其关键技术,分别为:模样材料及熔模的制造、壳型材料及壳型工艺、熔模铸造型芯等。

2.6.2　精密熔模铸造关键技术

2.6.2.1　模样材料及熔模的制造

1.模料的种类

模样材料(简称)的性能直接影响铸件的尺寸精度与表面质量。我国精密铸造用模料可分为四种:蜡基模料(以石蜡-硬脂酸,石蜡-聚烯烃为代表);树脂基模料(以松香和改性松香基为代表);填料模料(以固体粉末为填料);水溶性模料(分尿素基和聚乙二醇基两种类型)。

我国模料的商品化程度不高,且使用最多的模料为蜡基模料。相比之下,国外模料的商品化程度很高,可根据使用要求不同提供各种用途的模料,如型蜡、浇道蜡、黏结蜡等。

与我国不同的是,国外大量采用填料模料(占精铸模料市场份额的一半以上)。填料在模料中的主要作用是减少收缩,防止熔模变形和表面缩陷,以提高蜡模表面质量和尺寸精度。填料有固体填料、液体填料、气体填料三种,应用最多的是固体粉末填料,如有机酸、多元醇、双酚化合物或树脂粉末等,加入量为 20%~40%(质量分数)。

2.蜡基模料及回收

(1) 蜡基模料　蜡基模料以石蜡、硬脂酸为原料,是最常用的模料之一。

石蜡为石油炼制的副产品,饱和的固体碳氢化合物。化学活性低,呈中性。常用的石蜡,熔点为 58~62 ℃,软化点低(约 30 ℃)、硬度小,故采用与硬脂酸配合混成的模料。

硬脂酸是固体的饱和羧酸,属弱酸,易于与碱或碱性氧化物起中和反应,生成皂盐(皂化反应)。常用的硬脂酸熔点约为 60 ℃。

为了进一步改性蜡基模料的性能,可加入一定量的树脂粉末材料(或填料),形成树脂基蜡料。

(2) 模料的配制与回收　模料的配制,通常采用蒸汽加热或水浴加热,将蜡料混合、熔化,然后搅拌均匀冷却成浆状待用。搅拌均匀的方法通常有"旋转桨叶片搅拌法"和"活塞搅拌法"两种,前者搅拌均匀、但有气泡卷入,后者气泡卷入少、但搅拌效率不高。

熔模脱模后的蜡料要回收利用,以降低成本和减少对环境的污染。对于树脂基蜡料大多数的回收料可用于作浇冒口系统;蜡基模料回收后可以代替新蜡基模料使用。

蜡基模料回收-再生处理的基本原理与方法,大都采用蒸汽脱蜡法。脱出的蜡中,常含有质量分数 5%~15% 的水、15%~35% 的填料(对填料蜡)和约 0.5% 的陶瓷类夹杂物。回收处理过程的关键环节是将这些陶瓷类夹杂物从模料中除去,因为它们是模料中残留灰分的主要来源。目前,国内绝大多数使用树脂基模料的工厂回收处理方法不外乎是除水和静置沉降。较先进的方法是采用高效优质的多次过滤和离心分离,以加快处理过程并获得更加纯净的模料。回收的模料质量会随着循环的次数增多而变坏。因为硬脂酸属弱酸性,在使用过程中发生皂化反应、中和反应。只有适当添加新料或其他成分后,才能循环使用。

3.熔模的压制与组装

熔模的压制,是采用压力将糊状蜡料压入压型,冷却后获得熔模。常用的方法有:柱塞加压法、气压法、活塞加压法等。

熔模的组装是把形成铸件的熔模和形成浇冒口系统的熔模组装在一起,主要有两种方法:焊接法、机械组装法。

2.6.2.2　壳型材料及壳型工艺

熔模铸造的铸型可分为实体型和多层壳型,目前使用较多的是多层壳型。即将模样组浸涂耐火涂料后,撒上粒状耐火材料,干燥硬化;反复多次,直至达到所要求的厚度为止。然后熔失模样组,得到空的型壳。

1.制造壳型的原材料

制造壳型的原材料主要有:耐火材料、黏结剂、其他附加材料等。

(1)耐火材料　熔模铸造型壳质量的90%以上为耐火材料,因此耐火材料对型壳性能有很大的影响。按用途不同耐火材料可分为:与黏结剂配成涂料浆使用的粉状料,作为增强型壳的撒砂材料,制造陶瓷型芯的粉状料。

国内外作为面层型壳材料的有锆砂、电熔刚玉、熔融石英等;作为加固层材料多用"铝-硅"系耐火材料,如高岭土熟料等;用得较广泛的陶瓷型芯耐火材料是熔融石英、氧化铝。

(2)黏结剂　黏结剂是熔模精密铸造使用的主要原材料之一,它直接影响型壳及铸件质量、生产周期和生产成本。对黏结剂的基本要求是:不与模料反应;能够快速硬化、黏结性能好。目前我国常用的黏结剂有三种:硅酸乙酯水解液、硅溶胶、水玻璃。

① 硅酸乙酯水解液:硅酸乙酯本身并不是黏结剂,它必须经过水解反应生成水解液,才具有黏结能力。所谓的水解反应,是硅酸乙酯中的乙氧基(C_2H_5O)逐步被水中的烃基(OH)所取代,而取代产物又不断缩聚的过程。

② 硅溶胶:是二氧化硅的溶胶,由无定形二氧化硅的微小颗粒分散在水中而形成的稳定胶体。硅溶胶杂质含量少,黏度很低,性能稳定,和硅酸乙酯水解液同属优质黏结剂,但各有千秋。

硅溶胶可直接使用,配制的涂料稳定性好,制壳时只需干燥而不需氨干,操作简便,环境友好,型壳的高温强度更高;但水基硅溶胶涂料对蜡模的润湿性差,需加入润湿剂以改善涂料的涂挂性;干燥速度慢、湿强度低、制壳周期长而影响生产效率。

③ 水玻璃:广泛采用的水玻璃为硅酸钠水溶液,其代表式为 $Na_2O \cdot mSiO_2 \cdot nH_2O$。水玻璃不是单一化合物,而是多种化合物形成的混合物。如:熔模铸造中常用的 $m \geqslant 3.0$ 的水玻璃,是由 $2Na_2O \cdot SiO_2$、$Na_2O \cdot SiO_2$、$Na_2O \cdot 2SiO_2$ 和 SiO_2 溶胶形成的混合物。所以,水玻璃型壳工艺比硅溶胶型壳工艺复杂,每一层都要经过上涂料、撒砂、空干、硬化和晾干等工序。

与硅酸乙酯水解液、硅溶胶相比,水玻璃黏结剂的性能较差,型壳的高温强度低、抗变形能力差、生产的铸件精度较低,虽然价格较便宜,但不是一种优质的黏结剂。硅酸乙酯水解液、硅溶胶都是好的精密铸造用黏结剂,都能生产出优质的精密铸件。但从环保和发展的角度看,醇基硅酸乙酯水解液黏结剂的使用呈下降之趋势,而新型快干硅溶胶应是精密铸造用黏结剂的方向。

(3)其他附加材料　其他附加材料是改善熔模附着性、型壳性能和铸件质量的一些物质,主要包括:表面活性剂、消泡剂、晶粒细化剂、湿强度添加剂等。

2.对型壳的要求

型壳是由黏结剂、耐火材料和撒砂材料等,经配涂料、浸涂料、撒砂、干燥硬化、脱蜡和焙烧等工序制成的。要获得优质精密铸件,必须制造优质的精密铸造型壳。优质型壳应当满足一系列性能的要求,这些要求包括:强度、透气性、导热性、线量变化和脱壳性等。

(1) 强度　是型壳最基本的性能,足够的型壳强度是获得优质铸件的基本条件。从制壳、浇注到清理的不同工艺阶段,型壳有三种不同的强度指标,即常温强度、高温强度和残留强度。

常温强度(又称湿强度)是指制完型壳后型壳的强度,它取决于制壳过程中黏结剂自然干燥和硬化的程度;湿强度太低,脱蜡过程中的型壳会开裂或变形。

高温强度是指焙烧或浇注时型壳的强度,它对铸件的成形和质量有重要意义,高温强度取决于高温下黏结剂对耐火材料的黏结力;型壳的高温强度不足,会使型壳在焙烧和浇注过程中发生变形或破裂。

残留强度是指型壳在浇注后脱壳时的强度,它影响铸件清理的难易程度;残留强度过高,清理困难,易因清理使铸件变形或破坏。

(2) 透气性　是指气体通过型壳壁的能力。型壳壁薄但致密度较高,加之一般铸件上均不另设排气口,所以气体只能通过型壳中微细的孔洞和裂隙排出。通常型壳的透气性远低于普通砂型,而不同的壳型具有不同的透气性,水玻璃型壳的透气性要好于硅溶胶型壳,不同温度下的型壳也具有不同的透气性。

透气性不好的型壳在浇注时,由于型壳中的气体不能顺利地向外排出,在高温下这些气体膨胀而形成较高的气垫压力,阻碍金属液的充填,使铸件产生气孔或浇不足等缺陷。

(3) 导热性　是指型壳的导热能力,通常以热导率表示。它影响散热快慢和铸件的冷却速度,从而影响铸件的晶粒度和力学性能。

型壳的热导率主要受到耐火材料性质、型壳中的孔隙以及壳温等因素的影响。耐火材料,特别是撒砂材料,对型壳的热导率影响较大。刚玉和铝矾土型壳的热导率要高于石英和铝矾土型壳。在其他条件相同的情况下,各种黏结剂型壳的热导率处于相近的水平,即 $0.3 \sim 0.6 \ W/m \cdot k$。

(4) 线量变化　型壳的线量变化是指尺寸随温度升高而增大(膨胀)或缩小(收缩)的热物理性质。它不仅直接影响铸件的尺寸精度,还影响型壳应力大小及分布、型壳的热震稳定性和高温抗变形能力。它与加热初期的型壳脱水、物料的热分解、液相生成及其对孔隙的充填和颗粒拉近、拉紧等过程有关。

(5) 脱壳性　是指铸件浇注冷却后,型壳从铸件表面被去除难易程度的性能。熔模壳型浇注后,壳型的残留强度要比较低,能够使得经过高温后的型壳很容易从铸件的表面脱落,而且铸件表面不产生黏砂等表面缺陷。

其他性能还有热震稳定性、热化学稳定性等。

3. 制壳工艺流程

不同黏结剂的制壳工艺略有不同,但通常都包括如下几个工序。

(1) 模组除油和脱脂　为了改善模组与面层涂料的涂挂性能,除了在面层涂料中加入表面活性剂外,通常是在模组涂挂涂料前,对模组进行除油和脱脂处理,以增加涂料对模样的润湿性。

(2) 涂挂涂料和撒砂　涂挂涂料和撒砂工序相隔进行(一层涂料、一层散砂),涂挂涂料和撒砂层数根据铸件的大小和形状而不同,面层和背层的涂料和砂类不同。

(3) 型壳的干燥和硬化　型壳每涂挂一层都要进行干燥和硬化,使得涂料中的黏结剂由溶胶向凝胶转变,把耐火材料连在一起。不同的黏结剂,型壳的干燥和硬化原理不同。硅酸乙酯水解液型壳,主要是把涂料中的溶剂挥发从而硬化;水玻璃型壳,主要靠聚合氯化铝(结晶氯化铝)溶液对水玻璃型壳进行硬化;硅溶胶型壳,主要是靠通风干燥(25～35 ℃)而硬化。

(4)脱模和焙烧 熔失蜡模的过程叫脱蜡,是熔模铸造的主要过程之一。通常采用热水脱蜡法。

① 热水脱蜡的优点 水浴加热速度快,蜡模表面和金属浇口杯处的模料首先受热熔化并从浇口杯流出,在蜡模与型壳之间形成间隙。由于模料导热性差,蜡模表面虽已熔化,但蜡模内部温度来不及升高,故不至于迅速膨胀而将型壳胀裂。其次,热水脱蜡可以溶解部分钠盐,热水脱蜡法还具有模料回收率高,设备简单,脱蜡后型壳和浇口棒比较干净等优点。

② 热水脱蜡的缺点 只适用于低熔点模料、模料容易皂化。由于脱蜡时浇口杯向上,热水翻腾时易将脱蜡槽底的砂粒及污物翻起进入型壳内,在铸件中易形成砂眼等缺陷。热水脱蜡后型壳的湿强度会降低,搬运时易损坏。此种脱蜡方法还具有劳动条件差和劳动强度大等缺点。

2.6.2.3 熔模铸造型芯

通常情况下,熔模铸造的内腔是与外型一道,通过涂挂涂料、撒砂等工序形成的,不用专门制芯。但当铸件内腔过于窄小或形状复杂时,必须使用预制的型芯来形成铸件内腔。这些型芯又要在铸件成形后再设法去除。例如,航空发动机的空心涡轮叶片,叶片的冷却通道迂回曲折,形若迷宫,就必须采用陶瓷型芯。一些典型的熔模铸造陶瓷型芯,如图 2-118所示。

图 2-118 一些典型的熔模铸造陶瓷型芯

与普通铸造方法相同,型芯因受金属液的包围,它的工作条件比型壳更加恶劣,需要有更高的性能要求。

(1)高的耐火度 型芯的耐火度应高于合金的浇注温度,以保证在铸件浇注和凝固时型芯不软化和变形。普通型芯的耐火度应大于 1400 ℃;定向凝固和单晶铸造时,要求型芯承受 1500～1600 ℃的高温 30 min 以上。

(2)低的热膨胀率和高的尺寸稳定性 型芯的热膨胀率应尽可能低、且无相变,以免造成型芯开裂或变形。一般要求型芯的线膨胀系数应小于 $4×10^{-6}K^{-1}$。

(3)足够的强度 型芯应有足够的常温强度和高温强度,以承受操作和浇注过程中的冲击力和静压力。

（4）好的化学稳定性　高温浇注时，型芯不会污染合金，不与金属液发生化学反应，以防止铸件表面产生化学黏砂或反应性气孔。

（5）容易清除　铸件铸成后，型芯应便于从铸件中脱除。铸件中的陶瓷型芯绝大多数都采用化学腐蚀法溶失，故型芯需有相当大的孔隙率（20%～40%）。

各种熔模铸造用型芯的工艺特点及应用，如表 2-14 所示。

表 2-14　各种熔模铸造用型芯的工艺特点及应用

型芯种类	成形方法	工艺特点	脱芯方法	应用
热压注陶瓷型芯	热压注成形	以热塑性材料（如蜡）为增塑剂配制陶瓷料浆，热压注成形，高温烧结成型芯	化学腐蚀	内腔形状复杂而精细的高温合金和不锈钢铸件，定向和单晶空心叶片
传递成形陶瓷型芯	将混有黏结剂的陶瓷粉末高压压入热芯盒中成形	制芯混合料中含有低温和高温黏结剂	化学腐蚀	主要适用于真空熔铸高温合金铸件
灌浆成形陶瓷型芯	自由灌注成形	陶瓷料浆中加入固化剂，注入芯盒后自行固化	机械方法	内腔形状较宽厚的铸件
水溶型芯	自由灌注成形	以遇水溶解或溃散的材料作黏结剂配制料浆，注入芯盒后自行固化	用水或稀酸溶失	内腔形状较宽厚的有色合金铸件
水玻璃型芯	紧实型芯砂	以水玻璃为黏结剂配制芯砂，制成型芯后浸入硬化剂而硬化	机械方法	与水玻璃型壳配合使用
替换黏结剂型芯	冷芯盒法成形	将特殊液体渗入冷芯盒法制成的型芯中，令其焙烧时转变为高温黏结剂	机械方法	尺寸精度和表面质量要求较低的民用产品
细管型芯	将金属或玻璃薄壁管材弯曲、焊接成形	将金属或玻璃薄壁管材弯曲，焊接成复杂管道型芯	化学腐蚀或留在铸件中	主要适用于非铁合金的细孔铸件（$d>3\ mm$，$L<60d$）

2.6.3　精密熔模铸造的典型应用

航空发动机的涡轮叶片由于处于温度最高、应力最复杂、环境最恶劣的部位，被列为第一关键件，并被誉为"王冠上的明珠"。涡轮叶片的性能水平，特别是温度承载能力，已成为一种型号发动机先进程度的重要标志。从某种意义上说，它也是一个国家航空工业水平的重要标志。由于涡轮叶片所处的环境更为恶劣，相较于风扇/压气机叶片，对其材料和加工工艺都提出了更为严苛的要求。目前，涡轮叶片的生产普遍采用精密熔模铸造的方式。

吴玉娟等制备了高 Nb-TiAl 合金航空用涡轮发动机第三级叶片。首先，制备叶片的蜡模，其蜡模图片如图 2-119 所示。通过蜡模组装、涂料配制、撒砂、干燥等步骤后，制备出厚度为 7～10 mm 的陶瓷模壳。陶瓷模壳的制备工艺为：面层涂料的黏结剂为锆溶胶，加 ZrO_2 粉料后制成涂料。背层涂料采用硅酸乙酯水解液加入 Al_2O_3 粉料制成。图 2-120（a）为组装好的蜡模，图 2-120（b）为脱蜡前的模壳。

图 2-119　涡轮发动机第三级叶片蜡模

(a) 组装后的蜡模　　　　　　(b) 脱蜡前的模壳

图 2-120　蜡模及模壳

模壳在干燥后,在 250 ℃保温 2 小时进行脱蜡工艺。模壳的焙烧工艺如下:首先从室温加热到 450 ℃,然后保温 1.5 h;然后再从 450 ℃加热到 780 ℃,保温 1.5 h;最后从 780 ℃加热到 1200 ℃,保温 1.5 h。浇注工艺采用侧注式重力浇注,浇注温度 1700 ℃、浇注速度为 0.3 m/s、模壳预热温度 500 ℃。熔炼工艺采用水冷铜坩埚真空感应熔炼。最终获得的叶片铸件如图 2-121 所示。

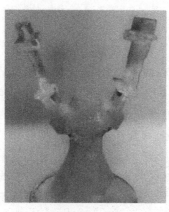 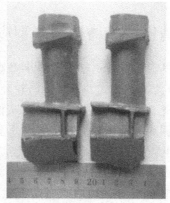

(a) 浇注完　　　　　　　　(b) 清理后

图 2-121　叶片铸件照片

此外,航空发动机用空心单晶叶片的铸造成形更为复杂,被认为是制造业"皇冠上的明珠",而铸造空心叶片的首要关键是制备能形成叶片复杂内腔的陶瓷型芯。空心叶片用陶瓷型(芯)的制备方法结合精密熔模铸造工艺实施,主要过程包括:① 陶瓷芯制备;② 在陶瓷芯表面压蜡;③ 组装铸造蜡模浇注系统;④ 在蜡模组表面涂刷多层涂料结壳;⑤ 热水脱蜡模;⑥ 焙烧制备陶瓷型壳等。现有工艺中的陶瓷芯、蜡模、型壳和铸件照片如图 2-122 所示。

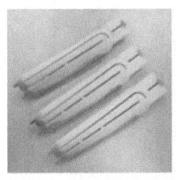 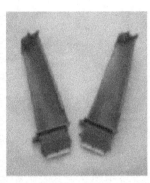  

(a)陶瓷芯　　　　　　(b)蜡模(含陶瓷芯)　　　　(c)型壳　　　　(d)铸件

图 2-122　航空发动机用空心单晶叶片

2.7　特殊凝固技术原理及应用

凝固是指从液态向固态转变的相变过程,广泛存在于自然界和工程技术领域。从水的结冰到火山熔岩的固化,从钢铁生产过程中铸锭的制造到机械工业中各种铸件的铸造,以及非晶、微晶材料的快速凝固,半导体及各种功能晶体的液相生长,均属凝固过程。

近年来,凝固技术获得了快速发展,除了反映在人们对传统铸锭和铸件凝固过程进行优化控制,使铸锭和铸件的质量得到提高外,还表现为各种全新的凝固技术的形成,如:快速凝固、定向凝固、连续铸造、半固态铸造、微重力凝固等。下面就几种具有广泛应用前景的特殊凝固技术作一简介。

2.7.1　快速凝固技术原理及应用

1.快速凝固的定义及分类

快速凝固是指在比常规工艺过程(冷却速度不超过 10^2 ℃/s)快得多的冷却速度下,如 $10^4 \sim 10^9$ ℃/s,合金以极快的速度从液态转变成固态的过程。由于由液相到固相的相变过程进行得非常快,所以可获得普通铸件和铸锭无法获得的成分、相结构和显微组织。快速凝固有急冷凝固和大过冷凝固两大类。

1)急冷凝固

急冷凝固的核心是提高凝固过程中熔体的冷却速度。即减少单位时间内金属凝固时产生的结晶潜热;提高凝固过程中的传热速度。因此,需要设法减小同一时候凝固的熔体体积和减小熔体体积与其散热表面积之比,并需减小熔体与热传导性能很好的冷却介质的界面热阻。

凝固速率是由凝固潜热及物理热的导出速率控制的。通过提高铸型的导热能力,增大热流的导出速率可使凝固界面快速推进,实现快速凝固。在忽略液相过热的条件下,单向凝固速率 R 取决于固相中的温度梯度 G_{TS}。参考图2-123,对凝固层内的温度分布可作线性近似。

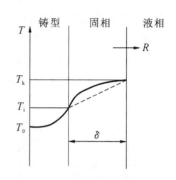

图 2-123　单向凝固速率与
导热条件的关系

$$R = \frac{\lambda_s}{\rho_s \Delta h} \cdot G_{TS} \approx \frac{\lambda_s}{\rho_s \Delta h} \cdot \left(\frac{T_k - T_i}{\delta} \right) \quad (2\text{-}33)$$

式中:λ_s——固相热导率;

　　　Δh——凝固潜热;

　　　ρ_s——固相密度;

　　　G_{TS}——温度梯度;

　　　δ——凝固层厚度;

　　　T_i——铸件与铸型的界面温度;

　　　T_k——凝固界面温度。

因此选用热导率大的铸型材料对铸型强制冷却,降低铸型与铸件界面温度 T_i,均可提高凝固速度。

2)大过冷凝固

大过冷凝固的原理是在熔体中形成尽可能接近均匀形核的凝固条件,以获得大的凝固过冷度。由于熔体凝固时,非均匀形核媒质主要来自熔体内部和容器壁,因此,减少或消除熔体内部的形核媒质的途径(使熔体弥散成熔滴)和减少或消除由容器壁引入的形核媒质(把熔体与容器壁隔离开)可实现接近均匀形核的条件。

对于大尺寸铸件,减少凝固过程中的热流导出量是实现快速凝固的唯一途径。通过抑制凝固过程的形核,使合金液获得很大的过冷度,从而凝固过程中释放的潜热 Δh 被过冷熔体吸收,可以大大减少凝固过程需要导出的热量,获得很大的凝固速率。过冷度为 ΔT_s 的熔体凝固过程中需要导出的实际潜热 $\Delta h'$ 可表示为

$$\Delta h' = \Delta h - c\Delta T_s \quad (2\text{-}34)$$

用式(2-34)中的 $\Delta h'$ 取代式(2-33)中的 Δh 可知,凝固速度随过冷度 ΔT_s 的增大而增大。

当 $\Delta h' = 0$ 时,即

$$\Delta T_s = \Delta T_s^* = \frac{\Delta h}{c} \quad (2\text{-}35)$$

时,凝固潜热完全被过冷熔体所吸收,铸件可在无热流导出的条件下完成凝固过程。式(2-35)中的 ΔT_s^* 称为单位过冷度。

2. 快速凝固的组织和性能特征

快速凝固合金由于具有极高的凝固速度,可使合金在凝固中形成的微观组织结构产生许多变化,主要包括如下几个方面。

(1)显著扩大合金的固溶极限。快速凝固时,合金的固溶极限显著扩大,共晶成分的合金可获得单相的固溶体组织。

(2)超细的晶粒度。可获得比常规合金低几个数量级的晶粒尺寸,且随着冷却速度的增大,晶粒尺寸变小,可获得微晶乃至纳米晶。

(3)少偏析或无偏析。随着凝固速度的增大,溶质的分配系数将偏离平衡,实际溶质分配系数总是随着凝固速度的增大趋近于1,偏析倾向大大减小。

（4）形成亚稳相。在快速凝固条件下,平衡相的析出被抑制,常析出非平衡的亚稳相。亚稳相的晶体结构与平衡状态图上相邻的中间相的结构相似,它具有很好的强化和韧化作用,一些亚稳相还具有较高的超导转变温度。

（5）高的点缺陷密度。快速凝固时,组织内会出现高的点缺陷密度,该点缺陷较多地存在于固态金属中,对机体有强化作用。

快速凝固的上述组织特征,使这些合金具有优异的力学性能和物理性能。

3. 急冷凝固及特点

急冷凝固技术在工程中已被广泛应用。按照熔体分离及冷却方式的不同,它可分为模冷技术、雾化技术、表面熔化与沉积技术三大类。

（1）模冷技术　主要是以冷模接触并以传导方式散热。如:熔体旋转法、平面流铸造法、电子束急冷淬火法等。

（2）雾化技术　指采取某些措施(如气流和液流的冲击作用)将熔体分离雾化,同时通过对流的方式冷凝。如:双流雾化、离心雾化、机械雾化等。

（3）表面熔化与沉积技术　表面熔化技术是采用激光束、电子束或等离子束等作为高密度能束聚焦并迅速行扫描工件表面,使工件表层熔化,熔化层深度为 $10\sim1000\ \mu m$。

等离子体喷涂沉积技术,是一种被广泛应用的表面熔化与沉积技术。它主要是用高温等离子体火焰熔化合金或陶瓷粉末,再喷射到工件表面,然后熔滴迅速冷却凝固沉积成与基体结合牢固、致密的喷涂层的一种技术。表面熔化与沉积技术主要用于工件的表面强化处理。

4. 快速凝固举例:喷射成形

喷射成形可认为是:雾化急冷凝固与模冷急冷凝固的结合。

（1）喷射成形的发展　喷射成形又称为喷射沉积或喷射铸造。它是 20 世纪 80 年代,发达国家在传统的快速凝固和粉末冶金工艺的基础上发展起来的一种全新的先进材料制备与成形技术。该技术于 1972 年由英国的 Osprey 金属公司首获专利,又称为 Osprey 工艺。

（2）喷射成形原理　喷射成形原理如图 2-124 所示,它是用高压惰性气体将金属液流雾化成细小液滴,并使其沿喷嘴的轴线方向高速飞行,这些液滴在尚未完全凝固之前,将其沉积到一定形状的接收体(或沉积器)上成形。

（3）主要特点　与传统铸造或变形工艺制备材料相比,喷射成形由于快速冷却使得显微组织明显细化、相析出细小而均匀分布,材料的化学成分和组织在宏观和微观上都得到了有效的控制,材料的力学性能各向同性,零件的总体性能明显提高。

（4）应用　广泛用于高速钢、高温合金、铝合金、铜合金等先进材料的开发和生产上,其中,高性能铝合金是喷射成形技术领域最具吸引力的开发方向。喷射成

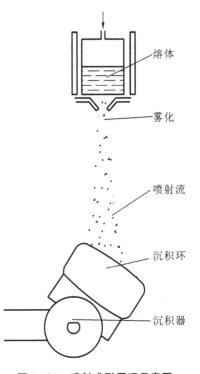

熔体

雾化

喷射流

沉积环

沉积器

图 2-124　喷射成形原理示意图

形可以根据制件的需要,设计基板的形状和尺寸,从而获得近终形制件,它在航空航天、国防等领域的高质量零件的制造上有着很好的应用前景。

(5)组织特征　图 2-125 为 Al-20Si 系列合金的铸态组织与喷射成形组织比较。从中可以看出,由喷射成形获得的制件组织晶粒大大小于相应的铸态组织,因而喷射成形的制件更加具有优异性。

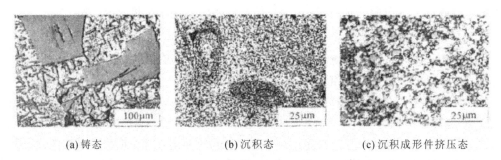

(a) 铸态　　　　　　　　(b) 沉积态　　　　　　　(c) 沉积成形件挤压态

图 2-125　铸态和沉积态过共晶 Al-20Si 系列合金显微组织对比

2.7.2　定向凝固技术原理及应用

1. 定向凝固原理

定向凝固又称定向结晶,是金属或合金在熔体中定向生长晶体的工艺方法。

图 2-126 是两种典型的凝固形式(定向凝固和体积凝固)的热流示意图。前者是通过维持热流的一维传导来使凝固界面沿逆热流方向推进,完成凝固过程;后者是通过对凝固系统缓慢冷却使液相和固相降温释放的物理热和结晶潜热向四周散失,凝固在整个液相中进行,并随着固相分散的持续增大来完成凝固过程。

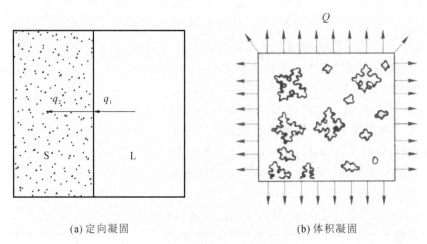

(a) 定向凝固　　　　　　　　　　　　　(b) 体积凝固

图 2-126　两种典型的凝固方式

q_1—自液相导入凝固界面的热流密度;q_2—自凝固界面导入固相的热流密度;Q—铸件向铸型散热热量

对于图 2-126(a)所示的定向凝向,如忽略凝固区的厚度,则热流密度 q_1 和 q_2 与结晶潜热释放 q_3 之间满足热平衡方程为

$$q_2 - q_1 = q_3 \qquad\qquad (2\text{-}36)$$

根据傅里叶导热定律知

$$q_1 = \lambda_L G_{TL} \tag{2-37}$$

$$q_2 = \lambda_S G_{TS} \tag{2-38}$$

$$q_3 = \Delta h \rho_S v_S \tag{2-39}$$

式中：λ_L、λ_S——液相和固相的热导率；

　　G_{TL}、G_{TS}——凝固界面附近液相和固相中的温度梯度；

　　Δh——凝固潜热；

　　v_S——凝固速度；

　　ρ_S——固相密度。

联立式(2-36)至式(2-39)可得凝固速度为

$$v_S = \frac{\lambda_S G_{TS} - \lambda_L G_{TL}}{\rho_S \Delta h}$$

所以，对于特定的合金材料，定向凝固的速度主要取决于凝固界面的温度梯度。

2. 定向凝固的方法

定向凝固的方法主要有如下几种。

(1) 发热剂法：将型壳置于绝热耐火材料箱中，底部安放水冷却结晶器。

(2) 功率降低法：铸型加热感应圈分两段，铸件在凝固过程中不移动。上段继续加热时，下段停止加热。

(3) 快速凝固法：与功率降低法的区别是，铸型始终加热，在凝固时铸件与加热器之间产生相对移动，热区底部使用辐射挡板和水冷却套。

3. 应用

定向凝固常用于制备单晶、柱状晶和自生复合材料，典型的零件是发动机叶片，如图 2-127 所示。定向凝固叶片示意图如图 2-128 所示。

图 2-127　发动机叶片

不同凝固速率下，铸件的组织形态如图 2-129 所示，其对应的断面组织如图 2-130 所示。从中可以看出，凝固速率越大、定向凝固组织越明显、断面组织越细小。

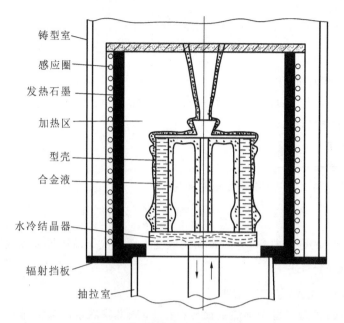

铸型室
感应圈
发热石墨
加热区
型壳
合金液
水冷结晶器
辐射挡板
抽拉室

图 2-128　定向凝固叶片示意图

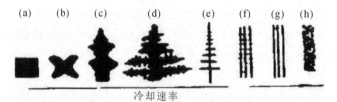

(a)　　(b)　　(c)　　　(d)　　　(e)　　(f)　(g)　(h)

冷却速率

图 2-129　冷却速率对组织形态的影响

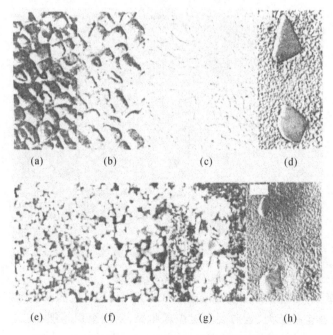

(a)　　　　(b)　　　　　(c)　　　　(d)

(e)　　　　(f)　　　　　(g)　　　　(h)

图 2-130　与图 2-129 对应组织形态的断面组织结构

2.7.3　其他特殊条件下的凝固技术及应用

1. 微重力下的凝固技术及应用

1）原理与特点

随着太空科学技术的进步,人们开始在空间实验室和地面微重力条件下进行凝固实验研究与应用工作,发现了许多新的现象。在实际的重力下的凝固过程中,由重力场引起的(液态金属各组分)自然对流是无法消除的;而在空间实验室的微重力条件下,重力场造成的自然对流基本被消除,偏析现象大为改善。

在微重力作用下,凝固过程中与重力有关的成核与长大、形态的稳定性等问题,都有了全新的解释,也为改进冶金过程,获得优质材料,提供了重要手段。

2）应用举例

像 Al-In、Ga-La、Li-Na、Hg-Ga、Bi-Zn 等一类在重力场下难以混溶的液态合金,当两种不同成分的液体在重力场下共存平衡时,两种液体分离成两层,较重的在下层,较轻的在上层。如果在微重力条件下,则能够较均匀地互溶,从而可能开发出一系列的新合金。

有人对 Zn-Bi 17%（摩尔分数）合金在空间微重力条件下和 BN 坩埚中的凝固作了观察（见图 2-131）。试样被一层厚的富 Bi 相所包围,在样品内部也有少量富 Bi 小滴。Zn-Bi 2%（摩尔分数）合金凝固试样中富 Bi 粒子的尺寸分布如图 2-132 所示。

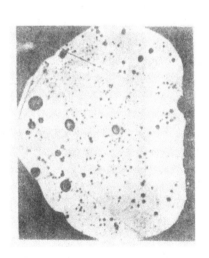

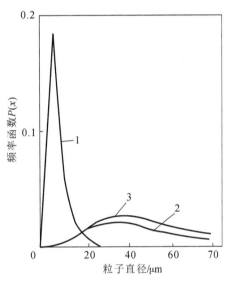

图 2-131　空间条件下生长的 Zn-Bi 17%
（摩尔分数）试样的显微结构

图 2-132　Zn-Bi 2%（摩尔分数）
样品中富 Bi 粒子的尺寸分布

2. 振动凝固技术及应用

1）原理及特点

振动凝固,是对凝固过程中的金属液施加振动,使铸件结晶组织因受振动而细化,铸件残余应力降低并均匀化、力学性能提高。激振频率是振动凝固的关键参数。

大野笃美认为,振动凝固使金属晶粒细化,使型壁面上晶粒游离,形成等轴粒。Cole 认为,振动抑制过冷,与孕育效果相似,使凝固在接近平衡条件下进行,能细化组织。

　　研究还表明,采用合理的振动参数(激振频率、激振点等)进行振动凝固,可使铸件晶粒细化,无缩松、无偏聚团块,残余应力下降,硬度提高且均匀,金属基体得到强化,从而提高铸件的抗变形能力和耐磨性。

　　2)应用举例

　　蒋文明等将机械振动应用于消失模型壳铸造铝合金凝固中,提供了一种简单、经济、有效的细化铝合金凝固组织、提高铝合金力学性能的方法。图 2-133 是不同振动频率下获得的消失模型壳铸造 ZL101A 铝合金显微组织。由图可以看出,在未振动条件下,消失模型壳铸造 ZL101A 铝合金显微组织中 α-Al 初生相呈现粗大的树枝晶,且晶粒分布不均。机械振动施加以后,随着振动频率的增大,α-Al 初生相不断得到细化,组织中的等轴晶数量不断增多,晶粒的圆整度不断增大。当振动频率为 100 Hz 时,铝合金显微组织基本由细小的等轴晶组成,且晶粒分布均匀。随着振动频率增大到 120 Hz 时,铝合金显微组织中 α-Al 初生相开始粗化。

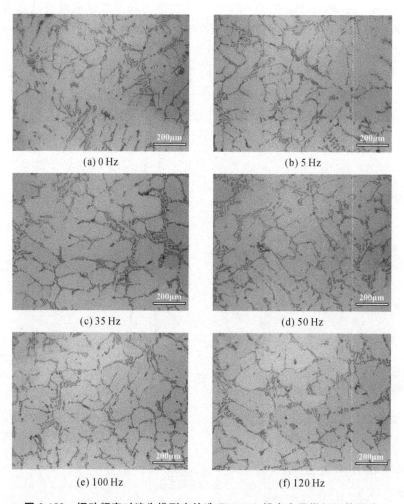

(a) 0 Hz　　　　　　　　　　(b) 5 Hz

(c) 35 Hz　　　　　　　　　　(d) 50 Hz

(e) 100 Hz　　　　　　　　　　(f) 120 Hz

图 2-133　振动频率对消失模型壳铸造 ZL101A 铝合金显微组织的影响

　　图 2-134 是不同振动频率下获得的消失模型壳铸造铝合金共晶硅的微观形貌。由图可知,在未振动条件下,共晶硅呈现粗大的板条状形貌,且分布不均。机械振动施加以后,随着振动频率的进一步增大,粗大的共晶硅逐渐消失,短杆状和粒状的共晶硅增多。当振动频率

为 100 Hz 时,板条状的共晶硅已经完全消失,由短杆状和粒状的共晶硅取代,共晶硅的尺寸和形貌都得到显著改善。随着振动频率进一步增大,共晶硅形貌开始恶化。

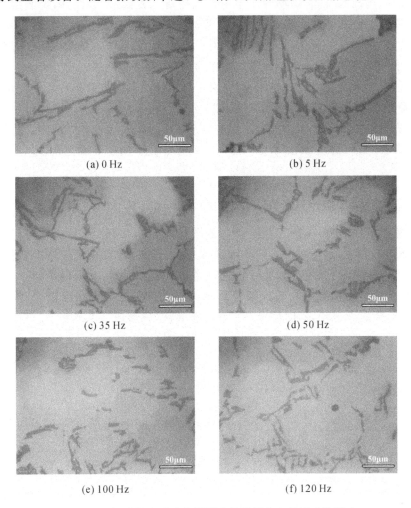

图 2-134　振动频率对消失模型壳铸造铝合金共晶硅的影响

表 2-15 为振动频率对消失模型壳铸造 ZL101A 铝合金力学性能的影响。由表可知,施加机械振动以后,消失模壳型铸造 ZL101A 铝合金的力学性能得到显著改善。当振动频率为 100 Hz 时,相比未振动条件下,ZL101A 铝合金的抗拉强度、屈服强度、伸长率和硬度分别提高了 35%、21%、60% 和 9%。

表 2-15　振动频率对消失模壳型铸造 ZL101A 铝合金力学性能的影响

振动频率/Hz	0	5	35	50	100	120
抗拉强度/MPa	100.62	116.02	122.97	127.69	135.88	129.75
屈服强度/MPa	91.48	98.78	100.66	107.65	110.35	108.22
伸长率/(%)	2.01	2.61	2.8	2.96	3.21	3.01
硬度/HBS	53.4	54.2	55.4	56.6	58	56.9

3.电磁凝固技术及应用

利用直流磁场控制凝固,磁场的作用主要包括两个方面:一方面是,抑制熔体流动和与电场交互作用产生电磁搅拌。当金属流体在直流磁场中运动时,在内部产生感应电流,从而引起洛仑兹力作用于流体,可抑制其运动。另一方面是,在熔体中直流电流和直流感应磁场交互作用产生一定方向的电磁力,能引起熔体的流动,即电磁搅拌。

凝固过程中引入交流磁流的目的包括:实现对液相金属的电磁搅拌和产生电磁悬浮,细化晶粒,改善铸件的冶金质量和减轻成分偏析等。

对材料进行电磁处理已被广泛应用,如电磁铸造、悬浮熔炼、电磁搅拌、电磁雾化、电磁分离非金属夹杂物、控制凝固组织、电磁抑制流动等等。下面以电磁铸造技术为例来说明其应用。

1)电磁铸造技术原理

电磁铸造(EMC,electromagnetic casting)是 20 世纪 60 年代由苏联研制成功的一种无模型连续铸造技术,其工作原理及装置结构如图 2-135、图 2-136 所示。它与传统带结晶器的铸造法(DC 法)相比,其铸模由一个电磁线圈代替。当感应器中通以中频电流时,在金属液侧表面产生感应电流,感应电流又产生感应磁场,感应磁场与交变磁场相互作用,产生向内的电磁力,使金属液不流散而形成液柱。冷却水在感应器下方喷向铸锭,使液态金属凝固,铸机拖动底模向下运动,同时供给一定量的金属液,就形成了电磁铸造过程。

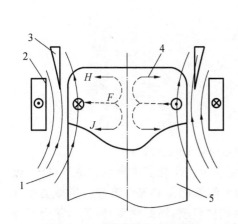

图 2-135 磁铸造的工作原理图

1—磁感线;2—线圈;3—磁场屏蔽体;

4—熔体流动方向;5—固相

·线圈电流;× 感应电流

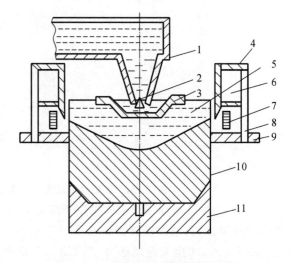

图 2-136 电磁铸造装置结构示意图

1—流盘;2—节流阀;3—浮标漏斗;4—电磁屏蔽罩;

5—液态金属柱(液穴);6—冷却水环;7—感应线圈;

8—调距螺栓;9—盖板;10—铸锭;11—底模

如图 2-135 所示,将熔融金属表面(侧面)取为 x-z 平面,并取垂直于表面向外为 y 轴的正方向。在感应线圈 2 中通以如图所示的中频电流(电流强度约 5000 A,频率约 2500 Hz)时,将在金属内部产生 z 方向的磁场($\pm B_z$),此时产生的感应电流为 $J = H \times V$,可写为

$$J_x = (1/\mu_0) \cdot [\partial(\pm B_z)/\partial y]$$
$$J_y = -(1/\mu_0) \cdot [\partial(\pm B_z)/\partial x]$$

金属所受电磁体积力为 $F = \mu_0 J \times H$,即

$$F_y = -J_x \cdot (\pm B_z)$$

$$= -(1/\mu_0) \cdot [\partial(\pm B_z)/\partial y] \cdot (\pm B_z)$$
$$= -(1/\mu_0) \cdot \partial(B_z)/\partial y \cdot B_z$$

上述各式中:H 为磁场强度,B 为磁感应强度,μ_0 为磁导率,J 为电流密度,F 为电磁力。由于 B_z 与 y 成正比,故 F_y 总是负值,即液态金属受到压缩力。

当液态金属所得电磁压缩力与静压力及表面张力引起的附加力平衡时,就可实现无接触铸造。即满足公式

$$\rho g h = p_e + p_s$$

式中:ρ——液态金属密度;

　　g——重力加速度;

　　h——液柱高度;

　　p_e——电磁压力;

　　p_s——表面张力引起的附加压力(通常 p_s 很小,可以忽略)。

2) 电磁铸造技术的特点及其应用

EMC 法与 DC 法相比,具有如下优点:

① 由于金属熔体不与铸模接触,铸件表面质量好,不需要进行去皮加工,成材率高(DC法切除量达 15%～20%)。

② 未凝固的金属液受到一定程度的电磁搅拌且冷却强度大,故晶粒细小,成分偏析小,所得材料的力学性能好。

③ 铸造速度可增大 10%～30%,生产率高,还可铸造复杂形状的铸件。

实现电磁铸造的技术关键是:必须使电磁载持力与金属液的静压力平衡,且须使金属以一定的速度凝固。与铝、铜等非铁金属相比,钢的下述特点使得钢的电磁铸造更加困难:钢液的密度大(即静压力大),所需电磁推力大;钢液的电导率小,在相同的电源参数条件下产生的感应电流小(即产生的电磁推力小);钢液不仅比铝液难凝固,且钢液凝固所放出的热比铝多,再加上钢的铸造速度一般为铝的 10 倍以上,故实现钢电磁铸造所需的冷却速度很高。

目前,美国、瑞士等国已成功实现了铝合金电磁铸造的工业化生产,铜合金及钢的电磁铸造正处于研究开发阶段。我国 20 世纪 70 年代开始研究电磁铸造技术,由大连理工大学于 1989 年就铸出了 120 mm×50 mm×1000 mm 的铝锭。目前,低频电磁铸造技术在我国已经成功应用于工业生产,并生产出了性能优越,组织细小均匀,表面质量好,抗裂纹能力强的 ϕ500 mm 的超高强铝合金铸锭和截面为 550 mm×1650 mm 的超高强铝合金板坯。东北大学材料电磁过程研究教育部重点实验室研发的高质量镁合金锭坯电磁半连铸技术已在多家企业实现工业化应用,并建成了世界上第一条镁合金电磁连铸生产线。利用该技术生产的定型产品有直径 100 mm、127 mm、152 mm、180 mm、270 mm、300 mm、500 mm、800 mm 等规格的 AZ31、AZ80、ZK60 合金和 Mg-Zn、Mg-Re 等镁合金常规和新型牌号镁合金圆锭,以及 60 mm×200 mm、100 mm×200 mm、300 mm×800 mm 和 400 mm×1200 mm 等规格的扁锭。其中直径 800 mm 的铸锭是目前世界上最大的圆锭,截面 400 mm×1200 mm 的扁锭也是世界上最大的这类产品。目前,我国也正在研究开发钢的电磁铸造工艺及装备技术。

3) 电磁铸造技术的发展前景

由于钢的熔点高、密度大、电导率小,故其电磁铸造的铸速低、生产率小、成形难度更大。目前仍需进一步研究探明众多物理场的综合作用效果并进行稳定性分析。改进结晶器(铸模)材质和结构、合理配置电磁感应线圈、选择合理的工艺参数应是最终解决问题的方法。

电磁铸造方法与传统铸造方法有很大区别,它涉及铸造工艺、凝固过程、电磁流体力学、自动控制等多门学科,其工艺过程受温度场、电磁场、力场、流动场等多种物理场的综合作用,控制参数多、设备复杂、成形难度大,但工艺流程短、能成形出高质量的铸件,是其他传统铸造方法所不能比拟的。

电磁铸造技术是生产各种形状的优质铸锭、棒料、带材等很好的连铸方法,也非常适合中小尺寸活泼金属、高温合金、难熔金属和高纯金属的熔化并实现其复杂截面构(坯)件的无模近终成形,故具有很好的理论研究价值和广泛的应用前景。

第3章 金属塑性精密成形技术及理论

3.1 金属塑性成形技术概述

3.1.1 金属塑性成形的作用

金属塑性成形是金属成形的主要方法之一。它是利用金属的塑性,通过外力使金属发生塑性变形,成为所要求的形状、尺寸和性能的制品的加工方法。因此,这种加工方法也称为金属压力加工或金属塑性加工。

金属材料经成形过程后,其组织、性能获得改善和提高。凡受交变载荷作用或受力条件恶劣的构件,一般都要通过塑性成形过程,才能达到使用要求。塑性成形是无切屑成形方法,因而能使工件获得良好的流线形状及合理的材料利用率。用塑性成形方法可使工件尺寸达到较高精度,具有很高的生产效率。

对于一定重量的零件,从力学性能、冶金质量和使用可靠性看,一般说来,金属塑性加工比铸造或机械加工方法优越。因此,金属塑性加工在汽车、航空、船舶、兵工、电器和日用品等工业领域获得了广泛应用。仅就航空工业而言,机身各分离面间的对接接头、机翼大梁,发动机的压气机盘、涡轮盘、整流罩和火焰筒等重要零件或其毛坯都是用金属塑性加工方法制成的。

3.1.2 金属塑性成形方法的分类

金属塑性成形,主要分为块料的体积成形和板料的轧制冲裁成形等,根据成形过程中材料温度的不同也可分为冷成形、温成形和热成形等。各种塑性成形都以金属材料具有塑性性质为前提,都需要有外力作用,都存在外摩擦的影响,都遵循着共同的金属学和塑性力学规律。

1. 体积成形

体积成形所用的坯料一般为棒材或扁坯。在体积成形过程中,坯料经受很大的塑性变形,使坯料的形状或横截面以及表面积与体积之比发生显著的变化。由于体积成形过程中工件上的绝大部分经受较大的塑性变形,因此成形后基本上不发生弹性恢复现象。属于体积成形的典型塑性加工方法有挤压、锻造、轧制和拉拔等。

2. 板料成形

板料成形所用坯料是各种板材或用板材预先加工成的中间坯料。在板料成形过程中,板坯的形状发生显著变化,但其横截面形状基本上不变。当板料成形时,弹性变形在总变形中所占的比例是比较大的,因此,成形后会发生弹性恢复或回弹现象。

3.1.3 金属塑性成形技术及理论进展

纵观 20 世纪,塑性成形技术及理论取得了长足的进展。主要体现在:

(1) 塑性成形的基础理论已基本形成,包括位错理论,Tresca、Mises 屈服准则,滑移线理论,主应力法,上限元法以及大变形弹塑性和刚塑性有限元理论等;

(2) 以有限元为核心的塑性成形数值仿真技术日趋成熟,为人们认识金属塑性成形的规律提供了新途径,为实现塑性成形领域的虚拟制造提供了技术支持;

(3) 计算机辅助技术(CAD/CAE/CAM)在塑性成形领域的应用不断深入,使制件质量提高,制造周期缩短;

(4) 新的成形方法不断出现并得到成功应用,如超塑性成形、爆炸成形等。

21 世纪以来,塑性成形技术通过与计算机、数控加工、人工智能、新材料等技术的紧密结合,新工艺、新设备不断涌现,在塑性成形方法与理论(如:金属流动与过程模拟)、模具设计与制造(超精加工)、绿色环保技术(无色润滑剂)等方面都有长足进步。

3.1.4 金属塑性成形方法的发展方向

金属塑性成形方法的发展方向如图 3-1 所示,它具体包括设计数字化技术、反求工程、基于知识的工程设计、分析数字化技术、制造数字化技术等方面。

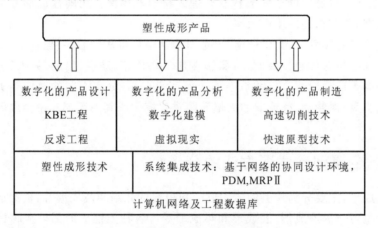

图 3-1 金属塑性成形方法的发展方向

1.设计数字化技术

设计虽然只占产品生命周期成本的 5%～15%,但决定了 70%以上的产品成本和 80%左右的产品质量和性能,而且上游的设计失误将以 1:10 的比例向下游逐级放大,可见设计,尤其是早期概念设计是产品开发过程中最为重要的一环。

为了提高设计质量,降低成本,缩短产品开发周期,近年来,学术界提出了并行设计、协同设计、大批量定制设计等新的设计理论与方法,其核心思想是:借助专家知识,采用并行工程方法和产品族的设计思想进行产品设计,以便能够有效地满足客户需求。实施这些设计理论与方法的基础是数字化技术,其中基于知识的工程技术和反求工程技术是两项重要支撑技术。

2. 反求工程

以实物模型为依据来生成数字化几何模型的设计方法即为反求工程。反求工程不是一种创造性的设计思路,是通过对多种方案的筛选和评估,使设计方案优于现有方案,并缩短方案的设计时间,提高设计方案的可靠性。反求工程是产品数字化的重要手段之一,作为 21 世纪数字化塑性成形技术的重要环节,反求工程思想对于消化吸收国外模具设计先进技术,提高我国模具设计水平具有重要的意义。

(1) 数据采集设备和思路。数据采集设备与方法是数据获取的保证,研制快速、精确和能够测量具有复杂内外形状的新设备是发展方向。

(2) 数据前处理。包括对测量所得数据点进行测头半径补偿、数据噪声点的有效滤除以及测量数据的合理分布,此外还包括建立统一的数据格式转化标准,减少数据丢失和失真等。

(3) 数据优化。测量所得的数据文件通常非常庞大,往往被形象地称为数据云或者海量数据,需要对测量数据进行优化处理,主要问题有:如何合理地分布数据点,在尽量保有各种特征信息的基础上合理简化数据;如何使数据真实反映形面的凹凸特性;如何减少人工交互,提高数据区域划分中的自动化与效果。

(4) 曲面重构研究。在反算控制点时仍然存在反算标准及精度的问题;对于起伏剧烈的数据点群,使用单块曲面描述会有较大差异;如何解决有关曲面重构算法的有效性、效率以及误差问题,曲面在三角离散和层切时的不确定性问题等是曲面重构研究的重点。

3. 基于知识的工程设计

基于知识的工程设计(knowledge based engineering,KBE)是面向工程开发,以提高市场竞争力为目标,通过知识的继承、繁衍、集成和管理,建立各领域异构知识系统和多种描述形式知识集成的分布式开放设计环境,并获得创新能力的工程设计方法。

1) KBE 的特点

(1) KBE 是一个知识的处理过程,包含了知识的继承、繁衍、集成和管理,它不仅处理显性知识,更关注隐性知识的显性化,是创新设计的重要技术。

(2) KBE 处理多领域知识及其多种描述形式,是集成化大规模知识处理环境。

(3) KBE 是面向整个设计过程,甚至是产品全生命周期的各异构系统的集成,是一种开放的体系结构。

(4) KBE 系统涉及多领域、多学科知识范畴,是模拟和协助人类专家群体的推理决策活动,往往具有分布、分层、并行的特点。

2) KBE 技术重点

(1) 基于知识的产品建模　将专家的设计经验和设计过程的有关知识,表示在产品信息模型中,为实现产品设计智能化、自动化提供有力的信息。

(2) 工程知识的融合和繁衍技术　用数据库管理系统来存储数据、用机器学习的方法来分析数据,挖掘大量数据背后的知识,即 KDD(knowledge discovering database)。从数据库中发现出来的知识可以应用于信息管理、过程控制、决策支持和工程设计等领域;由于 KDD 模式选取的好坏将直接影响到所发现知识的好坏,目前大多数的研究都集中在数据挖掘算法和模式的选取上。

(3) 工程知识的表示和推理技术　从追求效果和不追求知识统一表示的目的出发,存在多种知识表示方法,如经验公式、规则、神经网络和事例等。单一的知识表示形式是无法描述复杂的模具设计和塑性加工过程的,KBE摒弃了在传统专家系统中常用的单一产生式表示模式,代之以集成多种模式的知识表示方法,从而最大限度地提高知识利用的质量与知识创新的层次;同时,多种推理方式(如 RBR、CBR、MBR)的集成应用将使工程知识能真正应用于模具创新设计的实践。

4. 分析数字化技术

1) 数字化模拟技术

金属塑性成形过程的机理非常复杂,传统的模具设计也是基于经验的反复性过程,从而导致了模具的开发周期长,开发成本高。面对激烈的市场竞争压力,模具行业迫切需要新技术来改造传统的产业,缩短模具的开发时间,从而更有效地支持相关产品的开发。塑性加工过程的数值模拟技术正是在这一背景下产生和发展的。

金属体积成形过程的数值模拟目前研究的热点主要有应力应变场、温度场和组织结构场的多物理场耦合技术,可以避开三维网格再划分这一瓶颈问题的基于任意的拉格朗日-欧拉描述的有限元法和无网格分析法。

板料成形过程的数值模拟目前研究的热点侧重于采用更为准确的材料性能模型和单元类型,提高数值模拟技术预测缺陷尤其是预测回弹的能力,同时,越来越多的研究人员开始考虑材料的晶体塑性对成形质量的影响。

2) 虚拟现实技术

虚拟现实技术是实际制造过程在计算机上的本质实现,即采用计算机仿真与虚拟现实技术,在计算机上群组协同工作,实现产品的设计、工艺规划、加工制造、性能分析、质量检验,以及企业各级过程的管理与控制等产品制造的本质过程,以增强制造过程各级的决策与控制能力。

虚拟现实从根本上改变了设计、试制、修改设计和规模生产的传统制造模式,在产品真正制造出来之前,首先在虚拟环境中生成虚拟产品原型进行性能分析和造型评估,使制造技术走出依赖经验的天地,发展到全方位预报的新阶段。如美国波音公司运用 VM 技术研制波音 777 飞机,使得该飞机在一架样机也未生产的情况下就获得订货投入生产;而空中客车公司使用 VM 技术,把空中客车的试制周期从 4 年缩短到 2 年,从而提高了他们的全球竞争力。

5. 制造数字化技术

1) 高速加工

这是自 20 世纪 80 年代发展起来的一项高新技术,其研究应用的一个重要目标是缩短加工时的切削与非切削时间,对于复杂形状和难加工材料及高硬度材料减少加工工序,最大限度地实现产品的高精度和高质量。由于不同加工工艺和工件材料有不同的切削速度范围,很难就高速加工给出确切的定义。目前,一般的理解为切削速度达到普通加工切削速度的 5~10 倍即可认为是高速加工。

高速加工与传统的数控加工方法相比没有什么本质的区别,两者牵涉同样的工艺参数,但其加工效果相对于传统的数控加工有着无可比拟的优越性:有利于提高生产率;有利于改善工件的加工精度和表面质量;有利于延长刀具的使用寿命和应用直径较小的刀具;有利于加工薄零件和脆性材料;简化了传统加工工艺;经济效益显著提高。

目前,高速加工涉及的新技术主要有:高速主轴、高速伺服进给系统、适于高速加工的数控系统、刀具技术、刀夹装置及快速刀具交换技术。

2) 3D 打印技术

从 3D 打印技术的现状来看,其未来的主要发展趋势如下:

(1) 提高 3D 打印的速度、控制精度和可靠性;开发专门用于检验设计、模拟制品可视化,而对尺寸精度、形状精度和表面粗糙度要求不高的概念机。

(2) 研究开发成本低、易成形、变形小、强度高、耐久及无污染的成形材料。

(3) 研究开发新的成形方法。

(4) 研究新的高精度快速模具工艺。

3.2　金属材料的超塑性及超塑成形

3.2.1　超塑性及其历史发展

1.超塑性及特点

超塑性是指材料在一定的内部/组织条件(例如晶粒形状及尺寸、相变等)和外部/环境条件(例如温度、应变速率等)下,呈现出异常低的流变抗力、异常高的流变性能(例如大的延伸率)的现象。超塑性的特点包括大伸长率,无缩颈,小应力,易成形。最近超塑性成形工艺将在航天、汽车、车厢制造等领域中广泛应用,所用的超塑性合金包括铝、镁、钛、碳钢、不锈钢和高温合金等。

2.超塑性的历史发展

超塑性现象最早的报道是在 1920 年,Rosenhain 等发现 Zn-4Cu-7Al 合金在低速弯曲时,可以弯曲近 $180°$。1934 年,英国的 C. P. Pearson 发现 Pb-Sn 共晶合金在室温低速拉伸时可以得到 2000% 的伸长率。但是由于第二次世界大战,这方面的研究没有进行下去。1945 年苏联的 A. A. Bochvar 等发现 Zn-Al 共析合金具有异常高的伸长率并提出"超塑性"这一名词。1964 年,美国的 W. A. Backofen 对 Zn-Al 合金进行了系统的研究,并提出了应变速率敏感性指数这个新概念,为超塑性研究奠定了基础。20 世纪 60 年代后期及 70 年代,世界上形成了超塑性研究的风潮。

从 20 世纪 60 年代起,各国学者在超塑性材料、力学、机理、成形等方面进行了大量的研究,并初步形成了比较完整的理论体系。特别引人注意的是,近几十年来金属超塑性已在工业生产领域中获得了较为广泛的应用。一些超塑性的 Zn 合金、Al 合金、Ti 合金、Cu 合金以及钢铁金属等正以它们优异的变形性能和材质均匀等特点,在航空航天以及汽车的零部件生产、工艺品制造、仪器仪表壳罩件和一些复杂形状构件的生产中起到了不可替代的作用。同时超塑性金属的品种和数量也有了大幅度的增加,除了早期的共晶、共析型金属外,还有沉淀硬化型和高级合金;除了低熔点的 Pb 基、Sn 基和著名的 Zn-Al 共析合金外,还有 Mg基、Al 基、Cu 基、Ni 基和 Ti 基等非铁金属以及 Fe 基合金(例如 Fe-Cr-Ni、Fe-Cr 等)、碳钢、低合金钢以及铸铁等钢铁金属,总数已达数百种。除此之外,相变超塑性、先进材料(例如金属基复合材料、金属间化合物、陶瓷等)的超塑性也得到了很大的发展。

近年来超塑性在我国和世界上的主要发展方向涵盖如下三个方面:

（1）先进材料超塑性研究，主要是金属基复合材料、金属间化合物、陶瓷等材料超塑性的开发，这些材料具有若干优异性能，在高技术领域应用前景宽广；但这些材料的加工性能较差，开发这些材料的超塑性对于其应用具有重要意义。

（2）高速超塑性的研究，提高超塑变形的速率，提高超塑成形的生产率。

（3）研究非理想超塑材料的超塑性变形规律，探讨降低对超塑变形材料苛刻要求的问题，提高成形件的质量，扩大超塑性技术的应用范围，使其发挥更大的效益。

3.2.2 超塑性的分类

早期由于超塑性现象仅限于 Bi-Sn 和 Ai-Cu 共晶合金、Zn-Al 共析合金等少数低熔点的非铁金属，也曾有人认为超塑性现象只是一种特殊现象。随着更多的金属及合金实现了超塑性，以及与金相组织及结构联系起来研究以后，发现超塑性金属有着本身的一些特殊规律，这些规律带有普遍的性质，而并不局限于少数金属中。因此按照实现超塑性的条件（组织、温度、应力状态等），超塑性一般分为以下几种：

（1）恒温超塑性或第一类超塑性。根据材料的组织形态特点也称之为微细晶粒超塑性。一般所说的超塑性多属这类超塑性，其特点是材料具有微细的等轴晶粒组织，在一定的温度区间（$T_s \geqslant 0.5T_m$，T_s 和 T_m 分别为超塑变形和材料熔点温度的绝对温度）和一定的变形速度条件下（应变速率 $\dot{\varepsilon}$ 为 $10^{-4} \sim 10^{-1}$/s）呈现超塑性。这里所说的微细晶粒尺寸，大都在微米级，其范围为 $0.5 \sim 5~\mu m$。一般来说，晶粒越细越有利于塑性的发展，但对有些材料（例如 Ti 合金）来说，晶粒尺寸达几十微米时仍有很好的超塑性能。还应当指出，由于超塑性变形是在一定的温度区间进行的，因此即使初始组织具有微细晶粒尺寸，如果热稳定性差，在变形过程中晶粒迅速长大的话，仍不能获得良好的超塑性。

（2）相变超塑性或第二类超塑性，亦称转变超塑性或变态超塑性。这类超塑性，并不要求材料有超细晶粒，而是在一定的温度和负荷条件下，经过多次的循环相变或同素异形转变获得大延伸。例如碳素钢和低合金钢，加以一定的负荷，同时于 $A_{1,3}$ 温度上下反复加热和冷却，每一次循环发生（$\alpha \rightleftarrows \gamma$）的两次转变，可以得到二次条约式的均匀延伸。D. Oelschlägel 等用 AISI1018、1045、1095、52100 等钢种试验表明，伸长率可达到 500% 以上，这样变形的特点是，初期时每一次循环的变形量（$\Delta\varepsilon/N$）比较小，而在一定次数之后，例如几十次之后，每一次循环可以得到逐步加大的变形，到断裂时，可以累积为大延伸。有相变的金属材料，不但在扩散相变过程中具有很大的塑性，并且在淬火过程中奥氏体向马氏体转变，即在无扩散的脆性转变过程（$\gamma \rightarrow \alpha$）中，也具有相当程度的塑性。同样，在淬火后有大量残余奥氏体的组织状态下，回火过程、残余奥氏体向马氏体单向转变过程，也可以获得异常高的塑性。另外，如果在马氏体开始转变点（M_s）以上的一定温度区间加工变形，可以促使奥氏体向马氏体逐渐转变，在转变过程中也可以获得异常大的延伸，塑性大小与转变量的多少、变形温度及变形速度有关。这种过程称为"转变诱发塑性"。即所谓"TRIP"现象。Fe-Ni 合金，Fe-Mn-C 等合金都具有这种特性。

（3）其他超塑性（或第三类超塑性）。在消除应力退火过程中在应力作用下可以得到超塑性。Al-5%Si 及 Al-4%Cu 合金在溶解度曲线上下施以循环加热可以得到超塑性，根据 Johnson 试验，具有异向性热膨胀的材料（如 U,Zr 等）在加热时可有超塑性，称为异向超塑性。有人把 a-U 在有负荷及照射下的变形也称为超塑性。球墨铸铁及灰铸铁经特殊处理也可以得到超塑性。

也有人把上述的第二及第三类超塑性称为动态超塑性或环境超塑性。

3.2.3　典型的超塑性材料

目前已知的超塑性金属及合金已有数百种,按基体区分,有 Zn、Al、Ti、Mg、Ni、Pb、Sn、Zr、Fe 基等合金。其中包括共析合金、共晶、多元合金、高级合金等类型的合金。部分典型的超塑性合金见表 3-1。

表 3-1　部分典型的超塑性合金

合金种类	应变速率敏感因子	伸长率 δ/(%)	变形温度/(℃)
共析合金			
Zn-22Al	0.5	＞1500	200~300
共晶合金			
Zn-5Al	0.48~0.5	300	200~360
Al-33Cu	0.9	500	440~520
Al-Si	—	120	450
Cu-Ag	0.53	500	675
Mg-33Al	0.85	2100	350~400
Sn-38Pb	0.59	1080	20
Bi-44Sn	—	1950	20~30
Pb-Cd	0.35	800	100
Al 基合金			
Al-6Cu-0.5Zr	0.5	1800~2000	390~500
Al-25.2Cu-5.2Si	0.43	1310	500
Al-4.2Zn-1.55Mg	0.9	100	530
Al-10.72Zn-0.93Mg-0.42Zr	0.9	1550	550
Al-8Zn-1Mg-0.5Zr	—	＞1000	—
Al-33Cu-7Mg	0.72	＞600	420~480
Al-Zn-Ca		267	500
Cu 基合金			
Cu-9.5Al-4Fe	0.64	770	800
Cu-40Zn	0.64	515	600
Fe-C 合金(钢铁)			
Fe-0.8C		210~250	680
Fe-(1.3,1.6,1.9)C		470	530~640
GCr15	0.42	540	700

合金种类	应变速率敏感因子	伸长率 δ/(%)	变形温度/(℃)
Fe-1.5C-1.5Cr		1200	650
Fe-1.37C-1.04Mn-0.12V		817	650
AISI01(0.8C)	0.5	1200	650
52160	0.6	1220	650
高级合金			
901	—	400	900～950
Ti-6Al-4V	0.85	>1000	800～1000
IN744Fe-6.5Ni-26Cr	0.5	1000	950
Ni-26.2Fe-34.9Cr-0.58Ti	0.5	>1000	795～855
IN100	0.5	1000	1093
纯金属			
Zn(商业用)	0.2	400	20～70
Ni		225	820
U700	0.42	1000	1035
Zr 合金	0.5	200	900
Al(商业用)	0.6000	(扭转) 377～577	500

注：(1) 伸长率与试样尺寸、形状有关，不能准确比较。

(2) 应变速率敏感因子值由于测量方法不同，也不能精确比较。

3.2.4 超塑性的应用

由于金属在超塑状态下具有异常高的塑性、极小的流动应力、极大的活性及扩散能力，可以在很多领域中应用，包括压力加工、热处理、焊接、铸造，甚至切削加工等方面。

1. 超塑性压力加工方面的应用

超塑性压力加工，属于黏性和不完全黏性加工，对于形状复杂或变形量很大的零件，都可以一次直接成形。成形的方式有气压成形、液压成形、挤压成形、锻造成形、拉延成形、无模成形等多种方式。其优点是流动性好，填充性好，需要设备功率吨位小，材料利用率高，成形件表面精度质量高。相应的困难是需要一定的成形温度和持续时间，对设备、模具润滑、材料保护等都有一定的特殊要求。

2. 相变超塑性在热处理方面的应用

相变超塑性在热处理领域可以得到多方面的应用，例如钢材的形变热处理、渗碳、渗氮、渗金属等方面都可以应用相变超塑性的原理来增加处理效应。相变超塑性还可以有效地细化晶粒，改善材料品质。

3. 相变超塑性在焊接方面的应用

无论是恒温超塑性还是相变超塑性，都可以利用其流动特性及高扩散能力进行焊接。

将两块金属材料接触,利用相变超塑性的原理,即施加很小的负荷和加热冷却循环即可使接触面完全黏合,得到牢固的焊接,我们称之为相变超塑性焊接(TSW)。这种焊接由于加热温度低(在固相加热),没有一般熔化焊接的热影响区,也没有高压焊接的大变形区,焊后可不经热处理或其他辅助加工,即可应用。相变超塑性焊接(TSW)所用的材料,可以是钢材、铸铁、Al 合金、Ti 合金等。焊接对象可以是同种材料,也可以是异种材料。原则上具有相变点的金属或合金都可以进行超塑性相变焊接。非金属材料的多形体氧化物,如有代表性的陶瓷,ZrO_2、$MgAlO_4$/Al_2O_3、MgO/BeO、$MgCrO_4$ 等同素异形转变、共晶反应、固溶体反应的材料等都可以发生相变超塑性,可以进行固相焊接。

4. 相变诱发塑性的应用

根据相变诱发塑性(TRIP)的特性,它可在许多方面获得应用。实际上在热处理及压力加工方面已经在不自觉地应用了。例如,淬火时用卡具校形,在紧固力并不太高的情况下能控制马氏体转变时的变形,便是应用了 TRIP 的功能。有些不锈钢(AISI301)在室温压力加工时可以得到很大的变形,其中就有马氏体的诱发转变。如果在变形过程中能够控制温度、变形速度及应变量,使马氏体徐徐转变,则会得到更良好的效果。

在改善材质方面,有些材料经 TRIP 加工,可以在强度、塑性和韧性等方面获得很高的综合力学性能。

一种典型的超塑性工艺:超塑成形-扩散焊复合工艺已在航空航天制造业中发挥着日益重要的作用。

3.3　精密塑性体积成形

3.3.1　基本概念及特征

1. 精密塑性体积成形的概念

精密塑性体积成形是指成形制件达到或接近成品零件的形状和尺寸,是在传统塑性加工基础上发展起来的新技术。它不但可以节材、节能、缩短产品制造周期、降低生产成本,且可以获得合理的金属流线分布,提高零件的承载能力,从而可以减轻制件的质量,提高产品的安全性、可靠性和使用寿命。该新技术由于具有上述诸多优点,加之工业发展的需要,近20 多年来得到了迅速发展,尤其在一些工业发达国家发展迅猛。目前,精密塑性体积成形技术作为先进制造技术的重要组成部分,已成为提高产品性能与质量、提高产品市场竞争力的关键技术和重要途径。

2. 精密塑性成形的精度

1) 径向尺寸精度

① 一般热模锻件:$\pm0.5\sim\pm1.0$ mm。

② 热精锻件:$\pm0.2\sim\pm0.4$ mm。

③ 温精锻件:$\pm0.1\sim\pm0.2$ mm。

④ 冷精锻件:$\pm0.01\sim\pm0.1$ mm。

2) 表面粗糙度

① 一般热模锻件:$Ra12.5$。

② 冷精锻件:$Ra0.2\sim0.4$。

据估计,每 100 万吨钢材由切削加工改为精密模锻,可节约钢材 15 万吨(15%),减少机床 1500 台。例如德国 BLM 公司热精锻齿轮多达 100 多种,齿形精度达 DIN6 级,节约材料 20%~30%,力学性能提高 20%~30%。精锻螺旋伞齿轮的最大直径达 280 mm,模数达到 12。美国、奥地利的热模锻叶片占总产量的 80%~90%,叶型精度达 0.15~0.30 mm,锻后叶型部分只需抛光、磨光,减少机械加工余量达 90%。

3.影响锻件精度的因素

影响锻件精度的因素主要有:坯料的体积偏差(下料或烧损)、模膛的尺寸精度和磨损、模具温度和锻体温度的波动、模具和锻件的弹性变形、锻件的形状和尺寸、成形方案、模膛和模具结构的设计、润滑情况、设备、工艺操作。

4.拟定精密塑性体积成形工艺时应注意的问题

(1)在设计精锻件图时,不应当要求所有部位尺寸都精确,而只需保证主要部位尺寸精确,其余部位尺寸精度要求可低些。这是因为现行的备料工艺不可能准确保证坯料的尺寸和质量,而塑性变形是遵守体积不变条件的。因此,必须利用某些部位来调节坯料的质量误差。

(2)对某些精锻件,适当地选用成形工序,不仅可以使坯料容易成形和保证成形质量,而且可以有效地减小单位变形力和提高模具寿命。

(3)适当采用精整工序,可有效保证精度要求。如:叶片(尤其是型面扭曲的叶片)精锻后,应当增加一道精整工序。有时对锻件不同部位需采用不同的精整工序。

(4)坯料良好的表面质量(指氧化、脱碳、合金元素贫化和表面粗糙度等)是实现精密成形的前提。另外,坯料形状和尺寸的正确与否以及制坯的质量等,对锻件的成形质量也有重要影响。在材料塑性、设备吨位和模具强度允许的条件下,应尽可能采用冷成形或温成形。

(5)设备的精度和刚度对锻件的精度有重要影响,但是模具精度的影响比设备更直接、更重要。有了高精度的模具,在一般设备上也可以成形精度较高的锻件。

(6)在精密成形工艺中,润滑是一项极为重要的工艺因素,良好的润滑可以有效地降低变形抗力,提高锻件精度和模具寿命。

(7)模具结构的正确设计,模具材料的正确选择以及模具的精确加工,是影响模具寿命的重要因素。

(8)在高温和中温精密成形时,应对模具和坯料的温度场进行测量和控制,它是确定模具材料,模具和模锻件热胀冷缩率以及坯料变形抗力的依据。

5.精密塑性成形的应用

(1)大批量生产的零件,例如汽车、摩托车上的一些零件,特别是复杂形状的零件。

(2)航空、航天等工业的一些复杂形状的零件,特别是一些难切削的复杂形状的零件;难切削的高价材料(如钛、锆、钼、铌等合金)制作的零件;要求高品质、结构轻量化的零件等。

3.3.2　精密塑性体积成形的方法

1.精密塑性体积成形的分类

1)按成形温度分类

① 冷成形(冷锻)　室温下的成形。

② 温成形(温锻)　室温以上,再结晶温度以下的成形。

③ 热成形(热锻)　在材料再结晶温度以上的成形。

④ 等温成形(等温锻)　在几乎恒温的条件下成形,变形温度通常在再结晶温度以上。

2) 按成形方法分类

按成形方法分类,包括:模锻、挤压、闭塞式锻造、多向模锻、径向锻造、液态模锻、辊锻、精压、摆动碾压、精密碾压、特种轧制、环轧、楔横轧、变薄拉深、强力旋压和粉末成形等。

3) 各成形方法特点

① 热成形(热锻)的优点为变形抗力低、材料塑性好、流动性好、成形容易、所需设备吨位小,但其缺点包括产品的尺寸精度低、表面质量差、钢件表面氧化严重、模具寿命低、生产条件差。

② 冷成形(冷锻)的优点为产品的尺寸精度高、表面质量好、材料利用率高,其缺点有冷成形的变形抗力大、材料塑性低、流动性差。

③ 温成形(温锻)的特点:与冷锻比较,温锻变形抗力小、材料塑性好,成形比冷锻容易,可以采用比冷锻大的变形量,从而减少工序数目、减少模具费用和压力机吨位,模具寿命也比冷锻时高;与热锻相比,温锻时由于加热温度低,氧化、脱碳减轻,产品的尺寸精度和表面质量均较好。如果在低温范围内温锻,产品的力学性能与冷锻产品差别不大。对不易冷锻的材料,改用温锻可减少加工难度。有些适宜冷锻的低碳钢,也可作为温锻的对象。因为温锻常常不需要进行坯料预先软化退火、工序之间的退火和表面磷化处理,这就使得组织连续生产比冷锻容易。

温锻主要用于以下几种情况:冷锻变形时硬化剧烈或者变形抗力高的不锈钢、合金钢、轴承钢和工具钢等;冷变形时塑性差、容易开裂的材料,如铝合金 LC4、铜合金 HPb59-1 等;冷态难加工,而热态时严重氧化、吸气的材料,如钛、钼、铬等;形状复杂,或者为了改善产品综合力学性能而不宜采用冷锻时;变形程度较大,或者零件尺寸较大,以致冷锻时现有设备能力不足时;为了便于组织连续生产时。

④ 等温成形(等温锻)的特点:等温成形是在几乎恒温的条件下成形,这时模具也加热到与坯料相同的温度。通常是在行程速度较慢的设备上进行。主要用于铝合金、镁合金和钛合金锻件的成形。

2. 小飞边和无飞边模锻

普通开式模锻时,金属的变形过程如图 3-2 所示。

为了在模锻初期就建立足够大的金属外流阻力,将飞边槽设置在金属变形较困难的坯料端部。在模锻初期,中间部分金属的变形流动就受到了侧壁的限制,迫使金属充满模膛。这种形式飞边槽的模锻,叫作小飞边模锻,如图 3-3 所示。

采用小飞边模锻有利于金属充满模膛,而这也大大减少了飞边金属的消耗。但是,采用小飞边模锻时,由于分模面的位置要靠近一端,因此,锻件的形状也要有一些改变,这对于某些锻件(例如连杆等)是不允许的。另外,某些形状的锻件在模锻最后阶段,变形区集中在分模面附近,远离分模面的部位 A 常不易充满。因此,小飞边模锻在锤上应用受到一定限制。但是在平锻机上应用较广,在螺旋压力机上常用于成形一些圆形锻件。

无飞边模锻,亦称闭式模锻,其模膛结构如图 3-4 所示,其特点是凸凹模间间隙的方向与模具运动的方向相平行。在模锻过程中间隙的大小不变。由于间隙很小,金属流入间隙的阻力一开始就很大,这有利于金属充满模膛。

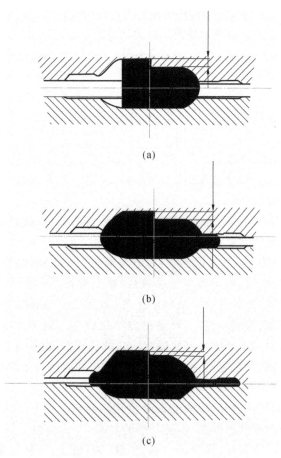

(a)

(b)

(c)

图 3-2　普通开式模锻时,金属的变形过程

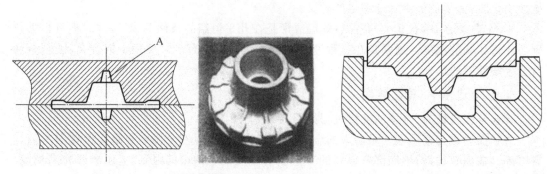

图 3-3　小飞边模锻零件　　　　　　　　**图 3-4　无飞边闭式模锻模膛结构**

　　无飞边模锻的优点:有利于金属充满模腔,有利于进行精密模锻;减少了飞边损耗,并节省了切飞边设备;无飞边模锻是金属处于明显的三向压应力状态塑性材料的成形。

　　无飞边模锻应满足下列条件:坯料体积准确;坯料形状合理,并能在模膛内准确定位;能够较准确地控制打击能量或模压力;有简便的取件措施或顶料机构。

　　3.挤压

　　挤压是金属在三个方向的不均匀压应力作用下,从模孔中挤出或流入模膛内以获得所需尺寸、形状的制品或零件的塑性成形工序。目前不仅冶金厂利用挤压方法生产复杂截面型材,机械制造厂已广泛利用挤压方法生产各种锻件和零件。

采用挤压工艺不但可以提高金属的塑性,生产复杂截面形状的制品,而且可以提高锻件的精度,改善锻件的内部组织和力学性能,提高生产率和节约金属材料等。

挤压的种类包括:正挤压(见图 3-5)、反挤压(见图 3-6)、复合挤压(见图 3-7)、径向挤压(见图 3-8)。

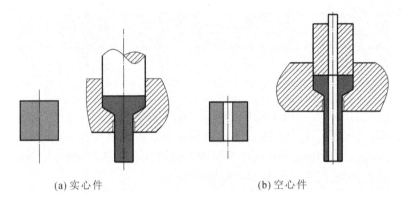

(a) 实心件　　　　　　　　　　　　(b) 空心件

图 3-5　正挤压示意图

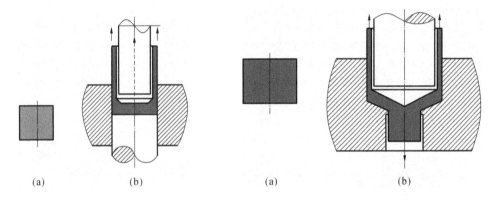

(a)　　　　(b)　　　　　　　　(a)　　　　(b)

图 3-6　反挤压示意图　　　　　　图 3-7　复合挤压示意图

挤压的变形过程包括四个阶段:充满阶段 Ⅰ;开始挤出阶段 Ⅱ;稳定挤压阶段 Ⅲ;终了挤压阶段 Ⅳ。其挤压变形曲线及过程如图 3-9、图 3-10 所示。

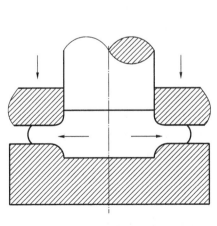

图 3-8　径向挤压示意图

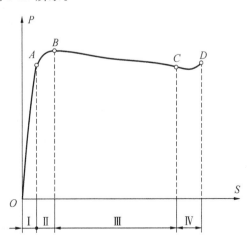

图 3-9　挤压变形曲线

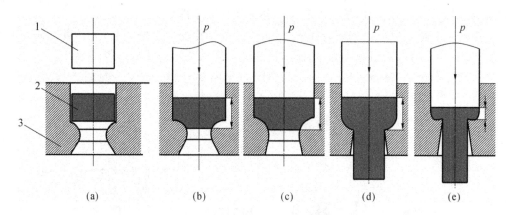

图 3-10 挤压变形过程示意图

图 3-9 是正挤压时挤压力随行程变化的曲线。曲线上升段 *OA* 对应为坯料开始挤出的阶段 *AB*；此后是稳定挤压阶段 *BC*，此阶段挤压力随坯料高度逐渐缩短而逐渐减小。最后阶段 *CD*，当剩余的坯料高度很小时，挤压力略有回升。

4. 闭塞式锻造

闭塞式锻造是近年来发展十分迅速的精密成形方法，先将可分合凹模闭合，并对闭合的凹模施以足够的合模力，然后用一个冲头或多个冲头，从一个方向或多个方向对模腔内的坯料进行挤压成形。这种成形方法也称为闭模挤压，是具有可分合凹模的闭式模锻（见图 3-11）。

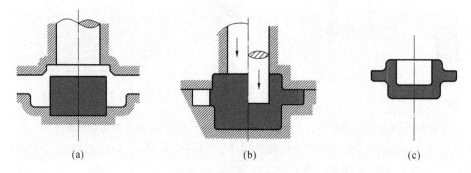

图 3-11 闭塞式锻造示意图

闭塞式锻造的优点是：生产效率高，一次成形便可以获得形状复杂的精锻件；由于成形过程中坯料处于强烈的三向压应力状态，适合成形低塑性材料；金属流线沿锻件外形连续分布。因此，锻件的力学性能好。

5. 多向模锻

（1）定义　多向模锻是在多向模锻水压机或机械压力机上，利用可分合模具，毛坯经过一次加热和压机一次行程作用，获得无飞边、无(小)模锻斜度、多分支或有内腔、形状复杂锻件的一种新工艺。多向模锻是两个或更多方向对包含在可分合模腔内的坯料施加工艺力，使坯料成形的模锻方法。多向模锻是在几个方面同时对坯料进行锻造的一种新工艺，主要用于生产外形复杂的中空锻件。

多向模锻过程如图 3-12 所示，当坯料置于工位上后（见图 a），上下模闭合，进行锻造（见图 b），使毛坯初步形成凸肩，然后水平方向的两个冲头从左右压入，将初步成形的锻坯冲出所需孔。锻成后,冲头先拔出,上下模分开(见图 c),取出锻件。

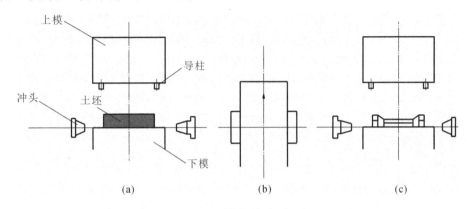

图 3-12   多向模锻的过程示意图

典型的多向模锻件,如图 3-13 所示。

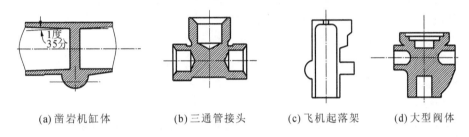

(a)凿岩机缸体   (b)三通管接头   (c)飞机起落架   (d)大型阀体

图 3-13   典型的多向模锻件

(2)多向模锻的变形过程。

第Ⅰ阶段(基本形成阶段)   由于多向模锻件大都是形状复杂的中空锻件,且通常坯料是等截面,该阶段金属变形流动的特点主要是反挤-镦粗成形和径向挤压成形。

第Ⅱ阶段(充满阶段)   由第Ⅰ阶段结束到金属完全充满模腔为止为第Ⅱ阶段,此阶段的变形量很小,但此阶段结束时的变形力比第Ⅰ阶段末可增大 2~3 倍。

第Ⅲ阶段(形成飞边阶段)   此时坯料已极少变形,只是在极大的模压力作用下,冲头附近的金属有少量变形,并逆着冲头运动的方向流动,形成纵向飞边。如果此时凹模的台模力不够大,还可能沿凹模分模面处形成横向飞边。此阶段的变形力急剧增大。这个阶段的变形对多向模锻有害无益,是不希望出现的,它不仅影响模具寿命,而且产生飞边后,清除也非常困难。

(3)分类   为使锻造成形后的锻件能够从模腔内取出,多向模锻有水平分模、垂直分模和多向分模。如图 3-14 所示即为常见的多向模锻的分模方式。

(a)水平分模   (b)垂直分模   (c)联合分模

图 3-14   多向模锻的分模方式

（4）多向模锻的优点。

① 与普通模锻相比，多向模锻可以锻出形状更为复杂，尺寸更加精确的无飞边、无模锻斜度（或很小模锻斜度）的中空锻件，使锻件最大限度地接近成品零件的形状尺寸，从而显著地提高材料利用率，减少机械加工工时，降低成本。

② 多向模锻只需坯料一次加热和压机一次行程便可使锻件成形，因而可以减少模锻工序，提高生产效率，并能节省加热设备和能源，减少贵重金属的烧损、锻件表面的脱碳及合金元素的贫化。一次加热和一次成形，还意味着金属一次性得到大变形量的变形，为获得晶粒细小均匀和组织致密的锻件创造了有利条件，这对于无相变的高温合金具有重要意义。

③ 多向模锻不产生飞边，从而可避免锻件流线末端外露，提高锻件的力学性能，尤其是抗应力腐蚀的性能。

④ 多向模锻时，坯料是在强烈的压应力状态下变形的，因此，可使金属塑性大为提高，这对锻造低塑性的难变形合金是很重要的。

⑤ 模具结构简单，使用寿命长，制造成本低，使用维护方便。

⑥ 可成形中空且侧壁带有凸台的复杂锻件。

⑦ 可设置多个分模面，能成形外壁具有多方向分支的复杂锻件。

⑧ 锻件形状尺寸更接近零件，材料利用率高，机械加工量少。

⑨ 锻件流线完整，抗应力腐蚀性能好，疲劳强度高。

（5）多向模锻的缺点。

① 要求使用刚性好、精度高的专用设备或在通用设备上附加专用的模锻装置；

② 要求坯料的尺寸与质量精确；

③ 要求对坯料进行少、无氧化加热或设置去氧化皮的装置。

（6）应用。

多向模锻主要用于生产核电和超临界火电阀门阀体以及航空航天领域难变形、高强度的复杂零件。

20 世纪 70 年代，美国空军及波音公司的对比研究证明：多向模锻制造的起落架锻件寿命可提高 3～4 倍，而制造成本可降低 20%。因此，英美飞机起落架等筒形零件，多数是在 300 MN 多向模锻液压机上进行锻造的。

我国在 20 世纪 80 年代初对起落架进行多向模锻与普通模锻的对比研究，证明多向模锻锻件的组织致密，力学性能提高 20%，而材料利用率则提高了 1 倍，由原来的17.3%提高到34.6%。此外还有很多多向模锻的应用实例，例如垄断全球核电阀门市场的Velan公司，其阀门阀体的锻造就是依托 Cameron 公司（1997 年后与 Wyman-Gordon 合并）的 100 MN、180 MN 和 300 MN 等三台多向模锻液压机的制造能力。又比如 Cameron 公司利用其装备的 300 MN 多向模锻液压机，生产的起落架锻件可节材 50%，且力学性能大大提高；生产的压气机盘强度达 1250～1650 MPa，比标准的 1200 MPa 高出 4%～38%，而伸长率达 20%，比标准的 10%提高 1 倍。如图 3-15 所示即为常见的利用多向模锻制备的零件。

6. 径向锻造

径向锻造是在自由锻型砧拔长的基础上发展起来的，用于长轴类零件锻造的新工艺，用于锻造截面为圆形、方形或多边形的等截面或变截面的实心轴（见图 3-16(a)）、内孔形状复杂或内孔细长的空心轴（见图 3-16(b)）。

(a) Inconel 718材料的涡轮盘

(b) 152.4 mm(6 in)真空阀阀体锻件

图 3-15　常见多向模锻制件

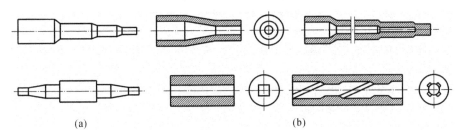

(a)　　　　　　　　　　　　　　(b)

图 3-16　径向锻造零件

径向锻造的工作原理(见图 3-17)是利用分布于坯料横截面周围的两个或两个以上的锤头,对坯料进行高频率同步锻打。在锻造圆截面的工件时,坯料与锤头既有相对的轴向运动,又有相对的旋转运动;在锻造非圆截面的工件时,坯料与锤头仅有轴向相对运动,而无相对的旋转运动。

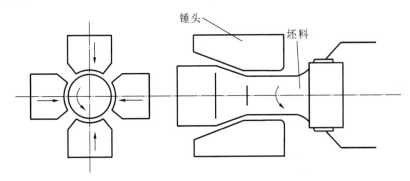

图 3-17　径向锻造工作原理

1) 径向锻造的变形特点

① 径向锻造是多向同时锻打,可以有效地限制金属的横向流动,提高轴向的延伸效率。

② 径向锻造是多向锻打,能够减少和消除坯料横断面内的径向拉应力,可以锻造低塑性,高强度的难熔金属,如钨、钼、铌、锆、钛及其合金。

③ 径向锻造机的"脉冲加载"频率很高,每分钟在数百次甚至上千次以上,这种加载方式可以使金属的内外摩擦系数降低,使变形更均匀,更易深入内部,有利于改善锻件心部组织,提高其性能。

④ 径向锻造时每次锻打的变形量很小,变形区域小,金属移动的体积也很小。因此,可以减小变形力,减小设备吨位和提高工具的使用寿命。

2) 径向锻造的加工质量

由于径向锻机的精确度高、刚度大和每次锻打的变形量小，因此径向锻造的锻件可以获得较高的尺寸精度和较低的表面粗糙度。

① 冷锻时：尺寸精度为2～4级，表面粗糙度为$Ra0.8～0.4$。

② 热锻时：尺寸精度为6～7级，表面粗糙度为$Ra1.6～3.2$，锻件的表面粗糙度随坯料横截面压缩量的增大而降低。

3) 径向锻造的加工范围

目前径向锻造的锻件，其尺寸已达到相当大的范围。例如，在滚柱式旋转锻机上锻制的锻件，其直径从$\phi15$ mm(实心的)到$\phi320$ mm(管)。目前国内使用的径向锻机可锻最大直径为$\phi250$ mm 的实心件，最长达6 m。世界上已有可锻最大直径为$\phi900$ mm、长度达10 m 的径向锻机。

4) 径向锻造的锻件品种

① 电机轴、机床主轴、火车轴、汽车、飞机、坦克上的实心轴和锥度轴，以及自动步枪的活塞杆等。

② 带有来复线的枪管、炮管和深螺母、内花键等有特定形状内孔的零件。

③ 各种汽车桥管、各种高压储气瓶、炮弹、航海家用球形储气瓶、火箭用喷管等需缩口和缩径的零件。

④ 矩形、六边形、八边形以及三棱刺刀等异形截面的零件。

例如：汽车吸振器的活塞杆和汽车转向柱，以前均是用实心棒料车削而成，现改用标准低碳钢管坯进行旋锻生产。前者每分钟可生产5件，杆端完全封闭，与实心件相比，减重约40%；后者每分钟可生产2.5～3件，减重可达70%。

7. 液态模锻

1) 基本概念

液态模锻是将一定量的熔融金属(液态或半液态)直接浇注到敞口的金属模腔，随后合模，实现金属液充填流动，并在机械压力作用下，发生高压凝固和少量的塑性变形，从而获得毛坯或零件的一种金属加工方法。液态模锻又称挤压铸造(squeeze casting)、溶汤锻造、连铸连锻。

2) 成形原理

液态模锻是一种介于铸造和模锻之间的金属成形工艺。它是将一定量的液态金属直接浇注入涂有润滑剂的模腔中，然后施加机械静压力，利用金属铸造凝固成形时易流动的特性和锻造技术使已凝固的封闭硬壳进行塑性变形，使金属在压力下结晶凝固并强制消除因凝固收缩形成的缩孔，以获得无任何铸造缺陷的锻件。如图3-18所示即为典型的液态模锻成形原理示意图。

液态模锻是使注入模腔的金属，在高压下凝固成形。液态金属在高压之下，其固相线向高温方向移动，与原固相线出现一个ΔT，其大小取决于施加力的大小。若液态金属在接近固相线时，施加的压力使液态金属处于过冷状态。在好的过冷度条件下，液态金属便能生核并长大，形成晶粒的内生长，阻碍了原来(未加压时)枝晶的单向延伸，形成等轴晶组织结构。也避免了未加压时先结晶区与后结晶区组织的成分差异——偏析。由于结晶是在压力下进行的，其制件内部组织致密，无空洞与缩松。

3) 液态模锻的工艺特点

① 在成形过程中，尚未凝固的金属液自始至终受等静压，并在压力作用下，发生结晶凝

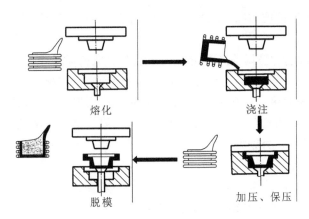

图 3-18 液态模锻成形原理示意图

固,流动成形。

② 已凝固的金属在成形过程中,在压力作用下产生塑性变形,使毛坯外侧紧贴模膛壁,金属液获得并保持等静压。

③ 由于凝固层产生塑性变形,要消耗一部分能量,因此金属液经受的等静压值不是定值,而是随着凝固层的增厚而下降。

④ 固-液区在压力作用下,会发生强制性的补缩。

4)液态模锻的工艺参数影响

① 浇注温度的影响 金属浇注温度直接影响着金属凝固时间、凝固速度以及制件的补缩情况,对于成形件的热裂和缩松缩孔的产生密切相关。浇注温度高,金属液流动性好,充型效果好。但温度过高时会产生飞溅,凝固时间延长,一次枝晶组织粗大,热裂缺陷;易黏模,模具受热影响大,损耗模具,降低模具寿命。若温度过低会导致流动性差,不利于充型,浇不足、冷隔等问题;遇冷凝固速度加快,先凝固的壳层增大,压力传递过程中损失较大,出现缩孔等缺陷。

② 比压的影响 比压即作用在单位面积合金液上的压力。压力作用是使金属液在等静压作用下,及时消除铸件气孔、缩孔和缩松等铸造缺陷,并产生在压力下结晶的凝固机理,从而获得较好的内部组织和较高的力学性能。比压过大时产品性能有提高,但模具损耗大;比压过小时补缩效果差,易缩孔缩松。

③ 模具温度的影响 液态模锻是将高温液态金属直接浇入模具中,凝固时放出的热量使凹模型腔表面温度迅速升高,在四模壁方向存在温度差而产生热应力,故模具在使用前要进行均匀预热,以减小温差,降低热应力。模具温度过低时,散热快,充型能力较差,易造成充型不足。与模具接触的金属液率先凝固形成的金属壳层增厚,制件心部补缩不足,容易出现缩松缩孔,制件表面易产生裂纹等缺陷。在凝固过程中容易产生热应力,增加模具的热疲劳,降低模具的寿命。模具温度过高时,容易黏模,缩短模具的使用寿命,在高温的压力作用下,模具易变形,而且挤压过程中金属液容易飞溅。

④ 保压时间的影响 保压时间是指从金属液充满型腔后开始,到液压机撤销压力为止的时间段,这段时间实际上是金属液在压力下凝固、结晶和补缩的时间。在整个保压时间内,压力必须保持稳定。保压时间的长短,主要取决于铸件断面的最大壁厚和铸件材质,同时也与铸件的形状、浇注温度等因素有关。保压时间过短,铸件心部尚未完全凝固即卸压,铸件内部会因得不到补缩而产生缩孔、缩松等缺陷;保压时间过长,增加了铸件内应力,可能

造成铸件凹入部位脱模困难和因凝固收缩而产生壁裂,使铸件脱模困难,影响其寿命及铸件表面质量。

⑤ 挤压速度的影响　挤压速度是指冲头接触金属后的运动速度。挤压速度过高,会引起金属飞溅,产生爆缝。同时,会使液态金属形成旋涡而吸入气体。瞬时高压还会使铸件上部凝固过早,影响加压效果。挤压速度过低,会导致结壳太厚,挤压效果不好,金属液流动动能小,壁薄处充填困难,几股金属液的汇合处会出现冷隔纹甚至冷隔缺陷。挤压速度对于铸件的成形和质量的好坏有明显影响。

5）液态模锻的工艺应用

液态模锻的应用范围较为广泛,适用于各种金属、非金属、复合材料,特别适于合成纤维或颗粒增强复合材料,同时在非铁金属方面取得了广泛应用,此外还适用于复杂形状、对力学性能有一定要求的零件,但是利用液态模锻制造的零件壁厚不能太薄,也不能太厚,一般为 5～50 mm。

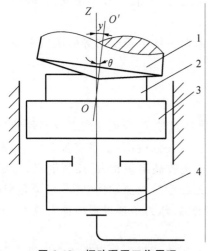

图 3-19　摆动碾压工作原理

1—摆头;2—工件;3—滑块;4—油缸

8.摆动碾压

摆动碾压是 20 世纪 60 年代才出现的一种新的压力加工成形方法。它适于盘类、饼类和带法兰的轴类件的成形,特别适用于较薄工件的成形。

摆动碾压的工作原理如图 3-19 所示,圆锥形上模的中心线 OO' 与摆轴中心线 OZ 成 θ 角,称为摆角。当摆轴旋转时,摆头的中心线 OO' 绕摆轴中心线 OZ 旋转,于是摆头产生回摆运动,与此同时,滑块在油缸作用下上升。这样,摆头的母线便在工件上连续不断地滚动,局部地、顺序地对工件施加压力,最后达到整体成形的目的。由此可见,摆动碾压是一种连续局部加载的成形方法。摆动碾压时的变形区如图 3-20 所示。

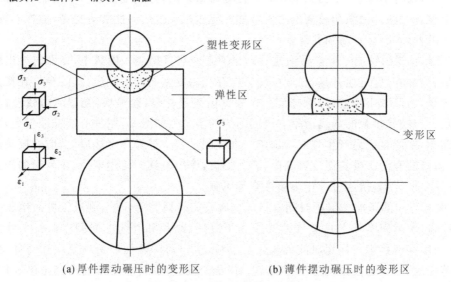

(a)厚件摆动碾压时的变形区　　　　(b)薄件摆动碾压时的变形区

图 3-20　摆动碾压时的变形区

普通模锻与摆动碾压所需轴向力的比较,如图 3-21 所示。

摆动碾压的优点包括:① 省力,可以用较小设备成形较大的锻件;② 因摆动碾压是局部加载成形工艺,因此可以大大降低变形力,实践证明,加工相同锻件,其碾压力仅是常规锻造方法变形力的 1/5～1/20;③ 产品质量高,可用于精密成形;④ 由于是局部加载,可以建立比较高的单位压力,如果工件较薄和模具的尺寸精度和光洁度很高时,可以得到精密尺寸的工件,表面粗糙度可达 Ra 0.2～0.4;⑤ 机器的振动及噪声小,工作条件较好。

典型摆动碾压零件有:法兰盘、铣刀坯、碟形弹簧坯、汽车后半轴、扬声器导磁体、伞齿轮、端面齿轮、链轮、销轴等。

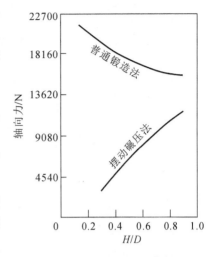

图 3-21　普通模锻与摆动碾压
所需轴向力的比较

9. 等温模锻和超塑性模锻

等温模锻是指坯料在几乎恒定的温度条件下模锻成形。为了保证恒温成形的条件,模具也必须加热到与坯料相同的温度。等温模锻常用于航空、航天工业中钛合金、铝合金、镁合金等零件的精密成形,其原因有二:

(1)在常规锻造条件下,这些金属材料的锻造温度范围比较窄。尤其在锻造具有薄的腹板、高肋和薄壁零件时,坯料的热量很快地向模具散失,温度降低、变形抗力迅速增加,塑性急剧降低,不仅需要大幅度地提高设备吨位,也易造成锻件和模具开裂。尤其是钛合金更为明显,它对变形温度非常敏感的钛合金等温模锻时的变形力,大约只有普通模锻变形力的 1/5～1/10。

(2)某些铝合金和高温合金对变形温度很敏感,如果变形温度较低,变形后为不完全再结晶的组织,则在固溶处理后易形成粗晶,或晶粒粗细不均的组织,致使锻件性能达不到技术要求。

等温锻造常用的成形方法也有开式模锻、闭式模锻和挤压等,它与常规锻造方法的不同点在于:

(1)锻造时,模具和坯料要保持在相同的恒定温度下。这一温度是介于冷锻和热锻之间的一个中间温度,对某些材料,也可等于热锻温度。

(2)考虑到材料在等温锻造时具有一定的黏性,即应变速率敏感性,等温锻造时的变形速度应很低。根据生产实践,采用等温锻造工艺生产薄腹板的肋类、盘类、梁类、框类等精锻件具有很大的优越性。

目前,普通模锻件肋的最大高宽比为 6∶1,一般精密成形件肋的最大高宽比为 15∶1,而等温模锻时肋的最大高宽比达 23∶1,肋的最小宽度为 2.5 mm,腹板厚度可达 1.5～2.0 mm。超塑性模锻也是在恒温条件下成形,但是要求在更低的变形速度和适宜的变形温度下进行。因此,要求设备的行程速度更慢。且超型性模锻前坯料需进行超塑性处理以获得极细的晶粒组织。

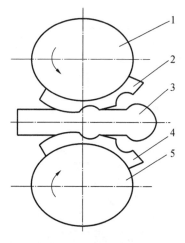

图 3-22　辊锻变形原理

1—上锻辊；2—辊锻上模；3—毛坯；
4—辊锻下模；5—下锻辊

10. 辊锻

（1）辊锻定义　辊锻是回转锻造的一种。这是近几十年将纵向轧制引入锻造业并经不断发展形成锻造新工艺，属于回旋压缩成形类的范畴。辊锻是使金属坯料在一对反向旋转的辊锻模具中通过，借助模具型槽对金属坯料施加压力使其产生塑性变形，从而获得所需要的锻件或者锻坯。

（2）辊锻原理　当辊锻转离工作位置时，坯料在两轧辊间隙中送进，辊锻时坯料在高度方向经辊锻模压缩后，除一小部分金属横向流动外，大部分被压缩的金属坯料沿长度方向流动。被辊锻的毛坯，横截面积减小，长度增加。如图 3-22 所示为辊锻变形原理示意图。

（3）辊锻分类　辊锻的分类方法有很多，可以按辊锻温度、送进方式、用途、型槽等来进行分类，如表 3-2 所示即为按照上述标准进行的分类。

表 3-2　辊锻分类

分类方法	类别	变形特点	应用
按辊锻温度分类	热辊锻	加热至再结晶温度以上	用得最多
	冷辊锻	通常在常温下	多用于锻件精整、非铁金属
按送进方式分类	顺向辊锻	毛坯送进方向与辊锻方向一致	成形辊锻
	逆向辊锻	毛坯送进方向与辊锻方向相反	制坯辊锻
按用途分类	制坯辊锻	沿坯料长度方向分配金属体积	模锻前的拔长、滚挤制坯
	成形辊锻	直接成形锻件或锻件的某一部分	适合长轴类、板片类锻件
按型槽分类	开式型槽辊锻	上下型槽间有水平缝隙，宽展较自由	制坯辊锻
	闭式型槽辊锻	宽展受限制，可强化延伸、限制锻件水平弯曲	制坯辊锻、成形辊锻

（4）辊锻特点　辊锻成形过程是一个局部连续的静压成形过程，是轧制和模锻两种工艺的结合，集中了这两种工艺的优点。与一般锻造相比其优点如下。

① 设备吨位小：由于变形是连续的局部接触变形，虽然变形量大，但变形力小，因此，设备的吨位较小。例如，250 t 的辊锻机相当于 2000 t 以上的锻造机。

② 生产效率高：成形辊锻的生产效率为锤上模锻的 5～10 倍，主要是因为辊锻工艺可实现连续生产。

③ 模具寿命高：辊锻是静压过程，金属与模具间相对滑动较小，因而模具的磨损量小，寿命长。

④ 劳动强度低，工作环境好：由于辊锻是连续静压变形，生产过程的设备冲击、振动和噪声小，且生产过程易于实现机械化和自动化，因此显著地降低了劳动强度和改善了工作环境。

⑤ 产品质量好：具有良好的金属流线，产品精度高，可实现无余量生产，节约金属材料，易实现机械化、自动化。

（5）辊锻应用　辊锻可用于生产连杆、麻花钻头、扳手、道钉、锄头、镐等。在军工生产中，用辊锻工艺生产航空发动机的涡轮叶片、飞机大梁、直升机的螺旋桨叶、坦克的履带节等。如图 3-23 所示为利用辊锻工艺制备的典型零件。

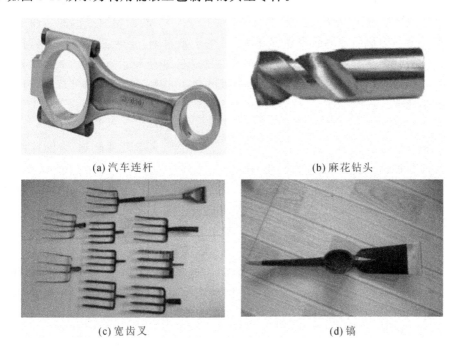

(a) 汽车连杆　　　　　　　　　　　　　　(b) 麻花钻头

(c) 宽齿叉　　　　　　　　　　　　　　　(d) 镐

图 3-23　辊锻典型零件

11. 精压

为了进一步提高精成成形锻件的精度和降低表面粗糙度，最终达到精锻件图的要求，在锻压生产中常采用精压的方法。在实际生产中，由于设备、模具和锻件的弹复量控制不准确，模具和坯料的热胀冷缩值控制不准确，模膛的个别部位不易充满，整个或局部模膛有磨损或变形，锻件在取出过程中可能有变形，采用局部塑性变形工艺（例如辊锻等）时变形区金属的流动规律控制不够准确，使锻件尺寸精度较低。因此，某些锻件经初步精密成形后还需进一步精压。

1）精压件的加工质量

① 表面粗糙度　钢件：$Ra(3.2\sim1.6)$；铝合金件：$Ra(0.8\sim0.4)$。

② 尺寸精度　一般为 $\pm(0.1\sim0.25)$ mm。

根据金属变形情况，精压可分为：平面精压、体积精压、局部体积精压。精压可以在冷态、温态和热态下进行。

2）提高精压件尺寸精度的工艺措施

① 降低精压时工件的平均单位压力 q，具体措施有：采用热精压，适当地进行润滑，控制每次精压时的变形程度和精压余量；

② 减小精压面积 F；

③ 提高精压模的结构刚度和模板材料的硬度；

④ 其他工艺措施(如采用带限程块的精压模、将精压模板的工作表面预先做成中心带凸起的形状或将精压件的坯料预先做成中心凹陷的形状)。

12. 环轧

1) 环轧的定义

环件轧制又称环件碾扩或扩孔,它是借助环件轧制设备轧环机(又称碾扩机或扩孔机)使环件产生连续局部塑性变形,而实现壁厚减小、直径扩大、截面轮廓成形的塑性加工工艺。它适用于生产各种形状尺寸的环形机械零件,可用于碳素钢、合金工具钢、不锈钢、铝合金、铜合金、钛合金、钴合金等材料的加工。同时轧制的环件外径尺寸为 15~10000 mm,环件高度为 15~4000 mm,环件质量为 2~82000 kg,因此该工艺适用的范围非常广泛,可加工零件的尺寸跨度非常大。

2) 环轧的分类

环轧主要分为径向轧制、径-轴向轧制、异形环件轧制、直壁环件轧制、齿圈环件轧制,常用的主要是前两种,此处主要对前两种进行介绍。

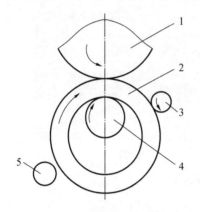

图 3-24　径向轧制示意图
1—驱动辊;2—环件;3—导向辊;4—芯辊;5—信号辊

① 径向轧制　是指轧制时主辊轴心位置不变,芯辊向主辊方向以一定速度进给的环件壁厚逐渐减小,直径逐渐扩大的轧制方法,如图 3-24 所示。径向轧制装置主要包括驱动辊、环件、导向辊、芯辊和信号辊。轧制过程中驱动辊和芯辊之间的距离减小,使得环件的横截面积减小,环件直径变大,以达到扩孔的目的。

② 径-轴向轧制　环件径-轴向轧制是一种广泛应用于生产大型无缝环件的先进塑性回转成形技术,环件在轧制过程中受到径向辊缝和轴向辊缝的联合挤压作用,使得环件壁厚减小,高度减小,直径扩大,截面轮廓成形。径-轴向轧制示意图如图 3-25 所示,其装置主要由驱动辊、环件、芯辊、导向辊、轴向轧辊组成,相比于径向轧制而言,径-轴向轧制多了一对轴向轧辊,在减小环件横截面的宽度的同时还能控制横截面的高度。驱动辊 1 由电动机驱动做旋转轧制运动,端面轧辊 4 和 5 做旋转端面轧制运动和轴向进给运动,芯辊 3 由液压驱动做直线进给运动。在驱动辊、芯辊、轴向轧辊的共同作用下,环件横截面积减小,直径增大。

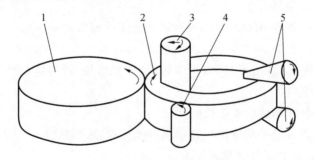

图 3-25　径轴向轧制示意图
1—驱动辊;2—环件;3—芯辊;4—导向辊;5—轴向轧辊

如图 3-26 所示为轴向轧辊示意图,影响轴向轧辊成形质量的主要参数为轴心线长度 L 和锥顶角 2γ。若 L 太小,那么环件变形过程中容易滑出锥辊母线之外,影响轧制过程;若 L 太大,那么机架尺寸也较大,增加设备成本。而 γ 增大有利于轴向孔型咬入条件、锻透条件和刚度条件的满足。但是 γ 角增大会增加设备的载荷和制造成本,通常锥顶角的取值在 $30°\sim45°$ 为宜。

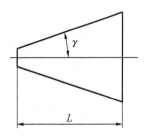

图 3-26　轴向轧辊示意图

环轧主要包括以下轧制过程。

① 咬入过程:实现环件的咬入,消除环坯的径向壁厚差,提高环坯圆度,使轧制过程稳定,避免设备颤动;

② 加速轧制过程:用较大的速度进给,目的是使环件快速长大,提高生产率;

③ 稳定轧制过程:目的是使环件长大速度稳定,便于控制环件尺寸;

④ 减速过程:减小进给速度,目的是使环件的弹性变形得到缓慢释放;

⑤ 成形整圆过程:小进量加无进给空转,目的在于提高环件精度,降低环件椭圆度。

3)环轧的优点

① 环件精度高,余量少,材料利用率高(轧制成形的环件几何精确度与模锻环件相当,制坯冲孔连皮小,无飞边消耗);

② 环件内部质量好(晶粒小,组织致密,纤维沿圆周方向排列);

③ 设备吨位小,投资少,加工范围大(局部变形的积累,变犀利大幅度剑侠,因而轧制设备吨位大幅度降低,设备投资减少);

④ 生产率高、成本低(比起自由锻环,材料消耗降低 $40\%\sim50\%$,成本降低 75%);

⑤ 不需要模具,环轧是在驱动辊、芯辊、导向辊、轴向轧辊的共同作用下进行成形的,轧辊就是成形的基本要素,不需要模具,有利于降低成本。

4)环轧的缺点

① 环件在孔型中可能不转动;

② 可能产生环件在孔型中转动,直径不扩大的现象;

③ 环件及轧辊强烈自激振动;

④ 环件突然压扁;

⑤ 环件直径扩大速度剧烈变化;

⑥ 已经成形的环件截面轮廓在轧制中又逐渐消失。

5)环轧的应用

环轧常用于火车车轮及轮毂、风力设备的轴承套圈、集电环、燃气轮机环、压力容器的加强圈等(见图 3-27)。而且随着工业的发展,各行业对大型环件的需求量越来越大,性能要求也越来越高。这使得大型环件的制造工艺显得尤为重要。而大型环件径-轴向轧制作为大型环件的先进制造工艺,由于具有材料与能源消耗低、生产效率高、产品质量好等技术经济特点,已被广泛应用于大型环件的生产。

13. 楔横轧

1)楔横轧定义

楔横轧是 1961 年出现的一种新的轧钢技术,它适于轧制变断面回转体。两个带有楔形孔型的轧辊,沿着楔前进的方向同向旋转,逐渐将坯料轧制成变断面回转体。楔形孔型由楔入、成形、精整三个区段构成。在精整段之后装有切刀。轧辊每转一周,可轧制一件或一对。切刀的作用是切断料头或将成对轧件分离为两件。如图 3-28 所示为楔横轧原理示意图。

(a) 火车车轮及轮毂   (b) 轴承套圈

(c) 集电环   (d) 加强圈

图 3-27   几种常见环轧应用

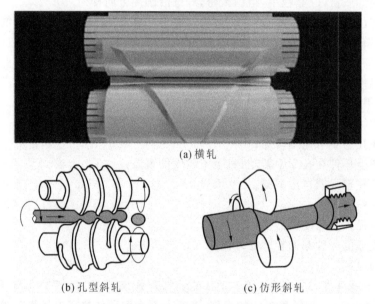

(a) 横轧

(b) 孔型斜轧   (c) 仿形斜轧

图 3-28   楔横轧原理示意图

2）楔横轧过程

在装有楔形模具的轧辊的设备（轧机）上，用横轧方法生产变断面阶梯状轴类制品或毛坯的金属塑性加工工艺。

楔横轧机类型有辊式、板式和单辊弧式楔横轧机。对比三种类型的楔横轧机后可知，板式楔横轧机模具制造较为简单，模具的调整比较容易，因而轧件的精度较高，并且工艺可靠，轧制时毛坯的位置固定，因此不需设置侧向支撑毛坯的导向尺。板式楔横轧机适用于轧制复杂外形结构、精度要求高、零件品种变换很多的情况。但是，板式楔横轧机行程大小受到限制，变形程度也受到影响。同时，板式楔横轧机有空行程，故影响到生产率。辊式楔横轧机生产率可以很高，可达 2000 至 4000 件/小时甚至更高，易于实现自动化生产。辊式楔横轧机是三种轧机中运用最多的一种,适用于对产品精度要求不高,且同时轧制一个或几个零件的情况。单辊弧式楔横轧机适用于为以后锻造供坯的大批量生产情况。圆棒毛坯在楔形模具(变形楔)的碾压下一边旋转一边变形,直径减小而长度增加,被加工成变断面阶梯状轴。工具动作一个周期,便可生产一个或数个产品。图 3-29 所示为典型变形楔。

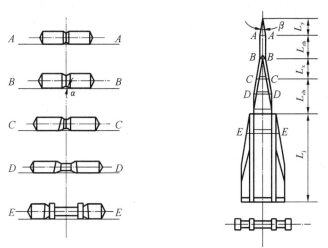

L_y—咬入段；L_{zh}—整形段；L_x—楔展段；L_{ch}—成形段；L_j—精整段

图 3-29　典型变形楔

楔形模的起始部分使坯料旋转起来并沿圆周方向在坯料上轧出一条由浅至深的 V 形沟槽楔形模使 V 形沟槽扩展,这是轧件的主要变形区段。最后是精整段,对轧件进行整形,以提高轧件的外观质量和尺寸精度。

3）楔横轧特点

① 生产效率高:在实际生产中每分钟可以轧制 10～30 个工件;

② 材料利用率高:切削加工约有 40% 的材料以切屑的形式浪费掉,而在楔横轧工艺中根据产品形状有 10%～30% 的材料浪费;

③ 产品质量好:楔横轧件金属纤维流线沿产品外形连续分布,并且晶粒进一步得到细化,所以其综合力学性能较好,产品精度也高;

④ 工作环境得到了改善:楔横轧轧制成形过程中无冲击、噪声小,且无须使用冷却液;

⑤ 自动化程度高:零件从成形、表面精整到最后成品都是由机器自动完成,所需操作人员较少;

⑥ 通用性差:只能生产圆截面的轴类件,需要专门的设备和模具。不适合于小批量生产模具的设计、制造,以及生产工艺调整比较复杂,且模具尺寸大不能轧制的大型件,轧制棒料的长度也会受到限制。

4）应用

主要用于带旋转体轴类零件的生产,且常用于制坯工序,如汽车、摩托车、内燃机等变速箱中的各种齿轮轴,发动机中的凸轮轴、球头销等(见图 3-30)。

14. 固体颗粒介质成形

1）诞生背景

由于传统的板成形工艺成形复杂的零件的过程中存在着各种各样的不足;且目前的工业生产多为小批量、多品种,尤其是航天领域及其他军工领域;同时随着汽车、航空航天、电

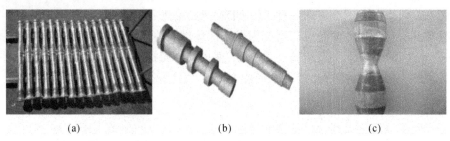

$$(a) \qquad\qquad (b) \qquad\qquad (c)$$

图 3-30　常见楔横轧制造零件

子等工业的发展,对冲压件尺寸精度、形状复杂程度和表面质量要求越来越高,需要一种能克服常规工艺不足且具有制模简单、周期短、成本低,还能提高板料成形性的新工艺,固体颗粒介质成形应运而生。

2)原理

固体颗粒介质成形工艺是采用固体颗粒代替刚性凸模(或弹性体、液体)的作用对管、板料进行胀形或拉深的工艺。随压头压力增大,板料变形程度增大,压头压力趋向平衡;变形件硬化,屈服极限提高,变形困难。如图 3-31 所示即为利用固体颗粒介质成形板料的装置示意图。

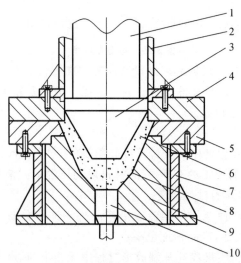

图 3-31　利用固体颗粒介质成形板料试验装置图

1—压杆(轴向压力传感器);2—装料筒;3—压头;4—上压边圈;5—下压边圈;
6—固体颗粒介质;7—支架;8—板料;9—凹模;10—顶出装置

3)工艺特点

固体颗粒介质成形有着制模简单、周期短、成本低、通用性强、废品率低、零件表面质量好、板料的成形性能和产品尺寸精度高、回弹量小、绿色环保等特点,应用前景光明。

4)应用

固体颗粒介质成形常用于成形一些传统方法难以成形的深拉伸、深筒形件,如图 3-32 所示即为常见的固体颗粒介质成形产品。

① 深锥形零件:相对高度 $H/D > 0.7$ 的圆锥形零件,传统拉深工艺先将毛坯拉成圆筒形,再通过各道工序拉深圆锥面,并逐渐增加高度,需要数道工序才能完成;

② 深抛物线形零件:同样可分为浅形件和深形件,深形件一般要经多次拉深或反拉深才能完成;

(a) 深锥形零件

(b) 深抛物线形零件

(c) 圆筒形零件

(d) 方盒形零件

图 3-32　常见的固体颗粒介质成形产品

③ 圆筒形零件:属于窄法兰边零件,普通拉深工艺需要两到三个工步;

④ 方盒形零件:棱角较为突出,普通拉深容易出现破裂。

3.3.3　精密塑性体积成形实例

1) 直齿圆柱齿轮精密塑性成形

齿轮是动力传递的重要零部件,齿轮的生产和应用能力是一个国家工业化程度的重要表征。直齿圆柱齿轮在齿轮零件中占据着庞大的市场份额,而目前直齿圆柱齿轮的切削加工生产方法缺陷较多,已无法满足实际应用的需求,对直齿圆柱齿轮的性能需求越来越高,减重量、增强度的要求使得人们开始寻求新的成形工艺。

精密塑性成形工艺作为一种节能高效的新型生产技术,已经越来越受到人们的关注。在精密塑性成形工艺的生产过程中,工件金属流线保持完好,从而使得成形工件的力学性能得到明显的改善;同时,作为一种少无切削加工工艺,较高的材料利用率也是其一大优点。随着精密塑性成形技术的不断发展,普通材料也有可能代替昂贵的金属材料来进行齿轮的生产,从而大大降低生产成本。

采用精密塑性成形工艺进行直齿圆柱齿轮的生产,无论从技术角度还是产品质量角度来看,都是一个非常明智的抉择。目前世界上许多工业强国的直齿圆柱齿轮精密成形工艺已经发展到了很高的水平。近年来,我国直齿圆柱齿轮的精锻工艺研究也已经取得了很大的进展,但是大范围的实际应用还并未实现,这是因为直齿圆柱齿轮精成形工艺过程中仍存在着一些难以克服的工艺缺陷。

2) 直齿圆柱齿轮精密塑性成形工艺及原理

从直齿圆柱齿轮的精密塑性成形理论诞生以来,国内外的专家学者对其进行了大量的研究,也取得了一定的进展,改进并开发了多种成形工艺。下面将对几种成形工艺及其原理进行简单介绍。

(1) 镦挤　直齿圆柱齿轮的镦挤工艺是指在带有齿形的凹模型腔内放入圆柱形坯料,

对其施加轴向的镦压力，使金属产生径向流动，充填到齿形部位，直至成形完成。成形工艺如图 3-33 所示。

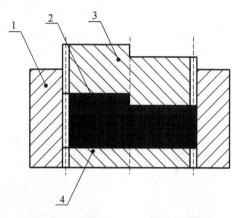

图 3-33　直齿圆柱齿轮镦挤工艺图

1—凹模；2—坯料；3—上镦压模；4—下镦压模

镦挤成形的大致流程为：金属坯料在凸模轴向压力的作用下开始镦粗变形，并产生径向流动，逐渐流向凹模齿形腔内，直到齿形腔被金属坯料完全充满，变形结束。由于镦挤工艺在成形过程中金属坯料受力方向为轴向，而金属坯料的流动方向为径向，二者方向垂直，使得其在向凹模充形的过程中会受到很大的阻力。此处采用减缩比 R 来描述金属的流动状况，其公式为：

$$R = (A - F)/A \tag{3-1}$$

式中：A——成形坯料的全表面积；

F——成形过程中不与模具发生接触的自由表面积。

减缩比 R 越大，金属的流动就会越困难。随着成形过程的进行，R 会越来越趋近于 1，也就是说，金属的自由流动就会变得越来越困难，这也就是镦挤成形的最后阶段，成形力会骤然增大的原因。此时成形力的增加已经无法使坯料继续流动，所增加的力会转嫁到模具上，加速模具的损坏，降低模具的使用寿命。由于摩擦力的原因，直齿圆柱齿轮的角隅部位是最后的填充位置，镦挤成形直齿圆柱齿轮时，由于金属流动不够充分，往往会发生齿形角隅充填不够饱满的现象。

（2）分流法　齿轮的分流锻造思想由日本的近藤一义在 20 世纪 80 年代提出。其主要原理是在坯料与模具所组成的闭式形腔内的某一位置设置分流通道，增大金属的自由表面积，控制减缩比，从而使金属更易于流动、锻件更易于成形。直齿圆柱齿轮分流成形的方法主要有孔分流法和轴分流法两种。

① 孔分流法是在坯料的中心部位开设分流孔，成形过程中，金属坯料一方面会向齿形部位进行充填，另一方面会流向预先开设的分流孔，从而使得金属自由表面积增大，起到降低成形力的作用。孔分流法能否发挥理论上的作用，关键就在于分流孔直径大小的设计：如果分流孔过大，在成形过程中，金属会大部分流向分流孔，而无法成形出完整的齿轮；如果分流孔过小，就可能发生提前闭合，这样就无法起到分流减压的作用。孔分流成形工艺如图 3-34（a）所示。

② 轴分流法是在凸模上预留分流通道，在成形过程中金属一部分会流向凹模齿形部位，另一部分会经由分流通道向外流动。在降低成形力方面，轴分流法比孔分流法效果更明

显。但轴分流法与孔分流法一样都存在分流通道直径最优的问题,除此之外,在轴分流法成形过程中,由于凸模上设有分流孔,受力就会很大,往往会由于应力集中而造成凸模损坏。轴分流成形工艺如图 3-34(b)所示。

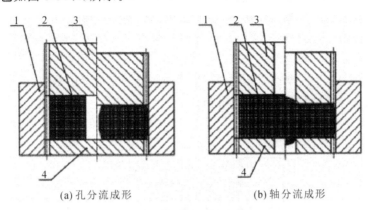

(a)孔分流成形　　　　　　　　(b)轴分流成形

图 3-34　直齿圆柱齿轮分流成形工艺图
1—凹模;2—坯料;3—上凸模;4—下凸模

　　研究表明,孔分流法和轴分流法虽然能够很好地解决直齿圆柱齿轮成形过程最后阶段成形力陡增的问题,但在相对较低的工作压力下很难保证充填质量。它们还存在工件质量差、模具加工难及生产成本高等问题。故在分流法的基础上,提出了约束分流法(孔约束法与轴约束法)。其原理与分流法基本相同,只是在成形过程中,对流向分流通道的金属进行一定约束,保证在齿形填充完成时,金属仍然存在着自由表面。其中孔约束分流法对金属流动的限制依靠的是凸模上的凸台机构,可通过调整凸台大小控制约束力,成形工艺如图 3-35(a)所示;轴约束分流法对金属流动起到限制作用的是加到凸模分流口处的小芯棒,并可通过控制小芯棒的直径以及凸模上分流通道的直径来对约束力进行调整,其成形工艺如图 3-35(b)所示。

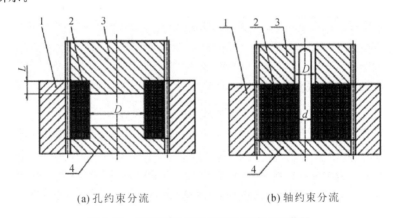

(a)孔约束分流　　　　　　　　(b)轴约束分流

图 3-35　直齿圆柱齿轮约束分流成形工艺图
1—凹模;2—坯料;3—上凸模;4—下凸模

　　(3)浮动凹模法　20 世纪 80 年代,C. Tuncer 提出了浮动凹模法。直齿圆柱齿轮传统闭式镦挤工艺中,凹模是固定不动的;成形过程中,金属坯料随凸模向下运动,接触凹模后,在轴向上产生摩擦力,该摩擦力阻碍金属的流动。且随着成形过程的进行,摩擦力不断增大。因此,充型过程中,金属很难流动到齿形的端面部位,最终就会造成齿轮的角隅充填不满。但如果在凹模下端装上诸如弹簧之类的弹性装置,将其设置成浮动状态,凹模就会随着凸模下行,此时坯料与凹模之间的相对运动由向下变成向上,它们之间就会产生向下的摩擦力,这种摩擦力就会促进金属流动,在一定程度上降低了成形载荷,这种方法即浮动凹模法,如图 3-36 所示。浮动凹模法的特点是利用凹模与坯料间的摩擦力,将其转化为促进金属流动的有效力,在这种有效摩擦力作用下,齿轮角隅部位更易充填。如图 3-37 所示为齿面边缘的径向摩擦力分布情况。除上文中分析过的轴向摩擦力以外,金属坯料与凹模之间还存在着径向摩擦力,二者之间的摩擦力总是阻碍金属的流动。但由图 3-37(b)可以看出,在凹模可以运动的情况下,径向摩擦力与轴向摩擦力会形成一个向下的合力,这个合力会促进金属向下流动,使金属充填底部角隅时更容易。

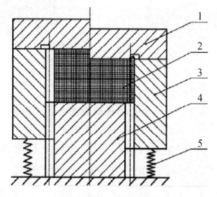

图 3-36 直齿圆柱齿轮浮动凹模成形工艺图

1—上凸模;2—坯料;3—凹模;4—下凸模;5—弹簧

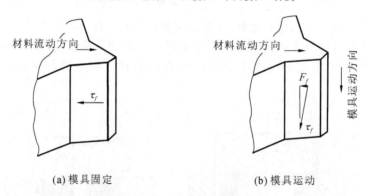

图 3-37 齿形齿面边缘的径向摩擦力

（4）正向温挤压法 正挤压成形工艺是指坯料在挤压凸模正向挤压力的作用下,经由特定形状的凹模,从而获得所需工件的一种成形工艺。直齿圆柱齿轮的正挤压成形多采用圆柱实心或空心坯料来进行,先将坯料放入带有齿形腔的凹模内,随着凸模的下行,金属坯料会在正挤压力的作用下进入塑性变形状态,并沿着凹模的齿形线方向被挤出,最终成形出完整的齿轮。其成形工艺如图 3-38 所示。正挤压成形过程中,金属流动比较复杂,而且对模具和挤压设备的要求都比较高,只局限于小模数、小直径的直齿圆柱齿轮的精锻成形;而且,正挤压成形的直齿圆柱齿轮需要的后续加工处理工序较多,不利于生产效率的提高。

在正挤压法的基础上,李更新等人提出了直齿圆柱齿轮的正向温挤压成形工艺。在设计模具结构时,采用台阶式凸模来使模具结构变得简单;凸模与凹模的间隙设计得很小,目的是防止坯料被反挤出来;为解决凹模挤压筒与锥形部分交界处容易受压应力开裂的问题,采用分体式凹模取代整体式凹模;同时,为提高凹模强度,在其外层设计加装了凹模预紧结

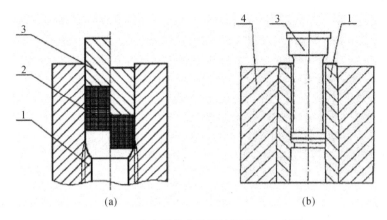

图 3-38　直齿圆柱齿轮正挤压成形工艺图
1—凹模；2—坯料；3—凸模；4—预紧圈

构；并在模具预先设定的适当位置加入一定量的隔热棉，防止热量的散失。正向温挤压成形工艺图如图 3-39 所示。

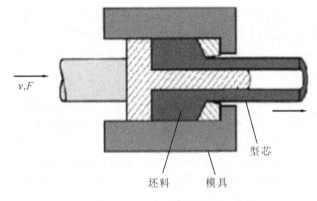

图 3-39　正向温挤压成形工艺图

正向温挤压工艺较传统的正挤压工艺而言，成形载荷更小、模具寿命更高、成形更加容易。正向温挤压工艺也不再局限于小模数的直齿圆柱齿轮的成形，试验已经验证，正向温挤压工艺同样能用来生产大模数的直齿圆柱齿轮。

（5）双向挤镦法　孙红星、赵升吨等提出了直齿圆柱齿轮的新型成形工艺——双向挤镦法。其成形工艺如图 3-40 所示。传统的镦挤成形工艺是利用上凸模对坯料产生轴向压力，使金属产生径向流动，下凸模是静止不动的，这个过程中所产生的不均匀的摩擦力会阻碍金属向齿形方向流动，而随着成形过程的进行，摩擦力会越来越大；双向挤镦法是上凸模与下凸模同时发生相对运动，共同压入坯料内，此时所产生的摩擦力在金属内部是上下对称分布的，有利于金属的流动。

双向挤镦法改变了摩擦力的状态，将单向镦挤过程中阻碍金属流动的摩擦力变成了促进金属流动的有效摩擦力，有利于齿形的充填。实际生产试验证明，双向挤镦成形工艺对于中小规格的直齿圆柱齿轮的生产已经达到实用阶段。

（6）复合成形工艺　直齿圆柱齿轮精密成形工艺能在一定程度上解决直齿圆柱齿轮精锻过程中角隅充填性差、成形力过大等问题，但这些成形工艺也有很多缺点，在实际生产过程中仍无法得到推广应用。于是人们在上述成形工艺基础上，提出了多种复合成形工艺方

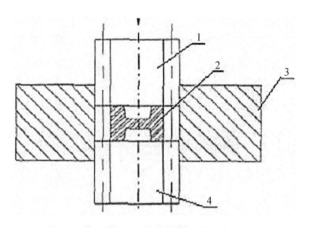

图 3-40　双向挤镦成形工艺

1—上凸模；2—坯料；3—凹模；4—下凸模

案，取长补短，使得直齿圆柱齿轮的精成形工艺更加完善。

　　田福祥等提出了热精锻预成形/冷推挤精整复合成形工艺，设计了相应的模具设备。图 3-41、图 3-42 分别为直齿圆柱齿轮热精锻装置及冷推挤装置示意图。其工艺流程为：首先用浮动凹模法热精锻成形齿轮坯，然后进行余热退火及表面处理，最后在室温下对齿轮坯进行推挤精整。热精锻预成形/冷推挤精整复合成形工艺充分结合了热、冷精锻工艺的优点；同时闭式模具还保证了齿轮成品充填良好、无飞边。

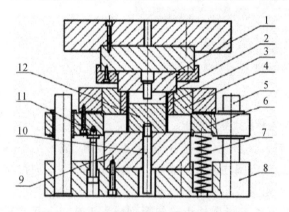

图 3-41　直齿圆柱齿轮热精锻成形模具图

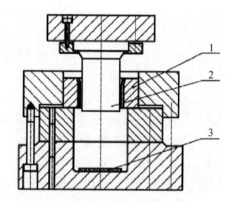

图 3-42　直齿圆柱齿轮冷推挤成形模具图

1—上模块；2—坯料；3—凹模；4—凹模套；5—导柱；6—浮动模板；
7—弹簧；8—下模座；9—垫板；10—顶杆；11—螺栓；12—下模板

1—凹模；2—挤胀凸模；3—取件板

　　王师提出了直齿圆柱齿轮的闭式镦挤/劈挤成形的复合成形工艺。其流程为：坯料通过闭式镦挤工艺预成形为齿坯结构，要求齿坯齿顶饱满，端面无塌角；将预成形之后的齿坯运用劈挤工艺成形为标准的直齿圆柱齿轮。此成形工艺既有效避免了闭式模锻工艺成形载荷过大的问题，又在一定程度上弥补了劈挤工艺易出现折叠、齿形成形不均匀的缺点，能够对实际生产起到十分重要的指导作用。

　　王广春等为解决直齿圆柱齿轮镦挤工艺过程中所存在的成形载荷过大、齿形充填性差等问题，基于分流原理提出了预锻分流区-分流终锻的新型齿轮成形工艺，并设计了相应的成形试验模具。工艺流程为：首先利用上下均带有凸台的凸模对坯料进行预锻成形，在坯料端面上成形出分流区；然后进行分流终锻。由于分流区的存在，在进行终锻成形时，金属在向外部齿形填充的同时,还会流向分流区,从而起到有效降低成形载荷的作用。其成形工艺如图 3-43 所示。

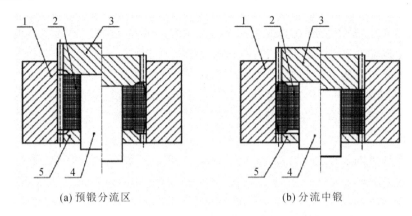

(a) 预锻分流区　　　　　　　　　(b) 分流中锻

图 3-43　直齿圆柱齿轮预锻分流区-分流终锻成形工艺

1—凹模;2—坯料;3—上凸模;4—芯棒;5—下凸模

方泉水等在浮动凹模法基础上,利用镦挤工艺成形出了直齿圆柱齿轮。具体工艺流程为:选取空心坯料,在带有活动芯轴的凸模作用下,利用浮动凹模原理进行闭式镦挤初成形,完成大部分齿形的填充;将活动芯轴取下,在原有模具内,对初成形的齿形坯进行分流终锻。一模两击式成形工艺利用了浮动凹模法与分流法的优点,且只需一套模具,节省了成本,简化了工艺流程,提高了生产效率。

谢晋世提出了温锻预成形/冷挤压精整(简称温冷)复合成形工艺,用来进行直齿圆柱齿轮精密成形,具体流程为:采用浮动凹模约束分流法对坯料进行温精锻预成形,将预成形的齿坯进行分流挤压精整,最终成形为标准的直齿圆柱齿轮,如图 3-44 所示。温锻预成形阶段采用的成形工艺是将浮动凹模法与约束分流法相结合,利用了浮动凹模法所产生的积极摩擦力促进金属的流动,同时利用分流法起到有效降低成形载荷的作用;冷挤压精整方案是将正挤压与分流原理相结合,在径向挤压时,预锻齿坯在进行精整的同时,有部分金属流向内孔,可以有效降低成形载荷。

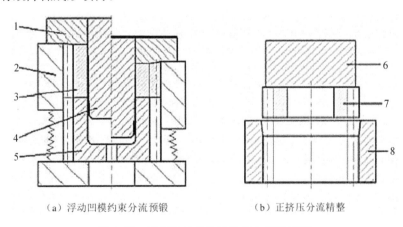

(a) 浮动凹模约束分流预锻　　　　　　(b) 正挤压分流精整

图 3-44　直齿圆柱齿轮温冷复合成形工艺

1—上凸模;2—浮动凹模;3—坯料;4—芯棒;5—下凸模;6—凸模;7—预锻齿坯;8—凹模

3.4　板料的精密成形

金属板料成形,是用金属板料或板材作为原材料进行塑性加工的方法。板料成形的主要方法是冲压成形。此外还包括板料液压成形等。

冲压成形是指靠压力机和模具对板材、带材、管材和型材等施加外力,使之产生塑性变形或分离,从而获得所需形状和尺寸的工件(冲压件)的加工成形方法。冲压的坯料主要是热轧和冷轧的钢板和钢带。在全世界的钢材中,有 60%～70% 是板材,其中大部分经过冲压制成成品。汽车的车身、底盘、油箱、散热片,锅炉的汽包,容器的壳体,电机、电器的铁芯硅钢片等都是经冲压加工制成的。仪器仪表、家用电器、自行车、办公机械、生活器皿等产品中,也有大量冲压件。

3.4.1　精冲技术的发展与应用

1.精冲工艺的类型及其发展

相对于普通冲裁而言,精密冲裁就是采用各种不同的冲裁方法,直接用板料冲制出尺寸和形位精度高,冲切面平整、光洁的精密冲裁件。从最早的冲裁件修边(也称整修)到现在推广用于生产的强力齿圈压板精冲等方法,其共同目的,都是要获取冲切面平整光洁、尺寸与形位精度高的平板冲裁件。

2.精冲技术的发展历史

Fritz Schiess 于 1919 年开始研究,至 1923 年德国专利局批准了他申请的《金属零件的液压冲裁与冲压装置》技术专利。1924 年,Fritz Schiess 在德国建立了精冲模制造车间并于1925 年投入生产。至 1950 年,该技术一直用于钟表制造业。1952 年,瑞士出现了第一个研发精冲技术的专业公司——Heinrich Schmid 公司,该公司设计并制造出肘杆传动机械式三动精冲压力机。1956 年,该公司还制造了第一台全液压三动精冲压力机。瑞士又相继成立了 Feintool、ESSA、Hydrel 等几个精冲专业公司,为强力齿圈压板精冲技术在 1958 年以后的推广及发展注入了新活力,该技术很快推广到法国、意大利、英国与美国。

1960 年之后,Feintool SMG 工厂开发生产三动全液压专用精冲压力机并投放至国际市场。日本在 1960 年开发精冲技术,1962 年在生产中得到应用。1965 年,中国研发应用精冲技术,同年 10 月已有拨杆、凸轮、齿轮等多种仪表零件分别用负间隙、圆刃口及强力齿圈压板精冲法投入生产。1965 年,西安仪表厂从瑞士 Feintool AG Osterwald/Schweiz 公司购进一台 800 kN 肘杆式三动精冲机和多套小模数齿轮精冲模,生产仪表零件。1960—1970 年,精冲技术在世界范围发展很快,精冲件生产已扩展到办公机械、照相机、缝纫机、计算机、通信仪器、电气开关、收音机等很多制造行业,同时,进入汽车、摩托车、运输及纺织机械、自行车等零件制造行业。

1971 年之后,瑞士 Feintool 公司发展迅猛,除总部在瑞士并设立 Feintool AG Lyss/Schweiz 公司外,又在美国辛辛那提、日本神奈川、法国巴黎、英国卢顿等设立销售公司与科研工厂,使该公司的精冲技术及精冲机面向世界,获得大发展。1968 年,日本发明了对向凹模精冲技术并于 1973 年开始在生产中使用。

1976 年,中国与 Feintool 公司开始精冲技术交流,翻译了 Feintool《实用精冲手册》(初版）。Feintool 第一次向中国提供了精冲技术培训资料,并由国防工业出版社出版《精冲技术》一书。此后,原一机部北京机电所设计的精冲液压模架在天津第三开关厂投入使用,使国内精冲料厚增大到 10 mm,可精冲零件最大尺寸达到 250 mm。1980 年,精冲技术在汽车制造行业推广并开始精冲厚板料。Feintool SMG 公司推出 4000 kN、25000 kN 大吨位全液压三动精冲压力机,为冲制厚板、大尺寸精冲零件创造了条件。1981 年,中国研制出 6300 kN 精冲压力机。

1985 年之后,强力齿圈压板精冲技术更加完善和成熟,在全世界各工业国得到推广和应用,其工艺技术更上升到一个新水平:(1) 精冲件最大外廓尺寸为 800 mm;(2) 精冲件最大料厚 t_{max} 为 25 mm(铝板)、16 mm(钢板,$\sigma_b \leqslant 500$ MPa)、20 mm(钢板,$\sigma_b \leqslant 420$ MPa)。

1985 年,无锡模具厂接受"六五"科技攻关项目"精冲新工艺",用国产 Y99-25 型精冲机和进口 Feintool GKP25/40 精冲机精冲电镀表 $m=0.3350$ 的小模数片齿轮、照相机调焦凸轮等零件获得成功并通过国家鉴定,投入生产。基于中国汽车工业总公司"八五"行业发展规划重点技改项目,无锡模具厂筹建了苏州东风精冲工程有限公司,从 Feintool 公司成套引进精冲技术及设备,标志着国内推广精冲技术已进入汽车制造行业。目前该公司已具备设计与制造精冲模 50 套/年及各类精冲件 800 万件/年的能力,是国内较有实力的汽车精冲零件加工中心。

3. 精冲技术的发展前景

精冲技术是多种基础工艺技术与多门学科技术综合体现的系统工程,进入 21 世纪以后精冲技术发展更快。

(1) 精冲材料方面的发展　强力齿圈压板精冲对精冲材料的性能要求很高,该工艺从形式上看是冲切分离工序,但在精冲过程中,精冲件在最后从材料上分离出来之前,始终与材料保持为一个整体,通过塑性变形冲出零件,最后靠凸模刃口与凹模刃口到达同一平面或凸模刃口进入凹模刃口而使其切断分离。因此,精冲材料必须具有良好的塑性。通常适合于冷挤或经过前处理可以冷挤的材料均可精冲。

钢板精冲取决于其力学性能、化学成分、金相组织及外观质量。对钢而言,屈强比 $\sigma_s/\sigma_b \approx 60\%$,延伸率尽可能高,球化退化后 $\sigma_b \leqslant 500$ MPa 是其可精冲的基本条件。为了突破上述极限,精冲高强度厚钢板,Feintool 公司开发精冲性能好的高强度微量合金细晶粒钢获得突破,见表 3-3。

表 3-3　Feintool 公司开发的精冲新钢种

序号	精冲新钢种	牌 号	化学成分/(%)					主要力学性能	
			C	Si	Mn	P	S	σ_b/MPa	σ_s/MPa
1	高强度微量合金细晶粒钢	UQ380	0.15	0.11	0.89	0.010	0.016	600	370
2	高强度微量合金细晶粒钢	UQ550K	0.14	0.11	1.05	0.010	0.018	860~890	665~715
3	高强度微量合金细晶粒钢	QStE380TM	0.15	0.11	0.89	0.010	0.016	600	365
4	高强度微量合金细晶粒钢	QStE500TM	0.14	0.11	1.05	0.010	0.018	860~890	650~700

高强度微量合金细晶粒钢良好的使用性能,使其越来越多地用于精冲件生产。原材料的初始强度及其精冲过程中的冷作硬化可获得冲切面硬度很高的精冲件,且冲切面上无裂纹和其他缺陷。

(2)精冲零件结构工艺性及其扩展 精冲早已不限于平板零件的冲裁,而从平面零件向各种立体成形零件延伸,包括:弯曲、拉伸、翻边、压形、冷挤、沉孔等精冲工艺作业。精冲已从纯冲裁进入板料冲压的所有工艺作业,因此,称之为精密冲压更确切。

精冲料厚 t 已达到 $0.5\sim2.5$ mm,精冲材料强度 σ_b 已突破 650 MPa 而达到 900 MPa;精冲件结构尺寸的限制数据也随模具的高强度、高韧性、高耐磨材料的应用而有所突破,如:过去可精冲的最小边距、孔径及环宽等以小于料厚为宜,最小值限在 $0.6t$,现在可以达到 $(0.3\sim0.4)t$。于是,精冲件的尺寸越来越大,20 世纪 80 年代,已精冲过料厚 $t=7.1$ mm,外廓尺寸为 680 mm $\times794$ mm 的柴油机面板。

(3)精冲模具的发展 精冲模向"高精度、高效率、高寿命"即所谓"三高"及大型化方向发展,促进了精冲工艺应用的普及和扩展。

至今,精冲模使用固定凸模式结构多达 80%,使用活动凸模式结构较少,且主要用于薄料小零件精冲;使用高精度滑动导向导柱模架精冲厚料,采用新型成形滚柱导柱模架,提高模架导向精度,增加精冲模结构刚度;采用多工位连续式复合模冲制复杂形状的立体成形精冲件,直接用带料一模成形。

尽管影响精冲模寿命的因素很多,工作零件的正确选材、制模工艺的先进合理、表面强化处理得当及减摩增寿措施到位等都可延长精冲模寿命。通常,精冲模寿命比普通冲压用全钢冲模的寿命要短。为了延长精冲模寿命,近年来国外采用化学气相沉积(CVD)法和物理气相沉积(PVD)法镀 TiC 和 TiN 来强化凸、凹模刃口,效果显著。

精冲模设计中要特别注意主冲裁力、齿圈压边力、反顶压力的准确计算及精冲设备的选择。考虑到精冲时往往要按精冲材料的精冲适应性调大压边力和反顶力,以获取最佳的冲切面质量,推荐按计算设备吨位乘以 1.5 的调整系数并就高弃低选用标准规格精冲压力机。由于精冲间隙很小,仅为 $0.01t$,故模架除要求加强的模座与导柱,以及使用导柱导套为过盈配合的滚珠或滚柱导柱模架外,也可用无间隙滑动配合的滑动导向导柱模架,确保模架无误差导向。与普通全钢冲模类似,在精冲模的计算机辅助设计与制造(CAD/CAM)方面,国外早在 20 世纪 70 年代已实际应用,国内目前尚不普及,但在制模过程中,不少企业已使用 CNC 线切割机、CNC 光学曲线磨以及 CNC 连续轨迹坐标磨,在精冲模制造中发挥了很好的作用。

3.4.2 液压成形技术

1.管材液压成形

管材液压成形起源于 19 世纪末,当时主要用于管件的弯曲。由于相关技术的限制,在以后相当长一段时间内,管材液压成形只局限于实验室研究阶段,在工业上并未得到广泛应用。但随着计算机控制技术的发展和高液压技术的出现,管材液压成形开始得到大力发展。20 世纪 90 年代,伴随着汽车工业的发展以及对汽车轻量化、高质量和环保的要求,管材液压成形受到人们的重视,并得到广泛应用。

管材液压成形的原理如图 3-45 所示。首先将原料(直管或预先弯曲成形的钢管)放入底模,然后管件两端的冲头在液压缸的作用下压入,将管件内部密闭,冲头内有液体通道,液体不断流入管件,此时上模向下移动,与下模共同形成封闭的模腔,最后高压泵与阀门控制液体压力不断增大,冲头向内推动管件,管壁逐渐贴近模具变形,最终得到所需形状的产品。

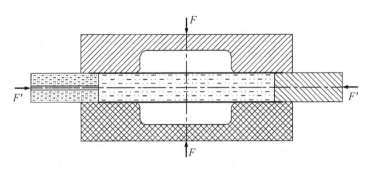

图 3-45　管材液压成形的原理

如果零件较为复杂,还需在成形前进行预成形——将管坯弯曲或冲压成与最终零件较为近似的形状,接下来退火以消除预成形所带来的残余应力;在管坯最终成形后,还需要进行一些后处理,如切除废料或表面处理等。

管材液压成形的关键问题是怎样控制液体的流动,以保证得到合格的零件。这主要取决于液体压力的控制,如果有轴向载荷,还与轴向载荷大小以及这两者之间的匹配关系有关。成形中常见的缺陷主要是折曲起皱和破裂。这需要从实验中获得,在找出最佳的载荷策略后,通过计算机对液体压力和轴向推力进行精确控制,从而加工出合格的零件。除此之外,影响成形的还有其他一些因素,例如润滑条件、工件和模具的材料性能以及表面质量等。提高工件和模具的表面质量,再加上良好的润滑条件可以减小材料流动的摩擦力,有助于成形。

2. 液压胀球

液压胀球技术为哈尔滨工业大学王仲仁教授首创,此技术产生于 20 世纪 80 年代,曾先后获得省科技进步奖一等奖及国家发明奖,同时在第 18 届北美金属加工研究会上,液压胀球被列为五项新成果之首。相对于传统的球形容器加工工艺,此技术具有缩短生产周期、降低生产成本、提高成形质量等优点,且利用此技术不需要大型压力机和模具。因此,此技术已逐渐成为制造球形容器的主流技术。

液压胀球技术的基本原理如图 3-46 所示,是利用单曲率壳体或板料,经过焊接后组装成一个封闭的多面壳体或单曲率壳体,在壳体中充入传压介质,使之发生塑性变形并逐步胀形成为球形容器。其理论依据:一是力学上的趋球原理,即曲率半径不同的壳体在趋球弯矩的作用下将逐渐趋于一致;二是金属材料存在塑性变形的自动调节能力,当某一区域的变形过于集中,则该区域将发生变形强化,塑性变形将转移至他处。

液压胀球成形时有两个关键点:一是传压介质的加载,二是焊接质量。

传压介质的加载涉及液压泵的流量、加载速度以及保压时间。一般来说,在成形初期可使用大流量和大的加载速度,但在成形末期,必须降低流量和加载速度。同时在成形过程中,当压力达到适当的值时,还需保持一段时间,以利于球壳成形。

焊接质量也决定着成形的成功与否。焊接质量不好,会造成成形过程中焊接处开裂。因此在成形前需对焊接处进行表面探伤,一旦发现焊接处有裂纹,需及时修补。

液压胀球技术的优点为:不需要大型的模具和压力机,产品初投资少,因而可大大降低

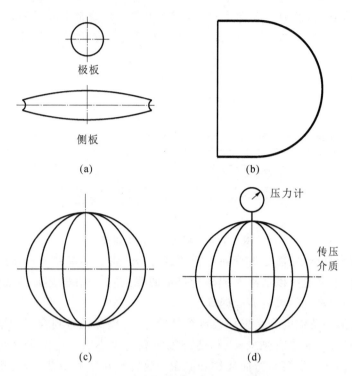

图 3-46　液压胀球技术的基本原理

成本;生产周期短,产品变更容易,下料组装简单;经过超载胀形,有效地降低了焊接残余应力,安全性高。

3. 板材液压成形

板材液压成形则是从管件液压成形推广而来。美国、德国和日本相继于二十世纪五六十年代开发出了橡皮囊液压成形技术。但由于橡皮囊易损坏需经常更换,并且成形时需很高的压力以消除法兰部位的起皱,在实际生产中并没有得到广泛应用。后来日本学者对此进行了改进,去除了橡皮囊,开发出对向液压拉深技术。

在板材液压成形中,应用最为广泛、技术最为成熟的是对向液压拉深技术,如图 3-47 所示。首先将板料放置于凹模上,压边圈压紧板料,使凹模型腔形成密封状态。当凸模下行进入型腔时,型腔内的液体由于受到压缩而产生高压,最终使毛坯紧紧贴向凸模而成形。当然,如果成形初期对液体压力要求较高,板料液压成形示意图可在成形一开始使用液压泵实行强制增压,使液体压力达到一定值,以满足成形要求。

现在板材液压成形的进展主要体现在以下方面。

(1) 对现有工艺的引申和扩展,例如周向液压拉深及板材成对液压成形等。

① 周向液压拉深是在对向拉深的基础上将液体介质引导至板材外周边,从而对板材产生径向推力,使板材更易向凹模内流动,同时在板材上下两面实现双面润滑,减小了板材流动阻力,进一步提高成形极限。周向液压拉深的拉深比可达到 3.3,高于一般的液压拉深所能达到的拉深比。

② 板材成对液压成形工艺适用于箱体零件的成形。成形前需先将板材充液预成形,切边后再将周边焊接,然后在两板中间充入高压液体使其贴模成形。中间过程采用焊接,可使两块板材准确定位,保证了零件精度。同时焊接后再充液成形,能消除焊接引起的变形。

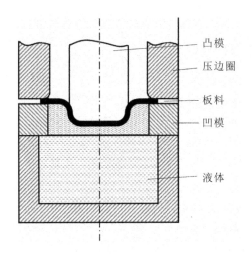

图 3-47　对向液压拉深技术原理

（2）技术改进。由于压边力在成形中起着重要的作用,对于不规则的零件,在成形时法兰处材料的流动情况是不一样的,为了控制法兰不同区域材料的流动,有关专家研制出了多点压边系统。此系统具有多个液压缸,每个液压缸独立控制一个区域的压边力,这样就达到了不同区域所需压边力不同的目的,采用此系统可以大大提高成形极限和成形质量。

3.4.3　金属板料数字化成形技术

金属板料数字化成形的主要类型包括无模成形和数控渐进成形。

金属板料无模成形工艺,最早是用手工方法,后来出现了旋压技术。近年来由于市场需求的多样化,制造业对产品开发技术提出了更高的要求,促使板料无模成形方法有了新的发展,尤其是日本和德国在这方面进行了大量的研究。板材旋压成形是最常用的无模成形技术之一,从目前的研究和应用情况看,成形理论较成熟并已达到数控成形水平,但是这种方法只能加工轴对称的制件。德国和日本学者提出的一种 CNC 成形锤渐进成形法(见图 3-48),是一种用刚性冲头和弹性下模对板材进行局部打击成形的工艺。但这种方法只能加工形状比较简单的制件,而且成形后留下大量的锤击压痕,影响制件的表面质量。日立公司、吉林大学开发的多点成形法如图 3-49 所示,采用多个高度方向可调的液压加载伺服单元,形成离散曲面代替模具进行曲面成形,可分为多点模具成形(见图 3-49(a))和多点压机成形(见图 3-49(b))两种方式。该成形法对于加工形状复杂的汽车覆盖件有较大的困难,此外,机器结构复杂,设备价格过于昂贵也是制约此技术推广的原因。

图 3-48　成形锤渐进成形法　　　　　　　　**图 3-49　多点成形法**

数控渐进成形(见图 3-50)最早由日本学者松原茂夫提出。尽管该技术提出时间很短,但由于具有广阔的发展前景,引起了国外快速制造领域专家的重视。国际著名塑性加工专

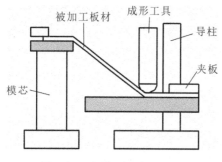

图 3-50　数控渐进成形原理

家中川威雄教授指出,这种方法代表了板材数字化塑性成形技术的发展方向。日本政府极为重视该项技术,由日本科学技术振兴事业财团拨出专款支持企业开发,在 AMINO 公司研制出了 3 款样机,可以加工汽车覆盖件等复杂制件。

随着现代工业生产的发展,产品的品种越来越多,更新换代的速度越来越快,产品生产批量由大批量转向中小批量方向,这就要求生产过程向柔性化的方向发展。但是三维板类件的生产通常都离不开模具,为了设计、制造与调试这些模具需要消耗大量的人力、物力与时间,很难适应现代化生产的需要,故迫切需要新的生产方式。多点成形的设想就是为了实现板类件的无模柔性生产而提出的。其原始思想是利用相对位置可以互相错动的"钢丝束集"对板材实行压制与成形。

在多点成形发展过程中,日本、美国学者对多点成形进行了技术上的探讨和实验研究,制作了不同的样机。但这些研究大多只限于代替模具方面,没有人想到更加充分地利用多点成形时柔性加工的特点。因此,在研究过程中暴露出很多因其变形带来的问题,谈不上实现模具成形时无法做到的功能,得到更好的效果。

1.无模多点成形的概念

无模多点成形(multi-point forming,MPF)是把模具曲面离散成有限个高度分别可调的基本单元,用多个基本单元代替传统的模具(见图 3-51)进行板材的三维曲面成形。每一个基本单元称为一个基本体(base element),也常称为冲头。用来代替模具功能的基本体的集合称为基本体群(elements group)。无模多点成形技术就是由可调整高度的基本体群随意形成各种曲面形状代替模具进行板材三维曲面成形的先进制造技术。

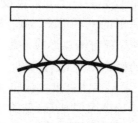
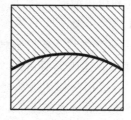

(a) 多点模具成形　　　　　　　(b) 传统模具成形

图 3-51　多点模具成形和传统模具成形

无模多点成形设备则是以计算机辅助设计、辅助制造、辅助测试(CAD/CAM/CAT)技术为主要手段的板材柔性加工新装备,它以可控的基本体群为核心,板类件的设计、规划、成形、测试都由计算机辅助完成,从而可以快速经济地实现三维曲面自动成形。

2.无模多点成形的类型

按照对基本体的控制方式可将基本体分为以下三种类型:① 主动型,基本体在成形过程中可随意控制移动的方向、速度和位移;② 被动型,基本体在成形过程中不能随意控制、调节其位移、速度和方向,只是被施加以一定的压力后被动地产生位移;③ 固定型,这种类型的基本体的相对位置在成形前调整,在成形过程中基本体的高度不变。

按照基本体调整方式的不同，又可以派生出不同的多点成形方法：多点模具成形、半多点模具成形、多点压机成形和半多点压机成形。

（1）多点模具成形（multi-point die forming）　就是上下基本体群所包含的基本体都为固定型时的无模多点成形（见图 3-52）。采用多点模具成形方式成形工件时，上、下基本体群在成形工作前就被调整到适当的位置，形成对成形工件曲面的包络面，在成形过程中基本体的相对位置不再发生变化，这相当于模具成形中的上下模具，故称为多点模具成形。

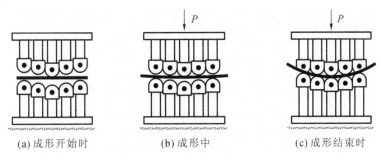

(a) 成形开始时　　　　　(b) 成形中　　　　　(c) 成形结束时

图 3-52　多点模具成形

而且当板材变形量超过一定的极限后，一次不能成形变形程度比较大的工件时，可以进行逐次成形，即先将工件成形到某一中间形状，然后以此中间形状为坯料再成形，直至得到合格的制品。使用逐次成形方法可以获得比传统模具一次成形更大的变形量。由于变形量较大而传统模具不能成形时，多点模的"柔性"将充分发挥其优势。

（2）半多点模具成形（semi multi-point die forming）　上（或下）基本体群中基本体的类型为固定型，而下（或上）基本体群的基本体类型为被动型的无模多点成形，称为半多点模具成形（见图 3-53）。

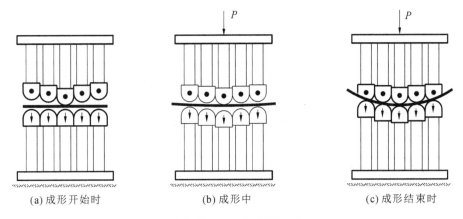

(a) 成形开始时　　　　　(b) 成形中　　　　　(c) 成形结束时

图 3-53　半多点模具成形

采用这种成形方式时，被动移动的基本体始终与板料保持接触状态，而且与多点模具成形方式相比，显著地减少了控制点的数目和对基本体的调整时间，在采用自动控制方式时可以降低控制系统的制作费用。半多点模具成形方式由于基本体与板材的接触点比较多，能够得到比多点模具成形更好的成形效果。

（3）多点压机成形（multi-point press forming）　上、下基本体群中基本体的类型都为主动型的多点模具成形称为多点压机成形（见图 3-54）。

在多点压机成形方式中，可以实时地控制每个基本体运动的方向和速度，在成形前不需

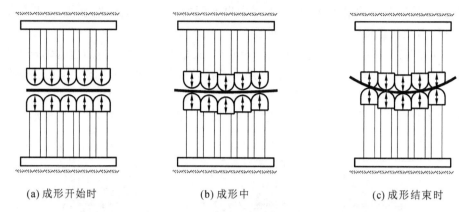

(a) 成形开始时　　　　　　(b) 成形中　　　　　　(c) 成形结束时

图 3-54　多点压机成形

要进行预先调整,上下基本体群夹住成形板材,在受载的情况下,每个基本体根据需要移动到合适的位置,进行板材三维成形。每一个基本体都像一个小压力机,故称为多点压机成形。多点压机成形方式在成形工件时可以按照成形工件的最佳成形路径进行成形。所有的基本体在成形过程中始终与板材保持接触,使板材保持最好的受力状态,从而可以最大限度地减少成形时的缺陷,提高板材的成形极限。这种成形方式充分发挥了柔性加工的特色,可以实现多种工件的加工,而中间不需要任何换模时间,具有相当高的效率,是几种成形方法中最好的一种方式。缺点是制作设备费用太高。另一方面,根据成形工件面积与设备成形面积的关系,多点压机成形又可以分为整体成形和分段成形。

(4) 半多点压机成形(semi multi-point press forming)　上(下)基本体群中基本体的类型为主动型,而下(上)基本体群中基本体的类型为被动型的多点模具成形称为半多点压机成形(见图 3-55)。

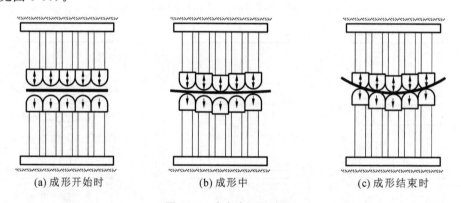

(a) 成形开始时　　　　　　(b) 成形中　　　　　　(c) 成形结束时

图 3-55　半多点压机成形

半多点压机成形与半多点模具成形类似,只不过它的上基本体群中基本体的位移、速度和方向可以随意控制,从而也有更多的成形路径可以选择。半多点压机成形的控制系统要比半多点模具成形的控制系统复杂,成形工件的质量要好于后者的成形质量,但从经济性上来考虑,这种成形方式的应用受到了一定的限制。

3.无模多点成形工艺的特点

(1) **实现板类件快速成形**　如图 3-56 所示,无模多点成形生产时,直接进行曲面造型后就进行工件生产,免去了传统模具设计、制造与调试的工序,节约了大量的模具材料及制造模具所需的时间、空间和费用,大大地缩短了产品的开发周期,适应多品种、小批量现代化生产的需要,能够使生产企业适应市场,及时调节产品结构。

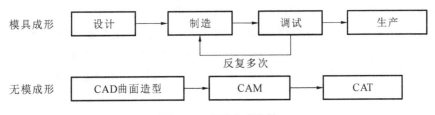

图 3-56 成形方式比较

(2) 改善变形条件 在传统模具成形时,成形初期只有部分模具表面与板料表面接触。随着变形的增加,与板料接触的面积也逐渐增加,但只有到成形结束时,才有可能使模具表面全部与板料接触。这就是说,在成形的绝大部分过程中,只有部分表面参与变形,从而对板料的约束较少,应力集中现象也突出,容易产生皱纹等缺陷。因此,模具成形时往往要设计较大的压边面来抑制皱纹的产生。在多点模具成形中,情况也类似。

然而在多点压机成形时情况就完全不同。从成形一开始,所有的基本体都可以与板料表面接触;而且在成形过程中所有的基本体始终与工件表面接触。这样,一方面增加了对板料表面的约束,使工件产生皱纹的机会明显减少;另一方面还减小了单个基本体的集中载荷,减少了压痕。如果再结合使用弹性垫就可以大大地增加工具与工件的接触面积,减少缺陷的产生。也可以说,在多点压机成形时,工件的表面既是成形面,同时又是压边面。

另外,若进一步充分利用多点压机成形的柔性特点,在成形过程中适当控制工件变形的路径使工件处于最佳变形状态,可以更加提高板材的成形极限,有助于实现难加工材料的塑性变形,得到用传统的模具成形时难以实现或无法实现的效果。

图 3-57 所示为马鞍形曲面的多点模具成形与多点压机成形效果的比较。所用材料为 L2Y2 铝板,尺寸为 140 mm×140 mm。从图中可以看出,多点压机成形时完好的成形件的曲面曲率比多点模具成形时的曲面曲率大很多。

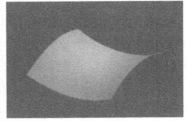

(a) 多点模具成形件   (b) 多点压机成形件

图 3-57 多点模具成形与多点压机成形的比较

(3) 无回弹成形(springback free forming) 板材成形在塑性变形前总伴有弹性变形,卸载后,工件必然会向着与变形相反的方向产生回弹。工件的回弹值与众多因素有关,而且对于同一种材料,由于生产批号不同,回弹值也不尽相同。因此,回弹的预测十分困难。

对于传统模具成形,由于回弹的存在造成模具反复调试,带来了各种问题。多点成形可以用反复成形法加以解决。反复成形法就是在无模多点成形中成形件围绕着目标形状连续不间断地反复成形,逐渐靠近目标形状,使材料内部无变形造成的残余应力。从理论上讲,该方法可以直接消除工件的回弹。如图 3-58 所示,反复成形法的具体成形过程如下:

① 首先使材料变形到比目标形状变形再加上应有的回弹值还大一点的程度。由于三

维变形较其简化后的二维变形的回弹量小,因此所增加的变形量完全可参考简化后的二维变形的回弹量。第一次变形后沿其厚度方向的应力分布如图 3-59(a)所示。

② 在第一次变形状态下,使材料往相反的方向变形,如果使变形量等于回弹值,就等于卸载过程,其应力分布如图 3-59(b)所示。继续反向加载,变形越过目标形状。这时所增加的变形量应小于第一次变形所增加的变形量。第二次变形后沿其厚度方向的应力分布如图 3-59(d)所示。

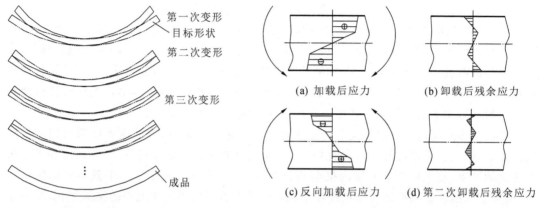

图 3-58　反复成形过程　　　　　　　图 3-59　反复成形时的应力变化

③ 以目标形状为中心,重复正向与反向成形,但每次超过目标形状后的变形量要逐渐减小,使板料逐渐靠近目标形状,最后在目标形状结束成形。在多次反复成形过程中,残余应力的峰值逐渐变小,变形周期变短,最终可实现无回弹成形。

(4) 无缺陷成形　多点成形时,板料与基体间的接触是点接触,为了使载荷均布、改善板料的受力状态,应用弹性垫技术(见图 3-60)。成形时,使用两块弹性垫,把板料夹于中间(见图 3-61)。因为在成形中弹簧钢带板很容易产生变形,并且将冲头集中载荷分散地传递给板料,所以能显著抑制压痕的产生。另外,板料和弹性垫在变形过程中始终接触,使得板料与工具的接触面积比用模具成形时还大很多,所以起到抑制皱纹的作用。成形后,弹性垫完全恢复到原来的形状,成为平整状态。实验证实,带板状弹簧钢正交形弹性垫是防止不良现象非常有效的工具。

(5) 设备成形大型件　在整体成形时,工件的尺寸要小于或等于设备的一次成形面积;而采用分段成形技术,成形件分成若干不分离的成形区域,利用多点成形的柔性特点连续、逐次成形大于设备尺寸的工件(见图 3-62)。这是无模多点成形的最大优点之一。而分段成形时,在一块板料上既有强制变形的区域,又有相对不产生变形的刚性区域,且在产生变形的强制变形区与不产生变形的刚性区之间必然形成一定的过渡区。在过渡区里,与基本体接触的区域因受刚性区的影响,使变形结果与基本体所控制的形状产生较大的差别;而不与基本体接触的区域,也会受到强制变形区的影响,使其产生一定的塑性变形。这样即使是最简单的二维变形,也会变成复杂的三维变形。在分段成形中,不同的总体变形量有不同的成形工艺。总体变形较小时,采用无重叠区的成形和有重叠区的成形工艺;有较大变形时,由于分段一次压制后,在过渡区产生剧烈塑性变形,发生加工硬化,留下加工缺陷,并在随后的压制中很难消除。可以采用变形协调成形工艺和多道分段成形工艺。

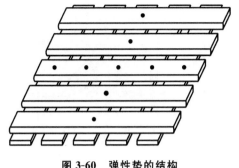

图 3-60　弹性垫的结构

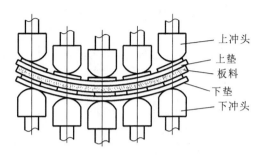

上冲头
上垫
板料
下垫
下冲头

图 3-61　使用弹性垫时的成形情况

我们在分段多点成形方面取得了明显进展,已经做出了很多分段成形的样件,其中较典型的成形件为总扭曲角度超过 400°的扭曲面(见图 3-63)。

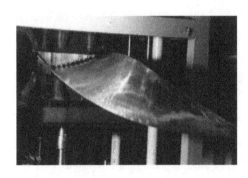

图 3-62　分段多点成形过程

图 3-63　分段成形的扭曲件

(6) CAD/CAM/CAT 一体化生产　在无模多点成形柔性成形系统中,所要成形曲面的规划、设计、成形、测试等一系列过程全部采用计算机技术,真正实现大型三维板材的无人化自动生产。

4.金属板材无模成形

金属板材无模成形,也可称之为分层渐进塑性成形方法。这是一种基于计算机技术、数控技术和塑性成形技术的先进制造技术,其特点是采用快速原型制造技术(rapid prototyping,RP)进行分层制造(layered manufacturing)的思想,将复杂的三维形状沿 Z 轴方向切片(离散化),即分解成一系列二维断面层,并根据这些断面轮廓数据,用计算机控制一台三轴联动成形机,驱动一个工具头,以走等高线的方式,对金属板料进行局部的塑性加工。着重强调层作为加工单元的特点,每层可采取更低维或高维单元进行塑性加工得到,即无需制造模具,用渐进成形的方式,将金属板料加工成所需要的形状。其成形过程如图 3-64 所示,分为 3 个工步:

(1) 将板料放置于托板上,四周用夹板夹紧。托板可以沿导柱自由上下滑动。

(2) 根据切片断面轮廓数据,用计算机控制三轴联动成形机驱动一个成形工具对板料压下一个量,并以走等高线的方式,对板料进行加工。

(3) 每完成一个断面层轮廓的加工后,工具头沿 Z 轴方向压下一个高度 H,接着加工下一层的断面轮廓,如此循环往复直至工件最终成形。

该方法不需要形状一一对应的模具,成形工件的形状和结构也相应不受约束。其工艺是用逐层塑性加工来制造三维形体,在加工每一层轮廓时都和前一层自动实现光顺衔接。

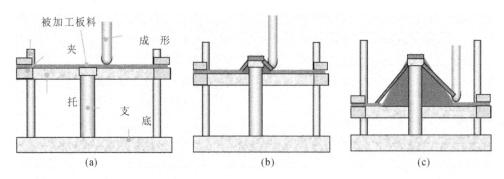

图 3-64　金属板材无模成形过程

无模成形既可实现成形工艺的柔性，又可节省制造工艺的大量成本。本方法由于不是针对特定工件采用模具一次拉伸成形，其不仅可以加工轿车覆盖件，也可加工任意形状复杂的工件。由于该无模成形法省去了产品设计过程中因模具设计、制造、实验修改等复杂过程所耗费的时间和资金，极大地降低了新产品开发的周期和成本，特别适合于轿车新型样车试制（概念车），也适合于飞机、卫星等多品种小批量产品，以及家用电器等新产品的开发，具有巨大的经济价值。而且本方法所能成形的零件复杂程度比传统成形工艺高，它可以对板材成形工艺产生革命性的影响，也将引起板壳类零件设计概念的更新。

以轿车大型覆盖件快速成形系统为例，覆盖件的三维图形可在计算机上用 UG、Pro/Engineer 等三维设计软件绘制，然后进行前处理，对图形分层，并把分层的数据经过接口软件直接驱动三轴联动的成形设备，成形设备则似绘图机分层"绘制"零件断面框一样，用一个成形工具头以走等高线的方式，对板材逐层进行渐进塑性加工，使板材逐步成形为所需的轿车覆盖件。实验结果证明，与传统工艺比较，这种渐进成形方法可加工出有更高伸长率的工件，可加工那些用传统工艺加工不出来的具有复杂曲面的工件。

这种快速成形技术，不仅适合于新车型的开发和对概念车设计的验证，还可用来加工覆盖件作为原型来翻制简易模具，并用这些模具进行小批量生产。

板材渐进成形技术具有广阔的发展前景，已引起国外快速制造领域专家的重视。该方法如与其他塑性加工工艺相结合，可制造出更理想的工件，将更新板材塑性加工的传统概念，更大地发挥新产品的设计思想。图 3-65 为金属板料无模快速成形过程。图 3-66 为金属板料无模快速成形的制件，此零件可以用无模具成形技术成形凸起部分，再冲其余小孔，可以简化模具，节约成本。

图 3-65　金属板料无模快速成形过程

图 3-66　金属板料无模快速成形的制件

3.5　金属塑性成形方法的最新进展

3.5.1　微塑性成形

　　产品的最小化的要求不仅来自用户的希望,而且还来自技术的需要,例如医疗器械、传感器及电子器械的发展需要制造出微小的零件。目前对微零件的需求越来越多。由于塑性加工的方法最适合大批量低成本的生产微零件,所以近来得到很大发展。所谓微零件,通常的界定是至少有某一个方向的尺寸小于 100 μm。典型的微成形零件如图 3-67 所示。

图 3-67　典型的微成形零件

　　以微/纳米技术为基础,采用现代实验方法和手段的微塑性成形技术逐渐成为塑性加工学科的研究热点。微塑性成形方法可以成形多种材料的微型构件,但微塑性成形并不是传统塑性成形工艺简单的微小化,由微小化带来的"尺寸效应"也引起了一系列新问题,使得成形模具的设计和加工非常困难,成形工艺越来越复杂。由于微塑性变形是在微小尺度范围内(微纳米级)发生的,塑性变形区的大小与一个或几个晶粒的大小相当,材料的晶粒组织和各向异性对塑性变形行为影响严重,材料的变形流动规律与传统的塑性成形相比发生了较大的变化,建立在宏观连续介质力学基础上的传统塑性成形理论和基于离散介质的分子动力学理论已不适合微塑性成形技术的研究。产品尺寸的微小化给模具的设计和制造也带来极大的困难,微纳米尺度模具型腔的加工、表面质量的控制以及微小模具的安装精度都成为模具设计和制造的难点。此外,尺寸效应使得模具和坯料之间的摩擦和润滑机理发生了变化。尺寸效应已成为微塑性成形技术研究的基本问题。

1. 微塑性成形的基础理论

1) 微塑性成形原理

　　微塑性成形技术的发展过程中经历了不同时期的进步,传统的成形工艺按照比例微缩到微观领域就失去了在参数上的适应性。而微塑性成形技术在现阶段已经成了多种学科交叉的边缘技术,实际成形中的润滑以及摩擦与此同时也发生了一些变化,所以宏观摩擦学当中的摩擦理论就不能有效适应。但由于微小尺度下表面积与体积的增大,摩擦力对成形造成的影响逐渐扩大,因此润滑就是比较关键的因素。

从成形原理来看,在工件进行微缩化的过程中,摩擦力不断加大。压力加大,封闭润滑包中的润滑油压强也随之加大,这样就对成形的载荷实现了传递,进而减小了摩擦。在工件的尺寸不断微小化的过程中,开口润滑包面积减小的幅度不是很大,但封闭润滑包的面积减小幅度就相对比较大,采用固体润滑剂的过程中由于不存在润滑剂溢出的状况,因此对摩擦系数的影响也较小。

微塑性成形工艺及方法的相关研究主要是在微冲压以及微体积成形方面,其中的微体积成形主要是进行微连接器以及顶杆和叶片的精密成形。以螺钉为例,其最小的尺寸只有 $0.8~\mu m$,而微成形坯料的最小直径是 $0.3~\mu m$,在模压成形的微结构构建沟槽的最小宽度能够达到 200 nm。另外,在微冲压成形这一方法上最为重要的就是薄板微深拉伸以及增量成形等方法。微型器件的微塑性成形技术属于新兴的研究领域,在成形上主要就是实现毫米级的微型器件精密微成形,在微塑性成形技术的不断发展下,这一技术会进一步的优化。

2)尺寸效应

在微塑性成形领域中,当试样的特征尺寸达到亚毫米或微米尺度时,试样自身的物理特性和内部结构发生了变化,某些材料性能参数和成形工艺参数不是简单地按照相似理论增大或减小,这种与试样几何尺寸相关的现象称为尺寸效应。尺寸效应对材料的塑性变形行为、流动变形规律和摩擦行为等均有较大的影响,并且几乎在所有的塑性成形工艺中都表现出明显的尺寸效应,但随着不同加工变形方式而有所变化。

M. Geiger 等在对尺寸效应及其对材料应力-应变关系的影响规律的实验研究中,通过拉伸和镦粗实验(实验材料分别选用铝、紫铜和黄铜等)表明:随着试件尺寸的减小,材料流动应力、各向异性和延展性等参数都有所降低;随着缩减因子 λ(试件、模具和工艺参数均按此因子缩小)减小到 0.1,材料的流动应力降低 20%。采用表面模型对这一实验结果进行分析,当试样尺寸减小而其微观结构保持不变时,试样表面的晶粒数目与试样内部的晶粒数目之比随之增大,因为试样表面的晶粒所受的约束比试样内部的晶粒小,并且位错无法在试样表面积聚,所以材料的加工硬化能力降低从而导致材料的流动应力降低。

随着微成形件尺寸不断减小,单个晶粒对坯料的力学性能和变形行为的影响开始成为主导。晶粒机械性能的各向异性和晶粒取向的不同,导致材料成形性能的各向异性非常严重,微成形时坯料变形不均匀,成形再现性差。M. Geiger 等采用杯杆复合挤压实验,系统研究了由晶粒大小带来的尺寸效应问题,以及晶粒粗大挤压件的边缘参差不齐,呈现出较大的各向异性问题。由于晶粒尺寸影响了材料变形的均匀性,这势必导致成形件力学性能的不均匀性,成形件的硬度分布规律证明了这一点。

Raulea 等设计了单轴拉伸实验和弯曲实验来研究晶粒尺寸以及板厚与晶粒尺寸之比对微成形的影响。研究结果表明,当晶粒尺寸小于板厚时,随着板厚方向的晶粒数量减少,屈服强度和抗拉强度减小;而当晶粒尺寸大于板料厚度时,屈服强度随着晶粒尺寸的增加而增加。厚度方向为多晶时,随着板厚的减小屈服强度增加的现象可以用晶粒细化强化理论来解释。

R. Eckstein 和 U. Engel 等研究了薄板(板厚 0.1~0.5 mm)微弯曲过程中的尺寸效应问题。微弯曲时的尺寸效应主要与弯曲件的板厚和晶粒大小有关。当弯曲件的厚度与晶粒大小相比较大(板厚大于 3 个以上晶粒尺寸)时,弯曲时会产生与拉伸和压缩工艺相类似的尺寸效应,弯曲力随着弯曲件尺寸(板厚)的减小而减小,产生这种现象同样也是由试件表面晶粒数目增加造成的。当弯曲件的厚度与晶粒大小相近,试件表面仅有几个晶粒时,弯曲力随着弯曲件尺寸的减小而略有增大。

孟庆当等通过单向拉伸实验和微弯曲实验研究了 304 不锈钢薄板的尺寸效应,在单向拉伸时表现出"越薄越强"的尺寸效应现象,即屈服应力随板料厚度的减小而增大。但当板料厚度薄到一定程度时,计算结果与实验结果偏差较大,于是采用修正的 Hall-Petch 公式,合理地描述了尺寸效应现象。304 不锈钢薄板在微弯曲试验中,表现出"越薄越强"的尺寸效应现象,即回弹角随板料的减薄而增大。

王广春等通过设计不同试件和晶粒尺寸对纯铜圆柱微镦粗过程进行了试验研究,得到二者对微塑性成形材料流动应力的影响规律。试样尺寸微小化导致材料流动应力降低及其变形不均匀性增加,在相同试样尺寸下具有较大晶粒试样的流动应力要小于具有较小晶粒的试样,其原因可以用表面层理论和细晶强化理论来解释;引入表面层晶粒的体积分数 φ 来量化由试样尺寸引起的尺寸效应现象,从而对当应变一定时,流动应力随着表面层晶粒体积分数 φ 呈现近似线性变化的原因进行解释。

陈世雄等研究了微尺寸效应对材料强韧性的影响,得出结论:晶粒尺寸、厚度尺寸以及两者间的比值对屈服强度有重要影响。材料屈服强度与晶粒尺寸大小成反比关系;不同材料在一定厚度区间内,屈服强度变化也明显不同,会出现平缓,甚至剧烈波动的变化;屈服强度并不随尺寸比值(试样厚度与晶粒尺寸比和试样直径与晶粒尺寸比)单调变化。部分针对 AZ31 镁合金和铜的研究表明,伸长率随厚度的增加而增加。然而,材料伸长率的变化并非受厚度尺寸单一因素的影响,而是由晶粒尺寸与厚度尺寸两者共同作用。测量长度也会对伸长率的变化产生影响。抗拉强度与厚度尺寸和晶粒尺寸之间存在复杂关系,且微成形中某些材料的抗拉强度同时受厚度尺寸和晶粒尺寸的影响,用两者之间的比值间接反映抗拉强度的尺寸效应。除晶粒尺寸和厚度尺寸外,冲裁间隙与平均晶粒尺寸的比值对极限剪切强度有重要影响。

3) 不均匀性

如图 3-68 所示,当微塑性成形件的尺寸接近晶粒尺寸时,材料微观组织性能的不均匀性对坯料的塑性变形产生了显著影响,Engel 等在薄板的弯曲实验中观察到了这一现象。对板厚为0.5 mm、晶粒尺寸分别为 10 μm 和 70 μm 的 CuZn15 板材在弯曲变形中应变的分布进行测量。当采用细晶粒板弯曲时内层为压缩变形、外层为拉伸变形,中间层为未变形区,塑性变形较均匀;而采用粗晶粒板弯曲时,应变分布混乱,塑性变形极不均匀。研究表明这是由晶粒的各向异性引起的。

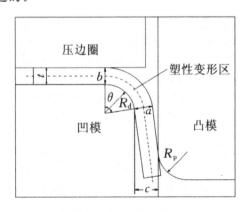

图 3-68 微弯曲几何模型

为研究在相对复杂成形中的变形不均匀现象，Geiger教授等采用正反向复合挤压成形工艺，研究了试样尺寸、晶粒大小对变形的影响规律。从不同晶粒尺寸试样的成形坯中，可以发现粗大晶粒材料成形坯的边缘参差不齐，呈现出明显的变形不均匀性。为了更深入地分析变形不均匀问题，并考虑到材料塑性变形时会产生加工硬化现象，可以通过分析挤压成形件上的硬度分布来分析塑性应变的分布规律，当使用粗大晶粒试样成形时，单个晶粒的性能对试样的塑性变形起决定作用，而单个晶粒的性能是随机的，这会导致成形件的形状尺寸和性能不均匀。微塑性成形件的再现性差，这是微塑性成形的典型现象。

4）力学行为

工件尺寸微小化后，材料结晶的异向性及晶粒间的影响在成形过程中表现得相当明显，这是由尺寸微小化后其相对晶粒增大引起的。由于变形的异向性，在成形过程中材料的不均匀变形，使得模具受到异常弯曲力的作用而发生折损断裂，或在工具上某些部位异常磨损。板材板厚方向性系数随着尺寸的微小化也有所降低，由于板材板厚方向性系数是板材试样拉伸试验中的宽度应变与厚度应变之比，意味着厚度方向上的变形比较容易，厚向极易变薄断裂，即材料的成形极限降低。同时，由于所用的板材通过轧制工艺获得，在轧制方向上的纵向和横向性能也有所差异，这些差异也体现在板厚方向性系数的变化上。随着尺寸的减小，板材平面纵向方向性系数在轧制方向的纵向上明显降低，但在板材轧制的横向上变化不大。

接触摩擦是塑性成形工艺中的重要问题之一，它对模具的寿命、加工精度的影响很大。Engel等首先通过环形压缩实验研究了成形过程中的微接触摩擦问题。他认为，随着工件尺寸的降低，材料与模具表面的摩擦系数增大。为了扩展Engel的研究并证明其在挤压中的有效性，最早由Geiger建议，Buschhausen等对4个形状相似（直径与高度比值为1），直径分别为0.5 mm、1 mm、2 mm和4 mm的圆柱试样进行的挤压实验，也证明了这一观点。Sobis等采用闭合与非闭合润滑凹槽模型给出定性解释，非闭合润滑凹槽是指表面凹槽与边界相连，不能保存润滑剂。变形负载只作用在表面凸起处，表面凸起处将形成高的名义压力和高的摩擦力。闭合润滑凹槽与之相反。事实上，根据工件尺寸微小化后表面的接触特征和以表面接触能为基础的黏着摩擦模型，我们提出了工件表面的摩擦系数 μ，可以通过下式进行估算。

$$\mu \approx \frac{k}{H}\left(1 + K\frac{W_{ab}}{H}\right) \tag{3-2}$$

式中：k——与表面粗糙度相关的几何系数；

$\quad W_{ab}$——模具表面与工件表面的黏着能；

$\quad K$——成形工件材料的体积模量；

$\quad H$——成形工件材料的表面硬度。

从上述对材料流动规律的尺寸效应讨论中可以知道，随着工件尺寸的缩小，材料的流动应力下降，同时材料表面硬度也有所下降，从式（3-2）可以看出，工件与模具表面的摩擦系数将随之增大，这与上面所提到的试验结果是完全一致的。另一方面，当成形工件尺寸进一步缩小时，材料出现内部缺陷的概率降低，流动应力提高，表面硬度增大，此时从式（3-2）可以得到，摩擦系数 μ 随工件尺寸的减小而降低，这一结果已被微机械学的许多摩擦试验结果所证明。

摩擦对微塑性成形工艺的影响远大于在传统塑性成形中的影响，而且影响规律也发生了变化。M. Geiger 教授等人采用双杯挤压实验对微塑性中的摩擦行为进行了研究。结果表明,当采用液体润滑剂时,随着工件尺寸的减小,材料与模具表面的摩擦系数增大,而采用固体润滑剂时,摩擦系数变化不明显。图 3-69(a)为开式凹坑和闭式凹坑的摩擦模型。开式凹坑的区域位于工件的边缘,无法存储润滑剂,使得模具与工件的摩擦系数增大;闭式凹坑由于存储了一定量的润滑剂使得模具与工件的摩擦系数减小。图 3-69(b)为不同尺寸试件中的两种凹坑区域面积比例关系。随着试件尺寸的减小,闭式凹坑区域的面积与试件表面积之比减小,导致摩擦系数增大。而采用固体润滑剂时由于不存在润滑剂溢出问题,对摩擦系数的影响不明显。

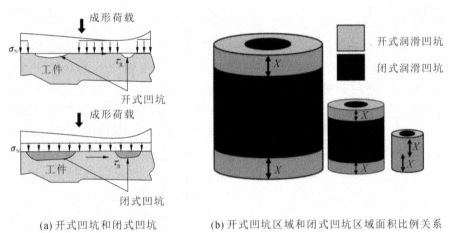

(a) 开式凹坑和闭式凹坑　　　　　　(b) 开式凹坑区域和闭式凹坑区域面积比例关系

图 3-69　开式凹坑和闭式凹坑摩擦模型

在塑性微成形中,由于易出现变形区域的异向性,理想情况是使坯料与模具接触面上的润滑剂为单分子层膜。但在热成形中采用的是固体润滑剂,所以要获得薄且厚度均匀的润滑剂层是比较困难的。

2.微塑性成形的工艺

在目前的金属微细加工领域中,由于受金属部件在微缩化过程中所存在的尺度效应及呈现的材料不均匀变形等因素所限,还是光刻、电铸等工艺方法占主要地位。但由于塑性成形技术在大批量生产中占有很大优势,且成形件成本低、无污染、质量可控,可以实现净形成形,减少材料浪费,因此,非常适合于微成形加工。目前常用的非晶合金微细加工的手段有三种,即超塑性成形、铸造成形、利用摩擦焊将非晶合金连接成更大尺寸的坯料或零件的焊接成形。在这三种成形方法中,超塑性成形具有明显的优势:非晶合金加热到过冷液态区的体积变化非常小,所以超塑性成形方法生产的零件尺寸精度高,能够非常精确地复制模具的尺寸,在生产精密零件,尤其是微小精密零件时具有更加明显的优势。国内外对非晶合金的超塑性成形方法研究比较多:Inoue 等和 Kawamura 等进行过这方面的研究工作;张志豪等在这方面做了大量的工作;Golden Kumar 等研究了用非晶合金来成形微纳模的工艺方法;本书作者采用非晶体材料制造微纳模具和零件,取得了较好的效果。

但是,在成形工艺方面还存在着许多的技术问题有待解决。由于微小化,各个工艺参数的确定没有成熟的公式,多数只能靠实验或者经验数据来确定,或者参照宏观成形工艺,利用相似性原理来估计出微观条件下的各种工艺参数,但是按照这种方法确定的工艺参数与实际有较大的差距。虽然也开发出了一些新的成形工艺,包括激光加工技术,但是也很难满足微成形的生产需要。目前在这一方面,已经有了一定的研究成果,但这些设备大多数还处于实验室阶段,要求条件苛刻,且成本较高,尚不能真正应用于实际生产。

1) 薄板材料的成形

金属箔材和薄壁零件大量应用在电子和 MEMS(微机电系统)产品中。随着 MEMS 的飞速发展和逐步进入实用化,它对微型零件的需求量急剧增加。近年来,德国、日本、美国和瑞士等发达国家对金属箔板微冲压成形进行了大量研究。

在金属箔板的微冲压技术领域,国外主要对箔板的微拉深、微冲裁和微弯曲等微冲压方法进行了研究。拉深工艺可以制成筒形、阶梯形、球形、盒形和其他不规则形状的薄壁零件。如果与其他冲压成形工艺配合,还可能制造出形状更为复杂的零件。因此,在箔板的微成形中,微拉深工艺较之其他工艺更为突出,研究和应用的成果也最多。

为了研究零件尺寸对微拉深成形的影响,德国不来梅大学的 Vollertsen 教授进行了筒形件宏观和微观拉深成形对比实验,并研究了微拉深的极限拉深比。实验用材料均为 A199.5,微拉深件的尺寸为壁厚 0.02 mm,凸模直径 1.0 mm,深度 0.5 mm;宏观拉深件的尺寸为壁厚 1.0 mm,凸模直径 50 mm,深度 25 mm。实验结果表明,与宏观拉深相比,微拉深中的摩擦力受成形力影响更大;不合适的压边力会导致法兰处起皱和底部的破裂;随着润滑剂用量的增加,微拉深中的摩擦力下降得更快;微拉深中的绝对摩擦系数远大于宏观拉深中的摩擦系数。冲裁和弯曲是生产微小零件的主要工艺之一,特别是在电子和 IC(集成电路)产业领域。随着信息技术的发展,IC 芯片中的金属引线框的需求越来越多,形状也更加微细化和高精度化。IC 芯片引线框的生产方式有两种:腐蚀加工和冲压加工。腐蚀加工虽然能达到很高的精度,但无法达到较高的生产效率和较低的生产成本。因此,引线框的微冲裁和微弯曲等冲压加工已成为当今精密制造业的一个研究热点。

2) 微体积成形

在体积微塑性成形方面,国外主要进行微齿轮、阀体、螺钉、顶杆、泵和叶片等微型零件的精密微塑性成形研究。Saotome 等采用闭式模锻成形工艺,研究了微型双齿轮的微塑性成形工艺。成形出模数为 0.1 mm、分度圆直径分别为 1 mm 和 2 mm 的微型双齿轮,并组装出减速比为 1/128 的微型减速装置。在此基础上,采用反挤成形工艺,成形出节圆直径最小达 200 μm 的微型齿轮。日本学者 Yoshida 对手表上微型零件的多工位成形工艺进行了有限元分析和实验研究,并将常规的锻造工艺由 3 步改为 4 步,采用锥形冲头增加内部金属的变形速率,有效地提高了零件的成形质量。Yoshida 等研究了多边形截面线材的拉拔成形工艺,分析了圆角半径、晶粒尺寸等参数对拉拔成形的影响规律,并借助有限元法对成形过程中的应变分布进行了研究。此外,还有学者利用轧制、挤压和局部锻造等体积成形方法成形了多种微型零件。本书作者对微体积塑性成形工艺进行了相关研究,成形出了质量良好的微型齿轮。成形的微型齿轮零件的 SEM 照片中,成形件轮廓清晰、齿面光滑,表明成形件表面质量较好。成形的微型齿轮件的显微组织分析显示,横截面上的流线与齿轮齿形轮廓一致,表明成形件有良好的综合力学性能。

3) 微冲裁

冲裁是生产微小零件的主要工艺之一,目前相关的研究主要集中在电子产品方面。1990 年,Sekine 等研究了线框零件的微冲裁工艺,随后他们还进一步研究了高速精密冲裁在微机电器件生产中的应用。在 150 μm 厚的板料的微冲裁工艺研究中,发现冲裁力与材料的各向异性有关,不同冲裁方向上的冲裁力相差明显。Raulea 等系统地研究了冲裁倾角对微冲裁工艺的影响规律,并且还研究了晶粒度对微冲裁工艺的影响。研究发现,剪切力没有随着晶粒尺寸与局部尺度比例的增加而降低,反而有增加的趋势。分析认为,晶粒尺度与局部尺度比例增加使局部变形抗力增大是导致上述现象的原因。微冲裁中的凸凹模间隙的控制以及工模具之间的磨损是有待解决的关键问题。

4）微弯曲

微弯曲成形的产品外形尺寸与板料厚度比较相近,因此,宏观弯曲工艺中的平面应变假设不再适用。在宏观弯曲成形中可以忽略材料各向异性的影响,但微弯曲成形时材料处于弹塑性硬化阶段,计算平面应力时必须考虑各向异性的影响。大量研究表明,在微弯曲成形中同样存在尺寸效应现象。另外,微型弯曲件在传输过程中极易变形,因此,微弯曲制件的检测也是一个关键的技术问题。

5）微拉深

对于薄板成形,采用拉深技术可以成形各种形状的杯体、腔体零件,但是拉深成形中的摩擦、非均匀变形、各向异性等现象的影响非常明显,比其他成形工艺过程更为复杂,因此有关这方面的研究和报道也较少。通过专用装置研究了薄板的微拉深工艺,在实验研究时,薄板厚度 t 为 $0.05\sim1.0$ mm,冲头直径 D_P 为 $0.5\sim40$ mm,选择不同的尺寸进行交叉实验,分析了拉深极限与冲头相对直径 D_P/t 的关系,结果表明,当相对直径 D_P/t 大于 40 时,可以用相似的原理解释其拉深机理;而当冲头相对直径 D_P/t 小于 20 时的拉深机理明显不同于大相对直径的拉深机理。与其他成形方法相比,微拉深成形工艺的制约因素较多,研究难度大,特别表现在传感器及相关检测技术上。

6）微挤压

微挤压是最典型的微成形工艺之一。在对系统进行微挤压实验研究中,按照相似性原理设计了一组前挤压试验方案,在 $0.5\sim4$ mm 范围内选择一系列直径不同的挤出口模,研究挤压速度、表面粗糙度以及不同润滑条件对微挤压的影响。结果表明,挤出压力随着零件尺寸的减小而增大,表现出明显的尺寸效应。前杆后杯的复合挤压方案可用来研究复杂零件的微挤压成形工艺和微挤压成形中的晶粒尺寸效应现象。研究发现,当挤出直径为 $2\sim4$ mm 时,制件杯高与杆长比例的变化不受晶粒度的影响,但当挤出直径减小到 0.5 mm 后,晶粒度大的样件的杯高几乎一致。分析认为,这是由于杯壁厚度与晶粒直径相当,甚至小于晶粒直径,从而使材料的延展性降低,因此复合挤压时材料更容易向挤压头的运动方向流动,由此认为,坯料的微观组织以及微零件的结构尺寸对微成形具有重要的影响。

图 3-70 以 $Pt_{57.5}Cu_{14.7}Ni_{5.3}P_{22.5}$ 块体非晶合金为原材料,利用热塑性成形工艺加工的多尺度空间曲面图案。(a)～(c)为微米和纳米尺度的半球表面图案,(d)为一端具有纳米棒的微柱图案。

3. 微塑性成形的发展趋势

精密微塑性成形技术工艺在不断的发展中,随着科技的进步将会上升到新的发展阶段,在精度上将越来越高,并在应用热流道技术上将会进一步扩大。采取这一技术能够将制件的生产率及质量有效提升,同时也能大幅度节约部件原材料,而在技术的标准化层面也将进一步提升,这样就能有效地降低制造的成本,对质量进行最大化的提升。我国的塑性成形技术和国外的相比较而言,还有着一定的差距,需要在多方面进行优化改进。微机电系统的提出以及技术上的实现,为塑性微成形技术的发展打开了大门,由于精密微塑性成形技术和传

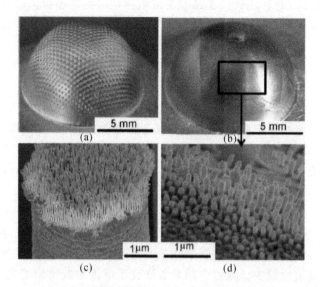

图 3-70 利用热塑性成形工艺加工的空间曲面

统的理论有着一定的差异性,所以要结合实际进行改进处理,这也是精密微塑性成形技术在当前需要解决的问题。

另外,新型的模具加工技术以及测量、分析方法等会使塑性微成形技术成为未来发展的重要方向。而成形件的尺寸更小化以及高精度等将会在新型的成形设备下实现。微成形是新兴的多学科交叉工艺技术,当前人们对这个技术还缺乏全面认识,随着不断发展,以及可持续发展观理念的深化,相关的环保技术与精密微塑性成形技术的结合也会呈现新的发展局面。

3.5.2 内高压成形

内高压成形是近 10 多年来迅速发展起来的一种成形方法,它是结构轻量化的一种成形方法。

液体以往多用于设备的传动,如液压机用油或水传动,成形还是靠刚性模具进行。近年来由于液体压力提高到 400 MPa,甚至 1000 MPa,液体已经可以直接对工件进行成形。

图 3-71 所示为内高压成形原理。将管坯 1 放在下模 2 上,用上模 3 夹紧,左冲头 4 与右冲头 5 同时进给,在进给的同时,由冲头内孔向管坯中注入高压液体,从内部将管材胀形直至与模腔贴合。

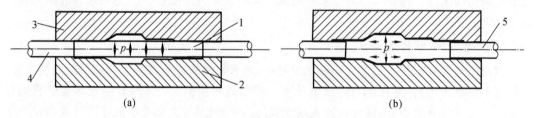

图 3-71 内高压成形原理

1—管坯;2—下模;3—上模;4—左冲头;5—右冲头

1. 内高压成形研究背景

在制造工业中,相当一部分中空类管形件依靠铸造或锻压的方式加工。虽然铸造成本低,但由于毛坯中存在大量的气孔、缩孔及杂质,导致成品率较低。而且铸造工艺劳动强度大,工人工作环境恶劣,对环境污染严重;锻造从根本上消除了铸造工艺的缺陷,且成形件精度有所提高,对中空类零件而言,首先要锻造出零件的毛坯,然后通过相应的机加工工序完成零件所需求的外形尺寸和精度,相对而言,成本要高出许多。

在这种背景下,同时也得益于高压系统、计算机控制技术及密封技术的发展,内高压成形工艺作为一种整体成形薄壁结构件的塑性加工方法,最近几十年在德国、美国、日本及韩国的汽车制造业、航空航天业及卫生洁具业中得到了广泛的应用。该项工艺的英文名称为 internal high pressure forming(IHPF),由于内高压成形工艺的初始坯料一般多为管材,该项工艺也常被称为 tube hydroforming(THF)。

(1) 概念　内高压成形也称液压成形或液力成形,是一种利用液体作为成形介质,通过控制内压力和材料流动来达到成形中空零件目的的材料成形工艺。

(2) 原理　内高压成形的原理是通过内部加压和轴向加力补料把管坯压入模具型腔使其成形为所需要的工件。对于轴线为曲线的零件,需要把管坯预弯成接近零件的形状,然后加压成形(见图 3-72)。

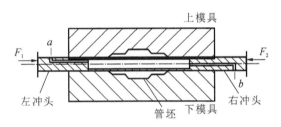

图 3-72　内高压成形原理图

(3) 设备组成　内高压成形设备具备成形工艺所需的全部功能,属于专用设备。其主要由内高压成形机、液压系统、高压源、水压系统和计算机控制系统等五部分组成,其中最重要的设备是内高压成形机。具体详见图 3-73 所示。

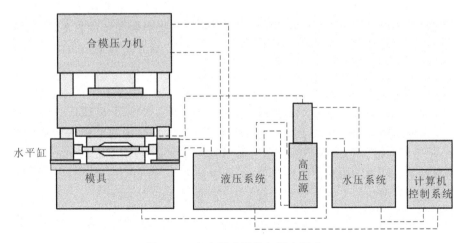

图 3-73　内高压成形设备基本组成

内高压成形机是提供模具和轴向推力油缸的安装空间,以及成形时所需的合模力和轴向推力。根据工艺要求,内高压成形机可设计成各种结构形式,例如传统的四柱结构、整体框架结构和组合预紧式框架结构等。为确保产品精度,结构形式多采用组合预紧式框架结构。

液压系统为内高压成形机和高压源提供动力源。液压传动控制系统采用先进的整体式二通插装阀集成块,具有结构紧凑、动作灵敏、通流能力大等优点。高压源、水压系统是产生高内压的核心部件,直接影响到加工能力,最大内压力应根据零件的工艺性决定。

(4)内高压成形机关键技术 内高压成形最主要的工艺因素有合模力、内压、轴向进给(或轴向推力)。合模力由主缸提供,通过系统压力的比例调节,可实现合模力的线性比例调节。内压由单向或往复式增压器提供,液体工作内压通过超高压传感器进行检测,并反馈给电气系统进行闭环检测。轴向进给(或轴向推力)由两轴向推力油缸提供,轴向油缸的数量、位置、推力、行程等参数可根据产品工艺要求来决定,多采用水平布置。

在成形过程中,内压和轴向进给必须合理匹配,若轴向进给过大,内压不足,管坯会出现失稳起皱;反之,则会出现壁厚过度减薄,甚至破裂的情况。所以,轴向进给的"同步精度"就成为内高压成形机的关键技术。合模力、内压与轴向进给随时间变化的曲线如图 3-74 所示。

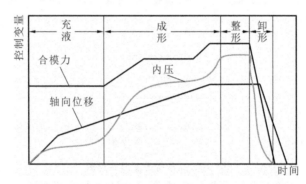

图 3-74 合模力、内压与轴向进给随时间变化曲线

2. 内高压成形机理研究

内高压成形机的关键技术就是两轴向油缸的"同步精度"。主要从机身结构、液压系统和控制系统三个方面加以研究。首先机身结构的刚性直接影响同步的精度,其次液压系统的流量控制精度和抗偏载能力起到决定性的作用,最后控制方法和调节方式的选择也至关重要。

1)组合预紧式框架结构

内高压成形机机身采用组合预紧式框架结构,上横梁、立柱、下横梁通过液压张紧装置组成封闭式框架结构。主缸安装于上横梁上,用于提供成形所需的合模力。轴向油缸安装在立柱上,用于轴向推力和进给补料。顶出缸安装在下横梁上,用于成形后产品的顶出。这一结构的特点是各零件结构和工艺性简单,单件重量较小,加工工艺性较好。

组合预紧式框架结构上的主要工作载荷有:合模力、轴向公称力和顶出力等。其中立柱是研究的重点,立柱承受液压预紧力、轴向公称力、滑块作用的水平力等。立柱的刚性直接影响到轴向位移的"同步精度"要求,现通过 ANSYS 有限元分析软件对立柱进行优化设计,确保立柱的变形能控制在规定的范围之内。

2) 液压同步系统的设计

液压系统由能量转换装置、能量调节控制装置、辅助装置及液压附件组成,借助电气系统的控制完成各种动作的循环。动力系统采用比例流量泵,可以实现 10%～90% 的无级调速（按程序控制）。液压传动控制系统采用先进的整体式二通插装阀集成块,具有响应快、流阻小、通流能力强等优点。两轴向油缸分别采用独立的液压动力源和控制集成块,可以有效地把两轴向油缸之间的相互作用减到最少。首先通过比例流量泵将两轴向油缸液压油的流量和流速调至相近,再通过比例流量阀对两轴向油缸液压油的流量进行精确控制,达到"同步精度"要求。

由于液压系统的泄漏、轴向油缸的非线性摩擦阻力、控制元件间的性能差异、各执行元件间负载的差异等因素的影响,将造成执行机构的同步误差。如果液压系统不能有效地加以控制并克服这种同步误差,系统将不能正常工作。液压系统通过 AMESim 软件创建系统模型,进行运动仿真,对得出的同步曲线和误差曲线进行分析,对液压同步系统进行检验。

3) 双液压缸位移同步的 PID 控制设计

内高压成形机的控制系统采用"同等方式"控制,即指两轴向推力油缸同时跟踪设定的理想输出,分别受到控制而达到同步驱动的目的。这种控制方式能把两轴向油缸之间的相互作用减到最小,且调整时间短,系统的动态性能稳定,便于获得较高的"同步精度"。

PLC 在控制模拟量时,与被控量组成闭环控制系统,进行 PID 调节。详见图 3-75 所示。PID 控制过程:首先对液压系统建立数学模型,根据工艺需要设定轴向推力油缸的理想位移曲线,将这个曲线输入到 PLC 内部进行处理,通过位移传感器测量出实际位移值,理想值和实际值经过 PID 控制处理,得出的输出值传给 A/D 模块,进而控制比例流量阀的开口大小,控制轴向油缸的精确位移,两轴向油缸按照初始设定的位移时间曲线进行进给,最终达到同步精确控制。

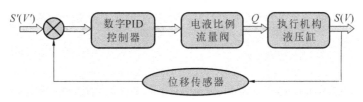

图 3-75　PID 控制方框图

3. 内压成形技术优点

对于空心变截面构件,传统制造工艺一般是先冲压成两个半片,再焊接为整体。内高压成形的特点是可以一次整体成形沿构件轴线截面有变化的空心构件。与传统的冲压、焊接工艺相比,内高压成形件具有下列优点:

(1) 重量轻、节约材料。与车削、镗孔相比,空心轴类重量可以减轻 40%～50%,有些零件的减轻量可高达 75%,与冲压焊接的组合件相比,内高压成形的空心结构件可减重 20%～30%。

(2) 减少零件和模具数量,降低模具费用。内高压成形件通常仅需要一套模具,而冲压件大多需要多套模具。

(3) 减少后续机械加工和组装焊接量。对于各类阶梯轴,可以免去中心孔的加工,对于冲压焊接,则可以完全免去焊接工艺。以散热器支架为例,焊接点由原来的 174 个减少到 20 个,装配工序由 13 道减少到 6 道,生产效率提高了 66%。

（4）提高强度与刚度，尤其是疲劳强度。成形过程中工件被加工强化，而且省去了焊接工艺，零件的强度、刚度和疲劳强度均能得到明显提高。

（5）可降低生产成本。由于前述优点，零件生产成本得到大幅削减。根据德国某公司对已应用零件的统计分析，液压件比冲压件平均降低成本15％～20％，模具费用降低20％～30％。

（6）创新性。可以克服传统工艺的限制，应用于新产品设计与开发。

4.高压成形缺陷及控制方法

内高压技术优点较多，但在实际应用中其成形性也有缺陷，下面对内高压成形常见的缺陷及控制方法进行介绍。

内高压成形过程中，影响因素比较多，如材料性能、摩擦、轴向进给、内压等，在实际生产和CAE模拟分析中，轴向进给与内压力的合理匹配，是决定成形成功与失败的关键因素。常见缺陷及控制方法如下：

（1）屈曲　如图3-76所示，主要在成形的初始阶段，由于轴向力过大，而内压过小所造成的，这是一种失稳现象。一般与管坯的几何形状有很大的关系，如果管坯的中间自由部分长径比很大，超过了一定数值，而内压太小，就会产生屈曲现象。

消除屈曲可采取以下措施：管材长度合理，减小截面周长，减小轴向力，增加预成形，提高管坯/预成形整体抗拉强度等。

（2）破裂　如图3-77所示，是内高压成形中最易出现的失效形式，管材的破裂通常都是从胀形区内的某一局部范围的缩颈开始的。从内高压成形的过程可看出：如果内压过高，或未有相应的轴向位移补偿，就会产生破裂现象。根据破裂发生的时间，破裂可以分为成形初期破裂、中期破裂和晚期破裂。

 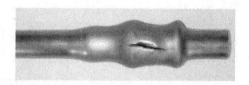

图 3-76　屈曲　　　　　　　　　　　　　图 3-77　破裂

对于初期破裂和中期破裂，主要是由于轴向位移进给不及时，内压过大而造成的。一般当 $d_1/d_0=1.4$ 时，容易产生破裂，但当将要产生失稳缩径乃至破裂的部位贴模以后，那么破裂的趋势将会被遏止，所以如何设置最佳工艺参数，是消除初期破裂和中期破裂的关键。

对于晚期破裂，主要是前期成形工艺参数设置不合理，在后期成形过程中由于压力过大而形成破裂，这与模具尺寸、润滑等参数也有很大的关系。

消除破裂可采取以下措施：修改制件形状，更换材料，增大轴向力，减小送料区摩擦系数，增加轴向送料等。

（3）起皱　如图3-78所示，可分为有益起皱和有害起皱两种。起皱的原因主要为内压低，轴向力过大，成形初期形成皱纹，主要发生在管坯自由胀形段。对于有益皱纹，可以在最后成形阶段采用高内压力的方法进行消除，但有害皱纹最终将形成死皱。

消除起皱可采取以下措施：减小轴向力，增加内压，减小送料量等。

（4）成形不充分　如图3-79所示，产生的主要原因为内压过低，板材强度高，壁厚太大，圆角太小，成品与模具之间有空气、水或润滑剂等。

图 3-78 起皱

图 3-79 成形不充分

可通过以下措施,来改善成形不充分问题:减小成品壁厚,更换材料,提高最大成形压力,加大成品圆角,保证成形处的气体和液体顺利排出等。

(5)成品内部裂纹 如图 3-80 所示,主要原因为管坯壁厚很不均匀,可通过减小成品壁厚、降低膨胀量、更换材料、增加轴向进给等措施来消除裂纹问题。

(6)模具分模线造成的压痕 如图 3-81 所示,主要是由于过程中的开模、模具控制无效、分模轮廓质量低等几种原因造成的。可通过提高合模力,提高模具刚度,改善模具控制参数,提高设备刚性等措施来消除。

图 3-80 成品内部裂纹

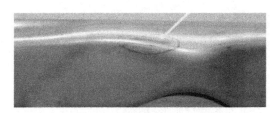

图 3-81 模具分模线造成的压痕

5.影响内高压成形的主要因素

管坯内高压成形件的最终质量取决于管坯初始尺寸、管坯材料参数及成形过程中的工艺参数。初始尺寸主要包括管坯的长度 L_0、管坯的外径 d_0、管坯的壁厚 t_0 等;管坯的材料参数主要包括加工硬化指数 n、硬化系数 K、屈服强度 σ_s 及抗拉强度 σ_b 等;工艺参数主要包括成形过程中的管坯和模具内表面的摩擦系数、轴向喂入量及内压力等。另外,成形过程中模具的尺寸和精度也对成形过程有影响。对不同结构的零件而言,这些参数的影响也不同。在制定某一零件的成形工艺之前,有必要搞清楚这些影响因素在成形过程中所起的作用,分清主次,从而确定合理的工艺措施。

1)管坯初始尺寸与成形能力的关系

(1)管坯初始长度的影响。

管坯初始长度过大,在成形过程中管坯与模具型腔内表面的摩擦力加大,导致所需的轴向压力加大,而且如果管坯的长度和直径比超过一定值时,会导致成形过程中的整体屈曲。所以选择合适的管坯长度对成形件的质量及降低成形过程中的能耗有重要意义。

(2)管坯的壁厚对成形过程的影响。

同一材料不同厚度的管坯在相同内高压成形条件下的成形性能也是不同的。当管壁太薄时,容易使局部的单元超出破裂极限,成形失效。但如果管壁太厚,所需的成形压力就越大。因此,选择合适的管坯壁厚,也是成形成功的重要因素。

（3）管坯的外径选择。

一般选择该成形件各截面最小直径作为管坯的外径，以保证成形中的管坯能顺利地放入模具型腔内。但如果零件结构复杂，且截面直径差距较大，则需要考虑采用较大管径的材料进行预弯成形，以便抑制内高压成形过程中管坯最大鼓胀部分的过度减薄甚至破裂。

2）管坯材料参数对成形性能的影响

材料性能参数包括屈服强度、抗拉强度、加工硬化指数及硬化系数等。其中，加工硬化指数及硬化系数在流动应力方程中体现，该方程可用幂次式近似表示，材料的应力应变流动方程往往由单向拉伸获得。

在内高压成形工艺当中，加工硬化指数 n 反映了变形应变均化能力，对成形性能的影响是明显的。n 值越大，材料的成形性能越好。随着 n 值的增大，在成形极限图中，单元在安全区域的数量越多，这说明成形性能越好。在内高压成形过程中，为了获得良好的成形性能，应该选择加工硬化指数大的材料。同时，获得准确反映材料流动特性曲线的应力-应变方程也是理论分析的基础。

3）工艺参数对成形过程的影响

（1）摩擦系数。

摩擦力对内高压成形过程有着至关重要的影响。管坯与成形模腔有较大面积接触，且随内压力的加大，管坯与模腔之间的压力越来越大，使管坯两端材料很难流入。这样不但易使中间胀形部分变薄、易胀裂、废品率高，而且需要更大的两端轴向力，即需要更高吨位的压力机才能进行胀形，增加了生产成本。

减小摩擦力改善润滑环境不仅可以提高产品质量，降低成形时所需的轴向力，还可以减少模具的磨损，延长模具使用寿命。为减少摩擦，管坯外表面及成形模腔要尽可能光滑，应在管坯和模腔之间添加合适的润滑剂。

（2）内压力及轴向喂入之间的匹配关系对成形性能的影响。

为了方便实际生产，当实际生产中轴向推力大小变化不容易控制时，可选择液压力和轴向进给量作为内高压成形过程中的控制变量。如果内压力增加太快，而轴向喂入不能及时跟进，则鼓胀部分主要是由进入模具型腔内的材料延伸得到，材料易出现减薄甚至破裂，导致成形失败；相反，如果喂入量大而内压力比较低时，容易造成材料在模具型腔内的堆积，形成死皱。因此，管材内高压成形过程中内压力与轴向进给的匹配，对成形质量起着决定性的作用，如果匹配不合理可能引起破裂、起皱等失稳缺陷。

6. 内高压成形优化（结构轻量化）

1）合模力控制

恒定或较大的合模力对机器保压要求高，特别是大体积的内高压成形件因充液时间长，机器保压性能不好，造成成形时的抬模现象，严重影响加工零件的产品质量和机器的安全，并造成管坯与模具表面摩擦力大，零件补料、走料困难，容易在变形较大处产生破裂，零件成形介质的压力要求高，对润滑的要求也相对较高等问题。目前，国内主要有以下合模力控制方法：

（1）变化合模力。为了克服传统恒定合模力管材内高压成形所需压力高的缺点，在整个成形过程中，在初期补料阶段、中期成形阶段、后期整形阶段，系统的合模力从小到大逐步递增，到整形阶段合模力达到最大，通过比例溢流阀调整合模力使模具使用寿命提高，降低电动机功率，做到节能增效。

（2）将管坯部分放入成形模腔。通常成形时需要的合模力与模具型腔内管材的水平投影面积成正比。为降低合模力，可以减少模具的总体尺寸，管坯端部采用新型的密封结构，无须采用水平油缸来推动冲头，只将需要成形的管材置于模具型腔内，而其余部位都置于模具型腔之外。

2）降低摩擦力

轴向补料是提高管材内高压成形极限、提高壁厚均匀性的重要措施。但存在的问题是即使施加润滑，但随着管坯内部压力的不断升高，管坯与模具间的摩擦力不断增大，轴向补料难度也越来越大。为降低摩擦力，通常采用以下方法：

（1）对管坯实施磁场力。在模具的两端送料区嵌入通电后可产生磁场的线圈，在进料区两端部冲头轴向进给之前对线圈通电，在冲头轴向进给之后对线圈断电，其原理是利用线圈使管坯与线圈产生磁场力，降低模具与管坯的摩擦力。磁场力是体积力，管坯上无集中力作用点，管坯成形的表面质量较好。

（2）管坯与冲头不发生相对运动。将管坯的两端分别放置于送料区的左、右冲头的型腔内，使送料区的两侧冲头与管坯端部不发生相对运动，减小管坯与模具的摩擦力。随着内压增大，送料区管材壁厚基本保持不变，且随着两侧冲头向内运动易于实现轴向补料。

（3）在加工截面与周长相差较大的管件时，为了提高膨胀量和控制最小壁厚，需要很大的轴向补料量。传统变径管内高压成形模具中的上模和下模均为一体制成，导致送料区模具与管材外壁的摩擦作用，送料区管材壁厚增加，膨胀区管材壁厚减薄。为克服此缺陷，需提供一种用于变径管内高压成形的组合模具（见图 3-82）。此装置通过控制模具与冲头共同前进，共同推动管材进行补料的方法，来消除送料区管材外壁和模具之间的摩擦，从而减小送料区管壁厚度。

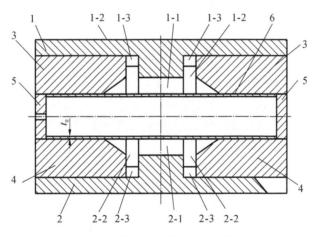

图 3-82　变径管内高压成形组合模具图

（4）变化内压。利用金属材料反复加载再提高屈服应力的特点，控制型腔的内压，降低端头轴向进给时的摩擦力，提高材料的均匀变形能力，延迟破裂失稳的发生，提高管材的成形极限和壁厚均匀性。具体实施方法：先让送料区的两端冲头轴向运动，密封型腔，然后通过冲头的填充通道充入成形介质，直至充满型腔，使型腔内保持一定的内压 P_0，该内压 P_0 应保证冲头轴向进给运动时，管坯不发生起皱失稳。再对两端冲头施加轴向进给力，直至管坯发生微小有益起皱；然后再升高内压至 P_1，该内压 P_1 能消除上述有益起皱，后将内压降至 P_0，重复上述步骤。

7. 内高压成形工业应用

内高压成形机由合模压力机、高压源、水平缸(水平压力机)、液压系统、水压系统和计算机控制系统共 6 大部分组成。内高压成形机需完成的工作过程包括如下 10 个步骤:① 闭合模具;② 施加合模力;③ 快速填充成形介质;④ 管端密封;⑤ 施加内压和轴向进给;⑥ 增压整形;⑦ 卸压;⑧ 卸载合模力;⑨ 退回冲头;⑩ 开模。

经过近 10 年的努力,超高压建立及高压水介质传输、超高压与多轴位移闭环实时控制、数控系统软件等设备关键技术难题被攻克。其中,超高压建立与介质选择最为关键。超高压建立是采用增压器,通过大面积活塞推动小面积活塞,在小面积腔体端建立高压。定义大活塞面积与小活塞面积之比为增压比,当增压比为 25 时,低压腔 25 MPa 的液压油在高压腔增压为 400 MPa。由于水在超高压下的压缩量小于油的压缩量,高压腔介质一般选用水作为传力介质,而且水介质对工件及环境无污染。

在获得设备关键技术的基础上,为国内汽车主机厂及零部件厂研制了多台生产用大型内高压成形机来替代进口设备,用于汽车底盘等关键零件的大批量生产,生产用时为每件 40~60 s。图 3-83 所示为哈尔滨工业大学为国内汽车行业开发的大吨位内高压成形机,最大合模力达到 55 MN。

图 3-83 大吨位高压成形机

近年来,工艺关键技术的创新和大型生产用设备的研制,为自主品牌轿车底盘和车身内高压成形件制造提供了设备与模具,促进了自主品牌轿车整车竞争力的提升。图 3-84(a)所示为一汽奔腾轿车用副车架。该副车架具有三维轴线、12 个不同的异形截面。为成形该零件,通过设计多个花瓣状预成形截面,有效降低了最终的成形压力,壁厚更加均匀,该零件于 2011 年实现批量生产。图 3-84(b)所示为 SUV 车型的前支梁。该零件同样具有三维弯曲轴线及变化的矩形截面,所用材料为 440 MPa 级高强钢。通过数控弯曲、预成形及液压成形 3 道工序实现该零件成形。图 3-84(c)所示为汽车底盘零件,所用材料为 440 MPa 级高强钢管。该零件成形的最大难点在于存在一个局部小弯曲半径,通过传统方法难以顺利成形。图 3-84(d)所示为液压成形扭力梁,该零件截面为 V 形。

为了减轻重量及适应空间布置的要求,底盘零件大多设计为空间弯曲轴线的空心变截面构件,截面形状以矩形、梯形和长椭圆形为主,且沿零件轴线截面周长变化。对于弯曲轴线变截面件,需通过弯曲、预成形和内高压成形 3 个工序完成。

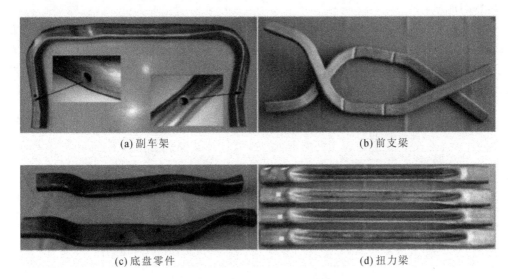

(a) 副车架 　　　　　　　　　　　(b) 前支梁

(c) 底盘零件 　　　　　　　　　　(d) 扭力梁

图 3-84　内高压成形典型汽车零件

3.5.3　可变轮廓模具成形

对于小批量多品种板料件成形,例如舰艇侧面的弧形板、航空风洞收缩体板、飞机的蒙皮都是三维曲面,但批量很小甚至是单件生产,由于工件尺寸大,这样模具成本很高,何况即使模具加工完成,也有一个需要修模与调节的过程,因此用可变轮廓模具成形一直是塑性加工界及模具界的研究方向之一。

从本质上讲,任何一个曲面都可以写成 $z = f(x, y)$ 的形式,因此可变轮廓模具的基体由很多个轴向(z 向)分布在 x-y 平面内的小冲头组成。至于冲头的调节可以是手动螺旋,也可以靠伺服电动机驱动螺旋机构完成。可变轮廓成形模具如图 3-85 所示。

图 3-85　可变轮廓成形模具

3.5.4　黏性介质压力成形

黏性介质压力成形(viscous pressure forming,VPF)是近 10 年在美国开始出现的成形方法,顾名思义,成形时传力介质既不是液体,也不是固体,而是一种黏性介质,它适用于难成形材料的成形。

成形前先将板料两侧充填黏性介质,然后向型腔注入介质,下模腔中的介质向右下方流出,这时可以实现背压外流使板料两侧都有压应力,避免开裂。此时左下方的油缸仍注入介质,目的是使板料尽可能流向右下方的深腔,减少该处的高度,最后两个溢流缸都向外排介质,直至贴模为止。图 3-86 所示为黏性介质压力成形过程示意图。

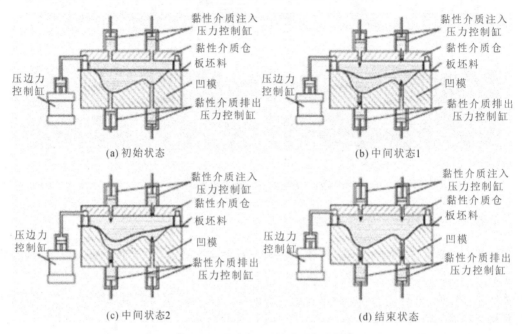

图 3-86　黏性介质压力成形过程示意图

3.6　模具数字化制造技术

3.6.1　模具的高速切削加工技术

模具作为重要的工艺装备,在消费品、电子、汽车、飞机制造等行业中占有举足轻重的地位。虽然近年来我国模具技术有了迅速的发展,但与制造强国相比尚有较大差距。目前我国技术含量较低的模具已供过于求,而精密、复杂的高档模具则大量依靠进口。

提高模具生产技术水平和质量是发展我国模具制造业的重要因素。由于采用模具高速切削技术可以明显提高模具生产效率和模具精度及使用寿命,因此其正逐渐取代电火花精加工模具技术,并已被国外的模具制造企业普遍采用,成为模具制造的大趋势。但高速切削技术在模具生产中的应用时间比较短,而且对使用技术要求比较高,我国大部分模具生产企业还不能掌握并应用,以至于不能发挥优势。下面将着重介绍高速切削加工模具过程中的一些实用技术和应用问题。

1.高速切削应用于模具加工的优势和现阶段需要解决的问题

模具加工的特点是单件小批量、几何形状复杂,因此加工周期长,生产效率低。在传统的模具加工工艺中,精加工淬硬模具通常采用电火花加工和人工修光工艺,后期加工花费了大量时间。缩短加工时间和降低生产成本是发展模具加工技术的主要目标。近年来,模具加工工艺方面有了许多新技术,如高速切削、CAD/CAE 设计仿真、快速原型制模、电火花铣削成形加工和复合加工等,其中最引人注目、效果最好的是高速切削加工。

高速切削加工是利用机床的高转速和高进给速度,以切削方式完成模具的多个生产工序。高速切削加工的优越性主要表现在以下几个方面:

① 高速切削粗加工和半精加工,大大提高金属切除率。

② 采用高速切削机床、刀具和工艺,可加工淬硬材料。对于小型模具,在材料热处理后,粗、精加工可以在一次装夹中完成;对于大型模具,在热处理前进行粗加工和半精加工,热处理淬硬后进行精加工。

③ 用高速高精度硬切削代替光整加工,减少大量耗时的手工修磨,比电火花加工提高效率 50%。

④ 硬切削加工最后成形表面,提高表面质量、形状精度(不仅表面粗糙度低,而且表面光亮度高),用于复杂曲面的模具加工更具优势。

⑤ 避免了电火花和磨削产生的脱碳、烧伤和微裂纹现象,大大减少了模具精加工后的表面损伤,提高模具寿命 20%。

⑥ 工件发热少、切削力减小,热变形小,结合 CAD/CAM 技术用于快速加工电极,特别是形状复杂、薄壁类易变形的电极。

高速切削的优势对模具加工的吸引力是不言而喻的,但与此同时,模具的高速切削加工成本高,对刀具的使用要求高,需要有复杂的计算机编程技术做支持,设备运行成本高。因此,限于资金、技术等方面的原因,国内对高速切削加工模具的应用还不多,目前亟须解决如何选择高速加工模具的机床、高速切削刀具、合理的加工工艺、刀具轨迹编程层等一系列问题。

2. 加工模具的高速切削机床

选择用于高速切削模具的高速机床时要注意以下问题:

(1) 要求机床主轴功率大、转速高,能满足粗、精加工。精加工模具要用小直径刀具,主轴转速达到 15000~20000 r/min。主轴转速在 10000 r/min 以下的机床可以进行粗加工和半精加工。如果需要在大型模具生产中同时满足粗、精加工,则所选机床最好具有两种转速的主轴,或两种规格的电主轴。

(2) 机床快速进给对快速空行程要求不太高,但要具有比较高的加工进给速度(30~60 m/min)和高加速度。

(3) 具有良好的高速、高精度控制系统,并具有高精度插补、轮廓前瞻控制、高加速度、高精度位置控制等功能。

(4) 选用与高速机床配套的 CAD/CAM 软件,特别是用于高速切削模具的软件。

在模具生产中,五轴机床的应用逐渐增加,配合高速切削加工模具具有以下优点:

(1) 可以改变刀具切削角度,切削条件好,减少刀具磨损,有利于保护刀具和延长刀具寿命;

(2) 加工路线灵活,减少刀具干涉,可以加工表面形状复杂的模具以及深腔模具;

(3) 加工范围大、适合多种类型模具加工。

3.高速切削模具的刀具技术

高速切削加工需配备适宜的刀具。硬质合金涂层刀具、聚晶增强陶瓷刀具的应用使得刀具同时兼具高硬度的刃部和高韧性的基体成为可能，促进了高速加工的发展。聚晶立方氮化硼（PCBN）的硬度可达 3500～4500 HV，聚晶金刚石（PCD）的硬度可达 6000～10000 HV。近年来，德国 SCS、日本三菱（神钢）及住友、瑞士山特维克、美国肯纳飞硕等国外著名刀具公司先后推出各自的高速切削刀具，不仅有高速切削普通结构钢的刀具，还有直接高速切削淬硬钢的陶瓷刀具等超硬刀具，尤其是涂层刀具在淬硬钢的半精加工和精加工中发挥着巨大作用。

目前国内高速加工刀具的开发与国外还有较大差距，而进口刀具的昂贵价格也成为阻碍高速切削模具应用的重要因素。

一般来说，要求刀具以及刀夹的加速度达到 $3g$ 以上时，刀具的径向跳动要小于 0.015 mm，而刀的长度不大于刀具直径的 4 倍。据 SANDVIK 公司的实际统计，在使用碳氮化钛（TiCN）涂层的整体硬质合金立铣刀（58HRC）进行高速铣削时，粗加工刀具的线速度约为 100 m/min，而在精加工和超精加工时，线速度超过了 280 m/min。据国内高速精加工模具的经验，采用小直径球头铣刀进行模具精加工时，线速度超过了 400 m/min。这对刀具材料（包括硬度、韧度、红硬性）、刀具性能（包括排屑性能、表面精度、动平衡性等）以及刀具寿命都有很高的要求。因此，在高速硬切削精加工模具时，不仅要选择高速度的机床，而且必须合理选用刀具和切削工艺。

在高速加工模具时，要重点注意以下几个方面：

（1）根据不同加工对象合理选择硬质合金涂层刀具、CBN 和金刚石烧结层刀具。

（2）采用小直径球头铣刀进行模具表面精加工，通常精加工刀具直径小于 10 mm。根据被加工材料以及硬度，选择不同的刀具直径。在刀具材料的选用方面，TiAlN 超细晶粒硬质合金涂层刀具润滑条件好，在切削模具钢时，具有比 TiCN 硬质合金涂层刀具更好的抗磨损性能。

（3）选择合适的刀具参数，如负前角等。高速加工的刀具要求比普通加工的刀具抗冲击韧性更高、抗热冲击能力更强。

（4）采取多种方法提高刀具寿命，如合适的进给量、进刀方式、润滑方式等，以降低刀具成本。

（5）采用高速刀柄。目前应用最多的是 HSK 刀柄和热压装夹刀具，同时应注意刀具装夹后主轴系统的整体动平衡。

4.高速切削模具的工艺技术

高速加工模具技术中，工艺技术是配合机床和刀具使用的关键因素。以目前国内模具生产的情况来看，工艺技术在很大程度上制约了高速加工模具的应用。一方面由于高速加工应用的时间比较短，还没有形成比较成熟的、系统化的工艺体系和标准；另一方面高速切削工艺试验成本高，需要投入较大的资金和较长的时间。

高速切削模具工艺技术主要包括：

（1）针对不同材料的高速切削模具工艺试验　在参考国外高速铣削加工零件的工艺参数时发现，国外公司生产的刀具是依据进口材料标准来做试验，用其推荐的参数在高速加工国产材料模具时，效果差别比较明显。因此，使用国外刀具，除了需要参考厂家提供的参数外,实际的工艺试验也是必要的。

国内刀具厂家很少推荐高速铣削的技术参数,因此选用国产刀具更有必要做试验,以取得比较满意的工艺参数。最好选用固定生产厂家的刀具,通过试验,形成加工技术标准,并在此基础上优化出适合本企业的加工参数。

(2) 高速切削的加工刀具路径及编程　高速切削模具技术中,刀具路径、进刀方式和进给量是主要内容。许多刀具路径处理方法是为了减少刀具磨损、延长刀具使用寿命,因此刀具在高速切削进给中的轨迹比普通加工复杂得多。

高速加工模具工艺处理应该遵循以下原则:

① 采用小直径刀具精加工时,切削速度随着材料硬度的增加而降低。

② 保持相对平稳的进给量和进给速度,切削载荷连续,减少突变,缓进缓退。避免直接垂直向下进刀而导致崩刃;斜线轨迹进刀的铣削力逐渐加大,对刀具和主轴的冲击小,可明显减少崩刃;螺旋式轨迹进刀切入,更适合型腔模具的高速加工。

③ 小进给量、小刀纹切削。通常进给量小于铣刀直径的 10%,进给宽度小于铣刀直径的 40%。

④ 保留均匀精加工余量,保持单刃切削。

根据上述规则,通常使用的进给路径方式有以下几种:

① 尽量避免直拐角铣削运动;拐角处用螺旋线进给切削,保持切削载荷平稳。

② 尽量避免工件外的进刀与退刀运动,直接从轮廓进入下一个深度,而应采用斜向逐渐进给切入或螺旋线切入。

③ 恒定每刃进给,以螺旋线或摆线路径进给加工平面,并且保持单刃切削。孔加工时采用铣削高速进给完成,不仅可提高表面质量,而且可延长刀具寿命。

④ 轮廓加工时保持在水平面上(等高线),每层进刀深度相同。在进入下一个深度时,逐渐进给切入。

⑤ 加工槽等较小尺寸形状时,选用直径小于形状尺寸的刀具,以螺旋线或摆线路径进给,保持单刃切削。

这些高速切削模具中使用的刀具路径处理策略需要编程实现,过于复杂的路径用手工编程难度和工作量都很大,在一定程度上影响了高速切削模具技术的应用,因此最好能够通过自动编程软件实现。高速切削精加工对 CAM 的编程提出要求,自动编程软件需要适应生产适时推出。

Delcam 公司几年前就开始了高速切削加工编程技术的研究,开发了高速切削自动编程软件模块 PowerMILL;MasterCAM 公司也开发了高速切削自动编程 HSM 软件模块。通过这些自动编程软件模块,前文所提到的高速切削路径处理方法均可实现。目前国内软件企业也在开发高速切削自动编程软件模块。

5. 高速加工模具的其他技术和实例

高速加工模具时还应考虑 HSM 和 EDM 选择、干切削和润滑冷却及安全等问题。

(1) 对高速切削和电火花加工进行选择的一般原则是:加工高硬度、小直径、尖角、窄槽时使用电火花机床,具体参数可以根据各企业的技术和设备情况作出判断。例如 Delcam 提供的一个加工实例是采用 1.6 mm 直径的刀具加工窄槽,切削参数为:转速 40000 r/min,切削深度 0.1 mm,进给速度 30 m/min。

(2) 高速切削硬模具材料时,采用适当的冷却和润滑可以减少刀具磨损,提高表面质量。但用于高速硬切削的刀具大多抗热冲击能力差,因此高速切削多采用干切削或微量油雾润滑。

(3)高速切削模具时还应考虑刀具磨损和破坏的监测、刀片连接的强度等安全问题。和采用普通机床加工不同,安全防护和开机前对机床和刀具的严格检查对高速切削非常重要。

总之,模具市场对高速加工有强烈需求,国内模具企业和研究单位已经取得了一些成绩,获得了一些经验。例如黄岩地区某模具厂采用南京四开公司生产的高速精加工机床精加工大型汽车轮胎模具,并获得了较好的效果。但高速加工模具在我国应用时间较短,应用基础较差,缺乏成熟的经验,整体技术水平不高,发展缓慢,在高速机床和刀具应用以及加工工艺方面还存在很多问题,需要产学研结合,加大投入,综合各方面力量推动高速切削在模具制造中的应用。

3.6.2 基于逆向工程的模具 CAD/CAM/DNC 技术

模具设计一般源于由功能需求产生的概念设计,之后再进行具体结构设计,产生完整的 CAD 数学模型,继而进行分析制造,这一过程为 CAD/CAM 正向过程,它适用于比较规则的解析外形零件的模具设计。在先有实物或主模型时,可以通过 CAD/CAM 逆向工程来开发模具。简而言之,由实物到产品的过程即 CAD/CAM 逆向工程。它对于缩短模具开发周期非常有效,特别是对于那些形状复杂的模具。

1. CAD/CAM 逆向工程的构成

依据实物或主模型来加工模具,过去常采用仿形加工,即传统的逆向工程。其具体过程为:实物或主模型→工艺主模型(仿形靠模)→仿形加工→钳工修配。这种模拟的复制方式加工精度很大程度上取决于工人的技术水平,劳动强度大,生产效率低,模具开发周期长,成本高,已逐步被数字化 CAD/CAM 逆向工程所取代。数字化 CAD/CAM/DNC 逆向工程一般可分为 5 个阶段:

(1)零件原型的数字化,通常采用三坐标测量机或激光扫描等测量装置来获取零件原型表面点的三维坐标值。

(2)从测量数据中提取零件原型的几何特征,按测量数据的几何属性对其进行分割,采用几何特征匹配与识别的方法来获取零件原型所具有的设计与加工特征。

(3)零件原型 CAD 模型的重建,将分割后的三维数据在 CAD 系统中分别做表面模型的拟合,并通过各表面片的求交与拼接获取零件原型表面的 CAD 模型。

(4)重建 CAD 模型的检验与修正,根据获得的 CAD 模型重新测量和加工出样品的方法来检验重建的 CAD 模型是否满足精度或其他试验性能指标的要求,对不满足要求者重复以上过程,直至达到零件的设计要求。

(5)在建立模具全数字化三维模型的基础上,实现模具型腔的数控加工。

在图 3-87 中,逆向工程(虚线框部分)、CAD/CAM 环境、零件图库和加工部分一起组成了一个有机整体。

2. 模具 CAD/CAM/DNC 一体化技术

采用先进的设计思想和设计手段,在计算机网络及 CAD/CAM 技术的支持下,建立基于逆向工程的模具 CAD/CAM/DNC 集成化环境,在建立模具全数字化三维模型的基础上,

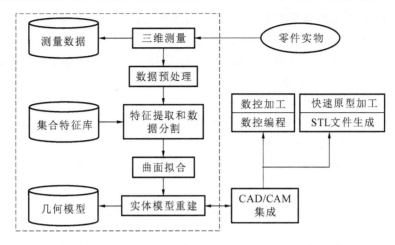

图 3-87　基于逆向工程的 CAD/CAM/DNC 一体化环境

可以快速实现产品的再设计。

(1) 环境配置　硬件环境由 30 台 NT 工作站,3 台数控加工中心,1 台三坐标测量机组成模具设计与数控加工环境局域网。利用 NT 工作站对模具进行三维实体(曲面)造型、模具装配模拟检查、实体加工仿真模拟、数控加工刀位文件生成和 NC 后处理。3 台 CAM 工作站用于控制加工中心和数控机床,以计算机直接数控(DNC)的方式控制机床的在线加工。

支撑软件采用美国 PTC 公司的 Pro/E 2001 和美国 CNC Software 公司的 Master CAM9.0。利用 Pro/E 2001 强大的造型功能,准确完整地表达和描述模具的复杂曲面和实体模型。利用 Master CAM9.0 软件进行加工切削仿真,检查加工中的过切现象和加工刀位的合理性,从而取代实际试切,降低成本,节约加工工时。

(2) 应用流程　在模具 CAD/CAM/DNC 一体化集成环境的支持下,进行复杂模具计算机辅助设计与数控加工(CAD/CAM/DNC)的基本流程如图 3-88 所示。

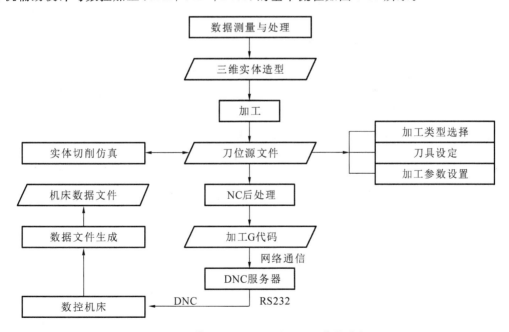

图 3-88　模具 CAD/CAM/DNC 一体化流程

① 根据加工模具的结构形状及设计要求,利用 Pro/E 软件的三维造型(实体和曲面)设计建立完整、准确的模具三维实体(曲面)模型。

② 在模具三维主模型的基础上,利用 Master CAM9.0 软件的加工模块拟定模具加工工艺(粗、精加工),选择相应的加工参数及有关选项。

③ 生成模具数控加工的刀位文件。

④ 利用 Master CAM9.0 软件进行数控加工的实体加工仿真模拟,检查刀位文件的合理性及有效性,以代替实际试切过程。

⑤ 根据具体加工机床进行刀位文件的后处理,生成该机床的数控加工指令(加工代码)。

⑥ 用模具的数控加工代码,采用 DNC 方式来控制数控机床(加工中心)的在线加工。

3. 实例

以电话机外壳为例,描述基于逆向工程的模具 CAD/CAM/DNC 的一体化过程。

1) 数据的测量与 CAD 造型

在模型表面数字化中,采用以 CMM 为代表的接触式测量。采集模型表面或特征线的坐标值,把采集的数据存入计算机中。根据模型制造的需要,对测得模型进行噪声处理、多视图拼合、比例缩放、镜像、旋转、平移等处理,基于最小二乘法进行数据的光顺,压缩不必要的数据点,以减少后期的计算量。将处理后的 3D 点数据以 QI TECH 格式输出。为了满足 Pro/E2001 的数据格式,必须在文件开头加入 Open arclength、Begin section,以及在每段开始处加入 Begin curve,生成 Pro/E 能够识别的.ibl 数据格式。

```
Open arclength
Begin section
Begin curve
1 −54.956554   −103.855154   46.554654
2 −51.256489   −103.845421   46.555412
……
Begin curve
1 −61.788778   −105.614542   45.454545
```

Pro/E2001 软件的 Scantool 模块有线的控制点移动(control poly)、拟合(composite)、断裂(split)、组合(merge)、投影(projected)等功能,可去除特征曲线的坏点,并对特征曲线进行光顺处理(见图 3-89),从而可以保证曲面的光顺性。

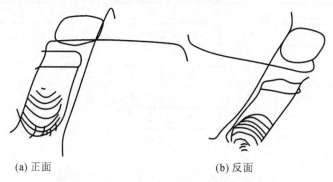

(a) 正面   (b) 反面

图 3-89 电话机外壳特征曲线

对于电话机外壳上的一些规则形孔的测量与处理,这里不再赘述。通过曲面造型和实体造型,可得到如图 3-90 所示的电话机外壳模型。

图 3-90　电话机外壳模型

利用 Pro/E2001 软件提供的模具设计模块,考虑收缩率所得到的电话机模具的型腔板和型芯如图 3-91 所示。

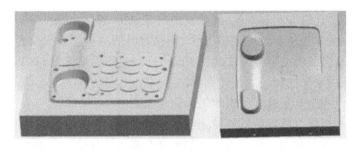

图 3-91　型腔板和型芯

2) NC 程序的自动生成及数控加工

将获得的型腔板以 IGES 格式输出,并在 Master CAM9.0 中打开,建立毛坯,根据型腔曲面选择不同的刀具和加工方式,设置合理的切削用量、主轴转速等工艺参数。模拟仿真确认无误后,选择加工中心的后处理器,系统自动生成铣削定位 NCI 和 NC 文件,通过网线与机床通信并实施加工。图 3-92 为模具型腔的实体加工仿真模拟。

图 3-92　模具型腔的实体加工仿真模拟

总之,基于逆向工程技术,在计算机网络和 CAD/CAM 集成技术的支持下,建立模具 CAD/CAM/DNC 集成化环境,不但缩短了模具的设计制造周期,而且大大降低了模具的生产成本,保证了模具的加工质量,提高了数控设备利用率,实现了模具的快速制造。同时为进一步实施分散化网络制造奠定了坚实的基础。

第4章 金属先进连接技术及理论

连接包括焊接、机械连接和粘接等,它作为制造业中的基础工艺技术,在工业中应用的历史并不长,但它的发展却非常迅速。金属连接在各个重要领域,如航空航天、船舶、汽车、桥梁、电子信息、海洋钻探、高层建筑金属结构等,得到了广泛应用。

4.1 金属材料连接技术概述

金属材料的主要连接方式是焊接,其涉及的内容包括:焊接方法的特点、焊接热过程、焊接冶金、焊接缺陷、金属焊接性及其试验方法、各种材料的焊接等。焊接是指被焊工件的材质(同种或异种),通过加热或加压或二者并用,并且用或不用填充材料,达到原子间的结合而形成永久性连接的工艺过程。由此可见,焊接与其他连接方式不同,不仅在宏观上形成了永久性的接头,而且在微观上建立了组织上的内在联系。

众所周知,固态金属之所以能够保持固定的形状,是因为其内部原子之间的距离(晶格)非常小,原子之间形成了牢固的结合力。要把两个分离的金属构件连接在一起,从物理本质上来看,就是要使这两个构件连接表面的原子彼此接近到金属晶格距离(即 $0.3\sim0.5$ nm)。

然而,两个金属构件放在一起时,由于其表面粗糙度(即使经精密磨削加工的金属表面粗糙度仍达几微米至几十微米)和表面存在的氧化膜及其他污染物,实际阻碍着不同构件表面金属原子之间接近晶格距离并形成结合力。为此,常常采用对被焊材料进行加压或加热的焊接工艺,克服阻碍金属表面紧密接触的各种因素,从而促进焊接时各种物理化学过程的进行。

根据焊接工艺的特点,传统上将焊接方法分为三大类,即熔化焊、固态焊和钎焊。将待焊处的母材金属熔化以形成焊缝的焊接方法称为熔化焊,简称为熔焊(fusion welding)。焊接温度低于母材金属和填充金属的熔化温度,加压以进行原子相互扩散的焊接工艺方法称为固态焊(solid-state welding)。

采用比母材熔点低的金属材料作钎料,将焊件和钎料加热到高于钎料熔点,低于母材熔化的温度,利用液态钎料润湿母材,填充接头间隙并与母材相互扩散实现连接焊件的方法称为钎焊。使用熔点高于 450 ℃的硬钎料进行的钎焊称为硬钎焊(brazing),而使用熔点低于 450 ℃的软钎料进行的钎焊称为软钎焊(soldering)。

从冶金角度看,液相焊接时,基材和填充材料熔化,液相互溶,实现材料间原子结合。固相焊接时,压力使连接表面紧密接触,表面之间充分扩散,实现原子结合。固-液相焊接时,待连接表面不接触,通过两者之间的毛细间隙中的液相金属在固液界面扩散,实现原子结合。

焊接作为一种传统技术,面临着 21 世纪的挑战。一方面,材料作为 21 世纪的支柱已显示出以下变化趋势,即从钢铁金属向非铁金属变化,从金属材料向非金属材料变化,从结构材料向功能材料变化,从多维材料向低维材料变化,从单一材料向复合材料变化。新材料连接必然要对焊接技术提出更高的要求。新材料的出现,成为焊接技术发展的重要推动力。例如,异种材料之间的连接,采用通常的焊接方法,已经无法完成,而此时固态连接的优越性日益显现,扩散焊与摩擦焊已成为焊接界的热点,比如金属与陶瓷已经能够进行扩散连接,这在以前是不可想象的。另一方面,先进制造技术的蓬勃发展,从自动化、集成化等方面对焊接技术的发展提出了越来越高的要求,出现的新型高能密度焊接如电子束焊、等离子焊、激光焊等,焊接精密度和温度都大大高出了传统电弧焊。

现代焊接技术自诞生以来一直受到诸学科最新发展的直接影响与引导,受材料、信息学科新技术的影响,不仅促进了数十种焊接新工艺的问世,而且也使得焊接工艺操作正经历着从手工向自动化、智能化的过渡,这已成为必然的发展趋势。图 4-1 所示为基本焊接方法的分类图。

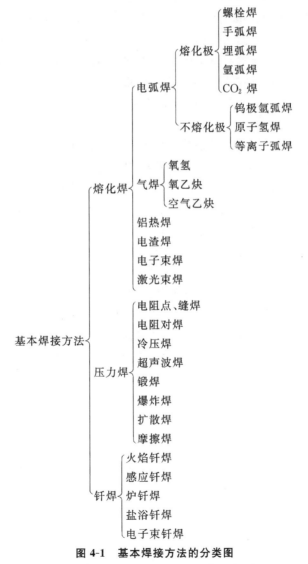

图 4-1　基本焊接方法的分类图

本章主要讨论几种先进的金属材料焊接技术的理论及应用。

4.2　激光焊接技术

激光作为一种高能量密度的能源,自其诞生之日起,在焊接方面的应用前景便广泛为人们所关注。早在 1962 年,就已经有关于激光焊接应用的报道。然而在 20 世纪 60 年代,激光在焊接方面的应用前景并不为人们所看好,刚开始用第一代百瓦级的 CO_2 激光进行焊接时,仅能在工件表面扫描出一道加热的痕迹而并不能使金属熔化。当时研究的重点集中在脉冲激光焊接。早期的激光焊接研究试验大多数利用固体脉冲激光器,虽然能够获得较高的脉冲能量,但这些激光器的平均输出功率却相当低,激光作用于材料时并未出现类似于电子束焊接的小孔效应。尽管如此,人们还是在百瓦级 YAG 激光的薄板热传导焊以及电子器件的脉冲 YAG 激光点焊方面取得了一定程度的进展。

直到 1971 年,第一台千瓦级连续 CO_2 激光器产生后,人们才首次利用激光实现了类似电子束的小孔效应焊接,从而真正开创了激光焊接应用的新局面。其后,有关激光焊接(主要指激光深熔焊)的理论与技术取得了迅猛发展,伴随着激光器件的不断改进,激光焊接技术在机械、汽车、电子、航天、钢铁以及船舶等行业都得到了广泛的应用。

与其他焊接技术相比,激光焊接的主要优点是:

(1) 高深宽比,激光聚焦后功率密度高,焊缝深宽比可高达 10∶1;

(2) 线能量小,焊件热变形小,焊缝窄,焊缝热影响区(HAZ)也很小;

(3) 能实现精密可控微区焊接,极小的聚焦光斑且能精密定位,以及极高的加热、冷却速度,容易实现微区精密焊接,对焊缝周围区域几乎没有热损伤;

(4) 高的焊接速度,激光焊接速度高出弧焊一个数量级以上,薄板激光焊接速度可高达 $20 \sim 30$ m/min,是一种极为高效的焊接方式;

(5) 材料适应性好,用激光可实现常规方法难以焊接材料的焊接,并能对异种材料施焊,效果良好;

(6) 良好的过程适应性,通过灵活的光束传导,且与现代数控技术相结合,容易实现多工位、难以接近部位以及同一设备不同零件的焊接。

激光焊接的局限主要包括:要求焊件的装配精度高,激光聚焦后光斑尺寸很小,约 $0.1 \sim 0.6$ mm,且一般不加填充材料,故对工件装配精度和光束定位精度有严格要求;激光器及相关系统的成本高,一次性投资较大。

4.2.1　激光的产生与激光束

激光(laser)是英文"light amplification by stimulated emission of radiation"的缩写,意为"通过受激辐射实现光的放大"。激光的出现,是人们长期对量子物理、波谱学、光学和电子学等综合研究的结果。激光和无线电波、微波一样,都是电磁波,具有波粒二象性。但激光的产生机理与普通光不同,因此它具有一系列比普通光优异的特征。

1.受激辐射及粒子集居数反转

按照 1913 年丹麦物理学家玻尔提出的氢原子理论,原子系统只能具有一系列不连续的能量状态(亦称为能级),在这些状态中,电子虽然做加速运动但不辐射电磁能量,这些状态称为原子的稳定状态。原子系统的电子可以通过与外界的能量交换,改变其运动状态,从而导致原子系统的能量改变,即同一元素的原子,由于各原子的内能值的不同,而处于不同的能级。原子一般都会自发地趋于最低的能量状态(即最低能级),原子处于最低能级时的状态称为基态(也称基能级)。反之,当原子处于其他任何高于基态的能级时,则称为激发态(也称为激发能级、高能级)。原子从一种能级状态改变到另一种能级状态的过程称为跃迁。如果跃迁时并不辐射或者吸收光子,即粒子系统与外界的能量交换不是以辐射或吸收光子的方式,而是以其他形式(如粒子运动的动能、振动能的形式)进行交换,这种跃迁过程称为无辐射跃迁。

对于激发态的原子或粒子,其较高的内能使其处于不稳定状态,它总是力图通过辐射跃迁或无辐射跃迁的形式回到低的能级上来,如果跃迁过程中发出一个光子,那么这个过程称为光的自发辐射(见图 4-2(a))。其特点是:它是一个纯自发产生的过程;自发辐射时每个光子的频率都满足普朗克公式 $h\nu = E_2 - E_1$;处于上能级 E_2 上的粒子跃迁时都各自独立地发出一个光子,这些光子互不相关。因此虽然光子的频率相同,但它们的相位、方向和偏振都不同,故散乱、随机、无法控制。

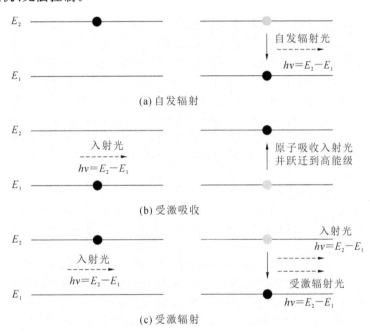

图 4-2 自发辐射、受激吸收和受激辐射示意

自发辐射常用自发跃迁几率(A_{21})来描述,A_{21} 是粒子处于上能级 E_2 上的平均寿命(τ)的倒数(即 $1/\tau$)。自然界中,常见的许多光源,如日光、灯光等都是粒子系统自发辐射的结果。

1916 年爱因斯坦首次提出了受激辐射的概念。他指出,处于不同能级的粒子在能级间发生跃迁,同时要吸收或发射能量,并唯象地把跃迁过程分为受激跃迁与自发跃迁两类。其中受激跃迁包括受激辐射和受激吸收。

处于低能级 E_1 的粒子由于吸收能量为 $h\nu = E_2 - E_1$ 的外来光子而从 E_1 跃迁到上能级 E_2,就称为光的受激吸收(见图 4-2(b)),光子的辐射能被粒子所吸收变为粒子的势能或内能。

受激吸收不仅与粒子系统本身有关,而且与外来光子有关,外来光子越多,受激吸收越多。

光的受激辐射是受激吸收的逆过程。如果处于上能级 E_2 上的粒子，受到频率为 $\nu = (E_2 - E_1)/h$ 的外来光子的激励，便从 E_2 跃迁到下能级 E_1，并且发出一个和外来激励光子完全相同的光子，这称为光的受激辐射（见图 4-2(c)）。

应该指出的是，受激辐射和自发辐射虽都能发出光子，但它们的物理本质并不相同。受激辐射是外来光子激励引起的，而自发辐射却是自发产生的；受激辐射所产生的光子和外来光子完全一样，即发出光子的方向、频率、相位以及偏振方向等特性完全与外来激励光子一样，而自发辐射没有这些特性。从效果上看，受激辐射相当于加强了外来激励光，即具有光放大作用，因此受激辐射是激光产生的主要物理基础。

上述自发辐射、受激吸收和受激辐射三种情况，在光与粒子的相互作用中都会同时存在。物质在平衡状态下，各能级上的粒子数目 N 服从玻尔兹曼分布，即平衡态下的正常分布，有

$$\frac{N_2}{N_1} = e^{-\left(\frac{E_2 - E_1}{KT}\right)} \tag{4-1}$$

式中：K——玻耳兹曼常数；

T——绝对温度，$T > 0$。

因为 $\qquad\qquad\qquad\qquad E_2 > E_1$

所以 $\qquad\qquad\qquad\qquad N_2 < N_1$

又因 $\qquad\qquad\qquad\qquad W_{12} = W_{21}$

故

$$\left(\frac{dN_{21}}{dt}\right)_{st} < \left(\frac{dN_{12}}{dt}\right)_{st} \tag{4-2}$$

式中：W_{12}——受激吸收系数；

W_{21}——受激辐射系数；

N_{21}——自发辐射系数。

在平衡态下，能级的能量越高，其上面的粒子数越少。又因为受激辐射概率等于受激吸收概率，所以当外来光子入射到粒子系统时，下能级上受激吸收的粒子数将多于上能级上受激辐射的粒子数，结果外来光得不到放大，光与这样的系统相互作用只会损失能量。故通常只能看到原子系统的吸收现象（光减弱），而看不到受激辐射现象（光增强）。由此可见，处于平衡状态下的粒子系统是不能产生激光的。要使受激辐射超过吸收，必须使系统中处于高能态的粒子数（N_2）多于处于低能态的粒子数（N_1），即 $N_2 > N_1$。这种分布称为粒子集居数反转（简称粒子数反转）。

经过粒子数反转后的介质称为激活介质。当介质激活后，假若有一束强度为 I_0 的外来光入射到介质中（其频率 ν 必须满足 $h\nu = E_2 - E_1$），当光在介质中传播时，一方面要产生光的受激吸收，另一方面也要产生受激辐射。但在激活介质中，单位时间内上能级 E_2 上受激辐射的粒子数大于下能级上受激吸收的粒子数，受激辐射居主导地位，光通过介质后得到加强。通常将激活介质称为激光工作物质；将光通过介质后得到加强的效果称为增益。

激活介质（激光工作物质）具有以下特征：一是介质必须处于外界能源激励的非平衡状态下；二是介质的能级系统的上能级中必须有亚稳态能级存在，以便实现粒子数反转；三是激活介质一定是增益介质。

形成粒子数反转的方法很多,如光泵浦、气体放电的激励、电子束激励、气体动力激励、化学反应激励、核泵等,最常见的还是光泵浦和电激励。光泵浦是用光照射激励工作物质,利用粒子系统的受激吸收使低能级上的粒子跃迁到高能级上形成粒子数反转,如红宝石的粒子数反转是依靠氙灯照射实现的。电激励是通过介质的辉光放电,促成电子、离子及分子间的碰撞,以及粒子间的共振交换能量,使低能级上的粒子跃迁到高能级上形成粒子数反转,如 CO_2 气体等的粒子数反转。

2. 激光的产生过程与激光特性

激光工作物质受到外部能量的激励,从平衡态转变为非平衡态,在两能级的粒子系统中,处于下能级(E_1)上的粒子通过种种途径被抽运到激光上能级(E_2)上,在 E_2 与 E_1 间形成粒子数反转。粒子在 E_2 上的滞留时间(平均寿命 τ)较长,但有自发向 E_1 跃迁的趋势。当粒子开始向 E_1 跃迁,发出一个光子,这些自发辐射的光子作为外来光子(其频率肯定满足普朗克公式)激发其他粒子,引起其他粒子受激辐射和受激吸收。但因 $N_2 > N_1$,产生受激辐射的粒子数多于受激吸收的粒子数,因而总的来说光是得到放大的;一个光子激励一个上能级 E_2 上的粒子使之受激辐射,产生一个和激励光子完全一样的新光子,这两个光子又作为激励光子去激励 E_2 上的另外两个粒子,从而又产生两个与前面激励光子完全一样的新光子,这种过程继续下去,就出现光的雪崩式放大,光得到迅速增强;若在激光工作物质两端装有两块互相平行的反射镜,则构成谐振腔。

由于谐振腔的作用,只有那些平行于谐振腔光轴方向的光束可以在激光工作物质中来回反射得到放大,而其他方向上的光经两块反射镜有限次的反射后总会逸向腔外而消失,所以在粒子系统中出现一个平行于光轴的强光;如果谐振腔的右边是一个半反射镜,当光达到一定强度时则有部分激光会透过半反射镜输出腔外。随着腔内光强的增加,腔内受激辐射越来越强,上能级 E_2 上的粒子数减少,而下能级 E_1 上的粒子数增加,当光强增加到某一值后,受激辐射和受激吸收平衡,光强不再增加,就得到一个稳定输出的激光。图 4-3 是激光产生过程示意图。

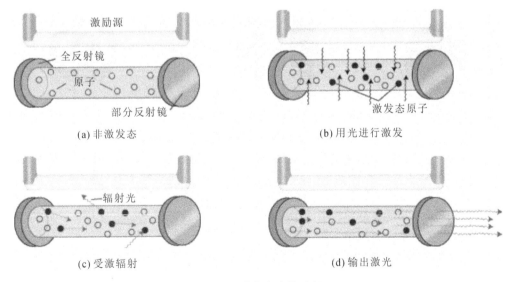

(a) 非激发态　　　　　　　　　　　　　　　(b) 用光进行激发

(c) 受激辐射　　　　　　　　　　　　　　　(d) 输出激光

图 4-3　激光产生的过程

当然,激光器工作时,一方面工作物质要产生受激辐射,进行光的放大;另一方面,还会产生损耗,削弱甚至抵消增益。这些损耗包括衍射损失、散射损失和镜片的反射损失等消耗。只有增益大于总的损失,才能输出激光。

1960年,美国科学家梅曼(Maiman)博士在休斯实验室研制成功了世界上第一台红宝石激光器。随后各种激光器如雨后春笋般相继出现。激光是一种崭新的光源,它除了与其他光源一样是一种电磁波外,还具有其他光源所不具备的特性:高方向性,高亮度(光强)、高单色性和高相干性。

正是因为激光具有这些特点,用其作为加工热源是十分理想的。激光的发散角很小,接近平行光,而且单色性好,频率单一,经透镜聚焦后可形成很小的光斑,并且可以做到使最小光斑直径与激光波长的数量级相当,再加上激光的高亮度,使聚焦后光斑上的功率密度达 $10^{15} \mathrm{W/cm^2}$ 或更高,材料在如此之高的功率密度光的照射下,会很快熔化、汽化或爆炸。因此激光常用于焊接、切割和打孔,是一种很好的高功率密度能源。

3. 激光的模式

根据经典电磁理论和量子力学可知,激光是一种电磁波,它在谐振腔内振荡并形成稳定分布后,也只能以一些分立的本征态出现。存在于谐振腔中的这些分立的本征态就称为腔模。而腔中激光的每一个分立的本征态就是一个模式。每个模式都有一个对应的特定频率和特定空间场强的分布。

CO_2 气体激光的模式包括纵模和横模两种。描述激光频率特性和对应的一个光束场强在光轴方向(即纵向)的分布称为激光的纵模,它与激光加工的关系很小。而描述其场强横向(即光轴横截面)分布特性的称为激光的横模,它在激光热加工中有着重要意义。因为激光在热加工中是作为热源的,而激光的横模既然反映了场强横向分布特性,也就反映了能量在光束横截面上集中的程度。横模常用 TEM_{mn} 表示,其中 m 和 n 均为小正整数。横模可以是轴对称的,也可以是对光轴旋转对称的。对于轴对称的情况,m、n 分别表示沿两个互相垂直的坐标轴光场出现暗线的次数。几种典型的模式及其相应的 m、n 值如图4-4所示。

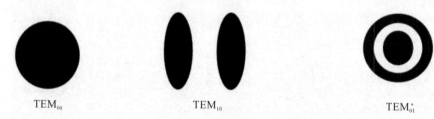

$$TEM_{00} \qquad TEM_{10} \qquad TEM_{01}^*$$

图4-4 激光的模式与 m、n 值

横模 TEM_{00} 称为激光的基模,其激光能量最集中,其余的低阶模的激光能量有少许分散,但仍算集中,这正是激光焊接和切割所需要的。TEM_{01}^* 模是轴对称 TEM_{00} 和 TEM_{10} 模的叠加,通常称为环形模,采用的是非稳腔的高功率激光器经常输出的模式。此外,还有高阶模(m、n 数值大),其能量分散。由于激光器的结构或形式不同,它可以输出一种模式的激光,也可以输出多种模式的激光。

对于掺钕钇石榴石(Nd^{3+}:YAG,含 Nd^{3+} 的 Yttrium-aluminium-garnet,简称 YAG)等固体激光器,其光能的空间分布更复杂,不能用简单的数学公式描述。这是因为固体激光棒不可避免地存在一些缺陷,折射率不均匀,在光泵作用下受热而产生光程变化和双折射等。经过选模,YAG 等固体激光器也可在接近基模或低阶模下运行,不过此时其输出功率将显著下降。

4.2.2 激光加工设备

激光加工设备主要由激光器、导光系统、控制系统、工件装夹及运动系统等主要部件和光学元件的冷却系统、光学系统的保护装置、过程与质量的监控系统、工件上下料装置、安全装置等外围设备组成。这里主要介绍工业加工用激光器。

1. 激光器的分类与组成

按激光工作物质的状态,激光器可分为固体激光器和气体激光器。激光器一般由下列部件组成:

(1)激光工作物质 它必须是一个具有若干能级的粒子系统并具备亚稳态能级,使粒子数反转和受激辐射成为可能;

(2)激励源(泵浦源) 由它给激光物质提供能量,使之处于非平衡状态形成粒子数反转;

(3)谐振腔 给受激辐射提供振荡空间和稳定输出的正反馈,并限制光束的方向和频率;

(4)电源 为激励源提供能源;

(5)控制和冷却系统等 保证激光器能够稳定、正常和可靠工作;

(6)聚光器 如果是固体激光器,则会使光泵浦的光能最大限度地照射到激光工作物质上,提高泵浦光的有效利用率。

用于焊接等热加工的固体激光器主要是 YAG 激光器,气体激光器主要是 CO_2 激光器。因此主要介绍这两种激光器。

其他新型激光器,如 CO 激光器,输出波长为 5 μm 左右的多条谱线,这种激光器能量转换效率比 CO_2 激光器高,目前 CO 激光器的输出功率可达数千瓦至十千瓦,光束质量也高,并有可能实现光纤传输,但只能运行于低温状态,其制造和运行成本均较高,尚处在实用化的研究阶段;极有发展前途的高功率半导体二极管激光器,随着其可靠性和使用寿命的提高及价格的降低,在某些焊接领域将替代 YAG 激光器和 CO_2 激光器。

2. YAG 激光器

激光焊接用 YAG 激光器,平均输出功率为 0.3~3 kW,最大功率可达 6 kW 以上。YAG 激光器可在连续或脉冲状态下工作,也可在调节 Q 的状态下工作。三种输出方式的 YAG 激光器的特点如表 4-1 所示。YAG 激光器的一般结构见图 4-5。

表 4-1 三种 YAG 激光器的输出特点

输出方式	平均功率/kW	峰值功率/kW	脉冲持续时间	脉冲重复频率	能量(脉冲)/J
连续	0.3~4	—	—	—	—
脉冲	~4	~50	0.2~20 ms	1~500 Hz	~100
Q-开关	~4	~100	<1 μs	~100 kHz	10^{-3}

YAG 激光器输出激光的波长为 1.06 μm,是 CO_2 激光波长的十分之一。波长较短有利于激光的聚焦和光纤传输,也有利于金属表面的吸收,这是 YAG 激光器的优势;但 YAG 激

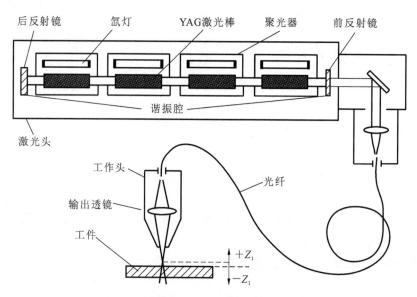

图 4-5　典型的 Nd:YAG 激光器结构示意图

光器采用光浦泵，能量转换环节多，器件总效率比 CO_2 激光器低，而且泵浦灯使用寿命较短，需经常更换。YAG 激光器一般输出多模光束，模式不规则，发散角大。

3. CO_2 激光器

CO_2 激光器是目前工业应用中数量最大、应用最广泛的一种激光器。CO_2 激光器工作气体的主要成分是 CO_2、N_2 和 He，CO_2 分子是产生激光的粒子，N_2 分子的作用是与 CO_2 分子共振交换能量，使 CO_2 分子激励，增加激光上能级上的 CO_2 分子数，同时它还有抽空激光下能级的作用，即加速 CO_2 分子的弛豫过程。氦气的主要作用是抽空激光下能级的粒子。He 分子与 CO_2 分子相碰撞，使 CO_2 分子从激光下能级尽快回到基级。He 的导热性很好，故又能把激光器工作时气体中的热量传给管壁或热交换器，使激光器的输出功率和效率大大提高。不同结构的 CO_2 激光器，其最佳工作气体成分不尽相同。CO_2 激光器的特点如下：

（1）输出功率范围大。CO_2 激光器的最小输出功率为数毫瓦，最大可输出几百千瓦的连续激光功率。脉冲 CO_2 激光器可输出 10^4 J 的能量，脉冲宽度为纳秒（ns）。因此，在医疗、通信、材料加工甚至军事武器等诸方面应用广泛。

（2）能量转换功率大大高于固体激光器。CO_2 激光器的理论转换功率为 40%，实际应用中其电光转换效率也可达到 15%。

（3）CO_2 激光波长为 $10.6~\mu m$，属于红外光，它可在空气中传播很远而衰减很小。

热加工中应用的 CO_2 激光器，根据结构分为三种：封离式或半封离式、横流式、轴流式。

图 4-6 是封离式激光器的结构示意图。封离式激光器的放电管是由石英玻璃制成的。由于石英玻璃的热膨胀系数很小，因此作为放电管时稳定性较好。谐振腔一般采用平凹腔，全反射镜是一块球面镜，由玻璃制成，表面镀金，由反射率达 98% 以上。另一块是部分反射镜（平面），作激光器的输出窗口，由砷化镓（GaAs）制成。谐振腔的两块镜片常用环氧树脂黏在放电管两端，使放电管内的工作气体与外界隔绝，所以称为封离式 CO_2 激光器，其结构特点是工作气体不能更换。一旦工作气体"老化"，则放电管不能正常工作甚至不能产生激光。为此，可在封离式 CO_2 放电管上开孔，接上抽气-充气装置，即将已"老化"的气体抽出放电管之外，然后充入新的工作气体。这样，放电管又能正常工作了。这种可定期地更换工作

气体的 CO_2 激光器,称为半封离式 CO_2 激光器。

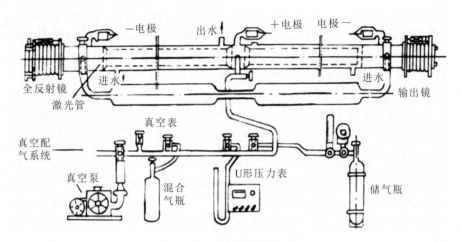

图 4-6　封离式 CO_2 激光器

　　封离式或半封离式 CO_2 激光器的优点是:结构简单,制造方便,成本低;输出光束质量好,容易获得基模;运行时无噪声,操作简单,维护容易。但输出功率小,一般在 1 kW 以下。这类激光器每米放电长度上仅能获得 50 W 左右的激光输出功率,为了增加激光输出功率,除了增加放电管长度外,别无他法。为了缩短激光器长度,可以将其制成折叠式的结构。

　　封离式 CO_2 激光器输出功率不高的主要原因是工作时气体是不流动的,而放电管中产生的热量只能通过气体的热传导进行散热,热量通过工作气体传导给管壁,然后由管壁传给管外的冷却水带走。由于气体的导热性不好,因此单位体积气体内输入的能量不能太大,否则其温度会升高,导致激光器的输出功率降低,甚至停止输出。为了提高输出功率,可从两个方面加以改进。一是改善冷却条件和方法,若提高输入能量密度时,气体温度不致明显升高,可在激光器中加装冷却器并强迫气体通过冷却器流动,加快气体散热;二是提高气体工作气压,增加单位体积中的工作气体密度。横流式 CO_2 激光器就是在这种指导思想下发明的。图 4-7 所示为横流式 CO_2 激光器结构示意图。

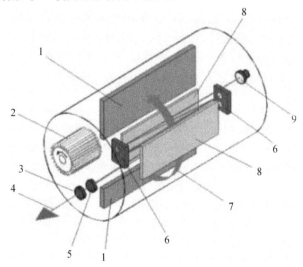

图 4-7　横流式 CO_2 激光器结构示意图

1—热交换器;2—风机;3—输出窗口;4—气体流动方向;5—输出镜;6—折叠镜;7—气体流动方向;8—高频电极;9—后反射镜

激光器工作时,工作气体由风机驱动在风管内流动,流速可达 $60\sim100$ m/s,管板电极组成了激光器的辉光放电区,当工作气体流过放电区时,CO_2 分子被激发,然后流过由全反射镜和输出窗口组成的谐振腔,产生受激辐射发出激光。气体经过放电区,温度升高,在风管内有一冷却器强制冷却由风机驱动的气体,冷却后的气体又循环流回放电区,工作气体如此循环进行流动,可获得稳定的激光输出。由于输出的激光束、放电方向以及放电区内气流的方向三者之间互相垂直,所以称为横流式 CO_2 激光器。

横流式 CO_2 激光器的主要特点是输出功率大,占地面积较小(与封离式相比)。现在最大连续输出功率已达几十千瓦。输出激光模式一般为高阶模或环形光束。轴流式 CO_2 激光器也称为纵流式 CO_2 激光器,按工作气体在激光器内的流速不同,又可以分为快速轴向流动式(气体流速一般为 $200\sim300$ m/s,有时超过音速,最高流速可达 500 m/s)和慢速轴向流动式(气体流速仅为 $0.1\sim1.0$ m/s)两种。

快速轴向流动式 CO_2 激光器结构如图 4-8 所示,工作气体在罗茨泵的驱动下流过放电管受到激励,并产生激光。工作时真空系统不断抽出一部分气体,同时又从补充气源不断注入新的工作气体(换气速度为 $100\sim200$ L/min),以维持气体成分不变。

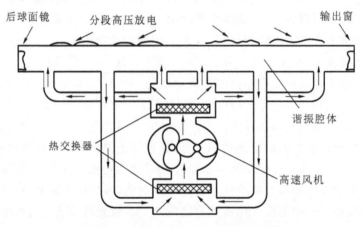

后球面镜　分段高压放电　　　　　　　输出窗

谐振腔体

热交换器

高速风机

图 4-8　快速轴向流动式 CO_2 激光器示意图

与封离式 CO_2 激光器相比,快速流动式 CO_2 激光器的最大特点是单位长度的放电区域上获得的激光输出功率大,一般大于 500 W/m,因此体积大大缩小,可用作激光焊接机器人。它的另一个特点是输出光束质量好,以低阶或基模输出,而且可以脉冲方式工作,脉冲频率可达数十千赫兹。由于谐振腔内的工作气体、放电方向和激光输出方向一致,因此称为快速轴向流动式 CO_2 激光器。

慢速轴向流动式与快速轴向流动式相似,工作时也要不断抽出部分气体和补充新鲜气体,以有效地排除工作气体中的分解物,保持输出功率稳定于一定水平。不过与快速轴流式相比,其抽出和补充的气体都少得多,所以单位时间内消耗的新气体大大减少。单位长度的放电区域上仅可获得 80 W/m 左右的输出功率。因此,为减少占地面积和增加输出功率,可做成折叠式的。图 4-9 是慢速轴向流动式激光器示意图。由于制成高功率器件时尺寸大,慢速轴向流动式正被快速轴流式所取代。不过,结合我国当前国情看,慢速轴向流动式的换气率低,消耗新工作气体远较快速轴向流动式的少,这对我国氦气非常昂贵的实际情况而言,减少了新气体消耗,也就减少了氦气的消耗,可使运行费用大大降低,不失为一种可供选择的激光器。

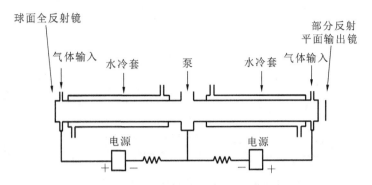

图 4-9　慢速轴向流动式 CO_2 激光器示意图

还有一种射频激励扩散冷却板状 CO_2 激光器,如图 4-10 所示。由于极间距离很短,为 1～2 mm;放电宽度为 10～30 mm,输出光束为长宽比值很大的矩形光斑,不同方向发散角也不同,不适合工业激光精加工。放电均匀稳定,放电光束质量好。但射频信号对人体有危害,射频激励技术复杂成本昂贵,不便于普及和推广。

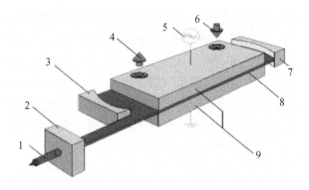

图 4-10　射频激励扩散冷却板状 CO_2 激光器

1—激光;2—光束修整单元;3—输出镜;4—冷却水;
5—射频激励;6—冷却水 7—后反射镜;8—射频激励机放电;9—波导电极

4.2.3　激光焊接机理

按激光器输出能量方式不同,激光焊接分为脉冲激光焊和连续激光焊(包括高频脉冲连续激光焊);按激光聚焦后光斑上功率密度的不同,激光焊接又可分为传热焊和深熔焊。

1. 传热焊

不同的激光功率密度作用下,材料发生不同的变化,如图 4-11 所示。

采用的激光光斑功率密度小于 $10^5\,W/cm^2$ 时,激光将金属表面加热到熔点与沸点之间,焊接时,金属材料表面将所吸收的激光能转变为热能,使金属表面温度升高而熔化,然后通过热传导方式把热能传向金属内部,使熔化区逐渐扩大,凝固后形成焊点或焊缝,其熔深轮廓近似为半球形。这种焊接机理称为传热焊,它类似于 TIG 焊等非熔化极电弧焊过程。

传热焊的主要特点是激光光斑的功率密度小,很大一部分光被金属表面所反射,光的吸收率较低,焊接熔深浅,焊接速度慢,主要用于薄(<1 mm)、小零件的焊接加工。

2. 深熔焊

当激光光斑上的功率密度足够大时($\geqslant 10^6\,W/cm^2$),金属在激光的照射下被迅速加热,

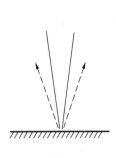
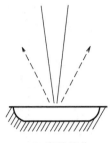
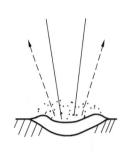
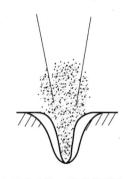

(a) 固态加热
$(I<10^4 \text{W/cm}^2)$

(b) 表层熔化
$(10^4<I<10^6 \text{W/cm}^2)$

(c) 表层熔化,形成增强吸收
的等离子体(10^6W/cm^2)

(d) 形成小孔,形成阻碍吸收的
等离子体 $(10^6<I<10^7 \text{W/cm}^2)$

图 4-11 不同功率密度时的加热现象

其表面温度在极短的时间内$(10^{-8}\sim10^{-6}\text{s})$升高到沸点,使金属熔化和汽化。

当金属汽化时,所产生的金属蒸气以一定的速度离开熔池,金属蒸气的逸出对熔化的液态金属产生一个附加压力(例如对于铝,$P\approx11\text{ MPa}$;对于钢,$P\approx5\text{ MPa}$),使熔池金属表面向下凹陷,在激光光斑下产生一个小凹坑(见图 4-11(c))。当光束在小孔底部继续加热汽化时,所产生的金属蒸气一方面压迫坑底的液态金属使小坑进一步加深,另一方面,向坑外飞出的蒸气将熔化的金属挤向熔池四周。这个过程连续进行下去,便在液态金属中形成一个细长的孔洞。当光束能量所产生的金属蒸气的反冲压力与液态金属的表面张力和重力平衡后,小孔不再继续加深,形成一个深度稳定的孔而进行焊接,因此称之为激光深熔焊接(见图 4-11(d))。如果激光功率足够大而材料相对较薄,激光焊接形成的小孔贯穿整个板厚且背面可以接收到部分激光,这种焊法也可称之为薄板激光小孔效应焊。从机理上看,深熔焊和小孔效应焊的前提都是焊接过程中存在着小孔,二者没有本质的区别。

在能量平衡和物质流动平衡的条件下,可以对小孔稳定存在时产生的一些现象进行分析。只要光束有足够高的功率密度,小孔总是可以形成的。小孔中充满了被焊金属在激光束的连续照射下所产生的金属蒸气及等离子体(见图 4-12)。这个具有一定压力的等离子体还向工件表面空间喷发,在小孔之上,形成一定范围的等离子体云。小孔周围为熔池所包围,在熔池金属的外面是未熔化金属及一部分凝固金属,熔化金属的重力和表面张力有使小孔弥合的趋势,而连续产生的金属蒸气则力图维持小孔的存在。在光束入射的地方,有物质连续逸出孔外,随着光束的运动,小孔将随着光束运动,但其形状和尺寸却是稳定的。

当小孔跟着光束在物质中向前运动的时候,在小孔前方形成一个倾斜的烧蚀前沿。在这个区域,随着材料的熔化、汽化,其温度高、压力大。这样,在小孔周围存在着压力梯度和温度梯度。在此压力梯度的作用下,熔融材料绕小孔周边由前沿向后沿流动。另外,温度梯度的存在使得气液分界面的表面张力随温度升高而减小,从而沿小孔周边建立了一个表面张力梯度,前沿处表面张力小,后沿处的大,这就进一步驱使熔融材料绕小孔周边由前沿向后沿流动,最后在小孔后方凝固起来形成焊缝。

小孔的形成伴随有明显的声、光特征。激光焊接钢件在未形成小孔时,工件表面的火焰是橘红色或白色的,一旦小孔生成,火焰变成蓝色,并伴有爆裂声,这个声音是等离子体喷出小孔时产生的。利用激光焊接时的这种声、光特征,可以对焊接质量进行监控。

顺便指出,激光束模式对小孔及熔池的形状有较大影响,不同模式的激光作用下,得到的小孔及熔池形状示意图不同,如图 4-13 所示。用模式为基模(TEM00)的激光束进行焊接

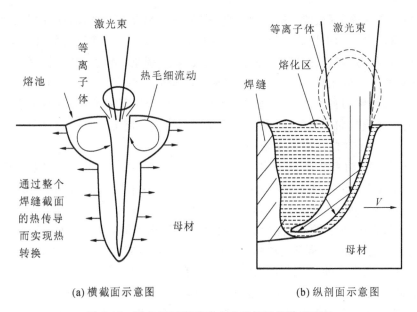

(a) 横截面示意图　　　　　　　(b) 纵剖面示意图

图 4-12　激光深熔焊时的小孔及熔池流动示意图

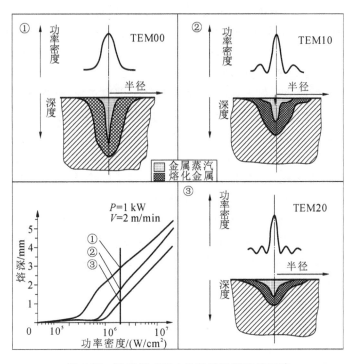

图 4-13　激光模式对小孔及熔池形状的影响

时,因能量高度集中,得到的焊缝窄而深,深宽比较大;随着激光束模式阶数逐渐变高(如 TEM01,TEM02),焊缝宽度变大而深度减小。

3.激光焊接过程中的几种效应

1) 激光焊接过程中的等离子体

(1) 等离子体的形成　在高功率密度条件下进行激光加工时,会出现等离子体。等离子体的产生是物质原子或分子受能量激发电离的结果,任何物质在接收外界能量而温度升高时,原子或分子受能量(光能、热能、电场能等)的激发都会产生电离,从而形成由自由运动的电子、带正电的离子和中性原子组成的等离子体。等离子体通常称为物质的第四态,在宏观上保持电中性状态。激光焊接时,形成等离子体的前提是材料被加热至汽化。

金属被激光加热汽化后,在熔池上方形成高温金属蒸气。金属蒸气中有一定的自由电子。处在激光辐照区的自由电子通过逆韧致辐射吸收能量而被加速,直至其有足够的能量来碰撞、电离金属蒸气和周围气体,电子密度从而雪崩式地增加。这个过程可以近似地用微波加热和产生等离子体的经典模型来描述。

在 $10^7\,W/cm^2$ 的功率密度下,平均电子能量 $\bar{\varepsilon}$ 随辐照时间的加长急剧增加到一个常值(约 1 eV)。在这个电子能量下,电离速率占有优势,产生雪崩式电离,电子密度急剧上升。电子密度最后达到的数值与复合速率有关,也与保护气体有关。

激光加工过程中的等离子体主要为金属蒸气的等离子体,这是因为金属材料的电离能低于保护气体的电离能,金属蒸气较周围气体易于电离。如果激光功率密度很高,而周围气体流动不充分时,也可能使周围气体离解而形成等离子体。

(2) 等离子体的行为　高功率激光深熔焊时,位于熔池上方的等离子体,会引起光的吸收和散射,改变焦点位置,降低激光功率和热源的集中程度,从而影响焊接过程。

等离子体通过逆韧致辐射吸收激光能量,逆韧致辐射是等离子体吸收激光能量的重要机制,是由于电子和离子之间的碰撞所引起的。简单地说就是:在激光场中,高频率振荡的电子在和离子碰撞时,会将其相应的振动能变成无规运动能,结果激光能量变成等离子体热运动的能量,激光能量被等离子体吸收。

等离子体对激光的吸收系数与电子密度和蒸气密度成正比,随激光功率密度和作用时间的增长而增加,并与波长的平方成正比。同样的等离子体,对波长为 $10.6\,\mu m$ 的 CO_2 激光的吸收系数比对 $1.06\,\mu m$ 的 YAG 激光的吸收系数高两个数量级。由于吸收系数不同,不同波长的激光产生等离子体所需的功率密度阈值也不同。YAG 激光产生等离子体阈值功率密度比 CO_2 激光的高出约两个数量级。也就是说,用 CO_2 激光进行加工时,易产生等离子体并受其影响,而用 YAG 激光,等离子体的影响则较小。

激光通过等离子体时,改变了吸收和聚焦条件,有时会出现激光束的自聚焦现象。等离子体吸收的光能可以通过不同渠道传至工件:① 等离子体辐射易为金属材料吸收的短波长的光波;② 等离子体与工件接触面的热传导;③ 材料蒸气在等离子体压力下返回聚集于工件表面。如果等离子体传至工件的能量大于等离子体吸收所造成工件接收光能的损失,则等离子体反而增强了工件对激光能量的吸收,这时,等离子体也可看作是一个热源。

激光功率密度处于形成等离子体的阈值附近时,较稀薄的等离子体云集于工件表面,工件通过等离子体吸收能量。当材料汽化和形成的等离子体云浓度间形成稳定的平衡状态时,工件表面有一较稳定的等离子体层。其存在有助于加强工件对激光的吸收。对于 CO_2 激光加工钢材,与上述情况相应的激光功率密度约为 $10^6\,W/cm^2$。由于等离子体的作用,工件对激光的总吸收率可由 10% 左右增至 30%～50%。

激光功率密度为 $10^6\sim10^7\,W/cm^2$ 时,等离子体的温度高,电子密度大,对激光的吸收率大,并且高温等离子体迅速膨胀,逆着激光入射方向传播,形成所谓激光维持的吸收波。在这种情形中,会出现等离子体的形成和消失的周期性振荡。这种激光维持的吸收波,容易在激光焊接过程中出现,必须加以抑制。

进一步加大激光功率密度($I>10^7\,W/cm^2$),激光加工区周围的气体可能被击穿。激光穿过纯气体,将气体击穿所需功率密度一般大于 $10^9\ \mathrm{W/cm^2}$。但在激光作用的材料附近,存在一些物质的初始电离,原始电子密度较大,击穿气体所需功率密度可下降约两个数量级。击穿各种气体所需功率密度大小与气体的导热性、解离能和电离能有关。气体的导热性越好,能量的热传导损失越大,等离子体的维持阈值越高,在聚焦状态下就意味着等离子体高度越低,越不易出现等离子体屏蔽。对于电离能较低的氩气,气体流动状况不好时,在略高于 $10^6\ \mathrm{W/cm^2}$ 的功率密度下也可能出现击穿现象。

气体击穿所形成的等离子体,其温度、压力、传播速度和对激光的吸收系数都很大,形成所谓激光维持的爆发波,它完全、持续地阻断激光向工件的传播。一般在采用连续 CO_2 激光进行加工时,其功率密度均应小于 $10^7\ \mathrm{W/cm^2}$。

2)壁聚焦效应

激光深熔焊时,当小孔形成以后,激光束将进入小孔。当光束与小孔壁相互作用时,入射激光并不能全部被吸收,有一部分将由孔壁反射在小孔内某处重新会聚起来,这一现象称为壁聚焦效应。壁聚焦效应的产生,可使激光在小孔内部维持较高的功率密度,进一步加热熔化材料。对于激光焊接过程,重要的是激光在小孔底部的剩余功率密度,它必须足够高,以维持孔底有足够高的温度,产生必要的汽化压力,维持一定深度的小孔。

小孔效应的产生和壁聚焦效应的出现,能大大地改变激光与物质的相互作用过程,当光束进入小孔后,小孔相当于一个吸光的黑体,使能量的吸收率大大增加。

3)净化效应

净化效应是指 CO_2 激光焊接时,焊缝金属有害杂质元素减少或夹杂物减少的现象。

产生净化效应的原因是:有害元素在钢中可以以两种形式存在——夹杂物或直接固溶在基体中。当这些元素以非金属夹杂物存在时,在激光焊接时将产生下列作用:对于波长为 $10.6\ \mu m$ 的 CO_2 激光,非金属的吸收率远远大于金属,当非金属和金属同时受到激光照射时,非金属将吸收较多的激光而使其温度迅速上升而汽化。当这些元素固溶在金属基体中时,由于这些非金属元素的沸点低,蒸气压力高,它们会从熔池中蒸发出来。上述两种作用的总效果是减少了焊缝中的有害元素,这对金属的性能,特别是塑性和韧性,有很大的好处。当然,激光焊接的净化效应产生的前提必须是对焊接区加以有效的保护,使之不受大气等的污染。

4)激光跟踪缝隙效应

当缝隙与激光束中心不同轴时,熔池中心线与激光束中心不重合,熔池趋近接头缝隙,如图 4-14 所示。可以利用这种特性焊接角焊缝。

4. 材料的激光焊接性

1)激光焊接的焊缝形成及特点

因为激光传热焊焊缝类似于某些常规焊接方法的接头,这里着重讨论常见的大功率 CO_2 激光深熔焊焊缝的特点。

从熔池的纵剖面来看,有一个台阶。下部深而窄,上部比较宽而且向后拉长。这种形状在氩弧焊时是没有的。金属蒸气的孔道稍微弯向加热金属一边,是激光束主要加热孔道的前壁,使它汽化的结果。如前所述,金属蒸气对已熔化的金属形成了很大压力;而前壁的液态金属由于前后壁的表面张力之差,使金属向后壁流动,所以形成了孔道向后弯曲。熔池的横截面呈杯状或剑形。这与电子束焊的熔池横截面不同。激光焊熔池上部有一个比较宽的

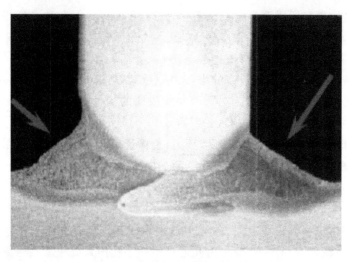

图 4-14 激光跟踪缝隙效应

熔化部分,因为激光焊时小孔上部高温的等离子体,它既有屏蔽作用,但同时它也可以成为一个热源,对金属加热。电子束焊在真空中进行,没有等离子体产生。若在真空条件下进行激光焊,也可以得到剑式熔深,而没有上部较宽的熔池。若采取等离子体控制措施,将等离子体压入小孔内,也可以改变熔池的深度和形状。

对激光焊的熔池研究发现,熔池有周期性的变化。其主要原因是激光与物质作用过程的自振荡效应。这种自振荡的频率与激光束的参数、金属的热物理性能和金属蒸气的动力学特性有关。一般其频率为 $10^2 \sim 10^4$ Hz,而温度波动的振动振幅为 $1 \sim 5 \times 10^2$ K。自振荡效应,使熔池中的小孔和金属的流动现象也发生周期性的变化。当金属蒸气和等离子体屏蔽激光束时,金属蒸发也减少,作为充满金属蒸气的小孔也会缩小,底部就会被液态金属所填充。一旦解除对激光束的屏蔽,就又重新形成小孔。同理,液体金属的流动速度和扰动状态也会发生周期性的变化。

熔池的周期性变化,有时会在焊缝中产生两个特有的现象。第一是气孔,若按它们的大小而言,也可以称为空洞。充满金属蒸气的小孔发生周期性的变化,同时熔化的金属又在它的周围从前沿向后沿流动,加上金属蒸发造成的扰动,就有可能将小孔拦腰阻断,使蒸气留在焊缝中,凝固之后,形成气孔。这种气孔(或孔洞)与一般焊缝中由于物理化学过程而产生的气孔是完全不同的。有人提出,将激光束沿焊接方向倾斜 15°,则可以减少甚至消除气孔的产生。第二是焊缝根部的熔深的周期性变化。这与小孔的周期性变化有关,是由激光深熔焊的自振荡现象的物理本质所决定的。

由于激光深熔焊的线能量是电弧焊的 $1/3 \sim 1/10$,因此凝固过程很快。特别是在焊缝的下部,因很窄而散热情况好,有很高的冷却速度,使焊缝内产生细化的等轴晶。其晶粒的尺寸为电弧焊的 1/3 左右。从纵剖面来看,由于熔池中的熔化金属从前部向后部流动的周期变化,使焊缝形成层状组织。由于周期性变化的频率很高,所以层间距离很小。这些因素及激光的净化作用,都有利于提高焊缝的力学性能和抗裂性。

2)金属的激光焊接性

用激光焊接来焊接接头具有一些常规焊接方法所不能比拟的性能,这就是接头的良好的抗热裂能力和抗冷裂能力。

(1)抗热裂能力 热裂纹的敏感性评定标准有两个:一是正在凝固的焊接缝金属所允

许的最大变形速率(V_{cr}),二是金属处于液固两相共存的"脆性温度区"(1200～1400 ℃)中单位冷却速度下的最大变形速率(a_{cr})。

试验结果表明,CO_2 激光焊与 TIG 焊相比,焊接低合金高强钢时,有较大的 V_{cr} 和较小的 a_{cr},所以焊接时热裂纹敏感性较低。激光焊虽然有较高的焊接速度,但其热裂纹敏感性却低于 TIG 焊。这是因为激光焊焊缝组织晶粒较细,可有效地防止热裂纹的产生。如果工艺参数选择不当,也会产生热裂纹。

(2)抗冷裂能力 冷裂纹的评定指标是 24 小时在试样中心不产生裂纹所加的最大载荷(σ_{cr})。

对于低合金高强钢,激光焊和电子束焊的临界应力 σ_{cr} 大于 TIG 焊,这就是说激光焊的抗冷裂能力大于 TIG 焊。焊接 10 钢(低碳钢)时,两种焊接方法的 σ_{cr} 几乎相同。焊接含碳量较高的 35 钢时,激光焊与 TIG 焊相比,有较大的冷裂纹敏感性。为了说明上述结果,有研究者研究了几种钢的焊接热循环、焊缝和热影响区的组织。发现在 600～500 ℃(奥氏体向铁素体转变)的温度区间中,焊接速度为 2.0 m/min 的激光焊的冷却速度比焊速为 0.33 m/min 的 TIG 焊大一个数量级,不同的冷却速度影响了奥氏体的转变,获得不同的奥氏体转变产物。

低合金高强钢 12Cr2Ni4A 进行 TIG 焊时,它的焊缝和 HAZ 组织为马氏体加上贝氏体,而激光焊时,则是低碳马氏体,两者的显微硬度相当,但后者的晶粒却细得多。高的焊接速度和较小的线能量,使激光在焊接低合金高强钢等可获得综合性能特别是抗冷裂性能良好的低碳细晶粒马氏体,接头具有较好的抗冷裂能力。

用同样的热循环焊接含碳量较高的 35 钢,焊缝和 HAZ 组织就不同了。35 钢的原始组织是珠光体,由于 TIG 焊接速度慢,线能量大,冷却过程中奥氏体发生高温转变,焊缝和 HAZ 组织大都为珠光体。激光焊和电子束焊的冷却速度快,焊缝和 HAZ 组织是典型的奥氏体低温转变产物——马氏体,因为含碳量高,所形成的板条状马氏体具有很高的硬度(650 HV),这种马氏体是四方晶体,具有较高的组织转变应力,冷裂纹敏感性高。激光焊冷却速度快,导致含碳量高的材料产生硬度高、含碳量高的片状或板条状马氏体,是冷裂纹敏感性大的主要原因。若接头设计不当而造成应力集中,也会促使冷裂纹的形成。

(3)接头的残余应力和变形 CO_2 激光焊加热光斑小,线能量小,使得焊接接头的残余应力和变形比普通焊法小得多。

为了比较激光焊和 TIG 焊接头的残余应力与变形,取尺寸为 200 mm×200 mm×2 mm 的钛合金板,用两种焊接方法沿试样中心堆焊一道焊缝。焊接参数分别为① TIG 焊:$P=880$ W,$V=4.5$ mm/s,线能量 $q=195$ J/mm;② 激光焊:$P=920$ W,$V=11$ mm/s,$q=83$ J/mm;③ $P=1800$ W,$V=33.5$ mm/s,$q=47$ J/mm。焊前先标定好试样的长度和宽度,焊后分别测量接头的纵向应变 ε_x 和横向收缩 Δt_r,然后测定接头的纵向应力。

试验结果表明:参数②的功率与①的相差不多,但速度却比①的高 1 倍,因此线能量仅为①的 1/2,激光焊接头的纵向应变和横向收缩却只是 TIG 焊的 1/3。参数③的线能量是①的 1/4,焊接速度是①的 9 倍,因此焊后接头的残余变形更小,纵向应变和横向收缩分别只是 TIG 焊的 1/5 和 1/6。

值得注意的是:激光焊虽然有较陡的温度梯度,但焊缝中的最大残余拉应力却仍然要比 TIG 焊略小一些,而且激光焊参数的变化几乎不影响最大残余拉应力的幅值。由于激光焊加热区域小,拉伸塑性变形区小,因此最大残余压应力比 TIG 焊减少 40%～70%,这个事实在薄板的焊接中格外重要,因为薄板经 TIG 焊后常常因为残余压应力的存在而发生波浪变形,而这种变形是很难消除的,用激光焊接薄板,则变形大大减少,一般不会产生波浪变形。

激光焊残余变形和应力小,使它成为一种精密的焊接方法。

(4)冲击韧性　人们在研究 HY-130 钢 CO_2 激光焊接接头的冲击韧性的试验中发现了表 4-2 所示的结果,焊接接头的冲击韧性大于母材的冲击韧性。

表 4-2　HY-130 钢 CO_2 激光焊接接头的冲击韧性

激光功率/kW	焊接速度/(cm/s)	试验温度/(℃)	焊接接头冲击韧度/J	母材冲击韧度/J
5.0	1.90	−1.1	52.9	35.8
5.0	1.90	23.9	52.9	36.6
5.0	1.48	23.9	38.4	32.5
5.0	0.85	23.9	36.6	33.9

进一步深入研究发现,HY-130 钢 CO_2 激光焊接接头冲击韧性提高的主要原因之一是焊缝金属的净化效应。这在前面已作了详细的论述。

(5)不同材料间的焊接性　各种材料对激光焊接的焊接性与对传统焊接方法的焊接性类似。不同材料之间的激光焊接只有在一些特定的材料组合间才可能进行,如图 4-15所示。

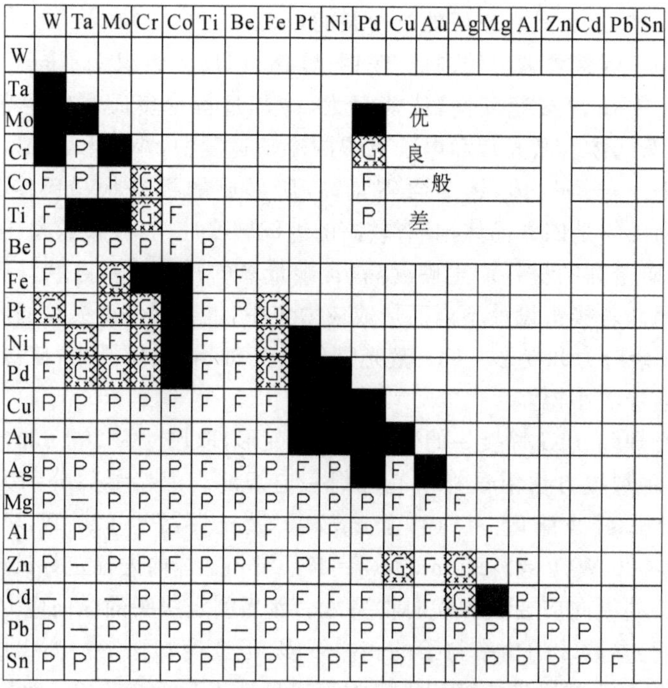

图 4-15　不同金属材料间采用激光焊接的焊接性

5.激光焊接工艺和参数

1)脉冲激光焊接工艺和参数

脉冲激光焊类似于点焊,其加热斑点很小,约为微米数量级,每个激光脉冲在金属上形成一个焊点。主要用于微型、精密元件和一些微电子元件的焊接,它是以点焊或由点焊点搭接成的缝焊方式进行的。

常用于脉冲激光焊的激光器有红宝石、钕玻璃和 YAG 等几种。

脉冲激光焊所用的激光器输出的平均功率低,焊接过程中输入工件的热量小,因而单位时间内所能焊合的面积也小。可用于薄片(0.1 mm 左右)、薄膜(几微米至几十微米)和金属丝(直径可小于 0.02 mm)的焊接,也可进行一些零件的封装焊。

脉冲激光焊有四个主要焊接工艺参数:脉冲能量、脉冲宽度、功率密度和离焦量。

(1) 脉冲能量和脉冲宽度　脉冲激光焊时,脉冲能量决定了加热能量大小,它主要影响金属的熔化量;脉冲宽度决定焊接时的加热时间,这影响熔深及热影响区(HAZ)大小。脉冲能量一定时,对于不同材料,各存在着一个最佳脉冲宽度,此时焊接熔深最大。它主要取决于材料的热物理性能,特别是导温系数和熔点。导热性好、熔点低的金属易获得较大的熔深。脉冲能量和脉冲宽度在焊接时有一定的关系,而且随着材料厚度与性质不同而变化。焊接时,激光的平均功率 P 为

$$P = E/\Delta\tau \tag{4-3}$$

式中:E——脉冲能量;

　　　$\Delta\tau$——脉冲宽度。

可见,为了维持一定的功率,随着脉冲能量的增加,脉冲宽度必须相应增加,才能得到较好的焊接质量。

(2) 功率密度　激光焊接时功率密度决定了焊接过程和机理。在功率密度较小时,焊接以传热焊的方式进行,焊点的直径和熔深由热传导所决定,当激光斑点的功率密度达到一定值(10^6 W/cm²)后,焊接过程中将产生小孔效应,形成深宽比大于 1 的深熔焊点,这时金属虽有少量蒸发,并不影响焊点的形成。但功率密度过大后,金属蒸发剧烈,导致汽化金属过多,在焊点中形成一个不能被液态金属填满的小孔,不能形成牢固的焊点。

脉冲激光焊时,功率密度为

$$I = 4E/\pi d^2 \Delta\tau \tag{4-4}$$

式中:I——激光光斑上的功率密度(W/cm²);

　　　E——激光脉冲能量(J);

　　　d——光斑直径(cm);

　　　$\Delta\tau$——脉冲宽度(s)。

(3) 离焦量　离焦量 ΔF 是指焊接时工件表面离聚焦激光束最小斑点的距离,也有人称之为入焦量。激光束通过透镜聚焦后,有一个最小光斑直径:如果工件表面与之重合,则 $\Delta F = 0$;如果工件表面在它下面,则 $\Delta F > 0$,称为正离焦量;反之则 $\Delta F < 0$,称为负离焦量(见图 4-16)。改变离焦量,可以改变激光加热斑点的大小和光束入射状况,焊接较厚板时,采用适当的负离焦量可以获得最大熔深。但离焦量太大会使光斑直径变大,降低光斑上的功率密度,使熔融减小。离焦量的影响,在下面连续 CO_2 激光焊接的有关部分还会进一步论述。

2) 连续 CO_2 激光焊接工艺和参数

CO_2 激光器广泛应用于材料的激光加工。激光焊接用的商品 CO_2 激光器连续输出功率为数千瓦至数十千瓦(最大可有 25 kW)。实验室已研制出 100 kW 以上的大功率 CO_2 激光器。

(1) CO_2 激光焊工艺。

① 接头类型及装配要求。

常见的 CO_2 激光焊接头类型如图 4-17 所示。在激光焊时,用得最多的是对接接头。为

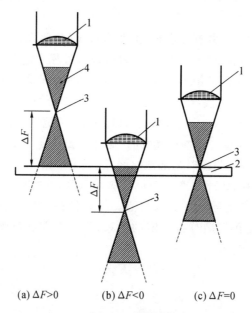

(a) $\Delta F>0$ (b) $\Delta F<0$ (c) $\Delta F=0$

图 4-16　离焦量

了获得成形良好的焊缝,焊前必须装配良好。各类接头装配要求如表 4-3 所示。对接时,如果接头错边太大,会使入射激光在板角处反射,焊接过程不能稳定。薄板焊时,间隙太大,焊后焊缝表面成形不饱满,严重时会形成穿孔。搭接时板间间隙过大,则易造成上下板间熔合不良。

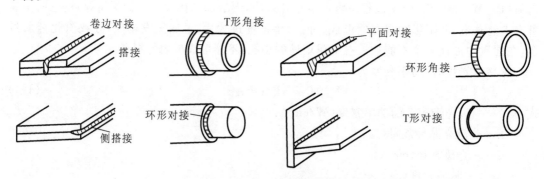

图 4-17　常见的 CO_2 激光焊接头类型

表 4-3　各类接头的装配要求(h 为板厚)

接头类型	允许最大间隙	允许最大上下错边量
对接	$0.10h$	$0.25h$
角接	$0.10h$	$0.25h$
T 形接头	$0.25h$	
搭接	$0.25h$	
卷边接头	$0.1h$	$0.25h$

在激光焊接过程中,应夹紧焊件,以防止热变形。光斑在垂直于焊接运动方向时对焊缝中心的偏离量应小于光斑半径。对于钢铁等材料,在焊前进行表面除锈、除油处理即可;在要求较严格时,可能需要酸洗,焊前用乙醇、丙酮或四氯化碳清洗。

激光深熔焊可以进行全位置焊,在起焊和收尾的渐变过渡可通过调节激光功率的递增和衰减过程或改变焊速来实现。用此方法在焊接环缝时可实现首尾平滑连接。利用内反射来增强激光吸收的焊缝常常能提高焊接过程的效率和熔深。

② 填充金属。

尽管激光焊接适合于自熔焊,但在一些应用场合,仍施加填充金属。其优点是:能改变焊缝化学成分,从而达到控制焊缝组织、改善接头力学性能的目的。在有些情形下,还能提高焊缝抗结晶裂敏感性。另外,允许增大接头装配公差,改善激光焊接头准备的不理想状态。实践表明,间隙超过板厚的 3%,自熔焊缝将不饱满。图 4-18 是激光填丝焊示意图。填充金属常常以焊丝的形式加入,可以是冷态,也可以是热态。填充金属的施加量不能过大,以免破坏小孔效应。

图 4-18　激光填丝焊

③ 激光焊参数及其对熔深的影响。

● 激光功率(P)　通常激光功率是指激光器的输出功率,没有考虑导光和聚焦系统所引起的损失。激光焊熔深与激光输出功率密度密切相关,是功率和光斑直径的函数。对一定的光斑直径,在其他条件不变时,焊接熔深 h 随着激光功率的增加而增加。尽管在不同的实验条件下可能有不同的实验结果,但是熔深随激光功率 P 的变化大致有两种典型的实验曲线,用公式近似地表示为

$$h \propto P^k \tag{4-5}$$

式中:h——熔深(mm);

P——激光功率(kW);

k——常数,$k \leqslant 1$,典型实验值为 0.7 和 1.0。

图 4-19 是激光焊时的激光功率与熔深的变化曲线。另外,焊接所需激光功率还是被焊材料厚度的函数,图 4-20 表示不同材料焊接时所需的最小激光功率。

● 焊接速度(V)　在一定的激光功率下,提高焊速,线能量下降,熔深减小,如图 4-21 所示。在焊速较高时,激光深熔焊与电子束焊的结果较接近。一般情况下,焊速与熔深有下面近似的关系:

$$h = 1/V^r \tag{4-6}$$

式中:$r < 1$。

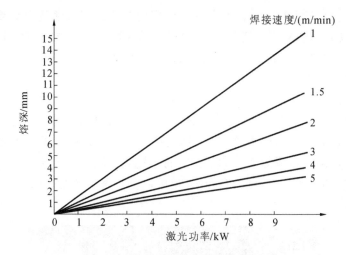

图 4-19　激光功率与熔深的变化曲线

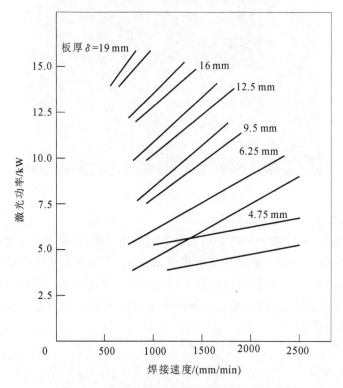

图 4-20　不同材料焊接所需的最小激光功率

尽管适当降低焊速可加大熔深,但若速度过低,熔深却不会再增大,反而使熔宽增大(见图 4-22)。其主要原因是,激光深熔焊时,维持小孔存在的主要动力是金属蒸气的反冲压力,在焊速低到一定程度后,线能量增加,熔化金属越来越多,当金属汽化所产生的反冲压力不足以维持小孔的存在时,小孔不仅不再加深,甚至会崩溃,焊接过程蜕变为传热焊型焊接,因而熔深不会再涩增大。另一个原因是随着金属汽化的增加,小孔区温度上升,等离子体的浓度增加,对激光的吸收增加。这些原因使得低速焊时,激光焊熔深有一个最大值。也就是说,对于给定的激光功率等条件,存在一个维持深熔焊接的最小焊接速度。

熔深与功率和焊速的关系可表示为

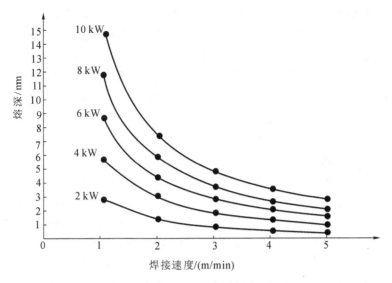

图 4-21　焊接速度对焊缝熔深的影响

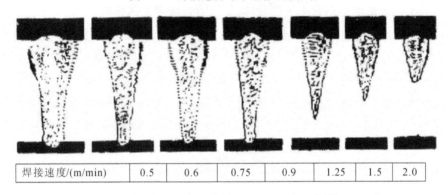

| 焊接速度/(m/min) | 0.5 | 0.6 | 0.75 | 0.9 | 1.25 | 1.5 | 2.0 |

图 4-22　不同焊速下所得到的熔深($P=8.7$ kW,板厚 12 mm)

$$h = \beta \cdot P^{1/2} \cdot V^{-r} \tag{4-7}$$

式中：h——熔深；

　　　P——激光功率；

　　　V——焊速；

　　　β、γ——常数,取决于激光源、聚焦系统和焊接材料。

● 光斑直径　是指照射到工件表面的光斑尺寸大小。对于高斯分布的激光,有几种不同的方法定义光斑直径。一种是当光强下降到中心光强的 e^{-1} 时的直径；另一种是当光强下降到中心光强的 e^{-2} 时的直径。前者在光斑中包含光束总量的 60%,后者则包含了 86.5% 的激光能量,这里推荐 e^{-2} 束径。在激光器结构一定的条件下,照射到工件表面的光斑大小取决于透镜的焦距 F 和离焦量 ΔF,根据光的衍射理论,聚焦后的最小光斑直径 d_0 可表示为

$$d_0 = 2.44 \times \frac{F\lambda}{D}(3m+1) \tag{4-8}$$

式中：F——透镜的焦距；

　　　λ——激光波长；

　　　D——聚焦前光束直径；

　　　m——激光振动模的阶数。

由式(4-8)可知,对于一定波长的光束,F/D 和 m 值越小,光斑直径越小。我们知道,焊接时为获得深熔焊缝,要求激光光斑上的功率密度高。提高功率密度的方式有两个:一是提高激光功率 P,它和功率密度成正比;二是减小光斑直径,功率密度与直径的平方成反比。因此,减小光斑直径比提高功率有效得多。减小 d_0 可以通过使用短焦距透镜和降低激光束横模阶数。低阶膜聚焦后可以获得更小的光斑。对焊接和切割来说,希望激光器以基模或低阶模输出。

● **离焦量(ΔF)** 离焦量不仅影响工件表面激光光斑的大小,而且影响光束的入射方向,因而对焊接熔深、焊缝宽度和焊缝横截面形状有较大影响。在 ΔF 很大时,熔深很小,属于传热焊,当 ΔF 减小到某一值后,熔深发生跳跃性增加,此处标志着小孔产生,在熔深发生跳跃性变化的地方,焊接过程是不稳定的,熔深随着 ΔF 的微小变化而改变很大。激光深熔焊时,熔深最大时的焦点位置位于工件表面下方某处,此时焊缝成形也最好。在 $|\Delta F|$ 相等的地方,激光光斑大小相同,但其熔深并不同。在 $\Delta F<0$ 时,激光经孔壁反射后向孔底传播,在小孔内部维持较高的功率密度,$\Delta F>0$ 时,光线经小孔壁的反射传向四面八方,并且随着孔深的增加,光束是发散的,孔底处的功率密度比前种情况低得多,因此熔深变小,焊缝成形也变差。图 4-23 是低碳钢激光焊接时,离焦量对焊接熔深的影响。

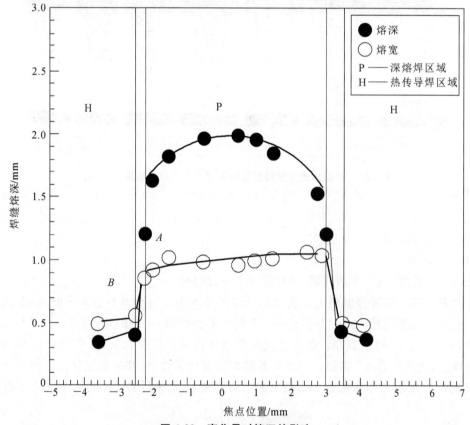

图 4-23　离焦量对熔深的影响

($P=2$ kW,$V=2$ m/min,工件厚度 5 mm)

● **保护气体** 激光焊时采用保护气体有两个作用:其一是保护焊缝金属不受有害气体的侵袭,防止氧化污染,提高接头的性能;其二是影响焊接过程中的等离子体,这直接与光能的吸收和焊接机理有关。前面曾指出,高功率 CO_2 激光深熔焊过程中形成的光致等离子体,会对激光束产生吸收、折射和散射等,从而降低焊接过程的效率,其影响程度与等离子体形态有关。等离子体形态又直接与焊接工艺参数特别是激光功率密度、焊速和环境气体有关。功率密度越大,焊速越低,金属蒸气和电子密度越大,等离子体越稠密,对焊接过程的影响也就越大。在激光焊接过程中吹保护气体,可以抑制等离子体,其作用机理是:通过增加电子与离子、中性原子三体碰撞来增加电子的复合速率,降低等离子体中的电子密度。中性原子越轻,碰撞频率越高,复合速率越高。另外,所吹气体本身的电离能要较高,才不致因气体本身的电离而增加电子密度。

氦气最轻而且电离能最高,因而使用氦气作为保护气体,对等离子体的抑制作用最强,焊接时熔深最大。氩气的效果最差,但这种差别只是在激光功率密度较高、焊速较低、等离子体密度大时才较明显。在较低功率、较高焊速下,等离子体很弱,不同保护气体的效果差别很小。

利用流动的保护气体,将金属蒸气和等离子体从加热区吹除。气流量对等离子体的吹除有一定的影响。气流量太小,不足以驱除熔池上方的等离子体云,随着气体流量的增加,驱除效果增强,焊接熔深也随之加大,但也不能过分增加气流量,否则会引起不良后果和浪费,特别是在薄板的焊接时,过大的气流量会使熔池下落形成穿孔。图 4-24 是在不同的气流量下得到的熔深。由图可知,气流量大于 17.5 L/min 后,熔深不再增加。不同的保护气体,其作用和效果也不同。

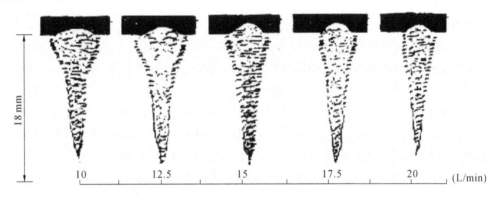

图 4-24　不同气流量下的熔深

(2) 激光焊接参数、熔深及材料热物理性能之间的关系。

激光焊接工艺参数如激光功率(P)、焊接速度(V)、熔深(d)、焊缝宽度(W)以及焊接材料性质之间的关系,已有大量的经验数据。焊接参数间的回归方程为

$$P/Vd = a + b/r \tag{4-9}$$

式中:a、b 的值和回归系数 r 的值见表 4-4。

表 4-4　几种材料的 a、b、r 值

材料	激光器类型	$a/(kJ/mm^2)$	$b/(kW/mm)$	r
304 不锈钢	CO_2	0.0194	0.356	0.82
低碳钢	CO_2	0.016	0.219	0.81
	YAG	0.009	0.309	0.92
铝合金	CO_2	0.0219	0.381	0.73
	YAG	0.0065	0.526	0.99

焊接参数与材料性质的关系也有人进行了研究。不同厚度的 ASTM A36 钢 CO_2 激光焊接时，熔深 $d(m)$ 与焊速 $V(m/s)$、功率 $P(W)$ 和导热系数 $K(W/(m \cdot K))$、热扩散率 $\kappa(m^2/s)$ 之间的关系式为

$$d = \frac{0.10618P}{KT_m}\left[\frac{Vb}{\kappa}\right]^{-1.2056} \tag{4-10}$$

式中：b——光束直径(m)。

4.2.4　激光焊接在工业中的应用

早期的激光应用大都是采用脉冲固体激光器，进行小型零部件的点焊和由焊点搭接而成的缝焊。这种焊接过程多属传导型传热焊。20 世纪 70 年代，大功率 CO_2 激光器的出现，开辟了激光应用于焊接及工业领域的新纪元。激光焊接在汽车、钢铁、船舶、航空、轻工等行业日益广泛应用。实践证明，采用激光焊接，不仅生产率高于传统的焊接方法，而且焊接质量也得到了显著的提高。

近年来，高功率 YAG 激光器有突破性进展，出现了平均功率在 4 kW 左右的连续或高重复频率输出的 YAG 激光器，可以用其进行深熔焊接，且因为其波长短，金属对这种激光的吸收率大，焊接过程受等离子体的干扰少，因而有良好的应用前景。

1. 脉冲激光焊的应用

脉冲激光焊已成功地用于焊接不锈钢、铁镍合金、铁镍钴合金、铂、铑、钽、铌、钨、钼、铜及各类铜合金、金、银、铝合金等。

脉冲激光焊接实际应用的成功事例之一就是显像管电子枪的组装。电子枪由数十个小而薄的零件组成，传统的电子枪组装方法是用电阻焊。电阻焊时，零件受压畸变，精度下降，并且因为电子枪尺寸日益小型化，焊接设备的设计制造越来越困难。采用脉冲 YAG 激光焊，光能通过光纤传输，自动化程度高，易实现多点同时焊，且焊接质量稳定，所焊接的阴极芯装管后，在阴极成像均匀性与亮度均匀性方面，都优于电阻焊。每个组件的焊接过程仅需几毫秒，组件的焊接全过程为 2.5 s，而用电阻焊时需要 5.5 s。

脉冲激光焊接还可用于核反应堆零件的焊接、仪表游丝的焊接、混合电路薄膜元件的导线连接等。用脉冲激光封装焊接继电器外壳、锂电池和钽电容外壳、集成电路等都是很有效的方式。

2. 连续 CO_2 激光焊接的应用实例

1）汽车制造业

CO_2 激光焊接在汽车制造业中应用最为广泛。据专家估计，汽车零件中有 50% 以上可用激光加工，其中切割和焊接是最主要的激光加工方法。世界三大主要汽车产地中，北美和欧洲以激光焊接占主要地位，而日本则以切割为主。发达国家的汽车制造业，越来越多地采用激光焊接技术来制造汽车底盘、车身板、底板、点火器、热交换器及一些通用部件。

以前制作冲压板所用的电子束焊接，现在正逐步被激光焊所取代。激光焊接拼焊冲压成形的板料毛坯，可以减少冲模套数、焊装设备和夹具，可提高部件精度，减少焊缝数量，降低产品成本，减轻车身重量，减少零件个数。如凯迪拉克某型轿车车身侧门板，不同厚度的五块冲压板采用激光焊拼接后进行冲压成形，可优化零件强度和刚度，不需要传统工艺必需的加强筋。通过优化设计，充分利用材料，可将材料的废损率降低到 10% 以下。图 4-25 所示为激光焊接汽车车身侧门板。

图 4-25　激光焊接汽车车身侧门板

美国福特汽车公司采用 6 kW 激光加工系统,将一些冲压的板材拼接成汽车底盘,整个系统由计算机控制,可五自由度运动,特别适于新型车的研制。该公司还用带有视觉系统的激光焊接机,将 6 根轴与锻压齿轮焊接在一起,成为轿车自动变速器齿轮架部件,生产速度为每小时 200 件。

意大利菲亚特(Fiat)公司用激光焊接汽车同步齿轮,费用只比老设备高一倍,而生产率却提高了 5～7 倍。日本汽车电器厂用 2 台 1 kW 激光器焊接点火器中轴与拨板的组合件。该厂于 1982 年建成两条自动激光焊接生产线,日产 1 万件。德国奥迪(Audi)公司,用激光拼接宽幅(1950 mm×2250 mm×0.7 mm)镀锌板,作为车身板,与传统焊接方法相比,焊缝及热影响区窄,锌烧损少,不损伤接头的耐蚀性。

用激光叠接焊代替电阻点焊,可以取消或减少电阻焊所需的凸缘宽度,例如某车型在车身装配时,传统的点焊工艺需 100 mm 宽的凸缘,用激光焊只需 1.0～1.5 mm,据测算,平均每辆车可减轻 50 kg。

由于激光焊接属无接触加工,柔性好,又可在大气中直接进行,因此可以在生产线上对不同形状的零件进行焊接,有利于车型的改进及新产品的设计。

2) 钢铁行业

CO_2 激光焊接在钢铁行业中主要用于钢带的焊接及连续酸洗线等场合。

① 硅钢板的焊接:生产中半成品硅钢板,一般厚为 0.2～0.7 mm,幅宽 50～500 mm,常用的焊接方法是 TIG 焊,但焊后接头脆性大,用 1 kW 的 CO_2 激光器焊接这类硅钢薄板,最大焊速可达 10 m/min,焊后接头的性能得到了很大改善。

② 冷轧低碳钢板的焊接:板厚为 0.4～2.3 mm,宽 508～1270 mm 的低碳钢板,用 1.5 kW 的 CO_2 激光器,最大焊速为 10 m/min,投资成本仅为闪光对焊的三分之二。

③ 酸洗线用 CO_2 激光焊机:酸洗线上板材的最大厚度为 6 mm,板宽最大值为 1880 mm,材料种类多,从低碳钢到高碳钢、硅钢、低合金钢等,一般采用闪光对焊。但闪光对焊存在一些问题,如焊接硅钢时接头里形成 SiO_2 薄膜,热影响区晶粒粗大,焊高碳钢时有不稳定的闪光及硬化,造成接头性能不良。用激光焊接,可以焊最大厚度为 6 mm 的各种钢板,接头塑性、韧性比闪光焊有较大改进,可顺利通过焊后的酸洗、轧制和热处理工艺而不断裂。例如,日本川崎钢铁公司从 1986 年开始应用 10 kW 的 CO_2 激光器焊接 8 mm 厚的不锈钢板,与传统焊接方法相比,接头反复弯曲次数增加两倍。

3）镀锡板罐身的激光焊

镀锡板俗称马口铁，其主要特点是表层有锡和涂料，是制作小型喷雾罐身和食品罐身的常用材料。用高频电阻焊工艺，设备投资成本高，并且电阻焊缝是搭接，耗材也多。小型喷雾罐身，由约 0.2 mm 厚的镀锡板制成，用 1.5 kW 激光器，焊速可达 26 m/min。

对 0.25 mm 厚的镀锡板制作的食品罐身，用 700 W 的激光进行焊接，焊接速度为 8 m/min 以上，接头的强度不低于母材，没有脆化的倾向，具有良好的韧性。这主要是因为激光焊缝窄（约 0.3 mm），热影响区也小，焊缝组织晶粒细小。另外，由于净化效应，焊缝的含锡量得到控制，不影响接头的性能。焊后的翻边及密封性检验表明，无开裂及泄漏现象。英国 CMB 公司用激光焊罐头盒纵缝，每秒可焊 10 条，每条缝长 120 mm，并可对焊接质量进行实时监测。

4）组合齿轮的焊接

在许多机器中常常用到组合齿轮（塔形齿轮），当两个齿轮相距很近时，机械方法难以加工，或是因为需留退刀槽而增大了坯料及齿轮的体积。因此，一般是分开加工成两个齿轮，然后再连成整体。这类齿轮的连接方法通常是胶结或电子束焊。前者用环氧树脂把两个零件粘在一起，其接头强度低，抗剪力一般只有 20 N/mm²，而且由于粘接时的间隙不均匀，齿轮的精度不高。电子束焊则需真空室。用激光焊接组合齿轮，具有精度高、接头抗剪强度大（约 300 N/mm²）等特点，焊后齿轮变形小，可直接装配使用。因为不需要真空室，上料方便，生产效率高。

在电厂的建造及化工行业，有大量的管-管、管-板接头，用激光焊接可得到高质量的单面焊双面成形焊缝。

在舰船制造业，用激光焊接大厚板（可加填充金属），接头性能优于通常的弧焊，能降低产品成本，提高构件的可靠性，有利于延长舰船的使用寿命。

激光焊接在航空航天领域也得到了成功的应用。如美国 PW 公司配备了 6 台大功率 CO_2 激光器（其中最大功率为 15 kW），用于发动机燃烧室的焊接。

激光焊接还应用于电机定子铁芯的焊接、发动机壳体、机翼隔架等飞机零件的生产、修复航空涡轮叶片等。

激光焊接还有其他形式的应用，如激光钎焊、激光-电弧焊、激光填丝焊、激光压力焊等几种。激光钎焊主要用于印刷电路板的焊接，激光压力焊则主要用于薄板或薄钢带的焊接。其他两种方法则适合厚板的焊接。

4.3　电子束焊接技术

电子束焊接在工业上的应用已有几十年的历史。1948 年，Steigerwald 在研究电子显微镜中的电子束时，发现具一定功率和功率密度的电子束可用来加工材料，他用电子束对机械表上的红宝石进行打孔，对尼龙等合成纤维批量产品的图案凹模进行刻蚀以及切割。接着 Steigerwald 又发现电子束具有焊接能力，因为它具有小孔效应，所以焊速快，热输入低，焊缝深宽比大，因此克服了传统热源靠热传导进行焊接所受的局限。

与 Steigerwald 同时研究电子束焊接的还有 J. A. Stohr，他当时为法国原子能委员会工作，要对用于核工业燃料元件上的锆基合金这样的活泼金属进行焊接。由于金属材料的熔焊是一个冶金过程，在真空中对活泼金属进行焊接将更有利，因而真空电子束焊接是最合适的方法。1956 年,J. A. Stohr 申请了专利,阐述了电子束焊接的基本想法。1958 年,Steigerwald 和 Stohr 向世界上所有的工业国家公布了最初的研究成果并建造了世界上第一台电子束焊机,开始用于工业生产。现在已广泛应用于原子能及宇航工业、航空、汽车、电子电器、工程机械、医疗、石油化工、造船等几乎所有的工业部门。

4.3.1　电子束焊接原理

1. 电子束的产生

电子束焊接指由高电压加速装置形成的高能量电子束流通过磁透镜会聚,得到很小的焦点(其能量密度可达 $10^4 \sim 10^9$ W/cm²),轰击置于真空或非真空中的工件时,电子的动能迅速转变为热能,熔化金属,完成焊接过程。在热发射材料和被焊工件之间的电位差使热发射电子连续不断地加速飞向工件,形成电子束流。电子光学系统把电子束流会聚起来以提高能量密度达到熔化金属的程度,实现焊接。图 4-26 所示是三极电子枪结构示意图。

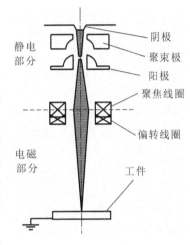

图 4-26　三极电子枪结构示意图

阴极:通常由钨、钽以及六硼化镧等材料制成,在加热电源直接加热或间接加热下,其表面温度上升,发射电子。

阳极:为了使阴极发射的自由电子定向运动,在阴极上加上一个负高压,阳极接地,阴、阳极之间形成的电位差加速电子定向运动,形成电子束流。

聚束极(控制极、栅极):只有阴、阳两极的电子枪叫二极枪。为了能控制阴、阳两极间的电子,进而控制电子束流,在电子枪上又加上一个聚束极,也叫控制极或栅极。聚束极在负高压一侧,但其上加一个比阴极更高的负高压,以调节电子束流的大小。具有阴极、阳极和聚束极的枪,称为三极枪。

聚焦透镜:电子从阴极发射出来,通过聚束极和阳极组成的静电透镜后,向工件方向运动,但这时的电子束流能量并不十分集中,在所经过的路径上产生发散。为了得到足以焊接金属的电子束流,必须通过电磁透镜将其聚焦,聚焦线圈可以是一级,也可以是两级,经聚焦后的电子束流能量密度可达到 10^7 W/cm² 以上。

偏转系统:电子束流在静电透镜和电磁透镜作用下,径直飞向工件,但有时电子束需偏离轴线。一方面焊接接头可能是 T 形或其他类型,需电子束偏转;另一方面有时加工工艺需要电子束具有扫描功能,因而也需电子束能偏摆。偏转系统由偏转线圈和函数发生器以及控制电路所组成。

合轴系统:电子束经过静电透镜、电磁透镜这些电子光学系统以及偏转系统后,因为有像差、球差等的影响,到达工件时,其电子束斑点可能不是所要求的,为了得到满意的电子束斑点,在电子枪系统中,往往加上一套合轴系统,合轴线圈结构与偏转线圈类似,不过其线圈极数多些,它可放在静电透镜的上部或下部。

2. 电子束深熔焊机理

电子束焊接时,在几十到几百千伏加速电压的作用下,电子可被加速到 $1/2 \sim 2/3$ 的光速,高速电子流轰击工件表面时,被轰击的表层温度可达到 10^4℃ 以上,表层金属迅即被熔化。表层的高温还可向焊件深层传导,由于界面上的传热速度低于内部,因此焊件呈现出趋向深层的等温线。

苏联科学院院士雷卡林教授根据这一热传导理论,推算出了简化的等效公式:

$$P_d = P_i/\pi R_b^2 \tag{4-11}$$

$$T_c = (1/\lambda)P_d R_b \tag{4-12}$$

式中:P_d——功率密度;

T_c——被加热区的中心点的温度;

R_b——电子束加热区的半径;

P_i——输入功率;

λ——与材料有关的常量。

在输入功率不变时,缩小束斑尺寸将使功率密度 P_d 按平方倍增加,从而增加加热区中心点的温度 T_c。在束斑直径缩得足够小时,功率密度分布曲线变得窄而陡,热传导等温线便向深层扩散,形成窄而深的加热模式。提高电子束的功率密度可以增加穿透深度。

在大厚度焊接中,焊缝的深宽比高达 60:1,焊缝两边缘基本平行,似乎温度横向传导几乎不存在,出现这种现象的原因是在电子束焊接中存在小孔效应。高能量密度电子束轰击工件,使工件表面材料熔化并伴随着液态金属的蒸发,材料表面蒸发的原子的反作用力使液态金属表面凹陷,随着电子束功率密度的增加,金属蒸气量增多,液面被压凹的程度也越大,并形成一个通道。电子束经过通道轰击底部的待熔金属,使通道逐步向纵深发展。液态金属的表面张力和流体静压力是力图拉平液面的,在达到力的平衡状态时,通道的发展才停止,并形成小孔。

形成深熔焊的主要原因是金属蒸气的反作用力。它的增加与电子束的功率密度成正比。实验证明,电子束功率密度低于 10^5 W/cm² 时,金属表面不产生大量蒸发的现象,电子束的穿透能力很小。在大功率焊接中,电子束的功率密度可达 10^8 W/cm² 以上,足以获得很深的穿透效应和很大的深宽比。

但是,电子束在轰击路径上会与金属蒸气和二次发射的粒子碰撞,造成功率密度下降。液态金属在重力和表面张力作用下对通道有浸灌和封口的作用。从而使通道变窄甚至被切断,干扰和阻断了电子束对熔池底部待熔金属的轰击。焊接过程中,通道不断地被切断和恢复,达到一个动态平衡。

由此可见,为了获得电子束焊接的深熔焊效应,除了要增加电子束的功率密度外,还要设法减轻二次发射和液态金属对电子束通道的干扰。

4.3.2 电子束焊接技术特点及参数

1.电子束焊接技术的特点

(1)电子束能量密度高,是理想的焊接热源。电子束与其他焊接热源的比较见表 4-5。

表 4-5 几种热源的比较

热源	能量密度/W·cm⁻²	热源直径/cm
电弧	10^4	0.2~2
等离子	$10^4 \sim 10^5$	0.5~2
电子束	$10^4 \sim 10^7$	0.03~1
激光	$10^3 \sim 10^7$	0.01~1

（2）电子束焊接热源稳定性好,易控制。

（3）真空电子束焊接时,焊缝免遭大气污染,在 2 Pa 真空度下焊接相当于 99.99% 氩气的保护,获得真空环境所消耗的成本远低于消耗氩气的成本。

（4）电子束焊机易实现自动化控制,操作简单,焊接质量易保证,适合批量生产。

（5）允许采用的焊接接头形式较其他焊接方法少,焊接速度快,热影响区窄,焊接变形小,可作为最后加工工序或仅保留精加工余量。

（6）大功率电子束适合焊接大厚度零件,可提高材料利用率,经济效益好。

（7）电子束焊的适用范围极广,它可用于焊接贵重部件(如喷气式发动机部件),又可焊接廉价部件(如齿轮等);既可适用于大批量生产(如汽车、电子元件),也适用于单件生产(如核反应堆结构件);既可以焊接微型传感器,也可焊接结构庞大的飞机机身;从薄的锯片到厚的压力容器它都能焊接;不但可焊接普通的结构,亦可焊接多种特殊金属材料,如超高强度钢、钛合金、高温合金及其他贵重稀有金属。

电子束焊接具有很多优于传统焊接方法的特点(见表 4-6)。

表 4-6　电子束焊接工艺特点

工艺特点	内容
焊缝深宽比高	束斑尺寸小,能量密度高。可实现高深宽比(即焊缝深而窄)的焊接,深宽比达 60∶1,从 0.1～300 mm 厚度的不锈钢板可一次焊透
焊接速度快,焊缝物理性能好	能量集中,熔化和凝固过程快。例如焊接厚 125 mm 的铝板,焊接速度达 400 mm/min,是氩弧焊的 40 倍,能避免晶粒长大,使接头性能改善,高温作用时间短,合金元素烧损少,焊缝抗蚀性好
工件热变形小	能量密度高,输入工件的热量少,工件变形小
焊缝纯洁度高	真空对焊缝有良好的保护作用,高真空电子束焊接尤其适合焊接钛及钛合金等活性材料
工艺适应性强	参数易于精确调节,便于偏转,对焊接结构有广泛的适应性
可焊材料多	不仅能焊金属,也可焊陶瓷、石英玻璃等,以及非金属材料与某些金属的异种材料接头
再现性好	电子束焊接参数易于机械化、自动化控制,重复性、再现性好,提高了产品质量的稳定性
可简化加工工艺	可将重复的或大型整体加工件分为易于加工的、简单的或小型部件,用电子束焊为一个整体,减少加工难度,节省材料,简化工艺

2.电子束焊接工艺

1)电子束焊接工艺参数

电子束焊接主要参数是加速电压 U_a、电子束流 I_b、焊接速度 V_b、聚焦电流 I_f 及工作距离 H。

① 加速电压　在大多数电子束焊接中,加速电压参数往往不变,根据电子枪的类型(低、中、高压)通常选取某一数值,如 60 kV 或 150 kV。相同的功率、不同的加速电压下,所得焊缝深度和形状是不同的。提高加速电压可增加焊缝的熔深。当焊接大厚件并要求得到窄而平行的焊缝或电子枪与工件的距离较大时可提高加速电压。

② 电子束流　电子束流与加速电压一起决定着电子束的功率。在电子束焊接中,由于

电压基本不变,所以为满足不同的焊接需要,常常要调整控制束流值。这些调整主要是:在焊接环缝时,要控制束流的上升、下降以获得良好的起始、收尾搭接处质量;在焊接各种不同厚度的材料时,要改变束流,以得到不同的熔深;在焊接大厚件时,由于焊速较低,随着工件温度增加传热变快,焊接电流需逐渐减小。

③ 焊接速度 焊接速度和电子束功率一起决定着焊缝的熔深、焊缝宽度以及被焊材料熔池行为(冷却、凝固及熔合包络线)。

④ 聚焦电流 电子束焊接时,电子束的聚焦位置有三种:上焦点、下焦点和表面焦点。焦点位置对焊缝形状影响很大。根据被焊材料的焊接速度、焊缝接头间隙等决定聚焦位置,进而确定电子束斑点大小。

当工件被焊厚度大于 10 mm 时,通常采用下焦点焊,且焦点在焊缝熔深的 30% 处。当焊接厚度大于 50 mm 时,焦点在焊缝熔深的 50%～75% 之间更合适。

⑤ 工作距离 工件表面距电子枪的工作距离会影响到电子束的聚焦程度,工作距离变小时,电子枪的压缩比增大,使束斑直径变小,增加了电子束功率密度。但工作距离太小会使过多的金属蒸气进入枪体造成放电,因而在不影响电子枪稳定工作的前提下,可以采用尽可能短的工作距离。

2) 获得深熔焊的工艺方法

电子束焊接的最大优点是具有深穿透效应。为了保证获得深穿透效果,除了选择合适的电子束焊接参数外,还可采取如下的一些工艺方法。

① 电子束水平入射焊接 当焊深超过 100 mm 时,往往可采用电子束水平入射方法进行焊接。因为水平入射时,液态金属在重力作用下流向偏离电子束轰击路径的方向,其对小孔通道的封堵作用降低。但此时的焊接方向应是自下而上的。

② 脉冲电子束焊接 在同样功率下,采用脉冲电子束焊接,可有效地增加熔深。因为脉冲电子束的峰值功率比直流电子束高得多,可使焊缝获得高得多的峰值温度。而金属蒸发速率随温度的升高会以高出一个数量级的比例提高。脉冲焊可获得更多的金属蒸气,蒸气反作用力增大,小孔效应增加。

③ 变焦电子束焊接 极高的功率密度是获得深熔焊的基本条件。电子束的功率密度最高的区域在它的焦点上。在焊接大厚度时,可使焦点位置随着焊件的熔化速度变化而变,始终以最大功率密度的电子束来轰击待熔金属。但由于变焦的频率、波形、幅值等参数与电子束功率密度、焊缝深度、材料和焊接速度有关,所以操作起来比较复杂。

④ 工件焊前预热或预置坡口 工件在焊前被预热,可减少焊接时热量沿焊缝横向的热传导损失,有利于增加熔深。有些高强钢焊前预热,还可减少焊后裂纹倾向。由于焊缝是铸造组织,所以在深熔焊时,往往有一定量的金属堆积在工件表面,如果预开坡口,则这些金属会填充坡口,相当于增加了熔深。另外,如果结构允许,应尽量采用穿透焊,因为液态金属的一部分可以在工件的下表面流出,就可减少熔化金属在焊口表面的堆积,减少液态金属的封口效应,增加熔深。

3. 电子束焊放电现象及其防止措施

放电是指在正常导电的二电极空间,由于受电离介质的影响,电流突然增大很多以致无法控制的现象。电子枪的放电可以分为两类:一类是空间放电,另一类是沿面放电。不论哪种放电方式,电子束放电过程时间都极短,属于电子雪崩式放电过程。

电子束焊接放电时,突然出现的远大于正常工作时的电子束流将破坏电子束连续的焊接能量流的平衡,在焊缝中形成微气孔或深的熔坑,导致产品报废。放电不仅会出现过电流,还会出现过电压,影响控制电路的电子元件,它也会通过电源变压器反馈到电网中去,将一些电子元件击穿,影响其他设备的供电;放电还会放射出电磁波,干扰临近电子设备中的电磁敏感元件,使其短时不能正常工作;过电流对电子枪本身会产生很大的动力,改变阴极的相对位置,破坏电子光学系统的轴对称性,使电子束的焦点偏移或发生畸变。

总之,电子束焊接中的放电可引起很多不良后果,破坏正常焊接过程。因此,了解放电现象产生条件,找到减少电子枪放电的措施,是电子束焊接工作者应关心的问题。

1) 放电现象产生条件

要产生放电现象,必须存在电势差。通常认为将电压加载于两个电极上,在两电极之间就立即产生一个电场,随着电压的升高或电极之间的距离减小(电子枪中的电极之间的距离是不变的,但随着挥发的金属蒸气在电极上的附着,电极之间的距离会发生微小变化),电极之间的电场强度将增加,由于金属蒸气在电极上附着不均匀,导致电极的表面凹凸不平,因此电极间的电场强度也不均匀,当电压进一步上升到最小击穿电压时,一旦在电极之间有介质(金属蒸气)通过,使得电场强度最大的地方"搭桥",发生两极之间的"导通",阴极表面的电子逸出并与介质中的离子发生碰撞,向控制极转移,从而使控制极的电压受到影响,导致电子雪崩式增多,使介质击穿形成放电式通道。

虽然电子枪具有很高的真空度,一般在 10^{-4} Pa 以内,受空气的影响基本可以忽略不计,但在焊接挥发性强的金属材料时会产生大量的金属蒸气,这些金属蒸气在通过阴极与控制极之间时就充当了介质的作用。

对于不同电子枪的结构来说,其放电与极间电压和距离有密切关系。设在阴极的电势为 U_0,控制极的电势为 U_1,介质在阴极与控制极之间产生的压降为 U_2,极间电场强度为 E,阴极与控制极之间的距离为 L。在介质介电性能未被破坏之前,可以理想地认为外加电压仍是均匀分布在极间距离 L 之间的,其电场强度为:$E=U_2/L$。但严格来说,由于电极间的距离不均匀和介质不均匀,会引起电场强度的畸变,导致某处产生的电场强度增大。再设极间的最小距离为 $L_{\min}$,则有

$$E_{\max} = U_2/L_{\min} \tag{4-13}$$

$$U_2 = U_0 + U_1 \tag{4-14}$$

将式(4-14)代入式(4-13)得

$$E_{\max} = (U_0 + U_1)/L_{\min} \tag{4-15}$$

由式(4-15)可以看出,(U_0+U_1) 增加或者 L 减小,均会引起 E 的增强。而当电场强度增加到临界放电条件时,就会引起阴极与控制极之间的放电,从而瞬间改变控制极的电压,导致阴极电子不受控制极控制,大量发射,形成瞬间的强电流束打在工件表面。而实际上电子枪中由于电场形状奇特,分布不均匀,加上放电因素复杂,因此放电电压非一般理论计算所能求得,一般只能通过试验得出。击穿电压曲线如图 4-27 所示 。

由图 4-27 可以看出,电极距离不同时,空间击穿电压的曲线形状非常相似,只是随着电极距离不同击穿电压有所差异,而曲线稳定的击穿电压的转折处都在 10^{-2} Pa 附近,所以不论电子枪工作电压的高低,对电子枪真空度的要求都应至少高于 10^{-4} Pa。

2) 电子束放电现象的工艺控制措施及方法

(1) 避免金属蒸气直接进入电子枪。

① 通过对电子束进行静态偏转,使焊缝部位与电子枪中心线成一定的角度,让金属蒸

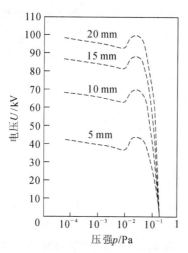

图4-27 不同电极距离下压强和直流击穿电压曲线

气不直接进入电子枪中,则可有效减少放电现象的产生。

在电子束焊接铝材时,会较频繁地产生放电现象。主要是因为焊接过程会产生大量金属蒸气,当这些金属蒸气直接进入电子枪中,在电极之间就形成一层流动的离子流,充当了介质的作用,如果能减少或避免电极间的介质,那么就能减小高压放电产生的概率。在铝材平板焊接试验中发现,采取电子束静态偏转的方法焊接,当电子束焦点与电子枪轴线位置偏离 100 mm 时,放电概率减小 40% 左右。

② 增加遮挡板。在电子枪末端安装一片金属薄膜,在薄膜的中心开一小孔,注意孔的大小应能让电子束完全通过,这样可减少进入电子枪的金属蒸气量,甚至可以事先不在金属薄膜上开孔,而由电子束直接烧穿金属薄膜,这样可最大限度减少金属蒸气进入电子枪。此种方法虽然也能有效地控制电子束放电的产生,但其缺点是不便于观察,必须先将焊缝位置的坐标值记录好,在装上挡板后再根据记录的坐标值找到焊缝,此过程中不得二次装夹工件。

(2)控制焊接工艺参数。

① 降低加速电压。根据式(4-15),(U_0+U_1) 增加,会造成电极间的电场强度增加,因此为避免产生高压放电,应在工艺范围许可的条件下尽可能采用较低的加速电压进行焊接。试验证明,当加速电压降低 30% 时,其中压电子束焊机放电的概率几乎减小一半。

② 增大工作距离。在真空室条件允许的情况下,应尽可能增大焊接时的工作距离,让金属蒸气通过真空室的排气口排出,而不经由电子枪。

③ 不使用脉冲焊接方式。在同样功率下采用脉冲电子束焊,虽然可有效地增大熔深,但同时也会使低熔点金属的蒸发加剧。因为脉冲电子束的峰值功率比直流电子束高得多,使焊缝获得高得多的峰值温度,金属蒸发速率会以高出一个数量级的比例提高,严重影响焊接过程的稳定性。

④ 避免长时间连续焊接。在工艺上采用分段间隙式焊接方法,避免电子枪一直在处于大量蒸气的环境下工作,也可减少电子枪放电产生的概率。

⑤ 高真空焊接。真空度的高低也会对电子束焊接放电造成影响,一般情况下真空度越高(电子枪真空度),所需要的放电电压也就越高,所以应使电子枪的真空度至少在 10^{-4} Pa 以内时才能焊接。

(3)电子枪清洗及调整。

当阴极、控制电极和阳极受污染时,会造成频繁的放电,因此必须严格清洗各电极,使其保持干净,并要求每隔一定的工作时间后清洗电极表面的吸附物。

另外,从式(4-15)可以看出,增加电极间的间距也可减小放电产生的可能性。

4.3.3　电子束焊接的应用

1.大厚件电子束焊接

在焊接大厚件方面,电子束具有得天独厚的优势。大功率电子束可一次穿透 300 mm 厚度的钢,或 450 mm 厚度的铝。表 4-7 列出的是一些实例。

表 4-7　大厚件电子束焊接实例

名称	材料	最大焊接深度	说明
JT-60 反应堆的环形真空槽	Inconel625	65 mm	10 个波纹管连成直径为 10 m 的空心环,最大管径为 3 m,全部采用电子束焊,焊后不加工
核反应堆大型线圈隔板	14Mn 18Mn-N-V	150 mm	全部采用电子束焊,焊后不加工
日本 6000 m 级潜水探测器球体观察窗	Ti-6Al-4V	80 mm	采用电子束焊,焊后不加工
大型传动齿轮	535C 8NC22	100 mm	焊前氩弧焊点焊并用电子束预热,电子束焊后不加工

2.电子束焊在航空工业中的应用

(1) 电子束焊接在飞机重要受力构件上的应用举例见表 4-8。

表 4-8　电子束焊接在飞机重要受力构件上的应用

公司及国别	机种型号	电子束焊重要受力构件
格鲁门公司(美)	F-14	钛合金中央翼盒
帕那维亚公司(英、德、意合作)	狂风	钛合金中央翼盒
波音公司(美)	B727	300M 钢起落架
格鲁门公司(美)	X-29	钛合金机翼大梁
洛克希德公司(美)	C-5	钛合金机翼大梁
达索·布雷盖公司(法)	幻影-2000	钛合金机翼壁板 大型钛合金长桁蒙皮壁板
伊留申设计局(苏联)	ИЛ-86	高强度钢起落架构件
英、法合作	协和	推力杆
英、法合作	美洲虎	尾翼平尾转轴
通用动力公司、格鲁门公司(美)	F-111	机翼支承结构梁

F-14 战斗机钛合金中央翼盒是典型的电子束焊接结构。该翼盒长 7 m,宽 0.9 m,整个结构由 53 个 TC₄ 钛合金件组成,共 70 条焊缝,用电子束焊接而成。焊接厚度 12～57.2 mm,全部焊缝长达 55 m。电子束焊接使整个结构减重 270 kg。

C-5 是美国空军使用的大型运输机,该机的许多部件在设计时均未采用整体锻件,主起落架的设计精度高,因此电子束焊就成为一种可行的、经济的制造工艺方法,起落架减振支柱、肘支架、管状支架等均为 300M 钢电子束焊接件。

（2）电子束焊接应用于发动机转子部件的典型件举例见表 4-9。

表 4-9　各主要发动机公司电子束焊接整体转子举例

公司	发动机	部件	材料
罗·罗公司	Abour	高压盘	IMI685
	RB199 RB211	风扇盘 中压/高压转子	
	V2500		
普惠公司	F100 PW2037 PW4000 F100-PW-229	风扇转子 高压转子 风扇及低、高压转子 风扇转子	Ti6242 钛合金及镍基合金
涡轮联合公司 （英、德、意）	RB199	中压转子	Ti-6Al-4V
斯奈克玛公司	CFM56 M53	风扇转子 高压转子	钛合金 钛合金
莫斯科发动机 生产联合体	РД-33 （米格-29）	转子 1～9 级	ВТ25
	АЛ-31Ф （苏-27）	转子 10～11 级	钛合金 高温合金
乌发航空发动机制造厂	Д-36	低压 3 级转子 高压 11 级	钛合金 高温合金

从 20 世纪 80 年代开始，我国在航空发动机的制造中应用了电子束焊接技术，主要的零部件有高压压气机盘、燃烧室机匣组件、风扇转子、压气机匣、功率轴、传动齿轮、导向叶片组件等，涉及的材料有高温合金、钛合金、不锈钢、高强钢等，还进行过飞机起落架、飞机框梁的电子束焊接研究。

4.4　变极性等离子弧焊

利用变极性电流焊接铝的技术从 20 世纪 40 年代末就出现了，最初是利用交流 TG 焊进行铝合金的焊接，20 世纪 60 年代末，Sciaky 公司开发的 Sw-3 方波交流 TG 电源被用于铝合金的等离子弧焊接。但是变极性等离子焊接工艺（variable polarity plasma arc welding，简称 VPPAW）用于实际的工程焊接则是在 20 世纪 70 年代初，由波音公司的 B. Van Cleave 将 Sciaky 公司的交流变极性电源与小孔等离子弧焊技术结合后实现的。20 世纪 70 年代末至 80 年代初，Hobart Brothers 公司成功推出了铝合金变极性等离子弧焊系统。后来经过改进，成功应用于美国航天工业铝合金构件的焊接。现在，美国航空航天局已经在航天项目中广泛采用了变极性等离子弧焊接工艺。以美国的国际空间站的项目为例，国际空间站选择了 2219 铝合金作为主要的建筑材料，设计寿命为 15 年，为了使焊接的 2219 达到要求，大量采用了变极性等离子弧焊接工艺。除此之外，变极性等离子弧焊接工艺在美国的航天飞机的外储箱的焊接中也得到了应用，利用这种工艺焊接了 1820 ft 的没有内部缺陷的焊缝，曾被 NASA 誉为"无缺陷"的铝合金焊接方法。

4.4.1　变极性等离子弧焊原理

铝合金表面存在一层氧化膜,焊接时,氧化膜会覆盖在焊接熔池的表面,如不清除会造成未熔合以及使焊缝表面形成皱皮或内部产生气孔夹渣的现象,直接影响焊接质量。反极性(采用直流反接)焊接时,可利用"阴极清理"作用去除氧化膜,实现铝合金的焊接,但此时钨极为阳极,产热较大容易烧损。因此,等离子弧焊接铝合金,必须解决铝合金表面氧化膜的阴极清理和钨极烧损两者的矛盾。另外,利用工频正弦波交流焊接电源焊接铝合金,电弧电流过零点时电弧熄灭也是必须考虑的问题。在历经了直流反接等离子弧焊、正弦波交流等离子弧焊、方波交流等离子弧焊后,采用方波交流电源的变极性等离子弧焊完美地解决了上述矛盾和问题。图 4-28 为变极性等离子弧穿孔立焊及其焊接电流波形的示意图。

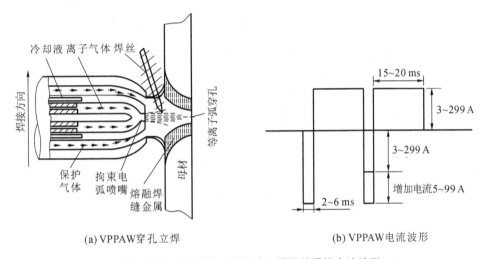

(a) VPPAW穿孔立焊　　　　　　　(b) VPPAW电流波形

图 4-28　变极性等离子弧穿孔立焊及其焊接电流波形

研究发现,铝合金变极性等离子弧穿孔焊接时,最重要的参数是正反极性时间及其比值。对于大多数铝合金,VPPAW 的正反极性时间的最佳比例为 19:4。正反极性时间的最佳取值范围:正极性时间为 15～20 ms,反极性时间为 2～5 ms,但比值应在 19:4 附近变动为宜。正反极性这种比例和幅值可以很好地清理焊缝及根部表面的氧化膜,并且在喷嘴和钨极处产热最小。

从电弧物理可知,阳极区的产热与阴极区的产热之比约为 7:3。也就是说阳极区的产热远高于阴极区的产热。铝合金焊接时,反极性(即 DCEP 期间)时,钨极为正极,焊件为负极。由于阳极区的产热量远大于阴极区的产热量,所以钨极容易烧损,其持续时间不能太长。同时为了获得充分的阴极雾化作用,其电流幅值可以适当增加 30～80 A。正极性(即 DCEN 期间)时,钨极为负极,焊件为正极,所以焊件端的产热量大,焊缝区可以得到充分的加热。研究表明,在变极性等离子弧焊过程中,80% 的热量施加在焊件上,只有 20% 的热量作用在钨极上。由于阴极具有自动寻找氧化膜,阳极具有寻找纯金属的特点,所以反极性电弧加热不集中,使得熔池较宽、较浅;而阳极斑点具有黏着性,所以正极性电弧加热集中,使得熔池窄而深。图 4-29 为国外几种 0.25 in(1 in=0.0254 m)厚铝合金变极性等离子弧焊的参数与波形示意图。

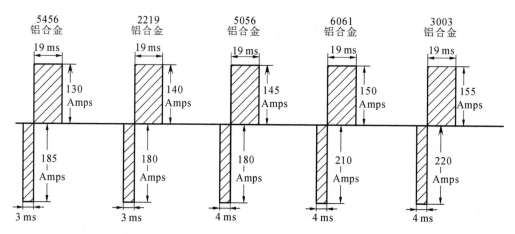

图 4-29　典型 0.25 in 厚铝合金板材 VPPAW 焊接参数

4.4.2　变极性等离子弧焊工艺特征

铝合金变极性等离子弧焊是利用小孔效应实现单面焊双面成形的自动焊方法,用于焊接的转移型等离子弧能量集中(能量密度一般在 $10^5 \sim 10^6$ W/cm^2 内,而自由状态钨极氩弧能量密度在 10^5 W/cm^2 以下),温度高(弧柱中心温度 18000~24000 K),焰流速度大(可达 300 m/s)。与激光焊和电子束焊相比,在设备造价、维护费用、设备操作复杂程度以及焊枪运动灵活性等方面,等离子弧焊具有明显的优势。

变极性等离子弧的电弧力、能量密度及电弧挺度取决于五个参数:① 正、反极性电流幅值与持续时间;② 喷嘴结构和孔径;③ 离子气种类;④ 离子气流量;⑤ 保护气种类。与钨极(TG)或熔化极(MIG)惰性气体保护焊相比,穿孔型变极性等离子弧焊有着显著的优点:① 能量集中、电弧挺度大;② 3~16 mm 对接,无须开坡口,焊前准备工作少,完全穿透焊接,单面焊双面自由成形;③ 焊缝对称性好,横向变形小;④ 去除气孔和夹渣能力强,孔隙率低;⑤ 生产率高,成本低;⑥ 电极隐藏在喷嘴内部,电极受污染程度轻,钨极使用寿命长。VPPAW 工艺柔性较好,既适于纵缝的焊接,也适于环焊缝的焊接,是铝合金焊接的一项重要的技术进步,目前仍是航天工业中 2219 铝合金(合金母材,即国产 2B16 铝合金)结构产品首选的熔焊方法。

铝合金变极性等离子弧焊工艺也存在自身的不足:① 焊接可变参数多,规范区间窄;② 采用立向上焊工艺,只能自动焊接;③ 焊枪对焊接质量影响大,喷嘴寿命短。

4.5　摩擦焊接技术

摩擦焊接是在外力作用下,利用焊件接触面之间的相对摩擦运动和塑性流动所产生的热量,使接触面及其近区金属达到黏塑性状态并产生适当的宏观塑性变形,通过两侧材料间的相互扩散和动态再结晶而完成焊接的一种压焊方法。多年来,摩擦焊接以其优质、高效、节能、无污染的技术特色,在航空、航天、核能、海洋开发等高技术领域及电力、机械制造、石油钻探、汽车制造等产业部门得到了越来越广泛的应用。

4.5.1　摩擦焊接技术原理

摩擦焊接技术原理如图 4-30 所示。图 4-31 是连续驱动摩擦焊接过程中几个主要参数随时间的变化规律。

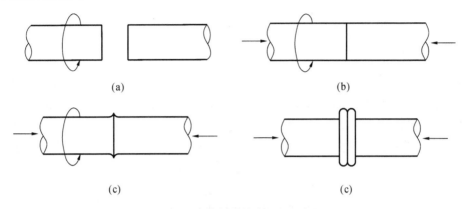

图 4-30　摩擦焊接技术原理示意图

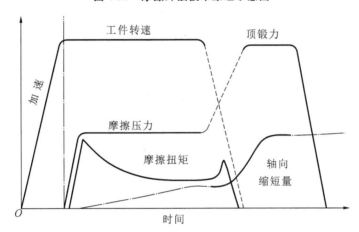

图 4-31　连续驱动摩擦焊接过程中几个主要参数随时间的变化规律

焊前,待焊的一对工件中,一件夹持于旋转夹具,称为旋转工件,另一件夹持于移动夹具,称为移动工件。焊接时,旋转工件在电动机驱动下开始高速旋转,移动工件在轴向力作用下逐步向旋转工件靠拢(见图 4-30(a)),两侧工件接触并压紧后,摩擦界面上一些微凸体首先发生黏接与剪切,并产生摩擦热(见图 4-30(b))。随着实际接触面积增大,摩擦扭矩迅速升高,摩擦界面处温度也随之上升,摩擦界面逐渐被一层高温黏塑性金属所覆盖。此时,两侧工件的相对运动实际上已发生在这层黏塑性金属内部,产热机制已由初期的摩擦产热转变为黏塑性金属层内的塑性变形产热。在热激活作用下,这层黏塑性金属发生动态再结晶,使流动应力降低,故摩擦扭矩升高到一定程度(前峰值扭矩)后逐渐降低。随着摩擦热量向两侧工件的传导,焊接面两侧温度亦逐渐升高,在轴向压力作用下,焊合区金属发生径向塑性流动,从而形成飞边(见图 4-30(c)),轴向缩短量逐渐增大。随摩擦时间延长,摩擦界面温度与摩擦扭矩基本恒定,温度分布区逐渐变宽,飞边逐渐增大,此阶段称之为准稳定摩擦阶段。在此阶段,摩擦压力与转速保持恒定。当摩擦焊接区的温度分布、变形达到一定程度后,开始刹车制动并使轴向力迅速升高到所设定的顶锻压力(见图 4-30(d))。此时轴向缩短量急剧增大,并随着界面温度降低,摩擦压力增大,摩擦扭矩出现第二个峰值,即后峰值扭矩。在顶锻过程中及顶锻后保压过程中,焊合区金属通过相互扩散与再结晶,使两侧金属牢固地焊接在一起,从而完成整个焊接过程。在整个焊接过程中,摩擦界面温度一般不会超过熔点,故摩擦焊是固态焊接。

4.5.2 摩擦焊接技术的特点

1. 固态焊接

摩擦焊接过程中,被焊材料通常不熔化,仍处于固相状态,焊合区金属为锻造组织。与熔化焊接相比,在焊接接头的形成机制和性能方面,存在着显著区别。首先,摩擦焊接接头不产生与熔化和凝固冶金有关的一些焊接缺陷和焊接脆化现象,如粗大的柱状晶、偏析、夹杂、裂纹和气孔等;其次,轴向压力和扭矩共同作用于摩擦焊接表面及其近区,产生了一些力学冶金效应,如晶粒细化、组织致密、夹杂物弥散分布,以及摩擦焊接表面的"自清理"作用等;再者,摩擦焊接时间短,热影响区窄,热影响区组织无明显粗化。上述三方面均有利于获得与母材等强的焊接接头。这一特点是决定摩擦焊接接头具有优异性能的关键因素。

2. 广泛的工艺适应性

上述特点亦决定了摩擦焊接对被焊材料具有广泛的工艺适应性。除传统的金属材料外,还可焊接粉末合金、复合材料、功能材料、难熔材料等新型材料,并且特别适合于异种材料,如铝-铜、铜-钢、高速钢-碳钢、高温合金-碳钢等的焊接,甚至陶瓷-金属、硬质合金-碳钢、钨铜粉末合金-铜等性能差异非常大的异种材料亦可采用摩擦焊接方法连接。因此,为了降低结构成本或充分发挥不同材料各自性能优势而采用异种材料结构时,摩擦焊接是解决连接问题的优选途径之一。某些新材料,如高性能航空发动机转子部件采用的 U700 高铝高钛镍基合金和飞机起落架采用的 AISI4340(300M)超高强钢等,由于合金元素含量较高,采用熔化焊接可能在焊接或焊后热处理过程中产生裂纹,熔焊焊接性较差,而摩擦焊接已被确认为是焊接这类材料最可靠的焊接方法。

摩擦焊接还具有广泛的结构尺寸和接头形式适应性。现有的摩擦焊机可以焊接截面积为 $1\sim161000~\text{mm}^2$ 的中碳钢工件。可用于管对管、棒对棒、棒对管、棒(管)对板的焊接,也可将管和棒焊接到底盘、空板及凸起部位,在任何位置都可以实现准确定位。

3. 焊接过程可靠性好

摩擦焊接过程完全由焊接设备控制,人为因素影响很小。焊接过程中所需控制的焊接参数较少,只有压力、时间、速度和位移。特别是国外广泛采用的惯性摩擦焊接,当飞轮转速被设定时,实际上只需控制轴向压力一个参数,易于实现焊接过程和焊接参数的自动控制,以及焊接设备的自动化,从而使焊接操作十分简便,焊机运行和焊接质量的可靠性、重现性大大提高。将计算机技术引入摩擦焊接过程控制中,对焊接参数进行实时检测与闭环控制,可进一步提高摩擦焊接过程的控制精度与可靠性。摩擦压力控制精度可达±0.3 MPa,主轴转速控制精度可达±0.1%。

4. 焊件尺寸精度较高

由于摩擦焊接为固态连接,其加热过程具有能量密度高、热输入速度快以及沿整个摩擦焊接表面同步均匀加热等特点,故焊接变形较小。在保证焊接设备具有足够大的刚度、焊件装配定位精确以及严格控制焊接参数的条件下,焊件尺寸精度较高。焊接接头的长度公差和同轴度可控制在 ± 0.25 mm 左右。

5.高效

据美国 GE 公司报道,采用惯性摩擦焊接 TF39 航空发动机大截面、薄壁(直径为 610 mm,壁厚为 3.8 mm)压气机盘时,其焊接循环时间仅需 3 s 左右;美国 HUGHES 公司焊接高强度、大截面石油钻杆(直径 127 mm,壁厚为 15 mm)的焊接循环时间也只需 15 s 左右。一般说来,摩擦焊接的生产效率要比其他焊接方法高一倍至一百倍,非常适合大批量生产。若配备有自动上下料装置,则生产效率会进一步提高。

6.低耗

摩擦焊接不需要特殊的电源,所需能量仅为传统焊接工艺的 20% 左右,亦不需要添加其他消耗材料,如焊条、焊剂、电极、保护气体等,因此是一种节能、低耗的连接工艺。

7.清洁

摩擦焊接过程中不产生火花、飞溅、烟雾、弧光、高频和有害气体等对环境产生影响的污染源,是一种清洁的生产工艺。

另外,摩擦焊接还具有易于操作、对焊接面要求不高等优点。其局限性是受被焊零件形状的限制,即摩擦副中一般至少要求一个零件是旋转件。目前主要用于圆柱形轴心对称零件的焊接。但近期研究的相位摩擦焊接、线性摩擦焊接、搅拌摩擦焊接等成功地解决了轴心不对称且具有相位要求的非圆柱形构件乃至板件的焊接问题,进一步扩大了摩擦焊接的应用范围。

总之,摩擦焊接是一种优质、高效、低耗、清洁的先进焊接制造工艺,在航空航天、核能、海洋开发等高技术领域及电力、机械制造、石油钻探、汽车制造等产业部门都得到了广泛的应用。它通过与计算机、信息处理、软件、自动控制、过程模拟、虚拟制造等高技术的紧密结合,正在以高新技术的面貌展现在人们面前。

4.6　扩散连接技术

4.6.1　扩散连接原理及特点

1.扩散连接的特点

扩散连接是指相互接触的表面在高温和压力的作用下相互靠近,局部发生塑性变形,经一定时间后结合层原子间相互扩散,而形成整体的可靠连接的过程。

扩散连接与熔焊、钎焊相比,在某些方面有明显的优点,如表 4-10 所示。

表 4-10　不同焊接方法的比较

比较项目	焊接方法		
	熔焊	扩散连接	钎焊
加热	局部	局部、整体	局部、整体
温度	母材熔点	母材熔点的 0.5~0.8 倍	高于钎料的熔点

比较项目	焊接方法		
	熔焊	扩散连接	钎焊
表面准备	不严格	注意	注意
装配	不严格	精确	不严格,有无间隙
焊接材料	金属合金	金属、合金、非金属	金属、合金、非金属
异种材料连接	受限制	无限制	无限制
裂纹倾向	强	无	弱
气孔	有	无	有
变形	强	无	轻
接头施工可达性	有限制	无	有限制
接头强度	接近母材	接近母材	决定于钎料强度
接头抗腐蚀性	敏感	好	差

扩散连接方法主要有以下特点:

(1) 扩散连接适合于耐热材料(耐热合金、钨、钼、铌、钛等)、陶瓷、磁性材料及活性金属的连接。特别适合于不同种类的金属与非金属异种材料的连接,在扩散连接技术研究与实际应用中,有 70% 涉及异种材料的连接。

(2) 它可以进行内部及多点、大面积构件的连接,以及电弧可达性不好,或用熔焊的方法根本不能实现的连接。

(3) 它是一种高精密的连接方法,用这种方法连接后,工件不变形,可以实现机械加工后的精密装配连接。

2. 扩散连接原理

扩散连接是压力焊的一种,与常用压力焊方法(冷压焊、摩擦焊、爆炸焊及超声波焊)相同的是在连接过程中要施加一定的压力。

扩散连接的参数主要有表面状态、中间层的选择、温度、压力、时间和气体介质等,其中最主要的参数有 4 个,即温度、压力、时间和真空度,这些因素是相互影响的。

扩散连接过程可以大致分为三个阶段:第一阶段为物理接触阶段,在高温下微观不平的表面,在外加压力的作用下,总有一些点首先达到塑性变形,在持续压力的作用下,接触面积逐渐增大,最终达到整个面的可靠接触;第二阶段是接触界面原子间的相互扩散,形成牢固的结合层;第三阶段是在接触部分形成的结合层,逐渐向体积方向发展,形成可靠的连接接头。当然,这三个阶段不是截然分开的,而是相互交叉进行的,最终在接头连接区域由于扩散、再结晶等过程形成固态冶金结合,它可以生成固溶体及共晶体,有时生成金属间化合物,形成可靠连接。

4.6.2　扩散连接时材料间的相互作用

扩散连接通过界面原子间的相互作用形成接头,原子间的相互扩散是实现连接的基础。对具体材料与合金,还要具体分析扩散的路径及材料界面元素间的相互物理化学作用,对异种材料连接还可能生成金属间化合物,而对非金属材料的连接界面可能进行化学反应,界面生成物的形态及其生成规律,对材料连接接头的性能有很大的影响。

1. 材料界面的吸附与活化作用

（1）物理接触形成阶段。

被焊材料在外界压力的作用下,被焊界面应首先靠近到距离为 R_1（2～4 nm）,才会形成范德华力作用的物理吸附过程。经过仔细加工的表面,微观总有一定的不平度,在外加应力的作用下,被焊表面微观凸起部位形成微区塑性变形（如果是异种材料则较软的金属会变形）,被焊表面的局部区域达到物理吸附程度。

（2）局部化学反应。

延长扩散连接时间,被焊表面微观凸起变形量增加,物理接触面积进一步增大,在接触界面的某些点形成活化中心,在这个区域可以进行局部化学反应。此时,被焊表面局部区域形成原子间相互作用,原子间距达到 R_2（0.1～0.3 nm）,则形成原子间相互作用的反应区域达到局部化学结合。首先出现的是个别反应源的活化中心,受控于接触面的活化过程,在这些部位往往具有一定的缺陷或较大的畸变能。对晶体材料,位错在表面上的出口处,晶界可以作为反应源的发生地;而对于非晶态材料,可以萌生微裂纹的区域作为反应源的产生地。在界面上完成由物理吸附到化学结合的过渡。在金属材料扩散连接时,形成金属键,而当金属与非金属连接时,则此过程形成离子键与共价键。

随着时间的延长,局部的活化区域沿整个界面扩展,局部表面形成局部黏合与结合,最终导致整个结合面出现原子间的结合。仅结合面的黏合还远不能称固态连接过程的最终阶段,必须让结合材料向结合面两侧进行扩散或在结合区域内完成组织变化和物理化学反应（称为体反应）。

在连接材料界面的结合区中,由于再结晶形成共同的晶粒,接头区由于应变产生的内应力得到松弛,使结合金属的性能得到调整。对同种金属体反应,总能改善接头的结合性能。异种金属扩散连接体反应的特点,可以由状态图特性来决定,可以生成无限固溶体、有限固溶体、金属间化合物或共析组织的过渡区。当金属与非金属连接时,体反应可以在连接界面区形成尖晶石、硅酸盐、铝酸盐及其热力学反应新相。如果结合材料在焊接区可能形成脆性层,则体反应的过程必须用改变扩散焊工艺参数的方法加以控制与限制。

2. 固体中的扩散

扩散连接接头的形成及接头的质量,与元素的粒子扩散行为是分不开的,同时扩散影响接头缺陷的形成。

扩散是指相互接触的物质,由于热运动而发生的相互渗透,扩散向着物质浓度减小的方向进行,使粒子在其占有的空间均匀分布,它可以是自身原子的扩散,也可以是外来物质形成的异质扩散。

扩散与组织缺陷的关系:实际工程中应用的材料不管晶态或非晶态材料,在材料中都有大量的缺陷,很多材料甚至处于非平衡状态,组织缺陷对扩散的影响十分显著,实际上在很多情况下组织缺陷决定了扩散的机制和速度。

金属、非金属材料（陶瓷、玻璃、微晶玻璃等）进行扩散连接时,细晶粒多晶体材料的扩散系数和晶界与晶体的扩散系数可以相差 $10^3 \sim 10^5$,而晶界扩散激活能与晶体相比也较低。可以认为材料的晶粒越细,即材料一定体积中的边界长度越大,则沿晶界扩散的现象越明显。

玻璃与陶瓷中的扩散：陶瓷材料通过矿物粉末和人造无机物的烧结来制取，工业陶瓷主要用氧化物（Al_2O_3、MgO、ZrO_2、BeO 等）、碳化物（SiC、WC、TiC、TaC 等）及氮化物（Si_3N_4 等）等来制造。无论何种陶瓷大体上都由陶瓷晶体、晶界玻璃相及内部一定的孔隙三种相组成。氧化物及氮化物本身的扩散是很困难的，陶瓷中的扩散现象主要发生在无序排列晶界的玻璃相中，在玻璃相中的扩散系数比在晶体氧化物中的扩散系数要高几个数量级。因此，在陶瓷材料扩散连接中，陶瓷中的玻璃相有着非常重要的作用，即使在陶瓷材料中存在少量的玻璃相也可以起到决定的作用。许多氧化物甚至是高纯度氧化物在晶界上都可以形成类似于玻璃的夹层，厚度有可能比金属的晶界还要薄。陶瓷材料沿晶界扩散量比体扩散量大，耐火氧化物尤其如此。直到很高的温度时，体扩散仍进行得很慢，因为它不是简单的原子扩散。大量的试验证实，在向玻璃及陶瓷玻璃相的扩散过程中，优先进行的不是中性原子，而主要是金属离子（Cu^{2+}、Ag^+、Au^+）。当在玻璃中存在单价碱金属离子和碱土金属离子时，非碱金属单价离子的扩散占优势。由于钠、钾离子具有较大的活动性，它们能保持交换过程顺利进行。

4.6.3　材料的扩散连接工艺

从可连接性的角度看，可以认为扩散连接对各种材料、各种复杂结构都能够实现可靠的连接。这种连接方法一般要求在真空环境下进行，要用特殊的设备，因此限制了这种方法的广泛应用，主要在航空、航天、原子能及仪表等部门解决一些特殊件的连接问题，也用于新材料组合零件、内部夹层、中空零件、异种材料及精密件等的连接。

1. 耐热合金的扩散连接

镍中加入其他合金元素组成镍基耐热合金，是现代燃气涡轮、航天航空喷气发动机的基本结构材料。镍基耐热合金扩散连接特点由它们的性能、组成、高温蠕变和变形能力来确定。镍基耐热合金可以是铸态或锻造状态应用，一般采用精密铸造的构件，可焊性极差，焊接时极易产生裂纹。因此，用钎焊或扩散连接的方法来实现这种合金的可靠连接。

材料的扩散连接表面应仔细加工，表面应达到一定的光洁度，使被焊表面良好的接触，还要克服表面氧化膜对扩散连接的影响。通过真空加热使氧化膜分解。在一般真空度条件下的扩散连接过程中，消除氧化膜的影响可实现可靠的扩散连接。下面介绍不同材质基体表面氧化膜对连接接头的影响。

① 钛镍型　这类材料扩散连接时，氧化膜的去除主要靠在母材中溶解。如镍表面的氧化膜是氧化镍，氧在镍中的溶解度：1427 K 时为 0.012%。0.005 μm 厚的氧化膜，在 1173～1473 K 只要几秒至几十分之一秒的时间就可以溶解，而这类材料的表面一般只有 0.003 μm 厚的氧化膜。在高温下，这样薄的氧化膜可以很快在母材中溶解，不会对扩散连接接头造成影响。

② 钢铁型　由于氧在基体中的溶解量较少，在扩散连接过程中形成的氧化膜集聚会逐渐溶解，最终在界面上看不到氧化膜的痕迹，不影响连接的质量。

③ 铝型　表面有一层致密的氧化膜，而且这种氧化膜在基体中的溶解度很小。在扩散连接过程中通过微观区域的塑性变形，挤坏氧化膜，出现新鲜金属表面，或在扩散连接时，在真空室中含有很强的还原元素如镁等，可以将铝表面的氧化膜还原，才能形成可靠的连接。

因此,铝合金扩散连接在微观接触的表面要有一定的塑性变形,才能克服表面氧化膜的阻碍作用。

1)无中间层扩散连接

镍基耐热合金扩散连接在国外已经应用,主要用来连接航空、航天发动机叶轮构件。大量的试验证实,镍基耐热合金扩散连接时,应规范参数对接头性能的影响。与其他金属相似,要保证接头性能,特别是保证与基体金属相同的持久强度和塑性是不易做到的。

2)加中间层扩散连接

扩散连接常用加中间层的方法,改善接头的性能,中间层的选择主要应考虑以下几点:

① 中间层金属能与被焊母材相互固溶,不生成脆性的金属间化合物。

② 中间层较软,在扩散连接过程中,易于塑性变形,从而改善被焊材料界面的物理接触及相互扩散的状况。

③ 在异种材料连接时,由于不同材料物理性能的差异,加入中间层可以缓和接头的内应力,有利于得到优质的接头。

3)液相扩散连接

一般的扩散连接对材料表面的加工光洁度要求较高,同时要加较大的压力,可能引起接头较大的塑性变形。液相扩散连接可以用较低的压力,表面准备要求也较低,加上熔化金属的润湿,去除表面氧化膜,有利于材料连接。如用含有锂、硅、硼等的低熔点合金做中间层,连接时熔化合金中的锂可与氧化膜反应,生成 LiO(1703K),然后与 Cr_2O_3(2263K)化合,可以形成低熔点(790K)的复合盐。在压力作用下,可以从间隙中挤出低熔点的液体,残留的熔化金属。经过扩散处理,熔化金属中的某些成分向母材扩散,母材中的一些元素在熔化中间层溶解,改变熔化中间层的成分,在高温下达到凝固点而形成接头。在微观分析时,看不到明显的中间层痕迹。在高真空条件下,熔化金属沿耐热合金表面的润湿和漫流是非常快的。

在间隙中留下的液相层厚度与液体的黏度和施加的压力有关。由金属学原理可知,共晶成分具有较低的熔点和较好的流动性。因此,常用共晶成分的材料做液相扩散连接的中间层材料。

2.陶瓷材料的扩散连接

1)陶瓷材料连接特性

由于陶瓷材料具有高硬度、耐高温、抗腐蚀及特殊的电化学性能,近年来得到了飞快的发展,特别是一些具有特殊性能的工程陶瓷,已经在生产中得到应用,也常会遇到把陶瓷本身或将陶瓷与其他材料连接在一起的情况。近年来,陶瓷材料的连接技术已经成为国际焊接界研究的热门课题。陶瓷材料主要有以下几种:

① 氧化物陶瓷 这种陶瓷材料最多,包括 Al_2O_3、SiO_2、MgO、TiO_2、BeO、CaO、V_2O_3 等,同时还有各种氧化物的混合物,如:Al_2O_3 加入 SiO_2、MgO 及 CaO;ZrO_2 加入 Y_2O_3,或加入 MgO、CaO;SiO_2 加入 Na_2O、Al_2O_3、MgO 等。

② 碳化物陶瓷 如 WC、ZrC、MoC、SiC、TiC、VC、TaC、NbC 等各种碳化物陶瓷。

③ 氮化物陶瓷 如 ZrN、VN、Cr_2N、Mo_2N、SiN、TiN、Si_3N_4、BN、AlN 及 NbN 等各种氮化物陶瓷。

另外,还有硼化物(ZrB_2、TiB_2、W_2B_5 等)及硅化物(Mg_2Si、$CoSi$、$ZrSi$、$TiSi$、$HfSi$ 等)陶瓷。生产中广泛应用的主要是前三种陶瓷。

陶瓷材料的连接主要有以下困难：

① 在扩散连接（或钎焊）过程中，很多熔化的金属在陶瓷表面不能润湿。因此，在陶瓷连接过程中，往往在陶瓷表面用物理或化学的方法（PVD、CVD）涂上一层金属，这也称为陶瓷表面的金属化，而后再进行陶瓷与其他金属的连接。实际上就是把陶瓷与陶瓷或陶瓷与其他金属的连接变成了金属之间的连接，这也是过去常用的连接陶瓷的方法。这种方法有一个不足，即接头的结合强度不太高，主要用于密封的焊缝。对于结构陶瓷，如果连接界面要承受较高的应力，扩散连接时必须选择一些活性金属做中间层，或中间层材料中含有一些活性元素，可改善和促进金属在陶瓷表面的润湿过程。

② 金属与陶瓷材料连接时，由于陶瓷与金属的热膨胀系数不同，在扩散连接或使用过程中，加热和冷却必然产生热应力，容易在接头处由于内应力作用而破坏。因此，加入中间层来缓和这种内应力，通过韧性好的中间层变形吸收这种内应力。选择连接材料时，应当使两种连接材料的膨胀系数差值小于10％。

陶瓷材料连接中间层的选择原则如下：

a. 用活性材料或这种材料生成的氧化物与陶瓷进行反应，可改善润湿和结合情况。

b. 用塑性较好的金属做中间层，以缓解接头内应力。

c. 用在冷却过程中发生相变的材料，使中间层体积膨胀或缩小，来缓和接头的内应力。

d. 用做中间层的材料或连接材料必须有良好的真空密封性，在很薄的情况下也不能泄漏。

e. 必须有较好的加工性能。

实际上很难找到完全满足上述要求的材料，有时为了满足综合性能的要求，可采用两层或三层不同金属组合的中间过渡层。

常用的中间层合金材料有不锈钢（1X18H9Ti）、科瓦合金等，用做中间层的纯金属主要有铜、镍、钽、钴、钛、锆、钼及钨等。

2）陶瓷连接

用活性金属做中间层的连接。这种方法的原理是活性金属在高温下与陶瓷材料中的结晶相进行还原反应，生成新的氧化物、碳化物或氮化物，使陶瓷与还原层能可靠结合，最后形成材料间的可靠连接。

常用的活性金属主要有铝、钛、锆、铌及铪等，这些都是很强的氧化物、碳化物及氮化物形成元素，它们可以与氧化物、碳化物、氮化物陶瓷反应，从而改善金属对连接界面的润湿、扩散和连接性能。活性金属与陶瓷相的典型反应如下：

$$Si_3N_4+4Al \rightarrow 3Si+4AlN$$
$$Si_3N_4+4Ti \rightarrow 3Si+4TiN$$
$$3SiC+4Al \rightarrow 3Si+Al_4C_3$$
$$4SiC+3Ti \rightarrow 4Si+Ti_3C_4$$
$$3SiO_2+4Al \rightarrow 2Al_2O_3+3Si$$
$$Al_2O_3+4Al \rightarrow 3Al_2O$$
$$Si_3N_4+4Zr \rightarrow 3Si+4ZrN$$

以这些反应为基础，可以用活性金属做中间层连接陶瓷。

4.7　微连接技术

4.7.1　定义和分类

微连接技术是随着微电子技术的发展而逐渐形成的新兴的焊接技术,它与微电子器件和微电子组装技术的发展有着密切的联系。1961 年,完整的硅平面工艺出现之际,也正是微连接这一名词首先在西方工业发达国家采用之时。此后每一类新的微电子器件的研制成功,都必然导致在微连接技术上有新的突破,而微连接技术的发展又推动着微电子技术向组装密度更高、重量更轻、体积更小、信号传输速度更快的方向迅猛发展。国际焊接学会(IIW)于 80 年代后期成立了微连接特设委员会(Selected Committee,Microjoining),日本、德国、中国也相继成立了专门的研究委员会,如今微连接技术已经自成体系,成为了一门独立的焊接技术。

微连接技术是指由于连接对象尺寸的微小精细,在传统焊接技术中可以忽略的因素,如溶解量、扩散层厚度、表面张力、应变量等将对材料的连接性、连接质量产生不可忽视的影响,这种必须考虑接合部位尺寸效应的连接方法总称为微连接。微连接技术并不是一种传统连接技术之外的连接方法,只是由于尺寸效应,使微连接技术在工艺、材料、设备等方面与传统连接技术有显著不同。

微连接技术的主体由现有的各种连接方法(见表 4-11)构成,主要应用对象是微电子器件内部的引线连接和电子元器件在印刷电路板上的组装,涉及的主要焊接工艺为压焊和软钎焊。

表 4-11　微连接方法分类

连接方法	组装技术		连接部位(例)
熔焊	弧焊		精密机械元件连接
	微电阻焊	平行间隙电阻焊 闪光焊	接头连接
液-固相连接	软钎焊	浸渍焊	电子元器件装联
		波峰焊	
		再流焊	
	液相扩散连接		
	喷镀法		
固-固相连接	固相扩散连接		
	反应扩散连接		
	冷压焊		大功率晶体管外壳封装
	超声焊		
	热压焊	楔压焊	
		丝球焊	

连接方法		组装技术	连接部位（例）
气-固相连接	物理沉积	真空沉积	电极膜形成 扩散阻挡层形成
		离子沉积	
	化学沉积		
	电镀		电极膜形成
黏接			芯片黏接，电子元件组装，精密机械元件连接

4.7.2　微电子器件内引线连接中的微连接技术

微电子器件的内引线连接是指微电子元器件制造过程中固态电路内部互连线的连接，即芯片表面电极（金属化层材料，主要为 Al）与引线框架（lead frame）之间的连接。按照内引线形式，微连接技术可分为丝材键合技术、梁式引线技术、倒装芯片法和载带自动键合技术。

1. 丝材键合（wire bonding）

丝材键合是最早应用于微电子器件内引线连接的技术。1957 年，Bell 实验室发表了丝材热压键合的工艺成果。该方法最初采用手工操作，现在采用带图形识别和计算机控制的自动设备，效率可达到每根引线焊接时间少于 0.2 s。丝材键合是实现芯片互连的最常用方法，目前 90% 的微电子元器件内引线连接采用这种方法。其技术较为成熟，散热特性好，但焊点所占面积较大，不利于组装密度的提高。

丝材键合借助于球-劈刀（ball-wedge）或楔-楔（wedge-wedge）等特殊工具，通过热、压力和超声振动等外加能量去除被连接材料表面的氧化膜并实现连接。连接材料为直径 10～200 μm 的金属丝。根据外加能量形式的不同，丝材键合可分为丝材超声波键合、丝材热压键合和丝材热超声波键合三种。根据键合工具的不同，可分为丝球焊和楔焊两种。

1）丝材超声波键合（ultrasonic bonding）

丝材超声波键合是通过辅助工具——楔，把连接材料——Al 丝紧压在被连接硅芯片上的 Al 表面电极上，然后瞬间施加平行于键合面的超声振动（通常频率为 15～60 kHz），破坏键合面的氧化层（主要是 Al_2O_3），从而实现原子距离的结合。工艺过程如图 4-32 所示。

此法可在常温下进行连接，属于冷压焊范畴。适用于混合集成电路以及热敏感的单片集成电路。缺点是对芯片电极表面光洁度敏感，金属丝的尾丝不好处理，不利于提高器件的集成度，并且其第二焊点的压丝方向要与第一焊点相适应，因而实现自动化的难度较大，生产效率也比较低。

2）丝材热压键合（wire thermocompression bonding）

丝材热压键合是通过键合工具——楔，直接或间接地以静载或脉冲方式将压力与热量施加到键合区，使接头区产生典型的塑性变形从而实现连接。为保证丝材迅速发生塑性变形，键合区一般预热到 300～400 ℃。该方法要求键合金属表面和键合环境的洁净度十分高，同时考虑到被键合材料的韧性及其对氧的亲和力，实际的热压键合工艺均采用金丝。

3）丝材热超声波键合（wire thermosonic bonding）

丝材热超声波键合法结合热压与超声波两者的优点，超声波与热压共同作用，一方面利

(a) 楔运动到待键合部位

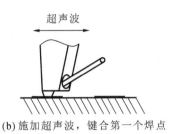

(b) 施加超声波，键合第一个焊点

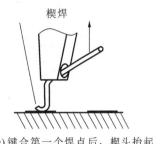

(c) 键合第一个焊点后，楔头抬起

(d) 准备键合第二个焊点

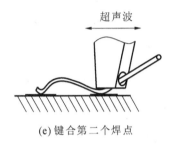

(e) 键合第二个焊点

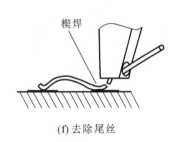

(f) 去除尾丝

图 4-32　丝材超声波键合工艺过程

用了超声波的振动去膜作用，另一方面又利用了热扩散作用，因此连接时的加热温度可以低于热压法，并且在第一焊点向第二焊点运动时不用考虑方向性。该方法特别适用于难以连接的厚膜混合基板的金属化层。

4）丝球焊（wire ball bonding）

为增加金属丝与芯片表面电极的连接面积，提高连接强度和可靠性，键合之前在金属丝端部形球，而后通过热压或热超声方式实现金属丝球与表面电极之间的连接，这便是丝球焊的来源。从焊接工艺角度讲，丝球焊采用的是上述热压焊或热超声波焊的方法，其特点在于金属丝端部的形球过程。金属丝通过空心劈刀的毛细管穿出，其伸出毛细管的长度一般为丝材直径的 2 倍。然后经过瞬时电弧放电使伸出部分端部熔化，并在表面张力作用下呈球形，球径为丝径的 2～3 倍（见图 4-33）。

丝球焊一般采用金丝，金丝球焊是微电子元器件内引线连接的主要生产工艺方法，占丝材键合应用的 90%。其专用设备国内已批量生产，工艺稳定，自动化程度较高。但是金丝球焊时金丝球与芯片表面铝电极间的键合会形成一种紫色的脆性 Au-Al 金属间化合物（称为紫斑，purple plague），严重影响连接的可靠性。同时金丝球焊耗用大量贵金属，生产成本较高，因此为了节省成本、消除"紫斑现象"，国内外已开发出金丝的替代金属，主要是铜丝和铝丝。铜丝球焊采用受控脉冲放电式双电源形球系统，可控制形球高压脉冲的次数、频率、频宽比，以及低压维弧时间，从而实现了对铜丝形球能量的精确控制和调节，在氩气保护条件下确保了铜丝形球的质量，有效地实现了铜丝球焊。

2. 梁式引线（Beam-Lead Bonding）

梁式引线技术采用复层沉积方式在半导体硅片上制备出由多层金属组成的梁，以这种梁代替常规内引线与外电路实现连接。其主要优点是减少了对芯片内引线的连接，并且每根梁式引线是一种集成接触，而不是用机械制成的连接，提高了电路可靠性。把梁式引线焊到芯片上时主要采用的是热压焊方法。由于梁的制作工艺复杂、成本高昂，这种方法主要在

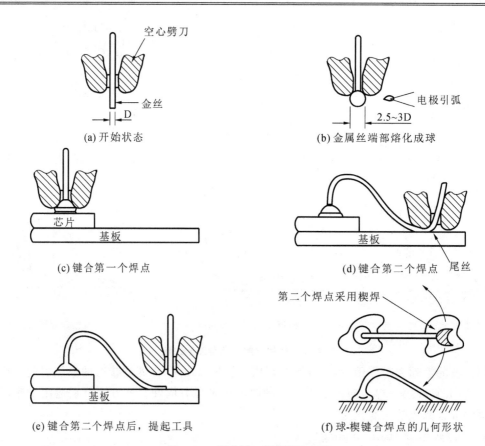

(a) 开始状态

(b) 金属丝端部熔化成球

(c) 键合第一个焊点

(d) 键合第二个焊点　尾丝

(e) 键合第二个焊点后，提起工具

(f) 球-楔键合焊点的几何形状

图 4-33　丝球焊工艺过程示意图

军事、宇航等要求长寿命和高可靠性的器件中得到了应用。

3. 倒装芯片(Flip-Chip Bonding)

随着大规模和超大规模集成电路的发展，微电子器件内引线的数目也随之增加。传统的丝材键合方法由于丝径和芯片上电极尺寸的限制，最大的引出线数目存在极限，于是相继出现了一些可以提高芯片级组装密度(单位面积上的 I/O 数)的微连接技术，其代表是倒装芯片法和载带自动键合技术。

以往的芯片级封装技术都是芯片的有源区面朝上，背对芯片载体基板粘贴后通过内引线与引线框架连接，而倒装芯片法则是将芯片的有源区面对芯片载体基板，通过芯片上呈阵列排列的金属凸台(代替金属丝)来实现芯片与基板电路的连接。倒装芯片法组装中采用的焊接工艺主要为再流软钎焊，目前占总产量的 $80\%\sim90\%$，其余为热压焊。采用再流软钎焊时的工艺过程如下：首先在芯片的电极处预制钎料凸台，同时将钎料膏印刷到基板一侧的电极上，然后将芯片倒置，使硅片上的凸台与之对位，利用再流焊使钎料融化，实现引线连接的同时将芯片固定在基板上。该方法由于钎料重熔时的自调整作用对于元器件的放置精度要求较低，从而可实现高速生产，因此成为倒装芯片法连接工艺的主流。采用热压焊工艺时是把预制金属凸台与基板表面电极直接通过热压焊连接在一起。

金属凸台的制作是倒装芯片法的关键技术，而且决定了焊接工艺的选择。金属凸台分为可重熔的和不可重熔的两类，前者用于再流软钎焊，后者用于热压焊。世界主要电子公司采用的凸台种类见表 4-12。

表 4-12　倒装芯片法中采用的金属凸台种类

凸台种类	制作工艺及材料	采用的公司
完全重熔	沉积钎料合金	IBM，Motorola，日立
	电镀钎料合金	MCNC，Aptos，Honeywell
	钎料膏	Flip Chip Tech.，Delco，Lucent
部分重熔	Cu 基座/钎料端部	TI，Motorola，Philips
	Pb 基座/共晶钎料	Motorola，E3
不可熔	Cu 球	IBM，SLT
	Ni/Au 凸台	Tessera
	Au 球	松下

倒装芯片法的优点是：

（1）减小封装外形尺寸。

（2）提高电性能。由于互连结构的互连长度小，连接点 I/O 的节距小，导致小的互连电感、电阻和信号延迟，同时耦合噪声较低，与丝材键合及载带自动键合相比，其性能改善了 10%～30%。

（3）高 I/O 密度。

（4）改善疲劳寿命，提高可靠性。该工艺最后用填充料将每个焊点密封起来，这种韧性密封剂对芯片与基板键合过程中产生的热应力起到了缓冲、释放的作用，从而提高了可靠性。

（5）可以对裸芯片进行测试，芯片至少可以拆装 10 次。倒装芯片法的缺点是钎料凸台制作复杂，焊后外观检查困难，并且需要焊前处理和严格控制焊接规范。

倒装芯片法 20 世纪 60 年代问世于 IBM 公司，迄今已有 30 多年的历史。由于它能提供很高的封装密度、I/O 数、很小的封装外形，所以目前世界上的各大公司都在开展倒装芯片法的研究工作。据统计，1997 年和 1998 年世界范围内的半导体制造商选择的内引线连接方式中，倒装芯片法均占 50%，而传统的丝材键合技术仅占 22% 和 18%。

4. 载带自动键合（tape automatic bonding）

载带自动键合技术于 1964 年由美国通用电气公司推出，是在类似于胶片的聚合物柔性载带上黏接金属薄片，在金属薄片上经腐蚀作出引线图形，而后与芯片上的凸台（代替内引线）进行热压连接（见图 4-34）。

载带自动键合技术中所采用的载带有多种形式，其材料、宽度（10～70 mm）、表面镀层、几何形状等各不相同，基本分类如下：

（1）单层载带。由蚀刻金属制成（一般为 Cu），厚度 70 μm 左右，因引线较短，载带上的器件不可测试。同时为适应印刷精细引线图案，载带金属化层很薄，无支撑部位的线长度受到限制，从而使内引线键合点与外引线键合点之间的引线长度受到限制。

（2）双层载带。在聚合物（聚酰亚胺等）薄膜上镀金属（Cu）图案，厚度 20～40 μm。支持独立引线，载带上的器件可测试。载带制作的关键是聚合物层与金属化层之间的黏接。通常的方法是先在聚合物薄膜上连续溅射铬和铜（1 μm 厚度），随后在此金属化层上沉积

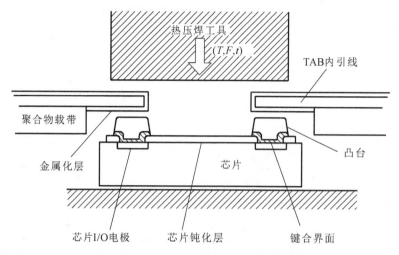

图 4-34　载带自动键合内引线键合示意图

Cu 引线图案,而后在聚合物上蚀刻出传送齿轮孔。另一种方法是 3M 公司提出的,先在无预制图案的 Cu 上喷射沉积聚合物,而后在 Cu 及聚合物上均蚀刻出引线图案。

（3）三层载带。Cu 箔与预先打好孔的聚合物薄膜用胶黏接在一起,而后蚀刻出引线图案。与双层载带的主要区别在于传送孔用金属模具打出而非蚀刻,在新载带设计时将增加时间和成本。

载带自动键合技术中芯片上的凸台结构复杂,由四层组成:作为芯片配线的铝膜、铝膜上黏着的 PSC 保护层、隔离层金属、金焊台。目前的载带自动键合技术中,广泛采用的是电镀金的铜引线图案和芯片上的金凸台,键合方法为热压焊。

采用载带自动键合技术,内引线键合间距可以小至 $50\sim60~\mu m$。其优点是可以预先对芯片进行有效的测试和筛选,能够保证器件的质量和可靠性;可以进行群焊,自动化程度高,生产效率高,所有内引线可在 $1\sim2~s$ 内键合完毕;键合强度是丝材键合的 $3\sim10$ 倍;具有良好的高频特性和散热特性。缺点是工艺复杂,成本高,且芯片的通用性差,芯片上凸台的制作、芯片返修是个难题。

4.7.3　印刷电路板组装中的微连接技术

印刷电路板组装是指微电子元器件信号引出端(外引线)与印刷电路板(PCB,printed circuit board)上相应焊盘之间的连接。印刷电路板组装中微连接技术的发展与微电子元器件外引线设计的发展密切相关。为适应微电子器件功能更强、信号引出端更多的要求,后者经历了从外引线分布在器件封装两旁的双列直插(DIP, dual in-line package)形式,到分布在封装四周(如小外形封装 SO, Small Outline;四边扁平封装 QFP, Quad Flat Package),再到分布在封装底面的球栅阵列 BGA 形式的发展。外引线形式也经历了从适用于插装的直线型,到适用于贴装的 J 型、翼型,再到直接利用钎料凸台作为外引线的发展。相应的微连接技术也经历了从通孔插装(THT, through hole technology)到表面组装(SMT, surface mount technology)的革命,极大地推动了微电子产业的发展。

印刷电路板组装中的微连接技术主要是软钎焊技术,它与传统的软钎焊连接原理相同,只是由于连接对象的尺寸效应,在工艺、材料、设备上有很大不同。

目前微电子工业生产中常见的印刷电路板组装为微电子元器件插装/贴装混合方式。

预计未来表面贴装元件(SMD, surface mount device)将成为主流方式。常见的软钎焊工艺为波峰焊和再流焊。波峰焊和再流焊的根本区别在于热源和钎料。在波峰焊中,钎料波峰起提供热量和钎料的双重作用。在再流焊中,预置钎料膏在外加热量下熔化,与母材发生相互作用而实现连接。

1.波峰焊(wave soldering)

波峰焊是借助于钎料泵使熔融态钎料不断垂直向上地朝狭长出口涌出,形成 20~40 mm高的波峰。钎料波以一定的速度和压力作用于印刷电路板上,充分渗入待钎焊的器件引线和电路板之间,使之完全润湿并进行钎焊。由于钎料波峰的柔性,即使印刷电路板不够平整,只要翘曲度在 3% 以下,仍可得到良好的钎焊质量。

在通孔插装工艺中,主要采用单波峰焊。引线末端接触到钎料波,毛细管作用使钎料沿引线上升,钎料填满通孔,冷却后形成钎料圆角。图 4-35 为单波峰软钎焊示意图。

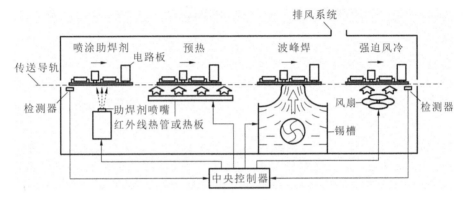

图 4-35　单波峰软钎焊示意图

单波峰焊的缺点是钎料波峰垂直向上的力,会给一些较轻的器件带来冲击,造成浮动或虚焊。而在表面组装工艺中,由于表面组装元件没有通孔插装元件(THD, through-hole device)那样的安装插孔,钎剂受热后挥发出的气体无处散逸,另外表面贴装元件具有一定的高度与宽度,且组装密度较大(一般 5~8 件/cm²),钎料的表面张力作用将形成屏蔽效应,使钎料很难及时润湿并渗透到每个引线,此时采用单波峰焊会产生大量的漏焊和桥连,为此又开发出双波峰焊(见图 4-36)。双波峰焊有前后两个波峰,前一波峰较窄,波高与波宽之比大于 1,峰端有 2~3 排交错排列的小波峰,在这样多头的、上下左右不断快速流动的湍流波作用下,钎剂气体都被排除掉,表面张力作用也被减弱,从而获得良好的钎焊质量。后一波峰为双向宽平波,钎料流动平坦而缓慢,可以去除多余钎料,消除毛刺、桥连等钎焊缺陷。双波峰焊已在印刷电路板插贴混装上广泛应用。其缺点是印刷电路板经过两次波峰,受热量较大,耐热性较差的电路板易变形翘曲。

为克服双波峰焊的缺点,近年来又开发出喷射空心波峰焊。它采用特制电磁泵作为钎料喷射动力泵,利用外磁场与熔融钎料中流动电流的双重作用,迫使钎料按左手定则确定的方向流动,并喷射出空心波。调节磁场与电流的量值,可达到控制空心波高度的目的。空心波高度一般为 1~2 mm,与印刷电路板成 45°角逆向喷射,喷射速度高达 100 cm/s。依照流体力学原理,可使钎料充分润湿 PCB 组件,实现牢固连接。空心钎料波与印刷电路板的接触长度仅 10~20 cm,接触时间仅 1~2 s,因而可减少热冲击。喷射空心波软钎焊对表面贴装元件适应性较好。相比之下,对通孔插装元件会产生外观不丰满的焊点,因此空心波峰焊

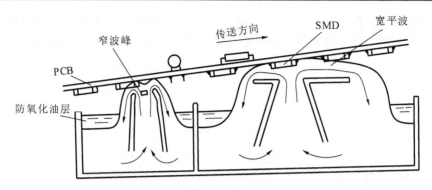

图 4-36 双波峰软钎焊示意图

适用于表面贴装元件比率高的混装印刷电路板连接。

波峰焊是适用于连接插装件和一些小型表面贴装件的有效方法,不适合精密引线间距器件的连接,所以随着传统插装器件的减少,以及表面贴装元件的小型化和精细化,波峰焊的应用逐渐减少。

2. 再流焊(reflow soldering)

再流焊是适用于精密引线间距的表面贴装元件的有效连接方法。由于表面组装技术的兴起,再流软钎焊的应用范围日益扩大。再流焊使用的连接材料是钎料膏,通过印刷或滴注等方法将钎料膏涂敷在印刷电路板的焊盘上,再用专用设备——贴片机在上面放置表面贴装元件,然后加热使钎料熔化,即再次流动,从而实现连接,这也是再流焊名称的来源。各种再流焊方法以其加热方式不同而有所区别,但工艺流程均相同,即滴注/印刷钎料膏—放置表面贴装元件—加热再流。加热再流前必须进行预热,使钎料膏适当干燥,并缩小温差,避免热冲击。再流焊后,自然降温冷却或用风扇冷却。各种再流焊方法的区别在于热源和加热方法。根据热源不同,再流焊主要可分为红外再流焊、汽相再流焊和激光再流焊。图 4-37 为再流焊一般流程示意图。

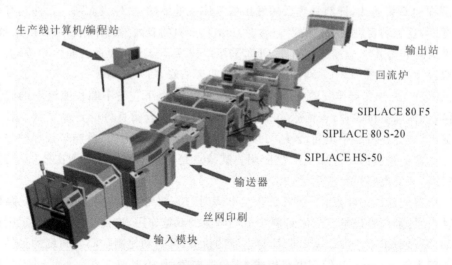

图 4-37 再流焊流程示意图

1) 红外再流焊(infrared reflow soldering)

红外再流焊是利用红外线辐射能加热实现表面贴装元件与印刷电路板之间连接的软钎焊方法,如图 4-38 所示。红外线辐射能直接穿透到钎料合金内部被分子结构所吸收,吸收能量会引起局部温度增高,导致钎料合金熔化再流,这是红外再流焊的基本原理。

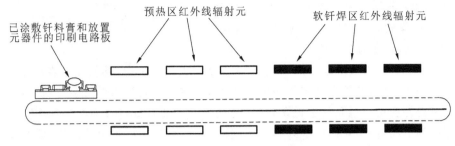

图 4-38　红外再流焊示意图

红外线的波长为 $0.73 \sim 1000 \ \mu m$,波长范围对加热效果有很大影响。红外再流焊中采用 $1 \sim 7 \ \mu m$ 的波长范围,其中 $1 \sim 2.5 \ \mu m$ 范围为短波,辐射元件为钨灯;$4 \ \mu m$ 以上为长波,辐射元件为板元。波长越小,印刷电路板及小器件越容易过热,而钎料膏越容易均匀受热。长波红外线辐射元可以加热环境空气,而热空气可以再加热组装件,这称为自然对流加热,它有助于实现均匀加热并减少焊点之间的温差。计算机控制强制对流加热装置可实现加热区热分布曲线控制,加热区域数量柔性化,能够视加热需要扩展到 $10 \sim 14$ 个区域,从而能够适应各种印刷电路板尺寸和器件的性能要求。

再流焊的钎焊质量主要取决于是否能实现所有焊点的均匀加热,因此钎焊温度规范起着至关重要的作用。红外再流焊的温度规范(见图 4-39)分为四个阶段:

① 预热升温阶段,温度尽可能快地上升到指定值,结束时焊点中存在相当大的温差;

② 预热保温阶段,使所有焊点处于同一温度,同时激活钎料膏中的钎剂并蒸发其中的水分;

③ 再流阶段,温度高于钎料合金熔点,钎料熔化并与待结合面金属发生溶解-扩散反应;

④ 冷却阶段,焊点凝固,实现连接。

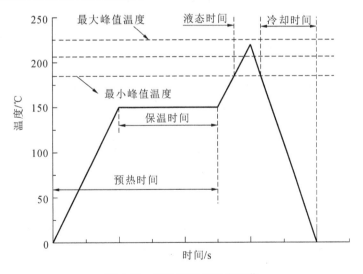

图 4-39　红外再流焊温度规范

图 4-39 所示为理想状态,实际的钎焊温度规范允许温度在一定范围内变化,但最大、最小峰值温度等指标必须严格遵守以防止过热或未润湿。对于目前通用的强制对流红外再流焊设备,其钎焊温度规范须遵循以下原则:

① 预热阶段的最大升温速率为 6 ℃/s；

② 预热保温阶段的温度在 130～170 ℃之间，时间为 1～3 分钟；

③ 再流阶段的温度应超过 200 ℃，时间为 30～90 s；

④ 最大峰值温度为 235 ℃。

红外再流焊一般采用隧道加热炉，适用于流水线大批量生产，其缺点是表面贴装元件因表面颜色的深浅、材料的差异及与热源距离的远近，导致所吸收的热量会有所不同；体积大的表面贴装元件会对小型元件造成阴影，使之受热不足而降低钎焊质量。如 PLCC 器件引线位于壳体的下面，由于壳体对红外辐射的遮蔽作用，钎料达不到熔化温度，无法用红外再流焊的方法钎焊；加热区间的温度设定难以兼顾所有表面贴装元件的要求。

2）汽相再流焊（vapor reflow soldering）

汽相再流焊是利用饱和蒸汽的汽化潜热加热实现表面贴装元件与印刷电路板之间连接的软钎焊方法。汽相再流焊的热源来自氟烷系溶剂（典型牌号为 FC-70）饱和蒸汽的汽化潜热。如图 4-40 所示，印刷电路板放置在充满饱和蒸汽的氛围中，蒸汽与表面贴装元件接触时冷凝并放出汽化潜热使钎料膏熔化再流。达到钎焊温度所需的时间，小焊点为 5～6 s，大焊点为 50 s 左右。饱和蒸汽同时可起到清洗的作用，能去除钎剂和钎剂残渣。

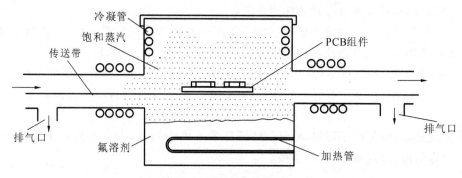

图 4-40　汽相再流焊原理图

汽相再流焊的优点是整体加热，溶剂蒸汽可到达每一个角落，热传导均匀，可完成与产品几何形状无关的高质量钎焊；钎焊温度精确（215±3 ℃），不会发生过热现象。但汽相再流焊的主要传热方式为热传导，因金属传热比塑料速度高，所以引脚先热，焊盘后热，这就容易产生"上吸锡"现象。小型元件（如电阻、电容元件）由于升温速度快（可达到 40 ℃/s），两端引线很难同时达到钎焊温度，先熔化一端所形成的表面张力差将导致"墓碑"现象。汽相再流焊温度不能控制，所以预热必须由其他方法（通常为红外辐射）完成。另一缺点是溶剂价格昂贵，生产成本较高；如果操作不当，溶剂经加热分解会产生有毒的氟化氢和异丁烯气体。

3）激光再流焊（laser reflow soldering）

激光再流焊是利用激光辐射能加热实现表面贴装元件与印刷电路板之间连接的软钎焊方法。激光再流焊的热源来自激光束辐射能量（见图 4-41），目前主要有三种激光源用于再流焊：

① CO_2 激光源，特征波长 10.6 μm，辐射波几乎会全部被金属表面反射，但可被钎剂强烈吸收，受热的钎剂再将热量传递给钎料。这种激光辐射波不能通过光纤材料；

② Nd/YAG 激光源，特征波长 1.06 μm，辐射波被金属表面强烈吸收，可通过光纤材料；

③ 半导体真空管激光源,特征波长 800～900 nm,比 Nd/YAG 激光效率更高,所需能量更少。

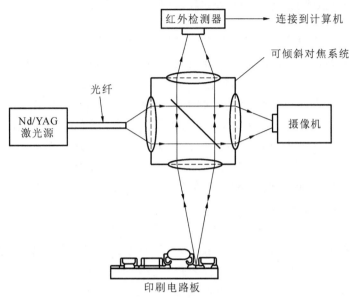

图 4-41　激光再流焊示意图

基于激光束优良的方向性和高功率密度,激光再流焊的特点是加热过程高度局部化,适用于窄间距的微电子器件外引线连接;钎焊时间短(200～500 ms),热影响区小,热敏感性强的器件不会受到热冲击;热应力小,焊点显微组织得到细化,抗热疲劳性能得到提高。

上述优点表明激光再流焊可实现高密度、高可靠性的微连接,但实际中该方法并未得到广泛应用,主要是受到以下因素的制约:

(1) 作为再流焊方法中唯一的点焊技术,生产效率极低。

(2) 无论是移动激光束,还是移动待焊组件,位置精度的控制都是难题。

(3) 激光束方向取决于待焊元件。对于翼形引线元件,激光束应垂直于待钎焊面,否则反射激光将损坏元件封装。对于 J 形引线,激光束必须与待钎焊面成一定角度。因此激光束的姿态调整又增加了一个控制问题。

(4) 激光束的能量密度和钎焊时间取决于元件、基板及接头形式,如 J 形引线内侧的钎料膏激光束照射不到(即使成一定角度),为保证焊盘上所有的钎料膏熔化,必须增大能量密度或增加钎焊时间,这又增加了一个焊接规范的控制问题。

(5) 接头形式的设计和激光束焊接位置取决于所使用的激光源。如对于翼形引线,采用 Nd/YAG 激光源,因其可被引线金属强烈吸收,激光束可直接垂直照射到引线金属表面,焊盘尺寸稍大于引线接合面即可;采用 CO_2 激光源,因其几乎被金属完全反射而被钎剂强烈吸收,故须增加焊盘伸出长度,使激光束垂直照射到伸出部分上预置的钎料膏表面,而非引线金属表面。

上述问题表明激光再流焊需要复杂的过程控制,目前的激光再流焊设备采用微机对激光器电源进行控制,实现加热能量的精确输出,焊点的定位采用人机示教方式,钎焊过程在微机的控制下自动完成。

目前,激光再流焊主要用于引线间距在 0.65～0.5 mm 的高密度组装,如 Philips 公司研制的"Laser Number PLM1"用于在波峰焊或再流焊之后组装专用集成电路,引线间距达

0.2 mm也不会发生桥接。

4.7.4 "绿色"微连接技术——导电胶黏接

导电胶在电子封装中的应用早已有之。1967年,美国首先采用一种银-环氧树脂导电胶进行半导体器件中芯片与载体的黏接。导电胶黏接工艺可在室温至200 ℃之间进行,比传统的金-硅共晶焊、软钎焊和银浆烧结的温度都低,可以避免高温对芯片特性的损伤。同时这种工艺适合大批量生产和自动化作业,目前已成为半导体器件芯片装联的主流技术。

近年来随着环境保护意识的提高,导电胶被作为一种"绿色"连接材料来替代印刷电路板组装中传统的连接材料 Sn-Pb 钎料合金,同时免去了清洗工序。随着研究的深入,人们发现了导电胶具有许多适用于表面组装工艺的其他优点:适用于精细的引线节距;焊点之间的空隙不必采用填充材料;可实现低温连接;工艺过程简单且具柔性,成本低。

导电胶属于添加型导电材料,依靠合成树脂基体的黏接作用和导电填料颗粒相互接触形成导电通路。导电胶主要由黏结剂、溶剂、导电填料和固化剂四部分组成。黏结剂采用环氧树脂或聚酰亚胺树脂。溶剂的作用使胶体稀释,不致因黏度太高而影响导电胶涂敷。常用的溶剂为醚类、酮类、甲苯类有机物。但溶剂不宜多加,以免树脂与导电填料分层而影响胶的导电性能。导电填料一般采用导电性能稳定的银粉,其加入量可超过树脂基体本身重量的2~3倍。环氧树脂一定要加了固化剂以后才能固化。常用的环氧树脂固化剂为胺类、酸酐类有机物。

导电胶的导电性能取决于其中导电填料的种类和数量。按照导电性能,导电胶分为各向同性导电胶(ICAs, isotropically conductive adhesives)和各向异性导电胶(ACAs, aniso-tropically conductive adhesives)两类。各向同性导电胶以 Ag 金属颗粒作为填充材料,后者的体积分数为25%~30%,可通过 Ag 颗粒相互接触而直接实现各向同性导电。各向异性导电胶以表面镀金属的聚合物球或 Ni 作为填充材料,后者的体积分数仅为5%~10%,因此不能实现导电填料之间直接的相互接触,只有在固化过程中经受加压之后,才能在压力方向上实现电连接。由于导电填料颗粒之间没有直接接触,各向异性导电胶特别适用于精密引线节距电子器件的组装。

目前导电胶在微电子元器件内引线连接和印刷电路板组装方面的应用日益广泛,已经成为一种新型的连接方法,并正在部分取代传统的微连接工艺。例如,智慧卡(smart-card)中集成电路与基板的连接通常采用铝丝键合工艺,现在德国的 Microtec 公司和美国的 Epoxy Technology 公司已经推出各向同性导电胶黏接工艺。而欧洲共同体的 BRITE/EU-RAM CRAFT 计划正在为印刷电路板组装开发一种光固化各向异性导电胶,以期降低成本50%,缩短生产时间90%。

针对上述新的应用背景,传统用于芯片与载体黏接的导电胶的适用性受到了广泛关注。研究发现该种导电胶的冲击强度不符合要求,因此目前的研究集中于开发具有高冲击强度(可通过跌落试验)的新型导电胶,并保证其导电性,固化工艺也在进一步研究之中。公认的结论是:现有的导电胶中,没有一种材料同时具有良好的电和力学性能,从而能够"即时"替代软钎料合金。与此同时,生产工艺流程、元件金属化层、导电胶自身等方面均需做进一步的改进。

在导电胶的具体应用中,尚需进一步解决下述问题:导电胶以树脂聚合物为基体,而进行光固化时,光可能破坏聚合物的分子链,其作用机制尚不清楚,也没有相关文献报道;尽管已经知道腐蚀性气体将破坏树脂聚合物分子链,但不同气体对聚合物分子链稳定性的作用机制尚不清楚;导电胶接头服役寿命的预测问题;由于导电胶接头是由金属和树脂聚合物构成的复合材料,因此用于纯金属或纯聚合物服役寿命预测的规律将不再适用;导电胶接头的疲劳-蠕变特性及潮湿环境对其性能的影响;各向同性导电胶中含有高百分比的导电填料以保证其电性能,但其力学性能受到影响,如尺寸为 250 cm×300 cm 的各向同性导电胶黏接表面组装电路板,中心部位受到 10mm 位移的弯曲力矩后导电胶接头即出现裂纹,因此树脂聚合物/导电填料的体积百分比尚需进一步优化以同时保证电和力学性能;导电胶接头的修补工作、功能测试、质量判断、成本分析等方面均需做进一步研究。

4.8 非晶材料的先进连接技术

4.8.1 块体非晶合金

大块非晶合金(bulk metallic glasses)作为一种新兴的先进工程材料,具有众多优异的性能,如极高的硬度、优良的耐腐蚀性、大的弹性应变极限等。1960 年,加州理工学院首次制备出非晶合金,这种新材料具有玻璃般的非晶结构,而成分仍是金属元素。要制备这种材料,金属液相必须具有极高的冷却速度,原子凝固后形成无序的晶格。然而,极高的冷却速度限制了早期块体非晶的制备,使得非晶尺寸非常薄。随着人们对非晶形成理论的认识越来越清楚,更多非晶形成能力强的非晶合金系也被逐渐开发出来。目前,已经可以生产出尺寸在几厘米范围内的块体非晶合金。不同类型的非晶合金如图 4-42 所示,表 4-13 则给出了金属、玻璃和金属玻璃性能的比较。

(a) Pd-Cu-Ni-P   (b) Zr-Al-Ni-Cu   (c) Cu-Zr-Al-Ag   (d) Ni-Pd-P-B

图 4-42 不同类型的非晶合金

表 4-13 金属、玻璃和金属玻璃性能的比较

性能	金属	玻璃	金属玻璃
结构	晶态	非晶态	非晶态
原子间键合类型	金属键	共价键	金属键
屈服应力	非理想	接近理想	接近理想
硬度	随材料不同而不同	非常高	非常高
光学性质	不透明的	透明的	不透明的
导电性	好	差	非常好
电阻率	低	高	非常低
耐蚀性	随材料不同而不同	非常好	非常好
磁性能	随材料不同而不同	无	随材料不同而不同

4.8.2　块体非晶合金的激光焊接

尽管,非晶合金一经出现,便以其高硬度、高耐磨及高耐腐蚀等诸多优异的性能吸引了许多材料科学及工程应用工作者的注意,然而,非晶合金的可加工性差使其很长时间内都停留在"有极大应用潜力或前景"的概念上,尤其是非晶合金的可焊性差性迄今为止仍是世界性难题。一个很重要的原因在于传统的热加工方法不能提供足够快的加热和冷却速度,易使非晶材料发生晶化,晶化直接导致非晶合金优异性能的丧失。目前,激光焊因其极快的加热和冷却速度,可以解决非晶合金焊接过程中发生晶化转变的问题,这使得块体非晶的激光焊接成为可能。

本节在讨论非晶合金焊接难点的基础上,给出几个成功的激光焊接的实例,为进一步拓展非晶合金在工程上的应用提供其成功焊接的理论依据。

1.块体非晶合金焊接的难点

2001 年,Schroers 等人研究了块体非晶合金 $Zr_{41}Ti_{14}Cu_{12}Ni_{10}Be_{23}$ 的晶化行为,设计了两部分试验:一部分是将该合金的均匀熔体从液相线温度以上冷却至过冷区域,另一部分则是将该合金非晶试样加热至过冷液相区。实验结果表明,熔体冷却保持非晶的临界冷却速度为 1 K/s,而加热过程中保持非晶的临界加热速度为 200 K/s。这表明,非晶合金从液相冷却至固态和从固态加热保持非晶状态的晶化行为是不对称的。也就是说,非晶合金从液态金属冷却至固态得到非晶的难度要远小于其被加热至过冷液相区仍保持非晶的难度。进一步的,非晶材料在进行激光焊时,焊缝金属能否形成非晶合金,主要取决于熔池的冷却速度是否大于母材金属非晶形成的临界冷却速度,也就是材料的非晶形成能力(GFA,glass formality ability);热影响区能否仍然保持非晶状态就取决于非晶材料的热稳定性,也就是非晶材料在受到热的作用而不发生晶化的能力,图 4-43 示意地描述了上述过程。由图 4-43 可知,如果在激光加工过程中产生的焊接热循环曲线与大块非晶合金的 CC 曲线相交,则可能发生结晶。对于同样的非晶材料,在同一激光焊接工艺条件下,激光冷却速度足够大,使得熔凝区金属比热影响区金属更易保持非晶状态。因此,防止了热影响区的晶化,即可保证熔凝区金属的非晶状态。

2.非晶合金的激光焊接

Li 等人于 2006 年率先报道了不同激光扫描速度对焊缝和热影响区成分的影响,使用峰值输出功率1200 W,扫描速度从 2 m/min 到 8 m/min,X 射线衍射仪(XRD)、显微结构扫描照片和差示扫描量热法(DSC)分析结构如图 4-44 所示。结果表明,焊接速度越高,冷却速率越高,可以抑制结晶;并且,熔池结晶和热影响区晶化是由不同的原因引起的,在热影响区内的晶化取决于材料在晶化温度以上停留的时间,而熔池中的晶化则取决于从液相温度到玻璃转变温度的冷却速率。

Kim 等人采用 Nd/YAG 激光焊接铜基非晶合金($Cu_{54}Ni_6Zr_{22}Ti_{18}$),焊接中考虑了峰值功率、脉冲持续时间、频率和速度的变化对 BMG 组织演化规律的影响。研究认为,脉冲能量和脉冲持续时间越长,非晶合金越易晶化。原因在于:冷却速率降低;脉冲能量的增加导致温度过高,而引起 Cu 元素的蒸发,使得材料的化学成分发生变化,偏离非晶成分范围。

3.块体非晶激光加工的理论模拟

采用激光焊接技术连接块体非晶基板时,利用试验试错方法确定激光加工参数是有效

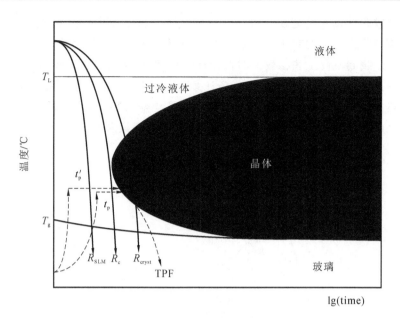

图 4-43　大块非晶合金连续冷却曲线示意图

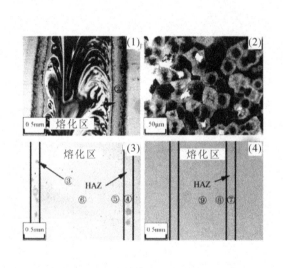

(a) 不同扫描速度下块体非晶合金$Zr_{45}Cu_{48}Al_7$BMG
的焊接接头宏观图(图1)和微观图(图2)，$v=2$ m/min；
(3) $v=4$ m/min；(4) $v=8$ m/min

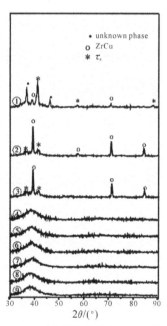

(b) 图(a)中不同部位的XRD结果

图 4-44　不同激光扫描速度下焊缝和热影响区的金相照片和 XRD 结果

的,但这种方法难以弄清楚晶化的机理,且成本高。为了避免这种情况,可以采用理论分析的方法预测块体非晶材料在激光焊接过程中的晶化。前已指出,防止热影响区各个部位的热循环曲线与涂层非晶材料的连续加热转变曲线相交是成功焊接非晶合金的关键,因此准确得到这两条曲线是解决关键问题的所在。

　　Xia 等人提出了一种有效的方法对上述关键问题进行了理论阐述。首先,得到晶化与未晶化的临界位置并计算其温度场分布。由于该点处于晶化和非晶化交界处,因此该点的热循环曲线应该与非晶合金的 CHT 曲线相切,则热循环曲线的顶点为块体非晶母材连续加热曲线上的一点。找到不同工艺参数下的临界点位置,模拟该点的热循环曲线,可得到更多的 CHT 曲线上的点。将这些点拟合形成一条连续光滑的曲线,即激光加热条件下块体非晶合金的连续加热曲线。为了获得加热速率较慢时非晶合金材料的 CHT 曲线,可通过 DSC 实验进行。将这两部分的点拟合为一条连续光滑的曲线,即该非晶合金材料的 CHT 曲线,如图 4-45 所示中的 CS 曲线。

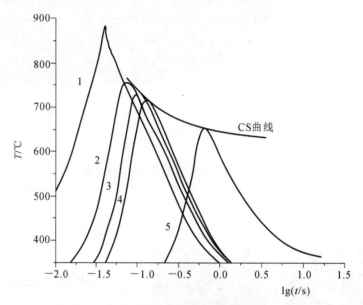

图 4-45   温度随时间变化的理论预测和晶化起始边界

Chen 等人通过理论和试验研究,验证了上述结果,如图 4-46 所示。

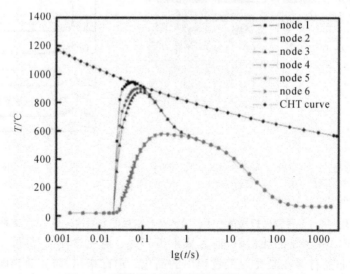

图 4-46   模拟温度曲线和预测临界冷却曲线

第5章 金属材料复合成形技术及理论

随着经济社会的进步和科学技术的不断发展,航空航天、建筑交通等行业对金属零件的要求越来越高,金属零件向复杂化、高性能化方向发展。传统单一的加工成形技术,如铸造、锻造、挤压、轧制、冲压、焊接、切削加工等,都难以满足品种繁多、形状复杂和高性能金属零件的成形加工要求。各类复合成形加工技术应运而生,如:铸锻复合、铸焊复合、连铸连轧等。

5.1 复合成形技术概论

金属材料复合成形技术是指两种或者两种以上金属加工成形方法相结合而形成的金属加工成形技术,该技术突破了传统成形技术的局限性,通过结合各个成形技术的优势,弥补单一成形技术的局限,可获得复杂形状、高尺寸精度和高性能的金属零件。

复合成形技术的复合特征表现在"过程综合、技术综合、能量场综合"等方面及其相互间的交叉融合。

"过程综合"指工艺流程的短缩化,如连铸连轧、无模直接制造等。"技术综合"指铸造、塑性加工、焊接、热处理、表面工程、特种加工、CAD/CAE/CAM 等技术的复合化,如成形与精密加工、铸锻复合成形、快速原型和快速制造技术的诞生与发展就是技术综合的产物。"能量场综合"指除利用热能、机械能之外,还借助电磁、电化学、等离子、激光、超声波等能量场的复合作用来加工成形,如无模电磁铸造、电铸成形、电磁成形、通电轧制、复合高能束焊接/喷涂、超声波加工等。常见的几种复合成形工艺特点比较如表 5-1 所示。

表 5-1 常见的几种复合成形工艺特点比较

名称	定义及特点	应用
铸锻复合	铸造与锻造的复合,如金属熔炼后铸造成锭坯,再锻造成形。节能节材,设备要求相对较低,投资少,生产效率高,生产成本低	可用于某些形状复杂而力学性能要求较高的各类金属零部件成形
连铸连轧	铸造和轧制的有机结合,连续进行。工艺简化、金属收得率高、节约能源、提高连铸坯质量、便于实现机械化和自动化	可用于各类碳钢、低合金板带、不锈钢板带和热轧板带等的生产
铸焊复合	铸造与焊接的复合,简单铸件焊接成更复杂的零件。节约能耗,生产成本低,工艺简化	可实现不同种金属材料的铸造和焊接一体化成形
成形/切削加工	将铸造、锻造、焊接等成形与切削加工结合的工艺技术。工艺简化,产品质量佳,节约能耗	可用于各类金属材料的成形与精密加工,实现近净成形
电铸成形	在原模上电解沉积金属复制零件或直接电铸成形整体零件。精度高、应用面广、生产成本低	用于精确复制微细、复杂和某些难以加工的特殊形状模具及工件
电磁成形	主要指利用磁力使金属板料变形成形的工艺。可提高材料的成形极限,生产率高,可控性好,成形精度较高	用于管形、筒形件的胀形、收缩及平板金属的拉深成形等,常用于普通冲压不易加工的零件

以下将详细阐述几种广泛应用且近年来颇受关注的金属材料复合加工成形新技术。

5.2 连铸连轧复合成形技术

5.2.1 连铸连轧复合成形技术的原理与特点

"连铸连轧"是指由铸机生产出来的高温无缺陷坯,无须清理和再加热(但需经过短时均热和保温处理)而直接轧制成材,这种把"铸"和"轧"直接连成一条生产线的工艺流程就称为"连铸连轧"复合成形技术。国外把这种工艺称作 CC-DR(continuous casting and direct rolling)工艺——连铸坯直接轧制工艺。其突出优点是使铸坯的热量得到充分利用,也有利于改善连铸坯的表面和内部质量,提高金属收得率,而且可由单一尺寸的结晶器获得多种形状尺寸的铸坯,特别是获得难以浇铸的小断面铸坯。

连铸连轧复合成形技术的出现,促使钢铁厂无论从生产模式到钢厂结构都发生了深刻的变革,从而使得能耗降低,生产流程缩短,产品质量和经济社会效益显著提高等,给钢铁企业带来了更大的市场竞争能力和发展空间。图 5-1 所示为连铸连轧现场照片。

(a) 钢材轧制   (b) 铝材轧制

图 5-1　连铸连轧现场照片

早在 20 世纪 80 年代,人们就开始研究用更薄的连铸坯去生产更薄的板带产品,到 80 年代末,已经形成相对成熟的薄板坯连铸连轧复合成形技术。1989 年德国 SMS 公司的第一条薄板坯连铸连轧生产线率先在美国纽柯公司克拉福兹维莱厂成功建成并投入了工业化生产,实现了薄规格连铸板坯经剪切后高温状态通过辊道送入隧道式加热炉加热、均热后直接轧制成材的薄板坯连铸连轧。1999 年 8 月,我国首条电炉(EAF)——紧凑式热轧带钢生产线(CSP,compact strip production)在广州珠江钢铁有限责任公司(以下简称珠江钢铁)建成投产,相继有邯郸、包头钢厂的薄板坯连铸连轧线建成并实现了工业化生产。

在此后短短的几十年里,薄板坯连铸连轧复合成形技术得到了快速发展,世界各钢铁发达国家相继开发出了各具特色的薄板坯连铸连轧技术,掀起了钢铁行业的技术革命。代表性的生产线有:SMS 开发的 CSP(compact strip production)、DEMAG 的 ISP(inline strip production)、日本住友的 QSP(quality slab production)、达涅利的 FTSR(flexible thin slab rolling)、VAL 的 CONROLL(continue rolling)、美国蒂金斯的 TSP(thin slab production)和意大利阿维迪公司的 ESP(endless strip production)以及鞍山钢铁公司的 ASP(angang strip production)等。其中 CSP 技术应用最为普及,约占全球 50% 以上的市场份额。

薄板坯连铸连轧技术被看作继氧气转炉炼钢、连续铸钢之后钢铁工业的第三次技术革命,它从经济效益的角度出发把炼铁、炼钢、连铸、热轧、冷轧和带材加工等各工艺过程有效地连接起来。传统生产流程钢水经连铸机浇注成 $200\sim250$ mm 厚度的板坯,再经过冷却,重新在加热炉中加热。而薄板坯连铸连轧生产工艺,钢水被浇铸成厚度为 $50\sim90$ mm 的薄板坯,不冷却就直接热装进入辊底式炉加热,然后进入机架较少的热连轧机轧制成钢板。典型的薄板坯连铸连轧流程热轧机组如图 5-2 所示。与传统的连铸再热轧工艺相比,薄板坯连铸连轧复合成形技术具有如下优点:

(1) 工艺简化,设备减少,生产线缩短。薄板坯连铸连轧省去了粗轧和部分精轧机架,生产线一般仅 200 余米,降低了单位基建造价,缩短了施工周期,可较快地投产并发挥投资效益。

(2) 生产周期短。从冶炼钢水至热轧板卷输出,仅需约 1.5 h,从而节约流动资金,降低生产成本,企业可较快地取得较好的经济效益。

(3) 节约能源,降低了生产成本,增强了产品的竞争力。薄板坯连铸连轧可直接节能 66 kg/t,间接节能 145 kg/t,成材率提高了 $11\%\sim13\%$。

(4) 产品的性能更加均匀、稳定。由于薄板坯在结晶器内的冷却强度远远大于传统的板坯,其原始的铸态组织晶粒比传统板坯更细、更均匀。

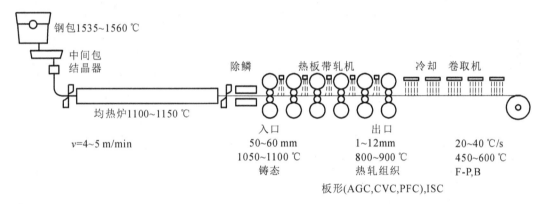

图 5-2　薄板坯连铸连轧热轧机组的示意图

近年来,大批薄板坯连铸连轧生产线在世界各地纷纷建成。截至 2015 年底,全球目前已建有薄板坯连铸连轧生产线 66 条(100 流),年生产能力达 11284 万吨。中国已是世界上薄板坯连铸连轧生产线最多和产能最大的国家,已建成薄板坯连铸连轧生产线 16 条(31 流),年生产能力约 3946 万吨。世界各国薄板坯连铸连轧生产线和年产能统计如表 5-2 所示,中国薄板坯连铸连轧生产线的建设情况如表 5-3 所示。

如此短的时间内有这种成果,显示出薄板坯连铸连轧技术在短流程小钢厂中的实践是成功的。薄板坯连铸连轧复合成形技术集科学、技术和工程为一体,将热轧板料的生产在一条短流程的生产线上完成,充分显示出其先进性和科学性,现已被众多钢铁联合企业看好,并准备在传统的高炉转炉流程中采用该技术。它将充分发挥薄板坯连铸连轧技术的自身优势,又将促进传统流程的产品结构优化,产生显著的经济和社会效益,世界各国都对此给予了极大关注。

表 5-2　世界各国薄板坯连铸连轧生产线和年产能统计(截至 2015 年底)

表 5-2　世界各国薄板坯连铸连轧生产线和年产能统计(截至 2015 年底)

国家	生产线条数									年产能/万吨	连铸机流数
	CSP	ISP	FTSR	QSP	CONROLL	TSP	ESP	ASP	合计		
美国	9		2	1		2			14	2098	19
印度	5								5	800	7
意大利	1	1						1	3	310	3
韩国	1	1	1					1	4	830	7
中国	7		3		0		3	3	16	3946	31
其他	11	4	5	1	3				24	3300	33
合计	34	6	9	3	4	2	5	3	66	11284	100

表 5-3　中国薄板坯连铸连轧生产线建设情况(截至 2015 年底)

序号	公司	工艺类型	连铸机流数	设计年产量/万吨	轧机	投产日期
1	珠钢	CSP	2	180	6CVC 机架	1999
2	邯钢	CSP	2	247	1+6CVC 机架	1999
3	包钢	CSP	2	200	7CVC 机架	2001
4	唐钢	FTSR	2	250	2+5PC 机架	2002
5	马钢	CSP	2	200	7CVC 机架	2003
6	涟钢	CSP	2	220	7CVC 机架	2004
7	鞍钢	ASP	2	250	1+6ASP 机架	2000
8	鞍钢	ASP	4	500	1+6ASP 机架	2005
9	本钢	FTSR	2	280	2+5PC 机架	2004
10	通钢	FTSR	2	250	2+5PC 机架	2005
11	酒钢	CSP	2	200	6CVC 机架	2005
12	济钢	ASP	2	250	1+6ASP 机架	2006
13	武钢	CSP	2	253	7CVC 机架	2009
14	日钢	ESP	1	222	3+5 机架	2015
15	日钢	ESP	1	222	3+5 机架	2015
16	日钢	ESP	1	222	3+5 机架	2015
合计			31	3946		

5.2.2　典型的连铸连轧复合成形技术

传统的连铸再热轧工艺是由钢水直接浇注铸造为坯,然后保温冷却,再送至轧制车间重新加热到一定温度进行热轧。流程长、时间和空间跨度大、能源与人力浪费严重,造成企业的资金流动性和经济效益较差,材料的利用率低且已不能适应汽车、能源、航空航天、造船等相关产业的市场快速响应的要求。图 5-3 为传统工艺生产与连铸连轧工艺在能耗和制造周期方面的对比。与传统的连铸再热轧工艺相比,薄板坯连铸连轧工艺具有流程短、能耗低、生产周期短等特点。

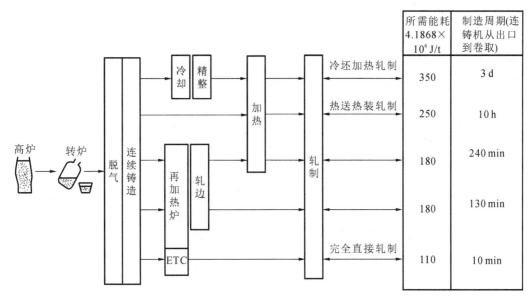

图 5-3　传统工艺与连铸连轧工艺流程对比

薄板坯连铸连轧工艺的发展主要分为两个时期:第一代是以紧凑式带钢生产线开发为主,其工艺技术的主要代表有德国西马克(SMS)公司的 CSP 技术,德国德马克(MDH)公司的 ISP 技术,意大利达涅利公司的 FTSR 技术,奥地利奥钢联公司的 CONROLL 技术以及其他工艺技术;第二代超薄带生产线的应用,是在原来紧凑式生产线上开发出的半无头轧制工艺和铁素体轧制工艺,主要轧制 1.4 mm 以下的产品。各种薄板坯连铸连轧技术各具特色,同时又互相影响,互相渗透,并在不断地发展和完善。表 5-4 所示为不同类型薄板坯连铸连轧生产线的主要工艺特点。

表 5-4　不同类型薄板坯连铸连轧生产线的主要工艺特点

工艺类型		CSP	ISP	FTSR	CONROLL	QSP	TSP
铸坯厚度/mm		40~90	60~75,90(100)/70	40~60,90/70	76~152	70~100	125~152
机型		立弯式	直-弧	直-弧	直-弧	直-弧	直-弧
结晶器	形式	漏斗形	平板式	漏斗形	平板式	平板式	平板式
	开口度/mm	180		190			
	长/mm	1100		1200	900	950	
	其他		小漏斗	长漏斗		多锥度	
冷却方式		水冷气-水	气-水	气-水	气-水	气-水	
弧形半径/m		顶弯半径3~3.25	5~6	5	5	5	
冶金长度/m		6~10.3	11~15.1	15	14.6	11.2~15.7	

工艺类型	CSP	ISP	FTSR	CONROLL	QSP	TSP
液芯压下形式	液芯压下	液芯压下	动态软压下	无	软压下	无
拉坯速度 /(m·min^{-1})	4～6	3.5～5	3.5～5.5	3～3.5	3.5～5	2.5～3
加热炉形式	隧道式	感应加热+卷取箱-隧道式	隧道式加热炉-保温辊道	步进梁式	隧道式加热炉	步进梁式
轧机组成	6(5)～7机架 1R+5(6)F	2R+5F	1R+6F	6	2R+5F	炉卷
产品厚度/mm	0.8～25.4	1.0～12.0	0.8～16	1.8～12.7	1.0～15.8	最薄1.0

1. CSP 技术

CSP(compact strip production)技术是由德国西马克公司开发的世界上最早并投入工业化生产的薄板坯连铸连轧技术。自1989年在纽柯公司建成第一条CSP生产线以来，随着技术的不断改进，该生产线不断发展完善，现已进入成熟阶段。其典型工艺流程如图5-4所示，其生产布置示意图如图5-5所示。

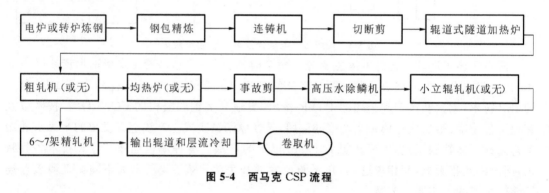

图 5-4　西马克 CSP 流程

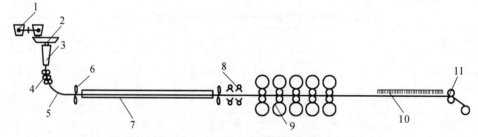

图 5-5　薄板坯连铸连轧 CSP 生产布置

1—钢包回转台；2—中间包；3—结晶器；4—二冷区；5—空冷区；6—剪切机；
7—直通式辊底加热炉；8—高压水除鳞机；9—精轧机组；10—层流冷却；11—卷取机

CSP工艺具有流程短、生产简便且稳定，产品质量好、成本低，有很强的市场竞争力等一系列突出优点。目前，CSP生产线数量居各种薄板坯连铸连轧技术之首，约34条，可以说CSP是目前最成熟的工艺。

CSP技术的主要特点是：① 采用立弯式铸机，漏斗型直结晶器，刚性引锭杆，浸入式水口，连铸用保护渣，电磁制动闸，液芯压下技术，结晶器液压振动，衔接段采用辊底式均热炉，高压水除鳞，第一架前加立辊轧机，轧辊轴向移动、轧辊热凸度控制、板形和平整度控制、平移式二辊轧机;② 可生产 0.8 mm 或更薄的碳钢、超低碳钢;③ 生产钢种包括低碳钢、高碳钢、高强度钢、高合金钢及超低碳钢。

印度埃萨(Essar)钢铁公司在已经投产的标准配置的 CSP 生产线另外增加一流连铸配置,使生产线热卷生产能力达到 350 t/a,其布置如图 5-6 所示。

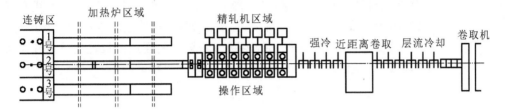

图 5-6　印度埃萨(Essar)钢铁公司 CSP 生产线布置示意图

2. ISP 技术

ISP(inline strip production)技术,即在线热带生产工艺。该技术于 1992 年 1 月在意大利阿维迪(Arvedi)钢厂建成投产,设计能力为 50 万吨/流。其特点是生产线布置紧凑,采用液芯压下和固相铸轧技术,采用气雾冷却或干铸二次冷却技术,能耗少并可有效地完成脱碳保铬、净化钢水等任务,其工作流程如图 5-7 所示。

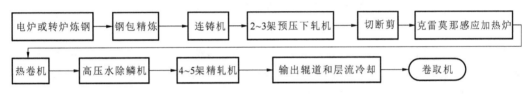

图 5-7　德马克 ISP 工作流程

该薄板坯连铸连轧生产线如图 5-8 所示,主要技术特点:

(1)采用直-弧型铸机,小漏斗型结晶器,薄片状浸入式水口,连铸用保护渣,液芯压下和固相铸轧技术,感应加热接克日莫那炉(也可用辊底式炉),电磁制动闸,大压下量初轧机＋带卷开卷＋精轧机,轧辊轴向移动、轧辊热凸度控制、板形和平整度控制、平移式二辊轧机;

(2)生产线布置紧凑,不使用长的均热炉,总长度仅 180 m 左右。从钢水至成卷仅需 30 min,充分显示其高效性;

(3)二次冷却采用气雾或空冷,有助于生产较薄断面且表面质量要求高的产品;

(4)整个工艺流程热量损失较小,能耗少;

(5)可生产不大于 1 mm 的产品。

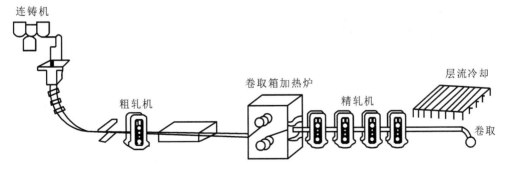

图 5-8　ISP 生产线典型工艺流程图

2006年9月,意大利阿维迪公司在克日莫那厂内建成全球第一个无头连铸连轧带钢工艺(ESP)的电炉钢厂,该技术是在德马克公司的ISP技术基础上研发的。ESP生产线示意图如图5-9所示,生产线中的连铸机采用平行板式直弧形结晶器,铸坯导向采用铸轧结构,经液芯压下铸坯直接进入初轧机轧制成中厚板,而后经剪切可下线出售、不下线的板坯经感应加热后,进入五架精轧机轧制成薄带钢,经冷却后卷曲成带卷。ESP工艺生产线布置紧凑、不使用长的加热炉、生产线全长仅190 m,是世界上最短的连铸连轧生产线。2015年,日照钢铁在国内率先引进ESP无头连铸连轧带钢生产线,该工艺通过薄板坯连铸连轧设备可从钢水直接生产出薄规格和超薄规格热轧带卷产品,实现了以热带冷。

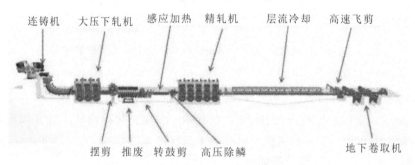

图5-9 意大利阿维迪ESP生产线示意图

3.FTSR技术

FTSR工艺(flexible thin slab rolling for quality),称之为生产高质量产品的灵活性薄板坯轧制,是由意大利丹涅利联合公司开发的又一种薄板坯连铸连轧工艺,其流程图如图5-10所示,典型工艺布置图如图5-11所示。

电炉或转炉炼钢 → 钢包精炼 → 连铸机 → 旋转式除鳞机 → 切断剪 → 辊道式隧道式加热炉

二次除鳞机 → 立辊轧机 → 1~2架粗轧机 → 保温辊道 → 切头剪 → 三次除鳞机

5~6架精轧机 → 输出隧道和层流冷却 → 卷取机

图5-10 丹涅利FTSR流程图

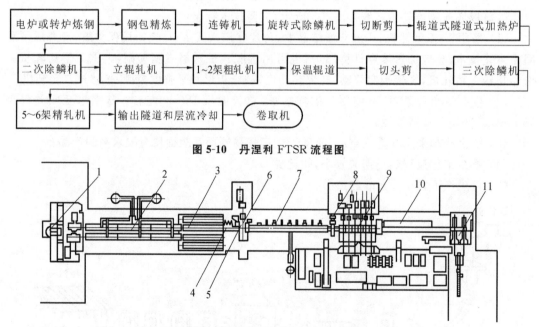

图5-11 典型的FTSR技术工艺布局

1—连铸机;2—旋转式加热炉;3—隧道式加热炉;4—二次除鳞;5—立辊轧机;
6—粗轧机;7—保温辊道;8—三次除磷;9—精轧机;10—输出辊道和冷却段;11—卷取机

该技术具有相当的灵性，能浇铸范围较宽的钢种，可提供表面和内部质量、力学性能、化学成分均匀的汽车工业用板。主要技术特点是：

(1) 采用直-弧型铸机，H_2 结晶器，结晶器液压振动，三点除鳞，浸入式水口，连铸用保护渣，动态软压下（分多段，每段可单独），熔池自动控制，独立的冷却系统，辊底式均热炉，全液压宽度自动控制轧机，精轧机全液压的 AGC，机架间强力控制系统，热凸度控制系统，防止黏皮的辊芯系统，工作辊抽动系统，双缸强力弯辊系统等；

(2) 可生产低碳钢、中碳钢、高碳钢、包晶钢、特种不锈钢等。

4. CONROLL 技术

奥钢联工程技术公司（VAI）开发的 CONROLL 技术，用以生产不同钢种的高质量热轧带卷，具有高的生产率，且产品价格便宜，铸坯厚度可达 130 mm，该技术与传统的热轧带钢生产相接近。美国的阿姆科·曼斯菲尔德（Armco Mansfield）钢厂于 1995 年 4 月正式建成投产第一条 CONROLL 生产线。该技术特点是全部采用成熟技术，使用可靠，铸坯较厚一般为 75～125 mm，铸坯在粗轧机处进行可逆轧制，经粗轧后轧至 25～28 mm，精轧最终厚度为 1.8～12.7 mm，年产量最高为 180 万吨。其工艺流程图如图 5-12 和图 5-13 所示。

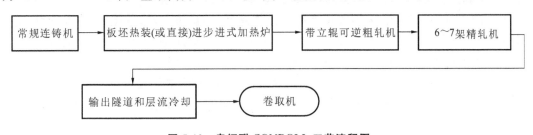

图 5-12　奥钢联 CONROLL 工艺流程图

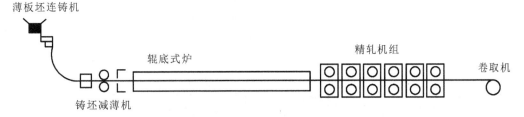

图 5-13　CONROLL 工艺流程图

CONROLL 技术的主要特点是：

(1) 超低头弧形连铸机，平板式直结晶器，结晶器宽度自动调整，新型浸入式水口，结晶器液压驱动，旋转式高压水除鳞，二冷系统动态冷却，步进式加热炉，液态轻压下，液压 AGC，工作辊带液压活套装置，轧机 CVC 技术等；

(2) 可生产低、中、高碳钢，高强度钢，合金钢，不锈钢，硅钢，包晶钢等。

奥钢联为阿姆科·曼斯菲尔德钢厂提供的 CONROLL 生产线，如图 5-14 所示。该生产线包括 1 台 LMF 钢包炉、1 台新的薄板坯连铸机、1 台步进梁式加热炉（ITAM 制造），并对原热带轧机进行局部改造，取得了连续浇炉数最长 17 炉的记录（浇注时间为 25.7 h），使该企业在质量和产量上都获得了较大的进步，并带来了显著的经济效益。

5. QSP 技术

QSP 技术是日本住友金属开发出的生产中厚板坯的技术，开发的目的在于提高铸机生

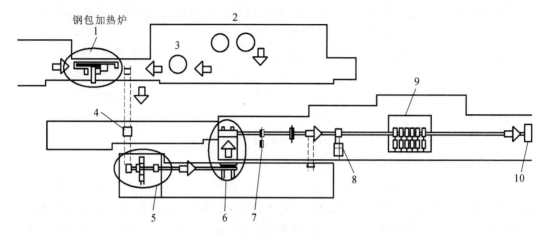

图 5-14　阿姆科·曼斯菲尔德的 CONROLL 生产线

1—钢包加热炉；2—电炉；3—AOD；4—传送车；5—薄板坯连铸机；6—中间加热炉；

7—初级立辊轧机；8—可逆式粗轧机；9—6 机架精轧机；10—地下卷取机

产能力的同时生产高质量的冷轧薄板。QSP 技术的主要特点是：

（1）采用直-弧型铸机，采用多锥度高热流结晶器，非正弦振动，电磁闸，二冷大强度冷却，中间罐高热值预热燃烧器，辊底式均热炉，轧辊热凸度控制，板形和平整度控制等；

（2）可生产碳钢、低碳铝镇静钢（LCAK）、低合金钢、包晶钢等。

美国的特瑞科（Trico）钢厂已正式应用该技术，该厂是日本住友金属和英钢联及 LTV 三家的合资厂，其生产线采用的是住友金属的第 2 代薄板坯连铸连轧工艺，如图 5-15 所示。

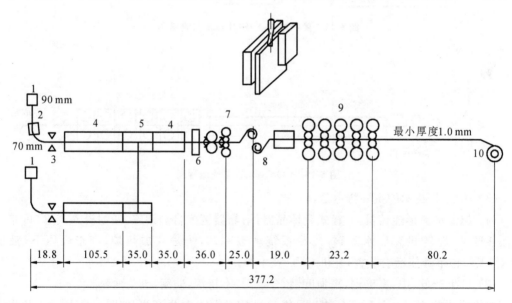

图 5-15　第 2 代 QSP 工艺流程图

1—单流连铸机；2—软压下装置；3—剪切机；4—隧道式加热炉；5—可移动段；6—立辊边机；

7—单流通过 2 机架初轧机、除鳞机；8—除鳞装置；9—5 机架精轧机；10—卷取机

5.2.3　连铸连轧复合成形技术应用的关键

薄板坯连铸连轧具有流程短、能耗低、劳动生产率高、设备简单、投资和成本低等一系列

优点,所生产的热轧板卷价格比常规流程生产产品便宜,显示出极具竞争力的发展势头。究其原因是该技术中有许多处突破了传统工艺概念,是大胆创新之举,它们经实践检验证明是成功的。

1.结晶器及其相关装置

薄板坯连铸机上使用的结晶器早期大体分为两类:平行板型和漏斗型。西马克公司开发了漏斗型结晶器,其上口处中间部位厚度达 150 mm,有利于浸入式水口的伸入和保护渣的熔化,进而使铸坯表面质量有保证。而下口处厚度为 40~70 mm,能满足铸坯厚度的要求,这是因为铸坯厚度需 70 mm 以下才能直接进入精轧机组轧制。从世界上现已投产的几条生产线来看,钢液在这种漏斗型结晶器内凝固时要产生变化,必须保证厚度变化过渡区的弯曲弧度设计准确,且浇钢时拉速应尽可能稳定。德马克公司在阿维迪热装生产线上最早使用的是传统的平行铜板结晶器,由于上口厚度仅 60~80 mm,只能使用薄片形长水口,其壁厚仅有 10 mm,大通钢量是 2 t/min,受到了限制,同时水口寿命很低。为此经改进将平行板型扩展为小鼓肚型,由于小鼓肚的存在,上口空间加大,使薄片型水口壁厚增加至 20 mm,使用寿命延长。奥钢联现也使用平行板式的直结晶器,厚度为 70~125 mm,扁平状长水口,侧壁双孔出钢。丹涅利公司开发了一种新的类似凸透镜状,上口、下口断面尺寸一样的全鼓肚型结晶器,这种形状既可解决浸入式水口插入,又可减少铸坯表面裂纹等问题。这种结晶器内的钢水容量在相同铸坯厚度时比其他种类的结晶器容量多 60%,且坯壳生成应力低于漏斗型,气隙也小,能浇铸易裂钢种。

从结晶器形式的演变可知,为提高薄板坯连铸单流产量和铸坯质量,扩大品种,漏斗型(见图 5-16)及全鼓肚型结晶器更为实用。也正因这两种极具特色的结晶器的问世,才使薄板坯连铸工艺得以成功。有关结晶器的研究仍有待进一步深入。

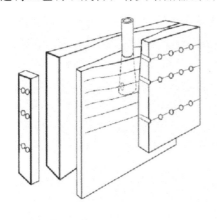
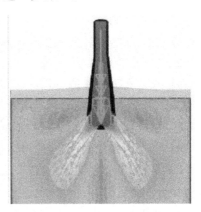

(a) 外形图　　　　　　　　　　　(b) 工作示意图

图 5-16　漏斗型结晶器外形及工作示意图

此外,由于拉速比传统板坯高,结晶器液面的稳定性就更为重要,故必须使用可靠有效的结晶器液面控制系统。在结晶器钢液面上需保持足够的液渣层,能连续渗漏到坯壳与铜板之间,起到良好的润滑作用,可有效地防止黏结漏钢和表面纵裂纹。然而薄板坯拉速高,结晶器空间有限,很难获得恒定的液渣层,渣量消耗比传统板坯明显减少,为解决这一问题可采取以下措施:① 采用低熔点低黏度的保护渣;② 结晶器采用高频率(300 次/min 以上)、小振幅(3 mm)的非正弦振动有利于减少对初生坯壳的拉应力并减轻振痕,提高铸坯表面质量。

2. 薄壁浸入式水口

与结晶器相关的还有浸入式水口的开发，其中包括形状、出口角度、材质等。薄板坯要求高拉速为 6 m/min，使其流量达到 2～3 t/min，产量才能与传统铸机相比。薄板坯结晶器的几何形状要受到下列因素的限制：一是要求浸入式水口与钢板之间有一定间隙而不凝钢；二是水口直径要有足够的流通量；三是水口壁要有足够的厚度（最小 10 mm）。为延长水口的使用寿命，开发了薄壁扁形浸入式水口，水口上部为圆柱形，下部为扁形或椭圆形，采用等静压成形。水口本体材料为 Al_2O_3-C，流体冲刷区材料为 MgO-C，渣线材料为 ZrO_2-C。

对薄板坯连铸而言，浸入式水口及保护渣直接关系到连浇炉数和作业率的提高，同时影响到铸坯质量，各公司都进行了大量研究。目前西马克公司已开发出第四代浸入式水口，CSP 及 FTSR 工艺的浸入式水口寿命也达到 500 min，可连浇 12 炉以上，采用平板式结晶器的 QSP 及 ISP 工艺的浸入式水口寿命为 400 min 左右。

3. 铸轧工艺

世界首台薄板坯连铸连轧生产线阿维迪 ISP 技术中采用带有液芯及固相铸轧的技术，出结晶器下口 60 mm 的铸坯带液芯时经软压下变至 45～50 mm，形成固相后再轧至 15 mm 厚。实践表明，液芯铸轧对细化晶粒的作用比相应尺寸减薄的铸坯大，由于晶粒细化，在相同轧制温度下铸坯可获得更好的韧性，当浇铸厚度为 60～100 mm 时，采用铸轧技术后最终成品质量比减薄结晶器厚度的效果更佳，液芯铸轧的好处已被公认，现在该技术已得到广泛应用，并在不断改进完善。丹涅利公司的灵活薄板坯连铸连轧工艺（flexible thin slab rolling tor quality，简写 FTSRQ）中应用了动态软压下技术，可根据带卷最终厚度的要求连续调整薄板坯的厚度，产品质量达一级标准。ISP 和 FTSRQ 两种技术采用的带液芯铸轧工艺均根据浇铸速度、钢种和一冷、二冷及中间罐钢水过热度及实际浇铸时间来计算薄板坯断面尺寸和液芯长度的变化，并通过调整辊缝来实现软压下。CSP 和 CONROLL 生产工艺是依靠全凝固轧制来使铸坯变薄，而近期投产的新的 CSP 生产线均采用了液相轻压下的铸轧工艺，液芯铸轧可以看成是降低能耗、提高产品质量的一种生产薄的板带的技术发展方向。图 5-17 所示为液芯压下过程示意图。新开发出的铸压轧（casting pressing rolling，简写 CPR）技术，则将"铸、压、轧"融为一体，出结晶器下口坯壳仅 10～15 mm 的铸坯，在 1300 ℃ 左右的温度下受辊压，使芯部焊合，随后由四辊轧机将铸坯轧成 15～24 mm 的热轧板卷。

4. 高压水除鳞

薄板坯表面积大，易出现二次氧化，生成氧化铁皮，如不及时清除，会与轧辊在高温下融合，不仅损坏轧辊，也常因轧制速度远高于浇铸速度而将氧化铁皮轧入。为此，各种薄板坯连铸机的设计方案都对除鳞给予了相当重视。新的结构都将除鳞机布置在粗轧机前，进而在进入加热炉前、精轧前再次除鳞，FTSRQ 生产线甚至在第一、第二精轧机架后仍进行多道除鳞，确保氧化铁皮的清除。除鳞装置有高压水、旋转高压水等多种类型，其水压从 10～20 MPa 提高至 40 MPa。奥钢联还开发了圆环形和网状旋转式高压水除鳞装置，均是想利用高压水以一定角度打到铸坯上更有效地清除氧化铁皮。

5. 加热方式

薄板坯连铸连轧的工艺要求铸坯直接进入精轧机，铸坯薄且温度高还需均匀，必须在线对铸坯予以加热保温。ISP 生产线经铸轧后的铸坯为 15 mm，先进入感应加热区再由克日

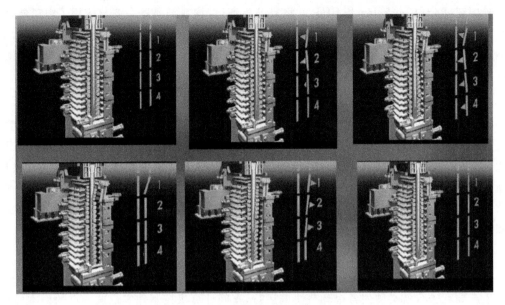

图 5-17　液芯压下过程示意图

莫那(Cremona)天然气加热保温;CSP 生产线 50 mm 以下的铸坯,经剪切后长为 47 m,送到均热炉用天然气加热,该炉长达 240 m,可放五块铸坯。前者布置紧凑,对环境污染小,但设备较复杂,维修困难;后者有利于铸坯贮存,一旦轧机出现故障,整个生产线有缓冲时间。均热炉又有辊底式、隧道式、步进梁式几种。选择哪一种加热方式更有利于薄板坯连铸连轧工艺仍是当今研究的问题,也是极为重要的一环,直接影响到整条生产线的连接协调。

6. 精轧机架

从投资额来分析,薄板坯连铸连轧生产线中的连铸机部分占 30%,轧机部分则占 70%。现有的各种类型的热精轧机组有 4 机架、5 机架、6 机架乃至 7 机架(美国阿克梅钢公司),其生产能力均可达 135 万～200 万吨/流,大大超过薄板坯连铸机单流生产能力。目前热精轧机组均配有轧辊轴向移动、板形平整度、厚度在线调控、轧辊表面热凸度控制等装置,轧制 1.0 mm甚至更薄的热轧带卷已不成问题,关键的问题是如何发挥出投资比例如此大的轧机能力。就其经济效益来讲,薄板坯连铸应配置两流才能与一套热连轧机组匹配,同时薄板坯连铸机的拉速也应最大限度地提高,薄板坯连铸连轧的高温、高速、连续生产的衔接技术仍有待继续开发。

7. 电磁制动技术

薄板坯连铸拉速远远高于传统连铸拉速,钢液由浸入式水口高速进入结晶器,使熔池产生强烈的冲击或扰动。铸速愈高,扰动愈剧烈,致使液面保护渣分层结构不稳定,以至于发生卷渣,在初生坯壳上造成缺陷。熔池内的冲击流股还会冲刷坯壳,使坯壳凝固传热不均,严重时产生纵向裂纹。

生产应用情况表明,结晶器采用电磁制动技术有如下优点:

(1) 减少了结晶器液面的波动,避免保护渣卷入。据报道,采用电磁制动技术后的结晶器液面可控制在±2 mm。

(2) 减少了流股对结晶器侧面的冲击,从而有利于坯壳的均匀生成,避免了纵向裂纹。

(3) 减少了流股的冲击深度,有利于液相线夹杂上浮。

美国纽柯公司 Berkeley 和 BHP 北极星薄板坯厂,均在结晶器中安装使用了电磁制动技术。采用电磁制动技术后,在拉速为 5 m/min 时经浸入式水口流出的钢水的冲击深度、结晶器钢水表面流速波动及卷渣均明显降低。与采用电磁制动技术前相比,钢板因铸坯卷渣造成的缺陷减少了 90%,纵向裂纹指数减少了 80%。

8.铁素体轧制技术

CSP 生产工艺可实现控制轧制从奥氏体区(包括再结晶区和未再结晶区)发展到铁素体区轧制、甚至在珠光体区进行温加工。由中等厚度的连铸坯直接进行铁素体轧制,其产品可替代部分冷轧薄板和退火钢板。对超低碳 IF 钢,应用铁素体轧制能改善钢带的拉拔性能,提高 r 值。铁素体轧制不仅能节约能源,减少轧辊磨损和氧化铁皮,而且利用其生产的产品柔软性和加工成形性好的特点,可以扩大产品品种规格范围,目前许多钢铁厂正采用铁素体轧制以降低生产 CQ 钢的成本。

9.严格的生产组织协调

整个连铸连轧生产线是一条紧凑、连续、高效的生产线,各个环节互相连接,相互影响,要使生产顺利进行就必须使各个环节协调运行,车间计算机控制是实现这一点的根本保证。

5.2.4　连铸连轧复合成形技术的发展趋势

最初人们对薄板坯连铸连轧技术的认识,主要是以低成本生产中低档热轧板材为目的,可以使中小型钢厂进入扁平材市场。人们逐步认识到该项技术的优势和特点,薄板坯连铸连轧技术不再是生产中低档次产品的常用技术,而且能够生产高附加值、高质量、高性能的产品。从三十多年薄板坯连铸连轧技术发展历程以及市场上对热轧薄板规格产品的需求来看,薄板坯连铸连轧复合成形技术今后发展的趋势具有以下特点:

(1)高速化、大型化。高速化体现在连铸机拉坯速度不断提高。薄板坯连铸拉坯速度高达 8 m/s 的连铸机,浇铸过程非常稳定,拉坯速度的提高对于减少轧制道次起到至关重要的作用。棒材轧机末架出口速度已达 20 m/s,高速无扭线材轧机末架出口速度已达 120～140 m/s,坯料单重超过 3 t。

(2)新技术相互渗透。围绕着防止坯壳裂纹和提高拉速的目标,将进一步优化结晶器形状,液芯压下技术不但改善了铸坯的结晶组织的形态,而且也提高了连铸机的生产效率。利用集肤效应的感应加(补)热过程正好与连铸坯的自然散热过程相反,具有显著的节能降耗作用,成为绿色钢铁的首选方案。

(3)高度连续化。100%热装工艺的实现为连铸连轧生产方式的构成创造了必要的条件。连铸和连轧工序之间的柔性连接和刚性连接形成了高度连续化生产工艺,EWR 和 ECR 就是这两种工艺的典型代表,其中 ECR 是连铸连轧最受欢迎的工艺方式。

(4)高精度轧制。高精度轧制的目的是实现高精度的尺寸和优异的轧件形状。高精度轧制的物质保证主要由两个方面构成:一是指设备和检测装置,二是指控制手段。薄带钢的高精度指厚度控制精度和板形控制精度;长材高精度轧制是指轧件纵向公差和断面形状公差,尺寸公差由含长材的在线辊缝调节(AGC)手段解决,形状公差分别用板型仪和在线测径仪检测,通过调整具有特殊功能的设备(如板带钢的 CVC、PC 和型钢的 RSM、TMB 等)来保证。

(5)开发新钢种。成品规格尺寸越来越薄,连铸连轧成品范围不断扩大。薄板坯连铸连轧技术围绕着开发生产包晶钢、铁素体钢和不锈钢已经取得了显著成果,钢种范围在不断地扩大,产品规格也在不断扩大。20 世纪 90 年代初建成的薄板坯连铸连轧生产线热轧带卷的厚度:阿维迪厂碳钢为 1.7～12 mm、不锈钢为 2.0～12 mm,实际生产以 5 mm 以上的居多;纽柯Ⅱ厂(黑克曼)则为 1.8～12.7 mm,2 mm 以下的带卷产量较少。随着市场需求的变化和技术的不断进步,热轧带卷的厚度越来越薄,1995 年投产的希尔沙(Hylsa)厂的 CSP 生产线,配有 6 架热连轧机架,轧制产品厚度为 1～12.5 mm,其厚度和形状可控制在标准公差的 1/4 以内。未来的薄板坯连铸连轧生产线的产品规格将以 1 mm 为主。

(6) 高度自动化。无论是刚性连接还是柔性连接的连铸连轧生产过程,围绕提高作业率、尺寸和外形公差的问题,都在不断进行研究,不断提高。所有这些都需要采用自动控制手段来保证,自动控制系统的硬件和软件都已经达到了非常完善的程度。

(7) 高性能辅助设备。棒材轧机末架轧制速度的提高受到了精轧机后飞剪剪切速度的限制,而连轧机组的第一架,最低轧制速度又受到了轧辊与轧件接触时间的限制,前者呼唤着高速定尺飞剪的问世,而后者则需要进一步提高 ECR 生产线上连铸机的拉坯速度。除此之外,还需要诸如在线的温控设备、高线在线切头尾的高速飞剪机等设备。

(8) 采用控轧控冷技术。控轧控冷是近代轧钢生产过程永恒的主题。新建连铸连轧生产线考虑了适应控轧控冷和低温轧制工艺的需要。通过对轧制过程的变形温度、变形程度、变形速度及其轧后的冷却过程的控制,以求最大限度地发挥材料的潜能,满足不同用户对钢材性能的特殊要求。如采用低温轧制技术,形变热处理,轧后余热处理等手段。

(9) 生产计划调度系统。连铸连轧生产过程的物流状态、物流参数的定量分析和以温度为约束条件的在线、离线协调一致性,是保证刚性和柔性连接的连铸连轧过程顺利实施的基本条件。以温度为约束条件,以物流状态、物流流量为研究对象,以优化理论为研究手段来制定生产计划,就形成了连铸连轧过程的优化问题。解决这一问题的关键是建立描述连铸连轧过程的数学模型问题。

(10) 产量规模趋大。西马克公司为美国纽柯公司设计的第 1 条生产线的年生产能力为 50 万吨,第 2 条生产线的年生产能力为 70 万吨;德马克公司为意大利阿维迪设计的生产线的年生产能力为 50 万吨左右的热轧带卷,新建的希尔沙 CSP 生产线的设计年产量为 75 万吨。究其原因,产量受限均不是热连轧机的能力问题,而是这些条生产线的冶炼设备只是一座电炉导致的。世界第一套转炉配 CSP 技术的生产厂(2 座 90 吨转炉,1 流连铸机配 1 套热轧机)的年产量可达 97 万吨,已于 1996 年投产。要充分发挥热连轧机的能力,合理的薄板坯连铸连轧生产线年产量应大于 100 万吨/流。目前各企业都已充分注意发挥连轮机的能力(200 万吨/流～250 万吨/流),新建的产量都定为 200 万吨/流～300 万吨/流。为此,炼钢炉的能力要求和薄板坯连铸机的能力相匹配,采用转炉可能更有利于轧机能力的发挥。薄板坯连铸机在拉速、厚度、宽度等参数上更需优化。

(11) 薄板坯连铸机的各工艺参数面临进一步优化。铸坯厚度—凝固时间—冶金长度间的关系直接影响轧机架数和布置方式及铸机本身的结构。如果铸坯厚度适当加厚,则凝固时间延长,冶金长度增加,若将立弯式铸机改为立弧式,则易避免产生鼓肚。

(12) 薄板坯连铸连轧技术的先进性也决定了它的投资额是可观的,无论是阿维迪,还是纽柯,还是后建的浦项、韩宝、希尔沙等生产线,投资均在 3.5 亿美元以上。而建设一家以热轧卷为主要产品的高炉-转炉联合企业的总投资不会低于 30 亿美元,相比之下采用薄板坯技术生产热轧带卷还是合理的,且建设周期短得多。截至 1996 年,80% 左右的热轧卷产品已可用薄板坯连铸连轧生产的产品替代。墨西哥的希尔沙钢厂1997年计划生产的68.039万吨薄板中，有20%的热轧超薄板与冷轧薄板参与市场竞争，其最大厚度为1.5 mm，大部分为1~2 mm。这些超薄板的价格比商品热轧钢带每吨高40美元，但比商品冷轧薄板的价格约低5%。

随着薄板坯连铸连轧技术的不断成熟，流程会更加合理，相关设备会进一步优化和标准化，一次性投资额可望有所下降，而生产技术的进步又将会使产品的成本进一步降低。

5.3　成形与精密加工复合技术

近年来，融合了数控、新材料、材料加工、计算机和光电子科学技术等的快速原型和制造（rapid prototyping/manufacturing，简称RP/M）技术得到了快速发展，该技术是一门新兴的多学科综合性应用技术，能将已具数学几何模型的设计迅速、自动地物化为具有一定结构和功能的原型或零件，无须经过模具设计制作环节，可极大地提高生产效率、缩短生产周期，被誉为制造业的一次革命。

现在进行的快速金属零件的原型和制造研究主要包括：三维打印成形（three dimensional printing，3DP）、熔化沉积成形技术（fused deposition modeling，FDM）、激光选区烧结/熔融（selective laser sintering/melting，SLS/SLM）和多相喷射固化技术（multiphase jet solidification，MJS）等。

在所有金属熔融零件制造的过程中，每一个熔积层都会由于熔积过程工艺参数多和存在不可控的随机因素导致熔积后的轨迹出现凸凹现象，同时由于熔积原型制造的原理是基于三维数字实体模型离散化为二维半切片分层制造，不同的切片厚度会在熔积层之间存在程度不同的阶梯现象。为了实现金属零件的直接快速制造和弥补熔积制造中的零件形状误差，减小零件表面的粗糙度，国内外有关研究者开展了高能束熔积快速成形与铣削复合精密制造金属零件技术的研究。中国台湾Jeng-Ywan Jeng小组开发了以激光为高能束源的激光熔积制造过程与CNC机床铣削加工复合的LENS & Milling工艺。华中科技大学张海鸥教授研究室研制了以等离子弧为高能束源的等离子熔积制造过程与CNC机床铣削加工复合的PPDM系统与工艺。下面以金属零件等离子熔积制造与铣削加工复合成形技术为例说明成形与精密加工复合技术。

5.3.1　成形与精密加工复合技术原理

金属零件快速成形与精密加工复合技术作为快速成形技术发展的新方向，是基于离散/堆积成形的数字化制造技术。其工作过程如图5-18所示，主要包括以下步骤：

（1）由三维CAD软件设计出零件的三维数字实体模型。

（2）根据具体工艺要求，把计算机上构成的零件三维实体模型，沿堆积平面的法方向Z向离散成系列二维层面，即分层（slicing），获得分层文件，得到各层截面的二维轮廓。

（3）路径产生程序根据相应的工艺要求输入加工参数，生成熔积成形路径代码，控制金属熔积快速制造单元进行加工成形。在熔积成形的过程中，根据需要确定熔积一层或几层截面轮廓后进行铣削加工，熔积过程中堆积和铣削交替进行并逐步顺序叠加成三维零件，获得与零件数字模型对应的最终金属零件。

工作原理如图5-19所示，等离子熔积成形和数控铣削加工两个工位分别完成熔积成形和表面光整加工，实现高精度金属零件的快速成形，其系统结构示意图如图5-20所示。

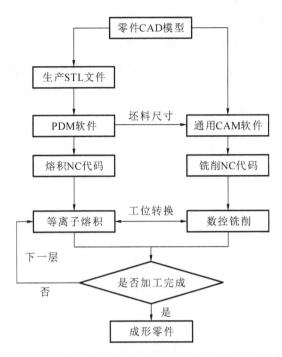

图 5-18　金属零件快速成形与精密加工复合技术流程示意图

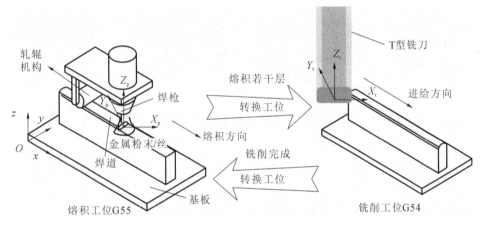

图 5-19　金属零件快速成形与精密加工复合技术工作原理图

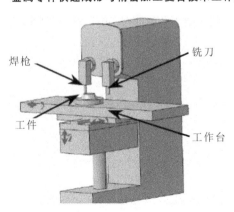

图 5-20　系统结构示意图

1.快速成形与铣削复合制造系统组成

金属零件快速成形与铣削复合制造系统主要包括：

（1）数控单元（集成快速制造控制部分和 CNC 机床的数控铣削控制部分）。

（2）快速原型制造单元（等离子熔积制造系统或激光金属直接制造系统）。

（3）CNC 数控铣削机床单元。

（4）相应的复合制造控制软件。能够对输入的零件 3D 实体模型进行合理的切片操作，能够生成快速原型制造的运动轨迹来进行金属零件的熔积成形，能够生成数控铣削的刀具运动轨迹对金属零件进行铣削，能够对铣削参数和金属原型熔积制造过程的参数进行控制，能够对金属原型熔积制造过程和铣削过程的加工顺序和工艺进行控制。

2.零件实体模型切片过程

任何快速原型和制造过程的第一步都是将要制造的零件三维实体模型输入切片软件中，使用一定的切片策略进行零件切片厚度的确定和选择适合零件制造的切片方向。

图 5-21 所示为切片方法的简介，当零件的三维模型输入到软件中后，软件读取相应的零件信息，然后自动或人机交互式地确定最佳切片方向，再用与选定切片方向平行的一系列平面去截取三维模型，得到分层后的每一层切片信息，并将切片信息传递到后续的路径产生软件中分别产生金属原型熔积制造路径和铣削路径。

(a) 零件模型　　　　(b) 粗略切片法　　　　(c) 定层厚切片法　　　　(d) 自适应切片法

图 5-21　切片方法简介

3.金属零件熔积快速成形路径

零件实体模型切片过程完成后，就要用路径产生软件产生金属零件熔积快速成形路径（见图 5-22）和铣削路径。在等离子熔积快速制造工艺和激光金属直接成形制造工艺的路径规划和产生过程中，必须考虑金属的冷却收缩余量和后续的 CNC 机床铣削的加工余量。所以，由切片过程产生和传递过来的轮廓数据将根据计算和总结实验的数据进行偏置处理。对于切片软件得到的切片外轮廓，由于金属冷却后会产生收缩，需要将外轮廓数据进行正偏置。同样的道理，对切片得到的内轮廓数据要进行负偏置。

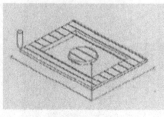

(a) 熔积层模型　　　　　(b) 熔积层路径　　　　　(c) 金属熔积层

图 5-22　金属零件熔积路径

利用路径规划软件判断切片的内轮廓和外轮廓,然后产生许多将要进行金属原型熔凝堆积的封闭区域,采用一定的策略对封闭轮廓进行网格化划分,从而产生符合需求的金属原型熔积制造路径。

由于金属熔积制造的特点,在进行熔积路径规划时,必须考虑熔积过程中熔积层内和熔积层间的热量传递的均匀性,在等离子熔积制造过程和激光金属直接成形制造过程中,等离子和激光的高能量密度的热输入容易产生熔积时的金属自流淌现象和熔积零件的熔塌现象,在路径规划的过程中,应该设法将熔积产生的高温不利影响减小到最低程度。

4.金属原型熔积快速成形过程参数控制

在等离子熔积制造和激光直接成形金属制造的过程中,必须对熔积过程中的参数进行有效控制,才能使熔积制造的金属零件符合使用需要。

在等离子熔积制造过程中,几个对熔积过程影响加大的关键参数包括等离子电源的焊接电流,焊接电压的调整和匹配,等离子枪的工艺参数(等离子枪的喷口直径、孔道压缩比和枪口距离),等离子熔积的粉末粒度,粉末干燥程度,熔积过程的粉末输送速度,粉末输送气体流量,熔积保护气的流量以及等离子工作气体的流量,熔积过程中的进给速率等。

在等离子熔积制造过程中,等离子电源的电压、电流、金属粉末的输送速度和熔积过程的进给速率等参数必须正确的被设置从而保证等离子熔积过程能以较好的工艺形态进行金属零件的堆积。转弧电流是热源功率大小的主要表征参数,反映了微束等离子弧熔化金属铁粉的能量的大小。它是堆焊成形最重要的工艺参数之一。等离子弧堆焊电弧输出的线能量密度为

$$Q = UI/v \tag{5-1}$$

式中:Q——线能量,J/min;

$\quad U$——电弧电压,V;

$\quad I$——电弧电流,A;

$\quad v$——成形速度,mm/s。

研究表明,在扫描速度和送粉量一定时,随着转移弧电流的增加,焊道宽度和高度增加。这是因为电流增大,在其他条件不变的情况下,等离子弧能量密度高,熔化能力增大,熔池吸收的热量多,所吸收的这部分能量使熔池金属液温度升高,黏度小,流动性好,从而使焊道宽度增加;同时粉末得到更多的能量,使因熔化不充分而损失的粉末减少,焊道高度增加。但是,不能为了得到比较窄的焊道而减小转移弧电流的值,这是因为随着转移弧电流的值的减小,等离子弧能量输出减小,熔池的温度便降低,金属液黏度增大,流动性变差,难以形成连续的熔池,导致焊道表面凹凸不平,如果电流值继续减小,则可能出现金属粉末熔化不充分,甚至不能起弧的现象。

因此,熔积过程中的参数应能方便地实时由人工或自动设置和调整,在复合制造系统中按照产品需求进行设置和优化。

5.CNC 机床铣削加工

熔积过程中零件熔积轨迹的宽度和高度取决于等离子熔积过程中的焊接电源电压、电流的设定和金属粉末的送粉速度,熔积零件的熔积进给速度的设定(激光熔积过程中)。在熔积过程中,高能量输入产生的焊接熔池会导致熔积轨迹的开始端高于金属轨迹的其他部分,经过多层的熔积后,零件轨迹会明显地与原始零件实体模型的切片数据产生误

差。同时由于熔积轨迹的前后高度差太大，导致等离子熔积过程的中断和激光光束的聚焦不良。为了保持熔积过程能良好地持续进行，可以采用金属熔积若干层后用 CNC 机床铣削的方法去除熔积轨迹中的不良部分（见图 5-23）。通过铣削的方法，可以使熔积的轨迹保持相同的高度，这样就可以让后续的熔积过程比较容易地进行下去。当所有的熔积轨迹完成以后，可以采用铣削加工的轮廓铣削和清根铣削方法对金属零件进行最后的半精加工和精加工，来达到与期望一致的金属零件形状和获得较好的金属零件表面质量。

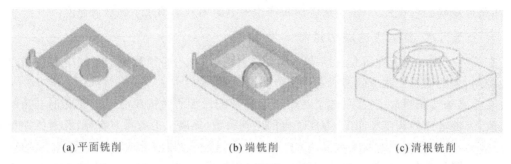

(a) 平面铣削　　　　　　　(b) 端铣削　　　　　　　(c) 清根铣削

图 5-23　CNC 机床铣削

图 5-24 所示为熔积和铣削复合成形的基本过程示意图。首先进行 CAD 造型，然后高能束堆积成形出近形零件，接着进行 CNC 铣削加工出净形零件。

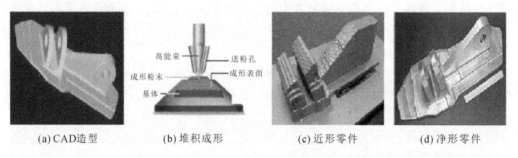

(a) CAD造型　　　　(b) 堆积成形　　　　(c) 近形零件　　　　(d) 净形零件

图 5-24　熔积和铣削复合成形的基本过程示意图

5.3.2　成形与精密加工复合技术的关键问题

金属零件快速成形与精密加工复合技术是将基于增材制造的快速零件制造技术融入 CNC 机床数控铣削加工而产生的新兴复合成形技术，其技术核心就是提供高精度的具有直接使用功能的金属零件的快速直接制造方法。

1. 金属零件熔积过程成形性的控制

金属零件熔积成形是基于增材制造的快速零件制造技术，利用焊接工艺方法产生的高温使金属融化，通过液态金属熔积实现金属材料的连续堆积。由于材料的堆积是以高温液态金属熔积的方式进行的，增加了精确控制堆积材料数量及能量的难度，材料堆积时高温液态金属熔池的存在，使零件边缘形状及零件精度的控制变得困难；而 CNC 机床数控铣削加工具有高精度的加工能力。两种技术的结合能够促进成形金属零件的几何精度控制。显然，如何提高熔积成形时零件的精度能减少 CNC 数控铣削的加工时间，从而提高快速金属零件复合精密制造的效率。在金属零件熔积成形过程中，如何控制熔积过程中金属熔池热量的输入，控制金属熔池的形状及液态金属的冷却和凝固过程，有效抑制液态金属的流淌，对于提高复合制造技术具有重要意义。另外,在复合加工的快速原形制造过程中,材料堆积路径的选择能很大程度地影响最终熔积零件成形精度。这是因为熔积堆积成形技术的材料堆积路径对零件几何边缘形状的影响要比其他 RP/M 技术大得多,金属的堆积路径与金属堆积过程的热量输入一样,很大程度上决定金属零件堆积过程中温度场的分布,对金属零件的焊接变形和零件的成形精度产生影响。由于复合加工技术中的材料堆积过程存在液态金属熔池,这对保证零件边缘形状尺寸极为不利,因此如何采用适宜的堆积路径和堆积方式,减少熔积堆积过程中高能量输入带来的对成形金属零件边缘的影响就成为复合加工技术中的研究课题。

2. 金属零件的性能研究

复合制造技术是基于增材制造的快速制造过程,其金属材料的堆积过程也是一个冶金过程,成形件的微观组织主要由生长方向不一的细长枝晶组成,液态金属的凝固过程是随着液固界面的推进而进行的,同时伴随着零件内部组织转变,焊接变形及焊接残余应力等问题,这些问题都显著影响成形零件的性能。复合制造技术的本质是采用焊接技术,用逐层堆焊的方法制造零件。因此,其熔积成形的零件制造过程的热循环比一般焊接过程的热循环复杂得多,组织转变过程也更复杂,增加了零件性能控制的难度。采用不同的等离子堆焊工艺方法和不同的激光加工规范,零件几何尺寸的改变都将影响零件成形的热循环过程及零件的性能。因此,目前进行系统研究金属零件快速成形与精密加工复合技术中焊接热影响区的热循环变化对于最终成形零件的性能影响以及熔积成形零件的去应力处理,有很大的现实意义。

3. CNC 机床铣削过程的高效化研究

复合加工技术中,金属零件熔积堆积工艺过程和 CNC 机床铣削工艺过程交替进行。铣削加工条件为热态干铣削。铣削工艺过程中不能加润滑液冷却,导致刀具、工件和切屑之间的摩擦加剧,铣削热急剧增加,铣削刀具加工环境恶化。尽管选择的铣削刀具具有高的硬度、红热硬性、耐磨性、韧性并能承受一定冲击(如综合各种涂层成分优点的 TiC-TiCN -TiN 复合涂层硬质合金刀具,其耐磨、耐高温性能好,比较适合热状态下熔积金属的铣削加工),刀具的使用寿命和加工效果往往不很理想。因此研究在复合加工技术中特定的铣削工艺环境下,如何提高铣削效率和零件表面质量,减少刀具的消耗,都是有待解决的问题。

5.3.3　成形与精密加工复合技术的应用实例

中国台湾 Jeng-Ywan Jeng 小组开发了以激光为高能束源的激光熔积制造过程与 CNC 机床铣削加工复合的 LENS & Milling 工艺(见图 5-25)。直接激光金属熔积加工与铣削复合精密制造是在激光多层(或称三维/立体)熔积直接快速成形技术的基础上发展起来的。它利用高能激光束局部熔化金属表面形成熔池,同时将金属原材料送入熔池而形成与基体金属冶金结合且稀释率很低的新金属层的方法,加工过程中采用数控系统控制工作台,根据 CAD 模型给定的路线往复扫描,便可在沉积基板上逐线、逐层地熔覆堆积出任意形状的功能性三维金属实体零件,其实质是计算机控制下的三维激光熔积 。由于激光熔覆的快速凝固特征,所制造出的金属零件具有均匀细密的枝晶组织和优良的质量,其密度和性能与常规金属零件相当。

图 5-26 所示为注射模原型与零件,其中图 5-26(a)为注射模的零件,尺寸为长 72 mm、

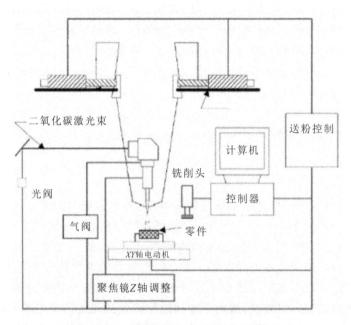

图 5-25　激光熔积与铣削复合制造系统

宽 13 mm；图 5-26(b)为注射模模腔，尺寸为 122 mm×40 mm×13.5 mm。为了减少模具制造时间，零件堆积切片的层厚取为 0.5 mm，根据零件形状产生的零件堆积路径如图 5-27 所示。图 5-28 为经过激光熔积金属直接制造和 CNC 机床铣削工艺完成后的注射模模腔，模腔的分模面经过铣削，没有发现气孔和夹杂。模腔的内部倾斜壁有较明显的台阶效应。这是由于切片的分层层高为 0.5 mm，模腔内部的铣刀无法进入。

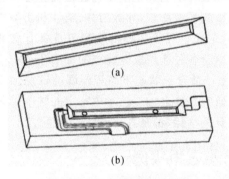

图 5-26　注射模原型与零件

图 5-27　注射模零件堆积路径

图 5-28　通过激光熔积和铣削复合系统制造的注射模

图 5-29 所示为金属零件快速成形与精密加工复合技术制成的铝合金叶轮。

图 5-29　铝合金叶轮照片

5.3.4　成形与精密加工复合技术的应用前景

基于离散/堆积成形原理的快速金属零件熔积制造技术与基于净去除材料成形的 CNC 机床速切削技术两者是相辅相成的,都得到了 CNC 技术的支持。直接金属零件熔积制造技术术可以说是真正意义的数字化制造,因为金属零件熔积制造技术不但支持工具轨迹运动的控制,而且可以直接涉及材料本身,因而可以完成更复杂的形状加工,也可以制造具有功能梯度、材料梯度的模具,但也正是其成形原理,限制了它制造的零件精度和表面粗糙度。虽然 CNC 机床数控切削技术只是数字化模拟加工,只能是对同种材料的切削加工,但在精度与表面粗糙度控制方面有着熔积制造技术无法比拟的优势,快速金属零件熔积制造技术与 CNC 机床铣削技术结合的复合加工技术综合模具制造体系中的材料增长制造和去除加工两种原理,对于实现金属模具和零件的快速制造具有重要意义。

金属零件快速成形与精密加工复合技术能够根据计算机三维立体模型经过单一加工过程快速地制造出形状结构复杂的全密度、高性能实体模型,较之于烦琐的传统模型制造过程具有巨大的技术优越性。采用复合直接快速制造技术能大大缩短新产品开发到投入市场的时间,大大缩短了产品加工周期、大大降低了产品加工成本,特别适合现代技术快速、柔性、多样化、个性化发展的特点。在新型汽车制造、航空航天、仪器仪表、医疗卫生、国防军工的高性能特种零件以及民用高精尖零件的制造领域尤其是用常规方法很难加工的梯度功能材料、超硬材料和金属间化合物材料零件的快速制造以及大型模具的快速直接制造方面将具有极其广阔的应用前景。复合直接制造技术的主要应用范围包括:特种材料复杂形状金属零件直接制造,模具内含热流管路和高热导率部位制造,模具快速制造、修复与翻新,表面强化与高性能涂层,金属零件和梯度功能金属零件的快速制造,航空航天重要零件的局部制造与修复,特种复杂金属零件制造和医疗器械的制造和修复等。

综上所述,金属零件快速成形与精密加工复合技术将金属熔积制造和 CNC 机床铣削制造技术相结合,能快速成形密度高的金属零件,以其独特的优势正引起研究人员和业界人士越来越广泛的关注,具有极其广阔的市场需求与应用前景。

5.4　复合能量场成形技术

传统的材料成形加工基本上是通过工具或模具对工件产生机械力和热场来成形的,而现代成形加工将电磁、电化学、等离子、激光等复合能量场引入材料的成形过程,使无模成形和一些难熔难加工零件的成形成为可能。下面以电磁连续铸造、电铸成形和板料电磁成形说明复合能量场成形技术。

5.4.1 电磁连续铸造技术

1.电磁连续铸造成形技术原理与特点

电磁连续铸造的基本原理及力的平衡关系如图 5-30 所示。给感应线圈通以交变电流,在其内将产生交变磁场,金属熔体与之构成的闭合回路内的感应电流借助集肤效应集中在金属熔体表面,在熔体的侧面就产生垂直于表面指向金属熔体内部的电磁压力来压缩限制熔体,形成柱形。在电磁压力、表面张力和熔体静压力相平衡的情况下,当底部冷却凝固时,底模引锭杆逐渐下拉,就实现了连铸。

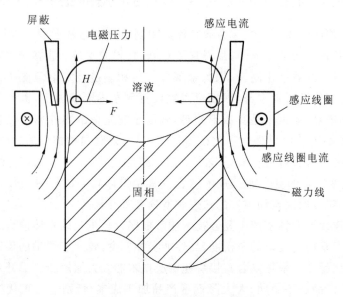

图 5-30 电磁连续铸造基本原理

在电磁连续铸造时,电磁力可以降低接触压力,减小铸锭与结晶器之间的摩擦力。当接触压力为负值时,金属液柱与结晶器壁脱离,形成半悬浮的自由表面。这样就降低了金属与结晶器的接触线高度,缩短了铸锭一次冷却区和二次冷却区之间的距离,可以减少铸锭表面的偏析瘤、冷隔及划痕等铸造缺陷的产生,可达到减轻连铸坯表面缺陷、提高表面和内部质量的目的。

单位体积的金属受到的指向铸锭内部的电磁力:

$$F_r = J \times B = \left(\frac{1}{\mu} \nabla \times B\right) \times B = -\frac{1}{\mu} B \times (\nabla \times B) \tag{5-2}$$

式中:J——电流密度;

$\quad B$——磁感应强度,T;

$\quad \mu$——磁导率,H/m。

在圆柱坐标系中:

$$\nabla \times B = \left(\frac{1}{r}\frac{\partial B_z}{\partial \theta} - \frac{\partial B_\theta}{\partial z}\right)e_r + \left(\frac{\partial B_r}{\partial z} - \frac{\partial B_z}{\partial r}\right)e_\theta + \frac{1}{r}\left[\frac{\partial}{\partial \theta}(rB_\theta) - \frac{\partial B_r}{\partial \theta}\right]e_z \tag{5-3}$$

电磁连铸过程中使用的感应器为具有一定高度的圆形线圈,可以近似看作螺线管型线圈来计算,则有

$$B_z = B_0 e^{-r\sqrt{\pi f \mu \sigma}}$$
$$B_r = 0$$
$$B_\theta = 0 \tag{5-4}$$

$$B \times (\nabla \times B) = \begin{vmatrix} e_r & e_\theta & e_z \\ 0 & 0 & B_z \\ 0 & \left(-\dfrac{\partial B_z}{\partial r}\right) & 0 \end{vmatrix} = \left(\dfrac{\partial B_z}{\partial r} B_z\right) e_r \tag{5-5}$$

$$F_r = -\frac{1}{\mu} \left(\frac{\partial B_z}{\partial r} B_z\right) e_r \tag{5-6}$$

可以得出

$$F_r = \frac{1}{\mu} \sqrt{\pi f \mu \sigma} (B_0)^2 e^{-2r\sqrt{\pi f \mu \sigma}} \tag{5-7}$$

式中:μ——磁导率,H/m;

　　f——电磁场的频率,Hz;

　　σ——电导率,S/m;

　　B_0——铸锭表面的磁感应强度,T;

　　r——距铸锭表面的距离,m。

铸锭边部($r=0$)受到的电磁力为

$$F_0 = \frac{1}{\mu} \sqrt{\pi f \mu \sigma} (B_0)^2 \tag{5-8}$$

铸锭边部的磁感应强度可以按照螺线管型线圈的磁场公式计算:

$$B_0 = \eta_f \mu n I = \eta_f \mu n (I_0 \sin \omega t) \tag{5-9}$$

式中:η_f——电磁场通过铸型后剩余的百分率;

　　n——线圈的匝数;

　　I——线圈中电流的有效值;

　　I_0——线圈电流的最大值。

由式(5-9)可知,电磁场频率越高,金属液侧表面的电磁力越大。为获得较大的电磁力应选择较高的频率,但是频率增加,被铜结晶器屏蔽掉的磁场增多,到达铝液侧面的磁场减少。因此,应综合考虑电磁连铸系统中电磁场的分布规律来选择磁场的频率。

综合来看,电磁连铸复合成形技术与电磁铸造和普通连续铸造技术相比,具有以下优点:

(1) 与电磁铸造技术相比,结晶器具有维持液态金属成形的作用,金属液面位置的控制范围宽,易于实现自动化。

(2) 结晶器可以限制顶部金属液的流动,阻挡流动造成的夹杂物在铸锭表面的堆积和减小弯月面的波动可以对金属液面进行气体保护,防止金属液面的氧化和吸气。

(3) 施加电磁场的频率范围宽。高频电磁场具有较好的成形作用,有利于改善铸锭的表面质量;低频电磁场则有较强的电磁搅拌作用,可以有效提高铸锭的内部质量。根据不同要求,在电磁连铸过程中可以选择不同频率的电磁场。

(4) 与普通连续铸造相比,电磁场可以减小液态金属和结晶器之间的摩擦阻力,消除铸

锭表面划痕及裂纹降低液柱与结晶器的接触线高度,缩短初期凝固和二次冷却区之间的距离,抑制铸锭表面偏析瘤的产生。

(5)电磁搅拌能细化晶粒和增加等轴晶的比例,提高合金的力学性能和热处理特性。

2.电磁连续铸造成形技术研究进展

电磁铸造长宽比大的钢坯主要有两种方式:水平铸造和垂直铸造。水平铸造是利用水平的高频(HF)电磁场与由 HF 感应生成的涡电流相互作用,从而使金属液水平方向悬浮起来实现熔体成形,垂直铸造是使金属液垂直穿过由长宽比大的电磁感应线圈产生的 HF 电磁场,熔体成形正是通过来自感应线圈的垂直 HF 电磁场与感应的涡电流共同作用来实现的。静力的影响受垂直移动的电磁场控制。虽然水平铸造和垂直铸造两种方法都进行过理论分析,但水平铸造的试验效果较有限。同时不论是水平铸造还是垂直铸造,最难解的问题是怎样克服施加在金属熔体上使之成形的磁流体动力学(MHD)的不稳定性。目前,这方面的研究还在进行中。新兴的电磁铸造还有软接触电磁铸造,原理如图 5-31 所示。

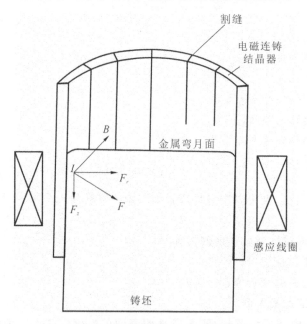

图 5-31 软接触电磁连铸原理图

1)垂直电磁铸造

垂直铸造是目前采用较多的一种铸造方法。由于很难实现完全无模铸造,所以国外在电磁铸钢的试验中均采用类似冷坩埚的结构,即在感应线圈中放置一些铜板条,钢液与铜板条以点接触来实现铸造。在垂直电磁铸造中,由于可以分别对电磁力和液体金属悬浮进行分析,因此其不稳性是可控的,但此控制方法不适用于水平铸造。另外,垂直连铸具有一个优点,其涡电流在铸坯内是闭合回路,从而减少了外部电流的电磁干扰。

有关电磁力和液体金属悬浮技术方面的研究目前已经有如下三种方案:

(1)用高频电磁场来提供电磁力,靠提高电磁力与钢水静压力的平衡来实现金属熔体的悬浮。尽管这种方法具有简单和自动对中的优点,但是它伴随有电磁感应线圈过量发热的问题使它变得不可行。

(2)侧封和悬浮都由高频磁场向上移动来提供。使用这种方法可以减少电磁感应线圈的发热,但依然存在诸多不便。

（3）采用高频低振幅的静磁场来对液体金属进行侧封,利用低频移动磁场能穿透液体金属的特点来实现悬浮作用,此种方法虽然电磁感应线圈发热较少,但是由于铸坯边部的悬浮力减少,所以需要采取有力措施来维持边部悬浮。

综上所述,垂直电磁铸造应用了三种电磁场:

（1）高频低幅磁场,用于约束液体金属;

（2）低频移动磁场,能覆盖到金属熔体宽度方向的绝大部分,以便抵消液体金属静压力的作用;

（3）高频移动磁场,可以提高悬浮力,用于补偿铸坯边部的重力。

2）水平电磁铸造

关于水平铸造法,由于钢水静压力小,实现水平铸造所需的电磁力也小,但是其流体动力学（MHD）稳定性不好控制。水平铸造的方法要求在液体金属下方有均匀分布的水平磁场,而上方则要求尽可能小的磁场。理论上设计了这样一个磁场,它由交流线圈、磁铁轭和磁极组成。这种磁铁通常又称为"窗框"或"白圈"磁铁,已广泛用于粒子加速器中。在磁铁的上部和下部线圈之间能产生出非常均匀的水平磁场。在线圈横断面方向上以及沿磁轭的反方向上,水平磁场强度呈线性下降。水平铸造的开发研究主要致力于以下两个方面:水平小型铸机的磁铁设计;设计并制造出用于该方法的试验性磁铁。

按水平铸造的理论,设计的关键设备有以下几种:

（1）磁铁使水平高频磁场与悬浮铸坯下表面表层产生的涡电流相互作用来支撑液体金属;

（2）冷却系统尽可能地加速液体金属的凝固;

（3）供料系统以机械的和电磁的方式来控制金属液流量;

（4）感应热屏蔽保护电磁感应线圈和磁铁芯。

绝大多数研究分析的对象是水平小型铸机。对试验性磁铁进行详细设计,尤其是励磁线圈和对这些线圈采取的涡电流屏蔽的设计,只适用于水平小型铸机。为了促进水平小型铸机的开发,设计并制造了一种用于低温悬浮试验的磁铁。这种磁铁可以提供均匀的水平磁场,此外还进行了水平铸机磁铁的模拟设计。设计这种试验性的磁铁,主要目的是研究液体金属的 MHD 稳定性。另外,也能验证理论上计算出的电流及流量的分布、涡电流的损失以及优化磁回路部件（如边侧护围、感应热屏蔽、涡电流屏蔽等）。液体金属和边侧护围为涡电流提供了平行的"通道"。它们在磁铁的端部与铜铸模相连,并且在磁铁内部形成了单圈涡电流环路。当交流线圈试图激励磁流体穿过这一环路时,几乎所有的磁流体都受到该环路中涡电流的排斥。因此,铜模壁和液体金属间的磁场相对于液体金属下方的磁场而言要小一些。除边侧外,液体金属产生了垂直方向上的均匀电磁力。如果液体金属从一个电极延伸至另一个电极,那么这种垂直的电磁力分布将更均匀。边侧护围材料的导电率与液体金属的相似。除了边侧与液体金属之间有少量空气间隙,本质上边侧护围的作用是使液体金属延伸至电极处。计算机模拟的这种结构显示,在液体金属边侧附近,通过调节液体金属和边侧护围的相关垂直位置,就可以使施加在液体金属上的垂直电磁力均匀。

近年来,国内对电磁连铸方面的研究逐渐增多,涉及电磁连铸装置、合金体系、铸造模拟等方面的研究。图 5-32 所示为国内设计的调幅磁场下无结晶器振动电磁连铸装置示意图。

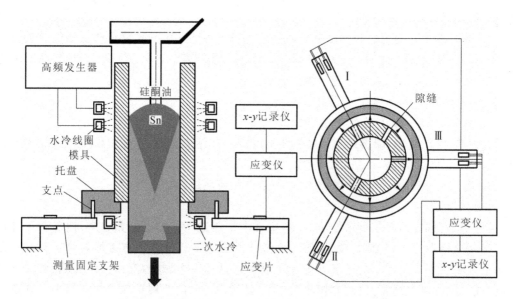

图 5-32　调幅磁场下无结晶器振动电磁连铸装置示意图

国内的东北大学研究了在低频率(10～35 Hz)条件下的电磁连续铸造技术,指出了在不同的工艺条件下,铸造工艺参数对 Al-12Zn-2.5Mg-2.5Cu-0.15Zr 超高强铝合金微观组织的影响,得到了在低频条件下获得细小晶粒的条件。大连理工大学研究了在中频条件下的电磁成形技术,建立了铝合金电磁连续铸造凝固过程中的数值模拟模型;针对电磁铸造过程从浇注开始到稳态凝固之间的过渡阶段做了三维非稳态数值计算,该模型考虑了电磁铸造是半连续的过程,并且将感应热以温度的形式补偿到计算单元中。为进一步地研究和开发新性能的合金材料创造了丰富的理论基础。

近年来,在电磁连铸双金属复层材料方面也有研究报道,李玉亭设计了复层铸坯电磁连铸的电磁场发生器和连铸模拟装置。分别选用 Sn 和 Sn+5％Pb 合金以及 Al+12.3％Si 合金和 Al+8％Mg 合金进行了两种合金的电磁连铸实验,当在铸型宽度方向上施加静态电磁场,从两个浸入式浇口同时浇注成分不同的金属液时,电磁力控制了铸型内金属液的流动,铸造出两侧面分别为 Sn 和 Sn+5％Pb 的复层铸坯。电磁场有效地抑制了金属液的混流,铸坯两侧面具有不同的成分,铸坯内部没有明显界面。

但是,电磁场改善铸坯质量的作用机制目前仍不清楚,尤其缺乏各种作用的定量描述。这个问题的解决有利于搞清凝固过程对铸坯表面质量影响的内在机制。电磁场对液态金属初始凝固过程的影响还处于初步认识阶段,仍需大量深入的研究。为了定量掌握各参数的影响规律,建立相应的数学模型进行数值模拟研究是非常必要的。目前,电磁连续铸造技术正处于产业化的攻关阶段,实现工业化生产主要存在以下几个主要问题:

(1) 磁场参数的选择、控制;

(2) 结晶器的材质的选择、结构设计;

(3) 冷却水量的选择和与拉坯速度的合理匹配;

(4) 精确的液位测定和控制,液位的波动将造成结晶器弯月面处所受电磁力的波动,从而影响铸坯质量;

(5) 结晶器的刚度问题,软接触结晶器电磁连铸技术采用分瓣结构的结晶器,使其刚度大大降低,内表面经常凸凹不平,这对于提高连铸质量是非常有害的。

5.4.2　电铸成形技术

1. 电铸成形技术原理与特点

1）电铸成形技术的基本原理

电铸成形技术是一种精密的特种加工方法,其电铸件具有尺寸精度高、表面粗糙度小、一致性好、复制精度高等优点。目前,由于各种精密、异型金属部件在传统工艺上难以加工,电铸技术起到了重要作用,在复杂曲面薄壁零件成形上得到了广泛的应用,如火箭发动机喷管、破甲药型罩、微型波纹管。

电铸成形技术是利用金属离子在阴极表面发生还原反应来电解沉积金属零件,包括在原模上电解沉积金属、然后将金属沉积层与原模分离从而复制零件或直接电铸成形整体零件。电铸成形的原理如图 5-33 所示。

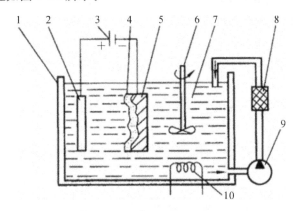

图 5-33　电铸成形的原理图

1—电铸槽;2—阳极;3—电源;4—沉积层(电铸制品);5—原模;
6—搅拌装置;7—电铸液;8—过滤器;9—供液泵;10—加热装置

其工作原理如下:用导电的原模作为阴极,用待电铸的金属作为阳极,金属盐溶液作为电铸液,其中阳极金属材料与金属液溶液中的金属离子的种类要相同。在直流电源作用下,电铸溶液中金属离子的阴极还原成金属,沉积于原模表面,而阳极金属则不断地变成离子溶解到电铸液中进行补充,使溶液中金属离子的浓度保持不变。当阴极原模电铸层的厚度达到要求时则切断电源,将原模从溶液中取出,再将沉积层与原模分离,就得到与原模型面精确吻合但凸凹相反的电铸件制品。

原则上,凡是可以电镀的金属都可以进行电铸成形,但是从制品性能、制造成本和工艺实施等方面考虑,只有铜、镍、铁、金和镍-钴合金等少数几种金属具有电铸实用价值。

电铸成形技术是以电化学原理为基础,电铸成形时的沉积过程本质上包括阳极反应过程、液相传质过程、阴极反应过程、金属沉积过程、晶粒生长过程。如图 5-34 所示为电沉积镍过程,在电铸液中,阳极金属镍失去电子变成镍离子,在电场作用下,镍离子在阴极表面得到电子被还原成金属镍原子,在阴极表面沉积形成晶核,最终晶核不断长大、累积形成具有一定厚度的电沉积层。

在电沉积过程中,阳极溶解或阴极金属沉积的质量 m 与通过的电量 Q 成正比(法拉第第一定律):

$$m = kQ = kIt = kJSt \tag{5-10}$$

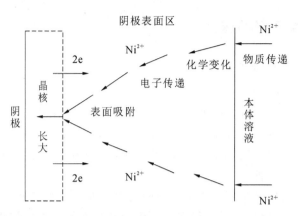

图 5-34　电沉积镍示意图

式中：m——阳极溶解或阴极析出金属的质量，g；

　　　k——元素的质量电化学当量，$g/A \cdot s$；

　　　Q——回路中通过的电荷量，C；

　　　t——通电时间，s；

　　　I——回路中的电流强度，A；

　　　S——阴极沉积作用面积，dm^2；

　　　J——阴极的电流密度，A/dm^2。

因此，阴极表面电流密度的分布情况决定了金属沉积质量的分布，从而影响到沉积层厚度的分布均匀性。

2）电铸成形的基本工艺过程

电铸基本工艺分为以下几个过程：电铸芯模的选定或制作、电铸前处理、电铸过程和电铸后处理。

① 电铸芯模选定或制作。芯模首先要求在电铸溶液中的稳定性好，其次考虑的就是加工工艺要求，综合考虑芯模形状、尺寸精度与表面粗糙度等因素。

芯模材料的选择需满足以下几点：不会与电铸液发生反应，对铸液无污染；容易导电或者易于铸层的形成；易于加工成形；易脱模。各芯模材料的优、缺点及应用范围如表5-5所示。

表 5-5　各种芯模材料的优缺点及应用范围

芯模材料	优点	缺点	应用
石蜡和石膏	易成形，易脱模，成本低	易损坏、精度低	适用于一次性芯模
镍及其合金	精度高，粗糙度低，易脱模	成本高	用于一次性芯模
铝及铝合金	精度高，粗糙度低	脱模性差，易损坏，易被腐蚀，成本高	用于复杂件的一次性芯模
塑料	不易腐蚀，成本低	表面易擦伤，尺寸不稳定	用于一次性或者多次性芯模
不锈钢	机械性能好，易脱模，精度高，粗糙度低，耐腐蚀，耐磨损	成本高	用于多次性芯模
锌基合金	脱模容易，价格低	加工性能差，易刮伤	用于一次性芯模
低熔点合金	易脱模，价格低	加工性能差，易刮伤	用于一次性芯模

② 电铸前处理。若电铸芯模为非金属材料,芯模表面必须进行金属化导电处理;对于芯模为金属材料,前处理主要包括表面抛光、除油、活化等工序,保证电铸层的均匀平整,并且方便脱模处理。

③ 电铸过程。电铸过程包括一些工艺参数:电流密度、温度、pH、搅拌方式等。阳极溶解失去电子,阳极金属离子得电子在阴极表面沉积成形,当沉积层达到预定厚度时,电铸结束,取出芯模并清洗干净。

④ 电铸后处理。首先是脱模,经过机械外力法、热胀冷缩法或溶解芯模法等方法处理。有些电铸制品还存在抛光、装饰等后处理。经过这些后处理,才能获得合格的电铸制品。

3)电铸成形技术的特点

电铸成形技术作为一种电化学精密加工技术,包括以下优点:

① 复制精度高。电铸技术是以原子尺寸逐渐堆叠沉积的加工工艺,因此能精确复制出阴极芯模纳米级的细微特征,对高抛光表面或细微表面的复制能力是其他加工方式所不能比拟的,同时电铸技术还广泛应用于某些复杂型腔结构、精度要求较高且传统加工工艺无法加工的零部件加工。并且电铸过程中不会对芯模精度造成影响,因此在稳定工艺状态下可任意复制相同尺寸和精度的电铸制品。

② 应用面广。电铸技术不仅可以用于制作产品模具、制作精密零部件产品,还可以用于生产特殊性能的金属材料。从高科技产品到工艺产品都可以应用到电铸技术。从尺寸角度上,电铸适用于零件尺寸在几十微米到几米的尺寸范围之间。从应用行业上,电铸广泛应用于航空航天、汽车、电子、医疗、MEMS 等零件的制造,此外还可以直接用于生产金属材料。图 5-35 和图 5-36 所示为一些典型电铸成形件的照片。

(a) 光盘原版

(b) 非球面反射镜

图 5-35　光盘原版和非球面反射镜　　　**图 5-36　Vulcain 2 火箭发动机推力室身部**

③ 生产成本低。在电铸加工过程中,几乎没有加工材料浪费等问题,芯模和电铸溶液能够重复利用,并且电铸设备投资比较少。所以,电铸加工成本低,尤其是精密复杂零部件

的加工成形。

与此同时,电铸技术也存在着以下不足:

① 电铸层均匀性差。在复杂曲面结构电铸成形中,阴极表面的电场强度分布不均匀,从而阴极表面各部分的电沉积速率存在差异,导致阴极表面不同部位的沉积层厚度不均匀。

② 电铸加工过程时间长。在电沉积过程中,由于许多因素影响着金属离子沉积速度,阴极表面电流密度较小、线沉积速度较低,所以电铸加工时间长。

③ 电铸层的质量不稳定。在电铸过程中,由于阴极表面受到析出的氢气以及杂质的影响,容易导致电铸层表面形成针孔、麻点和结瘤等现象,从而影响到电铸层的物理性能和机械性能。

2. 电铸成形技术的研究进展与应用

电铸技术在工业中的早期应用主要局限于复制艺术品和印刷制版。近半个多世纪以来,电铸在工业中的应用日渐广泛,主要用来制取各种难以用机械加工方法制得的或是加工成本很高的零件。近年来,工业的迅速发展使得各种精密异型、复杂微细的金属零部件以及各种相关模具制造的需求大幅增加,电铸作为一种精密制造技术受到了高度的重视,它在精密模具、航空宇航、兵器、微细加工等制造领域中已经得到了很多重要的应用,如火箭发动机喷管、表面粗糙度样规、电加工电极、激光防伪商标模板、破甲弹药型罩、微型飞行器零件等。电铸技术在航空宇航、核工业、微机械等高科技领域的成功应用已使其受到世界制造业的瞩目。在各个领域中电铸技术的研究在以下方面进行开展,包括新型的电铸材料、新型电铸成形工艺以及电铸机理与工艺参数优化等研究。

1) 新型电铸材料研究

目前对于电铸新型材料研究,主要包括合金电铸和复合电铸两个方面。在合金电铸方面,为了解决单金属电铸不足方面的问题,改善电铸材料性能,研究出了合金电铸技术,如Ni-Fe 合金电铸、Ni-Co 合金电铸、Ni-P 合金电铸、Ni-Mn 合金电铸、Ni-Cu 合金电铸等。这些合金电铸层在物理性能和机械性能等方面,超过单金属电铸层的性能,因此在各个领域中也得到了很多的应用。例如,镍铜合金是一种典型的电铸合金,镍铜合金拥有较好的高温特性、耐腐蚀性高、耐磨性好等优点。

由于金属基复合材料能够满足航空航天领域的发展需求,复合电铸技术得到了进一步的研究发展。其方法就是在溶液中添加分散的固体颗粒或纤维,使其与金属离子共同堆叠在阴极表面,从而得到的金属电铸层含有固体颗粒或纤维。复合电铸可以使得金属的强度、硬度等物理性能和机械性能方面得到提高。

电铸纳米金属材料是另一个具有较好发展前景的研究方向。由于电铸技术是依靠离子堆砌来成形制造产品的,所以在适当的条件下可以得到纳米晶的铸层结构。在常规的电铸中,电铸层的晶粒尺寸一般都较大,性能指标不够理想。已有的研究表明,减小沉积层的晶粒尺寸可以使材料的性能得到提高,而且电沉积法被认为是制备致密纳米晶材料的很有前途的方法之一。目前,采用高频脉冲电流、高速冲液和添加剂等措施可以电铸出纳米晶镍,采用喷射电铸则分别制备了纳米晶铜、镍和镍-钴合金。

2) 新型电铸成形方法研究

电铸技术发展的一个最重要的成果是在微机电系统(MEMS, micro-electro-mechanical system)制造领域的成功应用。微细电铸与 X 射线同步辐射掩膜刻蚀技术相结合而形成的 LIGA 技术(德文 Lithographie,Galvanoformung 和 Abformung 三个词,即光刻、电铸和注塑的缩写)、以紫外光光刻代替同步 X 射线源刻蚀所形成的准 LIGA 技术(见图 5-37),已经成为制造三维微细金属零件的主要方法。在微细制造方面,通过利用电铸技术,可以制造微细齿轮、微传感器、微马达、微陀螺仪以及微细电火花加工电极等。图 5-38 所示为采用 LIGA 技术制成的微细结构零件。

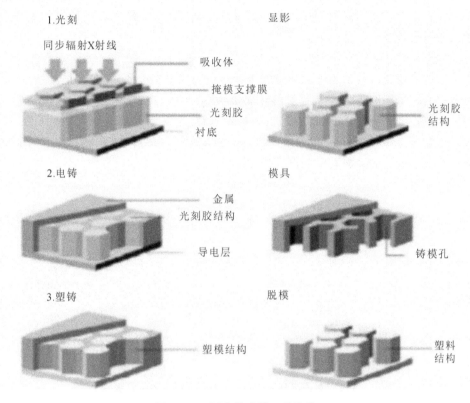

图 5-37　LIGA 技术的工艺路线

(a)LIGA 技术制造的微型齿轮

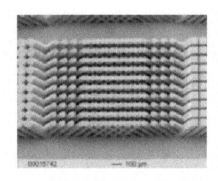

(b)LIGA 技术制造的电铸镍微结构

图 5-38　采用 LIGA 技术制成的微细结构零件

　　由于电铸成形技术的优点,国内外很多科研机构或公司都在研究电铸成形技术的应用及与电铸成形相关的新产品的研发工作,如快速制造电火花电极或塑料模具;用快速原型技术制成的母模电铸铜,可用作电火花电极进行模具型腔的加工;用快速原型技术制成的母模电铸镍,可直接制造塑料模具,将电铸技术与快速原型技术结合还可直接成形金属零件。在国内,华中科技大学在电铸制模方面取得了一定的成果,通过对涂覆导电层、电弧喷涂和化学镀三种导电化处理方法进行了对比试验,研究了三种导电化处理方式的各自特点;大连理工大学研究如何利用 LOM 和 FDM 原型,结合化学镀、电铸和电弧喷涂等技术,实现注塑模或电火花电极的快速经济制造。国外不少机构与单位也进行了很有特色的研究工作。CEMCOM 公司、Hasbro 玩具公司与 Laser Fare 公司、多伦多镍工业研究院、澳大利亚昆士兰理工大学和昆士兰制造研究所等进行了诸如冲压模、微型模具、CD 压模等的电铸基于快速原型的电铸模具成形工艺研究。

(1) 射流电铸快速成型技术。

射流电铸快速成形技术由南京航空航天大学快速成形中心所开发,它的技术原理为:首先根据零件的模型求取零件模型各层的截面形状,得到射流喷嘴的二维扫描轨迹。计算机根据扫描轨迹控制喷嘴完成二维扫描,有选择地电铸,形成零件的一个层面。一层完成,喷嘴提高一个层厚距离再铸新层,这样循环往复,层层叠加,最终得到三维零件。射流电铸系统组成示意图和制备的金属零件如图 5-39 所示。

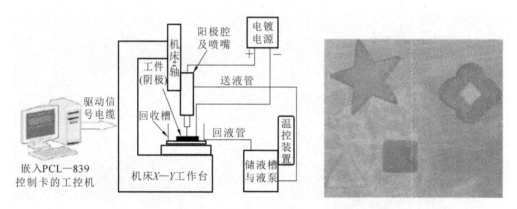

图 5-39 射流电铸系统组成示意图和制备的金属零件

(2) EFAB 技术。

EFAB(electrochemical fabrication)是采用电化学方法制作三维多层微结构的技术,其工艺流程如图 5-40 所示,主要包括:

① 用三维 CAD 软件将要加工的图形分解为一套适用于制作成掩模板的二维图形;

② 制作掩模板;

③ 在电铸槽中将所需金属结构以及牺牲层金属按照掩模板上的图形层层电沉积在基体上;

④ 使用化学方法溶解牺牲层,得到最终结构。

EFAB 适合于制作类型多样的微器件,特别适合于需要采用复杂 3D 结构和高导电性金属的应用,如制造高 Q 值电感、可变电容、滤波器和开关。

图 5-41 所示为 Micro Fab 公司采用该工艺制作的零件。

3) 电铸机理与工艺参数优化研究

(1) 电铸液方面的研究。对于电铸液研究,通常包括:电铸液成分(如添加剂)和电铸液流场等方面。这些因素影响着电铸层的物理性能和机械性能。例如,关于电铸镍溶液研究中,氨基磺酸类溶液以其分散能力强、应力低等优点取代了早期的 Watt 型电铸溶液。目前,更多的研究方法是向电铸溶液中添加微量添加剂来达到所需要电铸层的性能,如整平剂、润

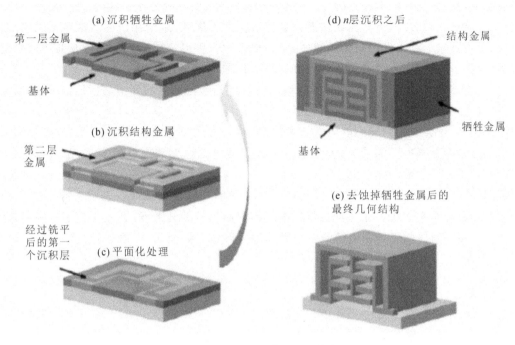

图 5-40　EFAB 工艺流程示意图

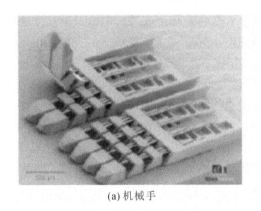

(a) 机械手

(b) 齿轮系统

图 5-41　EFAB 技术的应用实例

湿剂、光亮剂以及细化晶粒的添加剂。申俊杰等人研究了添加剂含量对电铸镍层组织结构的影响。研究表明调节添加剂量能够细化电铸镍晶粒。Kunieda 等人采用选择性喷射电沉积的方法,该方法能够以较高的电流密度对局部区域进行电沉积。

（2）电铸电流形式方面的研究。随着电铸技术的发展,初期采用的直流电无法满足实际的需求,目前,更多的研究脉冲电流对电铸层质量的影响。研究人员探究了脉冲电流对镍电铸层内应力的影响。试验结果表明,平均电流密度、频率及占空比都显著地影响着电铸层内应力,选择最佳的参数组合使电铸层内应力达到最小。研究还发现脉冲电流的周期性可以有效地改善电铸液中的离子迁移、提高电极过电位,从而细化晶粒。在双向脉冲研究中,正向脉冲起到细化晶粒改善电铸层性能,反向脉冲可以进行微电解,去除表面凸起部分,提高电铸层表面质量。

（3）电铸辅助工艺方面的研究。除了采用上述方法达到电铸层性能的要求外,还有的采用电铸辅助工艺手段来进行研究。例如 Krause 等人在电铸过程中,增加外部磁场可有效地改善沉积层的针孔麻点等现象。南京航空航天大学朱荻、朱增伟研究出摩擦辅助电铸技术,采用硬质粒子对阴极表面接触摩擦,能够很好地改善电铸层的表面质量及其物理性能、机械性能。章勇等人采用柔性摩擦辅助电铸技术,能够提高电铸层的表面质量。

(4)电铸阳极方面的研究。一般电铸阳极可以分为可溶性的和不溶性的。不溶性阳极在电铸过程中主要起传导电流即在表面产生氧化反应或析出氧气;可溶性阳极除了起传导电流作用外,还会产生阳极的电化学溶解反应,并向溶液中输送金属离子,用以补充阴极沉积引起溶液内金属离子的消耗,使溶液的组成保持稳定。例如在电铸铬中,阳极电流效率(达到100%)远远大于阴极电流效率(13%左右),这导致溶液中的铬离子浓度会超出常规参数范围,从而使电铸铬无法正常工作运行,因此,采用不溶性阳极可以避免这种问题。William J. Copping 等人发明了不溶性阳极电镀锡溶液离子补充装置,大大减少了锡盐溶液的补充。一般可溶性阳极是在电铸液中正常消耗溶解的金属材料,不溶性阳极的材料主要包括:不溶性钛阳极、铂阳极、石墨阳极等。

5.4.3 板料电磁成形技术

1.板料电磁成形技术原理与特点

电磁成形是利用电磁力对金属坯料进行塑性加工成形的一种高能率成形方法,由于成形过程中载荷以脉冲的方式作用在毛坯上,因此又称电磁脉冲成形。电磁成形技术是基于 Maxwell 的经典电磁学理论发展起来的一项先进板料成形工艺,其装置由美国通用动力公司 Harvey 等于 1958 年研制成功,标志着电磁成形技术走向工业化应用。

按照成形件形状的不同,电磁成形可分为管件和板件(料)电磁成形;而按照工装特征分类则可分为无模和有模电磁成形两类。随着先进电源、电容、线圈设计理论和技术水平不断发展,电磁成形技术已成功应用于管胀形、缩颈、复合连接、板件冲裁、压印、卷边、孔翻边、局部矫形、冲压复合成形等许多领域(见图 5-42),特别在异形管件胀形、异形孔翻边、板件局部精细结构成形等方面具有其他工艺难以替代的优势。本节将主要介绍板料电磁成形技术。

1)板料电磁成形技术的基本原理

板料电磁成形是一种基于电磁感应的高速、高能、绿色环保的成形技术,其成形的理论基础是楞次定律,工作原理如图 5-43 所示。首先利用电源对电容器充电,在放电开关闭合的瞬间,电容、放电电路及线圈构成 R-L-C 振荡回路。放电回路中成形线圈内部瞬间产生的交变强电流在线圈、板料周围空间感应强交变磁场,根据楞次定律,板料表面会感生出与线圈电流反向的强交变涡流。在强交变涡流和穿透板料的叠加强交变磁场作用下,板料与线圈之间产生随形分布、随时间变化、相互排斥的强洛仑兹力。板料就在这种冲击力的作用下瞬间发生高速变形(0.1 ms 内可加速到 200 m/s 以上),再在衰减的磁场力和惯性力的作用下自由变形或按照预定的形状和尺寸产生塑性变形充填模具。

2)板料电磁成形的特点

电磁成形的电磁力来源于电磁成形中的驱动线圈和金属坯料感应涡流间的洛仑兹力,具有高速率、非接触等特点。相对于传统的准静态成形方法,电磁成形具有以下特点:

(1)提高金属材料的成形极限。电磁成形过程中材料的变形速率可达 $100 \sim 300$ m/s,在高的变形速率下,由于材料的应变率敏感性,可提高一些金属材料的成形极限。

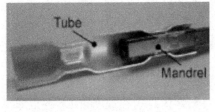

(a) 管件缩颈

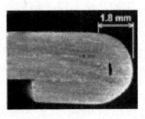

(b) 板件卷边

(c) 板件自由胀形

(d) 管接头连接

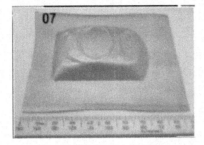

(e) 板件拉胀复合微压印

(f) 孔翻边

(g) 异型管胀形

(h) 微细结构的燃料电池面板

图 5-42　电磁成形技术的应用

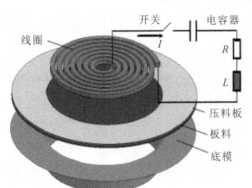

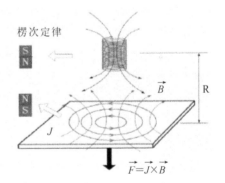

图 5-43　板料电磁成形原理示意图

（2）生产率高、可控性好。在电磁成形过程中，放电成形过程仅需几十至几百微秒，虽然在充电过程及坯料装卸过程中仍需耗时，但较之传统压力加工，不存在机械加工过程中惯性的作用，因此生产效率较高。由于放电能量可以精确控制及调整，成形工艺的重复性及可控性很高。

（3）柔性加工。电磁成形仅需一套模具，简化了模具制造，提高了加工柔性。同时成形线圈与放电设备间通过柔性导线连接，同一套成形设备可适用于不同工件的成形工艺中，灵活度高。

（4）非机械接触性成形。电磁力是工件变形的动力,它不同于一般的机械力,工件变形时施力设备无须与工件进行直接接触,因此工件表面无机械擦痕,也无须添加润滑剂,工件表面质量较好。电磁成形是以磁场为介质向坯料施加压力,磁场能够穿透非导体材料,实现非接触加工,可直接对有非金属涂层或表面已抛光的工件进行加工,成形后零件表面质量高。

（5）成形精度高。电磁力的控制精确,误差可在 0.5% 之内。电磁成形时,零件以很高的速度贴模,零件与模具之间的冲击力很大,这不但有利于提高零件的贴模性,而且可有效地减小零件回弹,显著地提高零件的成形精度。

（6）适用范围广。电磁成形主要适用于磁导率高的材料,如铝、铜、镁及其合金等,此类材料成形过程中的成形设备与毛坯之间无直接接触,可保证加工后工件的表面光洁度。对于磁导率较低的材料,如高强钢、钛合金等,电磁成形时可通过使用高磁导率驱动片,如铝合金、紫铜制驱动片冲击成形的方式来成形工件,这种成形方式虽不能保证成形后工件的表面质量,但通过驱动片与坯料的高速碰撞成形,工件变形后的回弹较小。

2.板料电磁成形技术的研究进展

目前涌现的电磁成形新技术主要分为改善电磁力分布的电磁成形技术、改变电磁力施加方式的电磁成形技术、与传统机械加工相结合的电磁成形技术等三大类别。

1）改善电磁力分布的电磁成形技术

（1）板料匀压力成形。

G. S. Daehn 等提出的一种匀压力驱动线圈,如图 5-44 所示。匀压力驱动线圈为一扁平的矩形线圈,板件置于匀压力驱动线圈的一侧,同时引入一 U 形导体与板件构成一封闭回路,使匀压力驱动线圈刚好位于封闭回路内部。板料匀压力成形与管件电磁成形原理较为类似,忽略边缘效应时其电磁力分布明显较为均匀;同时这一耦合形式下的能量转换效率亦得到一定程度的提升。

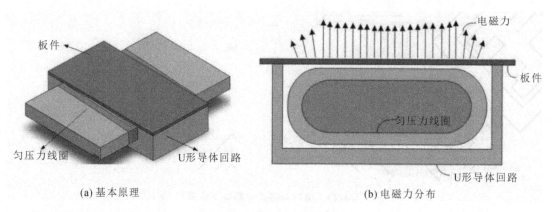

(a) 基本原理　　　　　　　　　　　　　(b) 电磁力分布

图 5-44　匀压力线圈示意图

（2）板料局部电磁力成形。

传统板件电磁成形过程中,平板螺旋驱动线圈几乎覆盖整个加工区域,导致板件中心区域变形量过大,板件变形效果差。邱立等提出的一种板料局部电磁力成形方法,采用平板螺旋驱动线圈实现板件成形时,因驱动线圈几乎覆盖整个板件,电磁力最大的区域出现在板料半径 1/2 附近,这一区域受到的电磁力最大、变形速度最快;当这一区域的板料速度达到最大值后,将带动板件其他区域加速;板料中心约束最小,导致其成形高度最大,最终板件为圆锥形轮廓。板料局部电磁力成形时,驱动线圈的绕组主要集中在凹模边缘附近区域,这一区域受到的电磁力最大;因这一区域远离板料中心,其对板料中心的影响小,使得板件变形效果较好、呈圆柱形轮廓。图 5-45 为平板螺旋驱动线圈与局部加载驱动线圈电磁力分布与相应的工件成形轮廓。

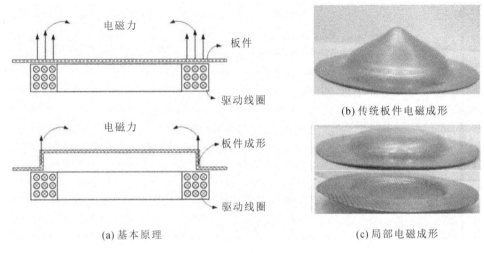

(a)基本原理　　(b)传统板件电磁成形　　(c)局部电磁成形

图 5-45　电磁成形

2) 改变电磁力施加方式的电磁成形技术

针对传统电磁成形技术存在能量低、磁场低、线圈强度低、线圈结构单一,无法满足复杂结构工件的成形成性要求,李亮等提出了多级多向脉冲强磁场成形方法,其通过多线圈与多电源系统的精确时序配合,在时间上形成多级、空间上形成多向的电磁力分布,为复杂、大尺寸以及难变形零部件成形成性制造提供了有效手段。采用多时空分布的脉冲强磁场来对金属材料施加不同时序和空间上的电磁力,系统研究了多线圈系统中不同线圈之间的电磁耦合关系,获得了多级多向线圈系统磁场与电磁力的时空分布规律,实现了工件高速成形过程中电磁力方向、大小及作用深度的有效调控,完成了深冲型构件、薄壁板调形与强化及大型板件成形等随形电磁成形力场的设计,如图 5-46 所示。

为解决现有大型铝合金构件成形受压力机台面限制的问题,提出了一种以电磁力代替传统机械压力的新型电磁脉冲压边方法。在此基础上,结合多级多向脉冲强磁场电磁成形理念,设计并研制了一套可实现工件多级加载、具有电磁成形、压边和工装一体化功能的电磁成形装备原型,包括高储能密度脉冲电容器型电源、高强度成形线圈、压边线圈及控制系统等(见图 5-47),可提供大于 40 特斯拉的磁场强度和实现三级以上脉冲强磁场的控制。目前已完成成形直径达 1000 mm、厚度 5 mm 的 5 系高性能铝合金板的成形制造,单次成形高度达 180 mm(见图 5-48)。

3) 与传统机械加工相结合的电磁成形技术

虽然纯电磁力驱动的电磁成形技术优势明显,但在加工大型板件方面存在难点,主要原因是加工大型板件时需要足够大的电容电源与驱动线圈,这导致线圈电感和电容增大、放电等效脉冲变长,不利于产生脉冲电磁力。虽然出现了诸多改善电磁力分布和改变电磁力加载方式的电磁成形技术,但因电磁力分布完全取决于磁场与涡流分布,控制难度大。因此,研究者采用电磁成形与传统机械加工相结合的方式,提出了板料电磁渐进成形和板料电磁脉冲辅助拉深成形等电磁成形新工艺。

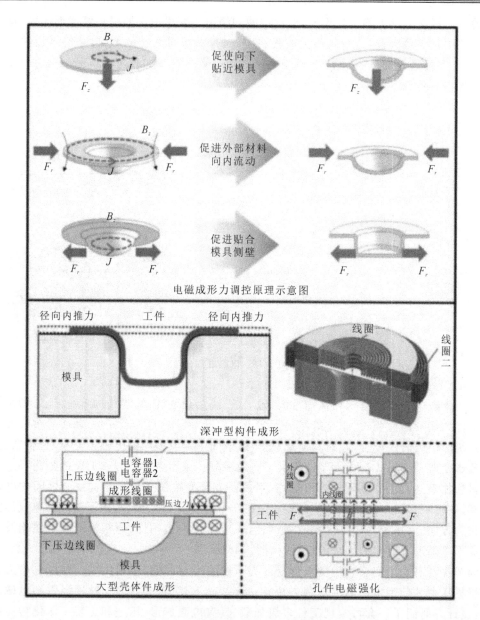

图 5-46　随形电磁成形力场设计

电磁压边-成形系统实验工装示意图

多级电源系统

图 5-47　电磁压边-成形一体化样机系统

图 5-48　电磁压边-成形-工装一体化平台及成形工件图

（1）板料电磁渐进成形工艺。

针对电磁成形过程的能量利用率有限（<5%）、大型薄壁件的电磁成形难的问题，崔晓辉、严思梁等开展了电磁渐进成形工艺方面的研究。该成形工艺是结合金属板料单点渐进成形和电磁脉冲成形工艺而提出的，以电磁成形工装为基础，通过改变线圈的位置和倾斜角度、多次放电不断协调和逐次累积局部变形，实现大型构件的整体成形。它的基本原理是用放电线圈代替单点渐进成形装置中的刚性工具头，按照一定的三维空间轨迹逐次移动到大型工件的各个局部位置并通过线圈放电产生磁场力使工件局部变形，最终通过局部变形累加成整个大型零件（见图 5-49）。为保证成形要求和质量，进一步提出了基于分层凹模或凸模的电磁渐进成形工艺，和单点渐进成形相比，得到的壁厚分布更加均匀，在距离板料中心处的厚度减薄量更小（见图 5-50）。

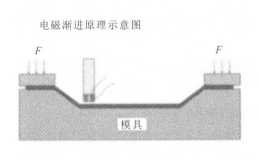

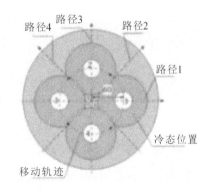

图 5-49　电磁渐进成形原理示意图

电磁渐进成形将电磁成形与增量成形结合为一体，融合两者的技术优势，可以提高材料成形极限和成形质量、降低装备与能源成本、拓宽成形件尺寸、实现成形与性能控制。采用研制的基于椭球面凹模铝合金大型钣金件单级多向电磁渐进成形工艺实验工装制出了成形深度达到 142 mm 的零件（见图 5-51）。零件最终的板料直径从 690 mm 减小为 678.1 mm，

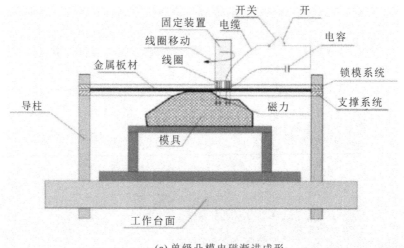

(a) 单级凸模电磁渐进成形

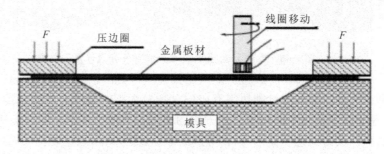

(b) 单级凹模电磁渐进成形

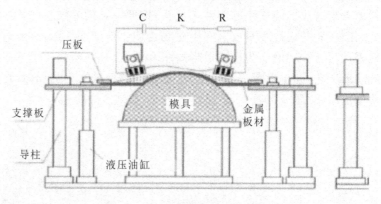

(c) 双级凸模电磁渐进成形

图 5-50　板件电磁渐进成形示意图

且零件变形均匀,最大减薄量小于 13%,小于准静态冲压变形条件下的板料减薄量,贴模程度的误差不大于 5%。

(2) 板料电磁脉冲辅助拉深成形工艺。

樊索等提出了一种将电磁脉冲成形与伺服压力机冲压成形相结合的电磁脉冲辅助拉深成形方法。该方法采用冲头预拉深、放电拉深、伺服压力机冲压整形和冲头持续拉深等步骤实施(见图 5-52),在不改变冲头直径的条件下,可拉深高度是传统冲压拉深的 3.4 倍。电磁脉冲步骤通过冲头拉深线圈,圆角线圈和法兰区域的上下助推线圈产生的电磁脉冲力实现电磁拉深成形。电磁脉冲拉深步骤与冲头整形步骤多次反复交替进行,实施渐进电磁脉冲

(a)　　　　　　　　　　　　　　(b)

图 5-51　基于凹模的电磁渐进成形平台及成形工件图

拉深成形。在电磁脉冲拉深步骤中,分别采用 13 kV 和 14 kV 两次放电的方法,既可提高拉深高度又能降低板料减薄率。电磁脉冲辅助拉深成形装置组成如图 5-53 所示,主要包括凸模、凹模、压边圈、板料以及电磁线圈等。

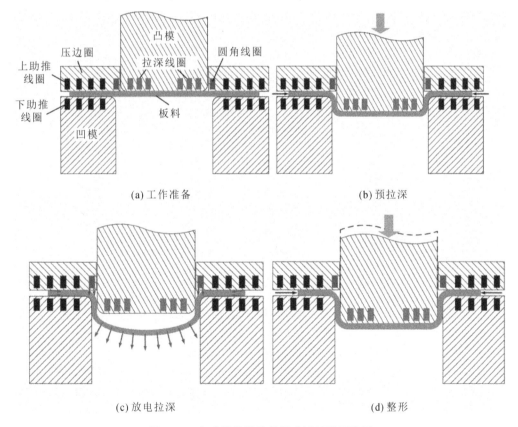

(a) 工作准备　　　　　　　　　　(b) 预拉深

(c) 放电拉深　　　　　　　　　　(d) 整形

图 5-52　电磁脉冲辅助拉深成形过程示意图

上、下助推线圈的作用如图 5-54 所示。给上、下助推线圈施加同方向的电流,在助推线圈周边产生交变的感应电磁场,如图 5-54(a)所示。感应磁场与板料上的感应电流相互作用产生如图 5-54(b)所示的径向的磁场力,将板料推向凹模,因而使得在筒形件拉深时可以降

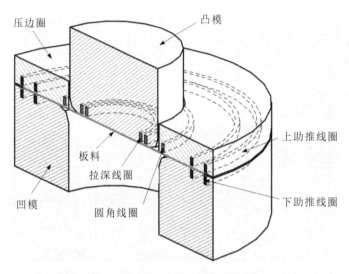

图 5-53   电磁脉冲辅助拉深成形装置示意图

低法兰区域压边摩擦力进而降低凹模圆角处和筒壁区域材料所受的拉应力,提高筒形件的极限拉深高度。如图 5-54(c)和(d)所示采用 2 匝组线圈,目的是在成形过程中,随着板料的

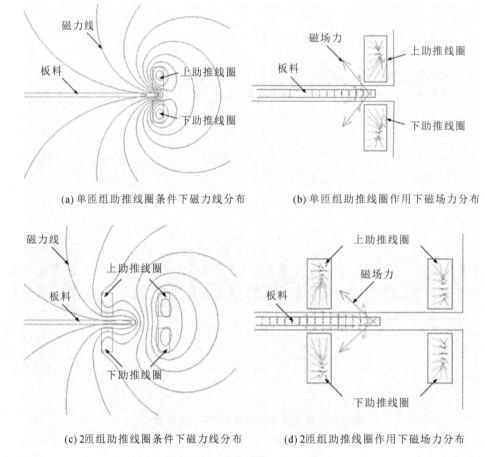

(a) 单匝组助推线圈条件下磁力线分布   (b) 单匝组助推线圈作用下磁场力分布

(c) 2匝组助推线圈条件下磁力线分布   (d) 2匝组助推线圈作用下磁场力分布

图 5-54   助推线圈工作原理图

拉深变形法兰直径不断减小,助推线圈能够持续地给予法兰提供足够的磁场力作用。因此可以设置多匝助推线圈。

应用伺服压力机和计算机数控系统对电磁脉冲辅助拉深成形工艺进行控制,可以提高加工效率,也对今后电磁脉冲辅助渐进拉深加工过程实现智能控制提供技术基础。伺服压力机在深拉深工艺中的引入,可提高板料的极限拉深高度、减少传统拉深工艺中的缺陷。

第6章　金属粉末成形技术及理论

　　粉末材料的种类繁多,主要有金属粉末、陶瓷粉末、塑料粉末等。粉末材料的成形方法也多种多样,主要有冶金成形、压制成形、注射成形、复合成形等。任何粉末材料成形的第一步,都必须获取原料粉末。下面就以金属粉末材料为主,介绍其制备及成形的基本原理与应用。

6.1　金属粉末材料的制备

6.1.1　金属粉末制备概述

　　金属粉末从形状上看有球形、片状、树枝状等,从粒度上看有几百微米的粗粉,也有纳米级的超细粉末,从制取粉末的方法上看有机械法、物理化学法等,金属粉末的主要制备方法详见表6-1所示。另外,一些难熔的金属化合物(如碳化物、硼化物、硅化物、氮化物等)可采用"还原-化合""化学气相沉积(CVD)"等方法制备。

表 6-1　金属粉末的主要制备方法

生产方法		原材料	粉末产品举例	
			金属粉末	合金粉末
物理化学法	还原 碳还原	金属氧化物	Fe, W	
	还原 气体还原	金属氧化物及盐类	W, Mo, Fe, Ni, Co, Cu	Fe-Mo, W-Re
	还原 金属热还原	金属氧化物	Ta, Nb, Ti, Zr, Th, U	Cr-Ni
	气相还原 气相氢还原	气相金属卤化物	W, Mo	Co-W, W-Mo 等
	气相还原 气相金属热还原	气相金属卤化物	Ta, Nb, Ti, Zr	
	气相冷凝或离解 金属蒸气冷凝	气态金属	Zn, Cd	
	气相冷凝或离解 羰基物热离解	气态金属羰基物	Fe, Ni, Co	Fe-Ni
	液相沉淀 置换	金属盐溶液	Cu, Sn, Ag	
	液相沉淀 溶液氢还原	金属盐溶液	Cu, Ni, Co	Ni-Co
	液相沉淀 从熔盐中沉淀	金属熔盐	Zr, Be	
	电解 水溶液电解	金属盐溶液	Fe, Cu, Ni, Ag	Fe-Ni
	电解 熔盐电解	金属熔盐	Ta, Nb, Ti, Zr, Th, Be	Ta-Nb,碳化物等

续表

生产方法		原材料	粉末产品举例	
			金属粉末	合金粉末
机械法	机械研磨	脆性金属与合金	Sb，Cr，Mn，高碳铁	Fe-Al，Fe-Si，Fe-Cr
机械粉碎	机械研磨	人工增加脆性的金属与合金	Sn，Pb，Ti	
	旋涡研磨	金属和合金	Fe，Al	Fe-Ni，钢
	冷气流粉碎		Fe	不锈钢，超合金
雾化	气体雾化	液态金属和合金	Sn，Pb，Al，Cu，Fe	黄铜，青铜，合金钢，不锈钢
	水雾化		Cu，Fe	黄铜，青铜，合金钢
	旋转电极雾化		难熔金属，无氧铜	铝合金，钛合金，不锈钢等

　　粉末原料在成形之前,通常要根据产品最终性能的需要或成形过程的要求,经过一些处理,包括粉末退火、混合、筛分、加润滑剂、制粒等。详细要求及过程可参见有关专著。

6.1.2　金属粉末的常用制备方法

　　金属粉末的常用制备方法包括:雾化法制粉、机械粉碎法制粉、还原法制粉、气相沉积法制粉等。

1. 雾化法制粉

　　雾化法是在外力的作用下将液体金属或合金直接破碎成为细小的液滴,并快速冷凝而制得粉末的方法,粉末的大小一般小于 $150\ \mu m$。雾化法可以制取多种金属和合金粉末,任何能形成液体的材料都可以进行雾化制粉。

　　借助高压水流或气流的冲击作用来破碎液流,称为水雾化或气雾化,也称二流雾化,如图 6-1 所示;利用机械离心力的作用破碎液流称为离心雾化,如图 6-2 所示;在真空中实施雾化的称为真空雾化,如图 6-3 所示;利用超声波能量来实现液流的破碎称为超声雾化,如图 6-4 所示。与机械粉碎法比较,雾化法是一种简便且经济的粉末生产方法。

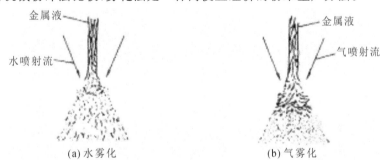

图 6-1　水雾化和气雾化示意图

　　在各种雾化法制粉中,二流雾化法最为常用。根据雾化介质(气体、水)对金属液流作用的方式不同,雾化具有多种形式(见图 6-5):

　　(a) 平行喷射式——气流与金属液流平行;

　　(b) 垂直喷射式——气流或水流与金属液流成垂直方向;

图 6-2　离心雾化示意图

（c）V形喷射式——雾化介质与金属液流成一定角度；

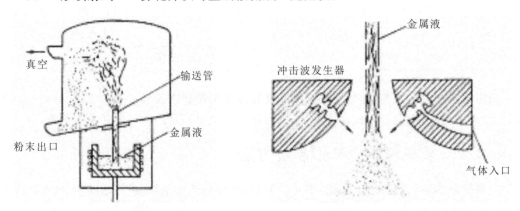

图 6-3　真空雾化示意图　　　　　　　　图 6-4　超声雾化示意图

　　（d）锥形喷射式——气体或水从若干均匀分布在圆周上的小孔中喷出，构成一个未封闭的锥体，交汇于锥顶点，将流经该处的金属液流击碎；

　　（e）旋涡环形喷射式——压缩空气从切向进入喷嘴内腔，然后以高速喷出造成一旋涡封闭的锥体，金属液流在锥底被击碎。

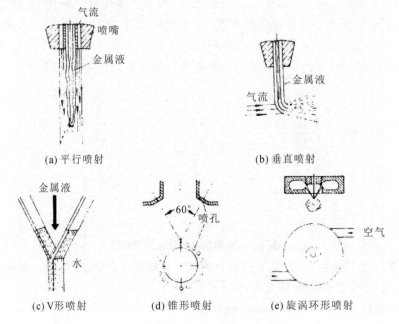

(a) 平行喷射　　　　　　　　　(b) 垂直喷射

(c) V形喷射　　　(d) 锥形喷射　　　(e) 旋涡环形喷射

图 6-5　雾化的多种形式

雾化过程是一个复杂过程,按雾化介质与金属液流相互作用的实质,既有物理机械作用,又有物理化学作用。高速的气流或水流,既是破碎金属液的动力,又是金属液流的冷却剂。因此在雾化介质与金属液流之间既有能量交换,又有热量交换。并且,液体金属的黏度和表面张力在雾化过程中不断发生变化,加之液体金属与雾化介质的化学作用(氧化、脱碳等),使雾化过程变得较为复杂。

在液体金属不断被击碎成细小液滴时,高速流体的动能转变为金属液滴的表面能,这种能量交换过程的效率极低,估计不超过 1%。目前,定量研究液流雾化的机理还很不够。

在雾化装置或设备中,喷嘴是使雾化介质获得高能量、高速度的部件,它对雾化效率和雾化过程的稳定性起重要作用。除尽可能地使介质获得高的出口速度与能量外,喷嘴还要保证雾化介质与金属液流之间形成最合理的喷射角度,使金属液流变成明显的紊流;另外,喷嘴的工作稳定性要好,雾化过程不会被堵塞,加工制造方便。

在各种雾化装置中,气雾化是种常用的雾化方法。图 6-6、图 6-7 分别是垂直气雾化装置和水平气雾化装置示意图。垂直气雾化,金属由感应炉熔化并流入喷嘴,气流由排列在熔化金属四周的多个喷嘴喷出,雾化介质采用惰性气体,雾化可获得粒度分布范围较宽的球形粉末;水平气雾化,金属液由熔池经虹吸管进入喷嘴,气流水平方向作用于液流,为了让气体能够逸出,需要有一个大的过滤器。

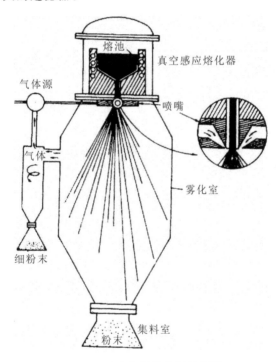

图 6-6 垂直气雾化装置示意图

气雾化过程可用图 6-8 来说明。膨胀的气体围绕着熔融的液流,在金属液表面引起扰动形成一个锥形。从锥形的顶部,膨胀气体使金属液流形成薄的液片。由于具有高的表面积与容积之比,薄液片是不稳定的。若液体的过热是足够的,可防止薄液片过早地凝固,并能继续承受剪切力而成为条带,最终成为球形颗粒。

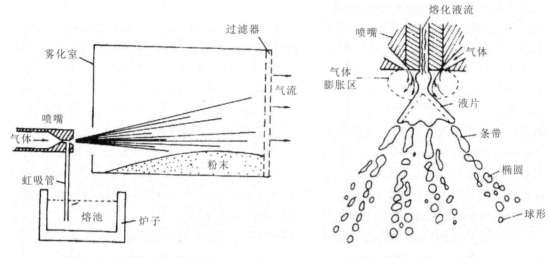

图 6-7 水平气雾化装置示意图

图 6-8 气雾化时金属粉末的形成过程

在上述过程中,条带直径 D_L 取决于薄液片厚度 δ 和气体速度 v,即

$$D_L = 3\left[\delta\frac{3\pi\gamma}{\rho_m v^2}\right]^{\frac{1}{2}} \tag{6-1}$$

式中:ρ_m——熔融金属密度;

γ——熔融金属表面张力。

颗粒尺寸 D 与喷嘴几何尺寸 c 和熔融金属的黏度 μ_m 有关,可表达为

$$D = \frac{c}{v}\left[\frac{\gamma}{\rho_m}\right]^{0.22}\left[\frac{\mu_m}{\rho_m}\right]^{0.57} \tag{6-2}$$

应该指出,由不同的研究者所得的上述关系有所不同。

采用雾化法生产的粉末,具有三个重要性能:一是粒度,它包括平均粒度、粒度分布、可用粉末收得率等;二是颗粒形状及与其有关的性能,如松装密度、流动性、压坯密度、比表面积等;三是颗粒的纯度和结构。影响这些性能的主要因素是雾化介质、金属液流的特性、雾化装置的结构特征等。

2.机械粉碎法制粉

机械粉碎是靠压碎、击碎和磨削等作用,将块状金属、合金或化合物机械地粉碎成粉末,根据物料粉碎的最终程度,可以分为粗碎和细碎两类。以压碎为主要作用的有碾碎、辊轧及颚式破碎等;以击碎和磨削为主的有球磨、棒磨、锤磨等。实践表明,机械研磨比较适于脆性材料,而塑性金属或合金制取粉末多采用冷气流粉碎、旋涡研磨等。常用的机械粉碎法有研磨法、合金化两种。

① 机械研磨法 机械研磨的任务包括:减小或增大粉末粒度;合金化;固态混料;改善、转变或改变材料的性能等。在大多数情况下,研磨的任务是使粉末的粒度变细。球磨机是当代最广泛地被选用于粉料研磨与混合的机械。球磨机工作时,筒体内腔装填适量的料、水、磨球。装填物料的球磨机启动后,筒体作回转运动,带动筒体内众多大大小小的研磨体以某种运动规律运动,使物料受到撞击和研磨作用而粉碎,直至达到预定的细度。

研磨体在筒体内的运动规律可简化为三种基本形式,如图 6-9 所示。其中,泻落式是在转速很低时,研磨体靠摩擦作用随筒体升至一定高度,当面层研磨体超过自然休止角时,研

磨体向下滚动泻落,主要以研磨的方式对物料进行细磨,此时研磨体的动能不大,碰击力量
不足;离心式是在筒体转速很高时,研磨体受惯性离心力的作用贴附在筒体内壁随筒体一起
回转,不对物料产生碰击作用,主要靠研磨作用;抛落式是筒体在某个适宜的转速下,研磨体
随筒体的转动上升一定高度后抛落,物料受到碰击和研磨作用而粉碎。当代球磨机多选用
抛落式研磨。

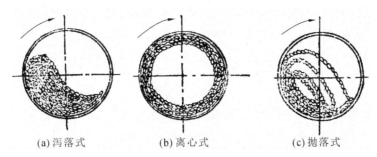

(a)泻落式　　　　　(b)离心式　　　　　(c)抛落式

图 6-9　研磨体在筒体内的运动形式

　　筒体内研磨体的运动轨迹如图 6-10 所示。取筒体截面中半径为 R 的任意层为研究对
象,研磨体随筒体运动上升获得一定的速度 v,设重量为 G,研磨体离开圆弧轨迹抛落的
条件:

$$\frac{G}{g} \cdot \frac{v^2}{R} \leqslant G \cdot \cos\alpha$$

即

$$\frac{v^2}{gR} \leqslant \cos\alpha \quad \text{或} \quad \frac{Rn^2}{900} \leqslant \cos\alpha \tag{6-3}$$

　　式中:α——脱离角,脱离点 O' 和筒体中心 O 的连线与 Y 轴的夹角;

　　　　　R——研磨体所在层的半径,m;

　　　　　n——筒体的转速,r/min;

　　　　　v——研究层研磨体圆弧运动的线速度,m/s。

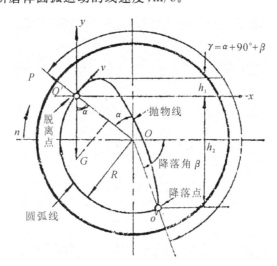

图 6-10　研磨体运动轨迹分析

　　显然,α 愈小,研磨体上升愈高;当 $\alpha=0$ 时,升高至顶点,此时筒体的转速称为临界转速。
式(6-3)称为球磨机研磨体运动的基本方程式,用以表达 R、n、α 的关系。这说明,当筒

体转速一定时,各层研磨体上升的高度是不同的,靠近筒壁的升得较高;α 与研磨体的自重无关,大小研磨体在同一层上都在同一位置抛出。由于实际工作中,筒体内除装填研磨体外还有物料、水等,研磨体之间会有一定的干扰。

影响球磨机工作效率最大的因素是筒体内衬,研磨体的质量、形状、大小匹配和装填量。它们直接和物料接触并且是直接粉磨物料的工作件。为了使研磨体实现抛落式高效工作,装填的研磨体不能太多,否则塞在一起,在空间相互干扰而无法自由降落。必须建立控制条件:其一是控制转速,其二是控制研磨体的装填量。

令填充系数为 φ,则

$$\varphi = \frac{A}{\pi R^2} = \frac{G}{\pi RL\gamma} \tag{6-4}$$

式中:A——研磨体在筒体有效截面上的填充面积,m^2;

$\quad$ G——研磨体装填重量,N;

$\quad$ R——磨膛半径,m;

$\quad$ L——磨膛长度,m;

$\quad$ γ——研磨体重度,N/m^2。

通常填充系数 φ 取 0.4~0.5 为宜。

由式(6-3)可知,当 $\alpha = 0$ 时,研磨体升至最高点。研磨体随筒体转动而不抛落时筒体的最低转速称为临界转速,用 n_c 表示为

$$n_c = \sqrt{\frac{900 \cdot \cos\alpha}{R}} = \frac{30}{\sqrt{R}} \approx \frac{42.4}{\sqrt{D}} (\text{r/min}) \tag{6-5}$$

② 机械合金化 机械合金化是一种高能球磨法(见图 6-11)。用这种方法可制造具有可控细显微组织的复合金属粉末。它是在高速搅拌球磨的条件下,利用金属粉末混合物的重复冷焊和断裂进行机械合金化的。也可以在金属粉末中加入非金属粉末来实现机械合金化。

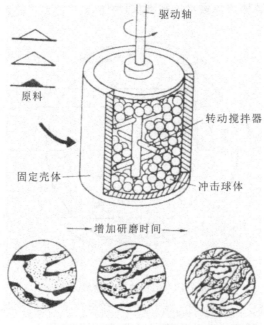

图 6-11 机械合金化装置示意图

与机械混合法不同,用机械合金化制造的材料,其内部的均一性与原材料粉末的粒度无关。因此,用较粗的原材料粉末(50~100 μm)可制成超细弥散(颗粒间距小于 1 μm)。制造机械合金化弥散强化高温合金的原材料都是工业上广泛采用的纯粉末,粒度为 1~200 μm。对用于机械合金化的粉末混合物,其唯一限制(上述粒度要求和需要控制极低的氧含量除外)是混合物至少有 15%(容积)的可压缩变形的金属粉末。这种粉末的功能是在机械合金化时对其他组分起基体或黏结作用。

机械合金化与滚动球磨的区别在于使球体运动的驱动力不同。转子搅拌球体会产生相当大的加速度并传给物料,因而对物料有较强烈的研磨作用。同时,球体的旋转运动在转子中心轴的周围产生旋涡作用,对物料产生强烈的环流,使粉末研磨得很均匀。

3. 还原法制粉

用还原剂还原金属氧化物及盐类来制取金属粉末是一种广泛采用的制粉方法。还原剂可呈固态、气态或液态;被还原的物料也可以采用固态、气态或液态物质。用不同的还原剂和被还原的物质进行还原作用来制取粉末的常用实例如表 6-2 所示。

表 6-2　常用还原法的应用举例

被还原物料	还原剂	举例	备注
固体	固体	$FeO + C \rightarrow Fe + CO$	固体碳还原
固体	气体	$WO_3 + 3H_2 \rightarrow W + 3H_2O$	气体还原
固体	熔体	$ThO_2 + 2Ca \rightarrow Th + 2CaO$	金属热还原
气体	固体	—	—
气体	气体	$WCl_6 + 3H_2 \rightarrow W + 6HCl$	气相氢还原
气体	熔体	$TiCl_4 + 2Mg \rightarrow Ti + 2MgCl_2$	气相金属热还原
溶液	固体	$CuSO_4 + Fe \rightarrow Cu + FeSO_4$	置换
溶液	气体	$Me(NH_3)_n SO_4 + H_2 \rightarrow Me + (NH_4)_2 SO_4 + (n-2)NH_3$	溶液氢还原
熔盐	熔体	$ZrCl_4 + KCl + Mg \rightarrow Zr + 产物$	金属热还原

工艺上所说的还原是指通过一种物质(还原剂),夺取氧化物或盐类中的氧(或酸根)而使其转变为元素或低价氧化物(低价盐)的过程。最简单的反应可用下式表示:

$$MeO + X = Me + XO \tag{6-6}$$

式中:Me——生成氧化物 MeO 的任何金属;

　　　X——还原剂。

对于进行还原反应来说,还原剂 X 对氧的化学亲和力必须大于金属对氧的亲和力,即凡是对氧的亲和力比被还原的金属对氧的亲和力大的物质,都能作为该金属氧化物的还原剂。常用的粉末制备方法有:碳还原法、气体还原法和金属热还原法。对于难熔化合物粉末(碳化物、硼化物、氮化物、硅化物等)的制取,其方法与还原法制取金属粉末极为相似。碳、硼和氮能与过渡族金属元素形成间隙固溶体或间隙化合物,而硅与这类金属元素只能形成非间隙固溶体或非间隙化合物。

$$MeO + 2C = MeC + CO \tag{6-7}$$

4. 气相沉积法制粉

应用气相沉积法制备粉末有如下几种方法:

① 金属蒸气冷凝。这种方法主要用于制取具有大的蒸气压的金属(如锌、镉等)粉末。

由于这些金属的特点是具有较低的熔点和较高的挥发性,如果将这些金属蒸气在冷却面上冷却下来,便可形成很细的球形粉末。

② 羰基物热离解法。某些金属特别是过渡族金属能与 CO 生成金属羰基化合物 $Me(CO)_n$。这些羰基物是易挥发的液体或易升华的固体。如:$Ni(CO)_4$ 为无色液体,熔点为 $-25\ ℃$;$Fe(CO)_5$ 为琥珀黄色液体,熔点为 $-21\ ℃$;$Co_2(CO)_3$、$Cr(CO)_4$、$W(CO)_6$、$Mo(CO)_6$ 均为易升华的晶体。这类羰基化合物很容易离解成金属粉末和一氧化碳。

羰基物热离解法(简称羰基法),就是离解金属羰基化合物而制取金属粉末的方法。用这种方法不仅可以生产纯金属粉末,而且可同时离解几种羰基物的混合物,制得合金粉末;如果在一些颗粒表面上沉积热离解羰基物,就可以制得包覆粉末。

③ 气相还原法。气相还原法包括:气相氢还原法和气相金属热还原法。用镁还原气态四氯化钛、四氯化锆等属于气相金属热还原。气相氢还原是指用氢还原气态金属卤化物,主要是还原金属氯化物。气相氢还原可以制取钨、钼、钽、铌、铬、钒、镍、钴等金属粉末。例如,六氢化钨的氢还原反应为

$$WCl_6+3H_2\rightarrow W+6HCl \tag{6-8}$$

④ 化学气相沉积法。化学气相沉积(CVD)法是从气态金属卤化物(主要是氯化物)还原化合沉积制取难熔化合物粉末和各种涂层,包括碳化物、硼化物、硅化物和氮化物等的方法。从气态卤化物还原化合沉积各种难熔化合物的反应通式为

碳化物:金属卤化物 $+C_mH_n+H_2\rightarrow MeC+HCl+H_2$

硼化物:金属氯化物 $+BCl_3+H_2\rightarrow MeB+HCl$

硅化物:金属(或金属氯化物)$+SiCl_4+H_2\rightarrow MeSi+HCl$

氮化物:金属氯化物 $+N_2+H_2\rightarrow MeN+HCl$

在沉积法中,也可用等离子弧法。等离子弧法的基本原理是,使氢通过一等离子体发生器将氢加热到平均 $3000\ ℃$ 的高温,再将金属氯化物蒸气和碳氢化合物气体喷入炽热的氢气流(火焰)中,则金属氯化物随即被还原、碳化,在反射壁上骤冷而得到极细的碳化物,如图 6-12 所示。用这种方法可制取微细的碳化物,如碳化钛、碳化钽、碳化铌等。

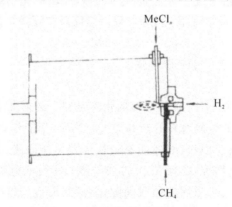

图 6-12 等离子弧法装置示意图

5.超微粉末的制备

超微粉末通常是指粒径为 $10\sim100$ nm 的微细粉末,有时亦把粒径小于 100 nm 的微细粒子称为纳米微粉。纳米微粉具有明显的体积和表面效应,因此它较通常细粉有显著不同的物理、化学和力学特性,作为潜在的功能材料和结构材料。超微粉末的研制已受到了世界

各工业国家的重视。纳米微粉的制造方法有：溶胶-凝胶法、喷雾热转换法、沉淀法、电解法、汞合法、羰基法、冷冻干燥法、超声粉碎法、蒸发-凝聚法、爆炸法、等离子法等。

制备超微粉末遇到最大困难是粉末的收集和存放。另外，湿法制取的超微粉末都需要热处理，因此可能使颗粒比表面积下降，活性降低，失去超微粉的特性，并且很难避免和表面上的羰基结合，所以现在一般都倾向于采用干法制粉。

纳米微粉活性大，易于凝聚和吸湿氧化，成形性差，因此作为粉末冶金原料还有一些技术上的问题待解决。另外，纳米微粉作为粉末制品原料必须具有经济的制造方法和稳定的质量。纳米微粉烧结温度特别低（粒径为 20 nm 的银粉烧结温度为 60～80 ℃，20 nm 的镍粉 200 ℃开始熔接），一旦能实现利用纳米微粉工业化生产粉末冶金制品，将对粉末冶金技术带来突破性的变化。

6.2　粉末冶金原理及应用

粉末冶金是一门制造金属粉末，并以金属粉末（有时也添加少量非金属粉末）为原料，经过混合、成形和烧结，制造成材料或制品的技术。粉末冶金的生产工艺与陶瓷的生产工艺在形式上相似，因此粉末冶金法又称为金属陶瓷法。

6.2.1　粉末冶金工艺过程

粉末冶金工艺的基本工序如图 6-13 所示，主要包括：粉末准备、加工成形、性能测试等。

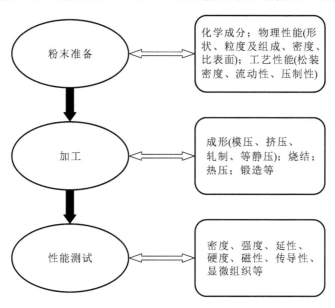

图 6-13　粉末冶金工艺的主要工序示意图

6.2.2　粉末冶金成形的特点

（1）可以直接制备成形出具有最终形状和尺寸的零件，是一种无切削、少切削的新工艺，故可有效地降低零部件生产的材料和能源消耗；

（2）可以容易地实现多种材料的复合，充分发挥各组元材料的特点，是一种低成本生产高性能金属基和陶瓷基复合材料与零件的工艺技术；

（3）可以生产普通熔炼法无法生产的具有特殊结构和性能的材料和制品，如多孔含油承、过滤材料、生物材料、分离膜材料、难熔金属与合金材料、高性能陶瓷材料等；

（4）可以最大限度地减少合金成分偏聚，消除粗大、不均匀的铸造组织，在制备高性能稀土永磁材料、稀土储氢材料、稀土发光材料、稀土催化剂、高温超导材料、新型金属材料（如 Al-Li 合金、耐热铝合金、超合金、粉末高速钢、金属间化合物高温结构材料等）方面具有重要作用；

（5）可以制备非晶、微晶、准晶、纳米晶和过饱和固溶体等一系列高性能非平衡材料，这些材料具有优异的电学、磁学、光学和力学性能；

（6）可以充分利用矿石、尾矿、炼钢污泥、回收废旧金属作原料，是一种可有效进行材料再生和综合利用的新技术。

6.2.3 粉末的主要成形方法

粉末成形是将松散的粉末体加工成具有一定尺寸、形状、密度和强度的压坯工艺过程，它可分为普通模压成形和非模压成形两大类。普通模压成形是将金属粉末或混合粉末装在压模内，通过压力机加压成形，这种传统的成形方法在粉末冶金生产中占主导地位；非模压成形主要有等静压成形、连续轧制成形、喷射成形、注射成形等。

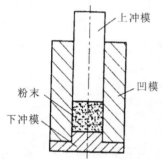

图 6-14　模压成形示意图

1.普通模压成形

模压法成形是指粉料在常温下、在封闭的钢模中、按规定的压力（一般为 150～600 MPa）在普通机械式压力机或自动液压机上将粉料制成压坯的方法，如图 6-14 所示。当对压模中的粉末施加压力后，粉末颗粒间将发生相对移动，粉末颗粒将填充孔隙，使粉末体的体积减小，粉末颗粒迅速达到最紧密的堆积。

模压法成形的工装设备简单、成本低，但由于压力分布不均匀，会使压坯各个部分的密度分布不均匀而影响制品零件的性能，适用于简单零件、小尺寸零件的成形。但普通模压成形，仍然是粉末冶金行业中最常见的一种工艺方法，通常经历称粉、装粉、压制、保压、脱模等工序。

2.温压成形

温压成形的基本工艺过程是：将专用金属或合金粉末与聚合物润滑剂混合后，采用特制的粉末加热系统、粉末输送系统和模具加热系统，升温到 75～150 ℃，压制成压坯，再经预烧、烧结、整形等工序，可获得密度高至 7.2～7.5 g/cm³ 的铁基粉末冶金件。温压成形的工艺流程如图 6-15 所示。

图 6-15　温压成形的工艺流程图

温压可以显著提高压坯密度的机理，一般归于在加热状态下粉末的屈服强度降低（见图 6-16）和润滑剂作用增强。在材料达到同等密度的前提下，温压工艺的生产成本比粉末锻造低

75％,比"复压/复烧"低 25％,比渗铜低 15％;在零件达到同等力学性能和加工精度的前提下,温压工艺的生产成本比现行热、冷机械加工工艺低 50％～80％,生产效率提高 10～30 倍。

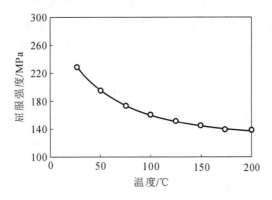

图 6-16　温度对纯铁粉屈服强度的影响

温压成形因其成本低、密度高、模具寿命长、效率高、工艺简单、易精密成形和可完全连续化、自动化等一系列优点而受到关注,被认为是 20 世纪 90 年代粉末冶金零件致密化技术的一项重大突破,被誉为"开创粉末冶金零件应用新纪元的一项新型制造技术"。该技术已广泛应用于制造汽车零件和磁性材料制品,如:涡轮轮毂、复杂形状齿轮、发动机连杆等。

3.热压成形

热压又称为加热烧结,是把粉末装在模腔内,在加压的同时使粉末加热到正常烧结温度或更低一些,经过较短时间烧结获得致密而均匀的制品。热压可将压制和烧结两个工序一并完成,可在较低压力下迅速获得冷压烧结所达不到的密度,较适合制造全致密难熔金属及其化合物等材料。热压法的最大优点是可以大大降低成形压力和缩短烧结时间,并可制得密度较高和晶粒较细的材料或制品。

热压模可选用高速钢及其他耐热合金,但使用温度应在 800 ℃ 以下。当温度更高(1500～2000 ℃)时,应采用石墨材料作模具,但承压能力要降低到 70 MPa 以下。热压加热的方式分为电阻间接加热式、电阻直接加热式、感应加热式三种,如图 6-17 所示。为了减少空气中氧的危害,真空热压机已得到广泛应用。

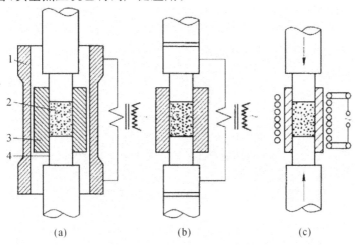

(a)　　　　　　(b)　　　　　　(c)

图 6-17　热压加热方式示意图

1—碳管;2—粉末压坯;3—阴模;4—冲头

4.连续轧制成形

轧制成形如图 6-18 所示。将金属粉末通过一个特制的漏斗喂入转动的轧辊缝中,可轧出具有一定厚度的、长度连续的、且强度适宜的板带坯料。这些坯料经预烧结、烧结,又经轧制加工和热处理等工序,可制成有一定孔隙率的或致密的粉末冶金板带材。

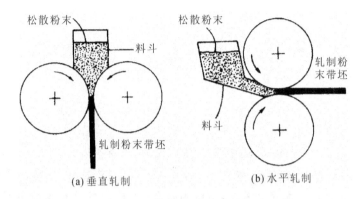

(a) 垂直轧制　　　　　　　　(b) 水平轧制

图 6-18　轧制成形示意图

与模压法相比,粉末轧制法的优点是制品的长度可不受限制、轧制制品密度较为均匀。但是,由轧制法生产的带材厚度受轧辊直径的限制一般不超过 10 mm,宽度也受到轧辊宽度的限制。轧制法只能制取形状较简单的板带及直径与厚度比值很大的衬套。

6.2.4　典型应用

粉末冶金是一门研究制造各种金属粉末并以该粉末为原料,通过压制成形和烧结工艺将其制成各种类型制品的一项集材料制备与零件成形于一体的工艺技术。

1.普通模压成形的应用

粉末模压成形是当前粉末冶金生产中的主流成形方法,它技术成熟,工艺简便,成本较低,适合大批量生产。但是压机的能力与模具的设计限制了模压成形制品的尺寸与形状,传统的模压成形法所生产的粉末冶金制品一般尺寸较小、单重较轻、形状也较简单,例如发动机连杆和电动工具零件。

鉴于普通模压成形的局限性,现在的普通模压成形一般也和烧结工艺一起,能够成形出致密度较高的坯件,具体应用如图 6-19、图 6-20 所示。

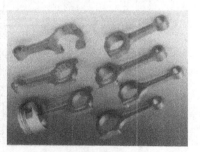

图 6-19　模压成形 PM 产品实例——电动工具零件和连杆

2.温压成形的应用

近年发展起来的粉末温压成形技术是一种低成本、高密度的粉末冶金工艺。传统的高

图 6-20　模压成形 PM 产品实例——汽车发动机和变速箱用粉末烧结钢零件

密度的粉末冶金工艺也很多,但是采用这些技术的产品成本都比较高,市场竞争力相对弱,很难进行大规模、大批量生产。在使用性能与成本上,温压成形能使粉末冶金制品同时满足这两个要求,大大地减少了开发制品所需要的周期,被国际粉末冶金界广泛誉为"导致粉末冶金技术革命"的新成形技术。该技术能以较低成本制造出高致密的零件,为粉末冶金零件在性能与成本之间找到了一个最佳的结合点,被认为是 20 世纪 90 年代以来粉末冶金零件生产技术领域最为重要的一项技术进步。自 1994 年被美国的 Hoeganaes 公司在国际粉末冶金和颗粒材料会议(PM2TEC94)上公布以来,历时不久,但研究和应用进展迅速。粉末冶金温压技术受到严格的专利保护,目前已经获得了几十项美国专利,其保护范围主要在以下两个方面:一是预混合金粉(含特殊有机聚合物黏结剂、润滑剂和金属粉末);二是温压设备。表 6-3 列出了至 2001 年初为止,温压工艺在世界各地的工业应用情况。

表 6-3　温压工艺在世界各地的工业应用情况(截至 2001 年初)

地区	温压设备台数/台	产品种类/种	产品单件重量/g
欧洲	23	32	15
亚洲	12	175	35
北美洲	5～200	5～215	10～1200

温压工艺自其问世之日起就获得很大的商业成功,目前,温压工艺已经成功应用于工业生产,并成功制造出了各种形状复杂的高密度、高强度粉末冶金零件。表 6-4 列出了温压成形技术的典型应用及其特性。

表 6-4　温压成形技术的典型应用及其特性

典型零件	技术优势及性能	备注
汽车传动转矩变换器涡轮毂	提高强度,密度在 7.25 g/cm³ 以上,拉伸强度为 807 MPa,硬度为 HRC17,在扭矩为 1210 N·m 时可承受 100 万次以上循环	重量 1.2 kg;获 1997 年美国 MPIF 年度零件设计比赛大奖
温压-烧结连杆	提高疲劳强度,密度达到 7.4 g/cm³,烧结态抗拉强度为 1050 MPa,屈服强度为 560 MPa,抗压强度为 750 MPa,对称循环拉压疲劳强度为 320 MPa,其波动仪为 10 MPa	重量 350～600 g;获得 2000 年 EPMA (欧洲粉末冶金协会)的粉末冶金创新一等奖
汽车传动齿轮、油泵齿轮、凸轮、同步器毂、转向涡轮、螺旋齿轮、电动工具伞齿轮	提高强度或疲劳强度,密度为 7.03～7.40 g/cm³,拉伸强度为 758～970 MPa,疲劳强度为 350～450 MPa	重量 100～1000 g
磁性材料零件,如变压器铁芯、电动机硅钢片的替代器等	提高密度,密度为 7.25～7.57 g/cm³,显著改进了磁性能	

在国内，华南理工大学金属新材料制备与成形广东省重点实验室原主任李元元教授率领的科研团队率先在国内开展了金属粉末温压成形技术的研究和应用。经过多年的研究和生产应用，创新性地开展了模壁润滑温压、低温温压、温压烧结硬化、流动温压等技术的研究，将温压铁基材料扩展至复合材料、不锈钢、钨基和高密度合金材料等领域，还提出了一种高速压制和温压相结合的获得更高密度的粉末高速压制的思路，并设计制造出了速度可达到18 m/s的实验装备，形成拥有自主知识产权的一整套材料、工艺、装备和零件制造的核心技术。

3.热压成形的应用

热压是粉末冶金发展和应用较早的一种热成形技术。1912年，德国发表了用热压将钨粉和碳化钨粉211制造致密件的专利。1926—1927年，德国将热压技术用于制造硬质合金。从1930年起，热压技术迅速地发展起来，主要应用于大型硬质合金制品、难熔化合物和现代陶瓷等方面。有时，粉末冶金高速钢、铜基粉末制品也用热压。现在，又发展了真空热压、热等静压等新技术。

使用热压的方法可以将常压下难以烧结的粉末进行烧结；可以在较低的温度下烧结出接近理论密度的烧结体；可以在短时间内达到致密化，且烧结体的强度也较高。热压烧结时，驱动力除表面张力外，又加上了外压的作用。在外压下，粉末间的接触部位产生塑性流动或蠕变，使颗粒间距缩短，缩颈长大的动力学过程更易进行。

目前，采用热压烧结的工艺主要应用于金属基和陶瓷复合材料和高性能陶瓷材料的制备。热压烧结能够将金属基底与块状复合材料进行有效连接，通过高温烧结的方法，能够制造出高强度的零部件。

例如，在汽车行业，通过热压烧结的方式制造出了手柄式换挡齿轮和换挡拨叉。其他零部件如尺寸、减震器等如图6-21所示。

图6-21　汽车进、排气门座，齿轮、同步器锥环，减震器零件

4.连续轧制成形的应用

我国粉末轧制技术的最早研究始于20世纪60年代初，研究方向主要集中在多孔特殊性能材料和高纯金属板、带材以及致密板、带材方面，经过50多年的发展，我国的粉末轧制技术在轧制设备和工艺上都取得了较大的进步，能够制备出具有特殊性能要求的板材、带材、线材和箔材，以及金属与非金属的复合板材、带材等材料。这些材料作为过滤元件、电工元件和磁性材料以及耐磨材料等，被广泛应用于化工、石油、电子、汽车、航天航空等工业部门。

例如，在航空航天工业领域，使用的粉末冶金材料：一类为特殊功能材料，如摩擦材料、减磨材料、密封材料、过滤材料等，主要用于飞机和发动机的辅机、仪表和机载设备；另一类为高温高强结构材料,主要用于飞机发动机主机上的重要结构件。如图 6-22 所示。

(a) 航空刹车副-BY2-1587　　　(b) 航空过滤器　　　(c) 航空发动机用高压涡轮粉末盘

图 6-22　航空领域的结构件

另外,在消费电子行业,如手机的 SIM 卡托,手机按键等,在电动、电气工具零件上,粉末冶金的方法也有很多应用。如图 6-23 所示。

图 6-23　家用电器粉末冶金零件

6.3　金属粉末喷射成形原理及应用

6.3.1　喷射成形技术概况及原理

金属喷射沉积技术(metal spray deposition technology),简称喷射成形(spray forming)或喷射沉积(spray deposition),有时也称为喷射凝铸(spray casting)、液体动态固结(liquid dynamics compaction)和可控喷射沉积(control spray depositon),在商业上通称为奥斯普瑞工艺(Osprey process)。

喷射沉积最早的概念和原理是由英国 Swansea 大学的 Singer 教授于 1968 年提出来的,1974 年 R. Brooks 等成功地将喷射沉积原理应用于锻造坯的生产,发展出了著名的 Osprey 工艺。由于金属雾化沉积具有诸多优点,因此近年来受到了国内外学术界及工业界的高度重视,许多国家投入大量人力、物力进行金属喷射产品的研发与生产。经过四十多年来的不断发展和完善,已逐步进入工业规模的生产应用阶段,被形象地誉为"冶金工业的未来之星"。到目前为止,仍有不少学者在金属喷射成形方向进行研究并取得了很多成果,金属喷射成形技术得到了很大的进展。

金属粉末的喷射成形首先需将粉末加热成熔融的金属液,然后通过喷嘴进行气体雾化,即用速度高的惰性气体射流冲击金属液流,使之分散、雾化为金属液滴。由于表面张力的作用,液滴有形成光滑球形颗粒的趋势。在气体射流的作用下,具有一定过热度的金属或合金熔体可雾化成一定尺寸分布特性的金属熔滴,同时雾化颗粒与高速气流进行强烈的热交换从而形成半固态、固态或全液态的过冷金属颗粒。当高速飞行的液滴在沉积器(或模具)内碰撞时,球形颗粒受冲击作用而变为扁平状,形成溅射片,通过沉积器(或模具)的冷却作用,沉积物中将产生合适的温度梯度,颗粒将迅速达到凝固状态。液滴连续溅落,顺序凝固,并且在自熔性作用下聚积成形,熔滴在经过附着、铺展、融合、固结、累加等过程后最终形成一个完整的沉积坯件。

该技术将液态金属的雾化(快速凝固)与雾化熔滴的沉积(动态致密固化)自然结合,以较少工序直接由液态金属或合金制取具有快速凝固组织、整体致密、接近零件实际形状的高性能材料和坯件,具有巨大的经济效益和广阔的应用前景。

6.3.2 喷射成形的工艺过程及关键技术

1.喷射成形的工艺过程

整个雾化沉积过程的工艺装备主体由熔化室(熔化坩埚)、雾化室和沉积板构成,雾化室通常包含了从雾化开始到沉积结束和过喷的整个范围。喷射成形工艺从熔炼、金属液雾化再到溶滴沉积为一个连续的过程,根据过程的特点一般分为以下 5 个阶段,如图 6-24 所示。

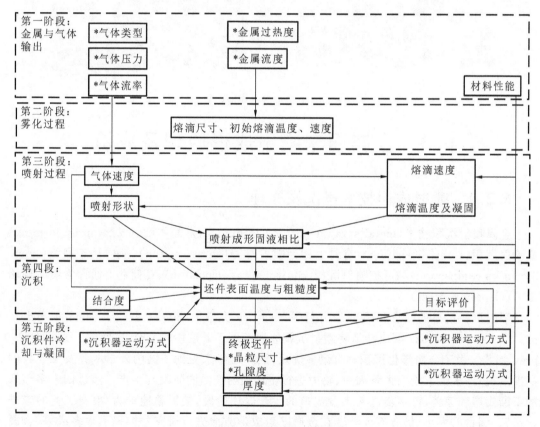

图 6-24　金属喷射成形流程图

(1) 金属与气体输出。

此阶段需要调整母合金的熔炼温度,控制金属过热度,使金属液具有一定流速,同时又防止合金过度烧损。根据制备材料属性,选择合理的雾化气体类型,根据沉积件组织的晶粒度要求,调节合适的气体压力和流速。金属熔滴在雾化锥中的飞行。破碎的金属熔滴颗粒形成一个雾化锥,在高速气流作用下通过对流散热达到快速冷却效果,不同凝固状态的熔滴颗粒经加速后最终沉积到接收基板上。

（2）雾化过程。

熔融金属液经中间包导流嘴流出，进入高速惰性气体流场后被破碎的过程。由于金属液滴、雾化气体之间存在复杂的热能交换、动能交换、复杂的温度及应力场变化等，并且雾化效果、细粉率与雾化喷嘴设计密切相关。在高压气体雾化过程中，金属液流的分散、破碎和球化过程，依赖于雾化室气体压力差所产生的气体驱动力与金属液滴表面张力作用的匹配。

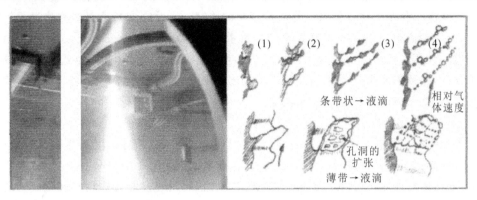

图 6-25　金属液流破碎示意图

雾化气体具有的能量是控制雾化沉积效率的决定因素。气体能量影响因素包括：流速、马赫数、体积流率、韦伯数等，其中气流流速是最重要的因素。根据气体动力学原理，喷嘴出口处的气体速度为

$$V = \sqrt{\frac{2gK}{K-1}\left\{RT_2\left[1-\left(\frac{P_1}{P_2}\right)^{\frac{K-1}{K}}\right]\right\}} \tag{6-9}$$

式中：g——重力加速度；

　　　R——气体常数；

　　　K——C_p/C_v（压容比）；

　　　T_2——雾化前气体温度；

　　　P_1——雾化室内压力；

　　　P_2——气体流经喷嘴的压力。

当气流以一定速度对金属液滴进行冲击时，金属液滴被破碎；当气流对金属液滴的冲击与表面张力匹配时，液滴开始球形化，合金成分、元素含量、物理化学特性是影响合金液滴球形化的重要参数，球形化对于液滴凝固后的形状以及沉积件组织晶粒均匀性具有决定影响。图 6-25 所示为金属液流破碎示意图。基于流体力学原理，保证金属液流破碎并球形化，取决于液滴破碎系数 D、破碎系数与气体密度、气液相对速度、液滴尺寸和表面张力。

$$D = (\rho V^2 d)/\gamma \tag{6-10}$$

式中：ρ——气体密度，$g \cdot s^2/cm^4$；

　　　V——气体对液滴的相对速度，m/s；

　　　d——液滴尺寸，μm；

　　　γ——表面张力，$10^{-5}\ N/cm$。

雾化过程的气流速度不仅与喷嘴的结构、压力、气体类型有关，还与气体温度直接相关。因此为实现理想的粒径分布及沉积收得率，在设备参数（喷嘴的数量及类型）一定的情况下，可以通过调节雾化气体温度及压力，实现组织中晶粒尺寸可控。雾化气体带有一定的温度，

可能导致气体动能的降低,所以在工艺过程中需要合理匹配。

（3）喷射过程。

经雾化破碎后,液滴在高速气流场中运动与冷却。此阶段雾化气体的速度及压力、雾化腔内部几何形式、气液相互作用、合金物理化学性质等,对于液滴的运动与冷却具有重要影响。

雾化液滴运动轨迹呈倒立锥形。雾化锥内合金以液态、固态、半固态三种形式存在,百分比与质量流率分布是沉积件形状及质量控制的关键。因此很多研究者对雾化过程气体流场、液滴的质量流率和速度分布等方面进行大量研究和理论模拟。Lavernia 等对自由式喷嘴射流速度数据进行拟合,推导出计算气流速度的关系式。对气体流场状态及速度分布进行理论计算,必须考虑雾化气体随径向距离变化的规律,这也造成很多理论模拟及计算变量的不确定,增加了理论计算及模拟的难度。

（4）沉积。

沉积是喷射成形技术中最关键的步骤,决定沉积件组织及性能、沉积效率及制造成本。雾化金属液滴在沉积基体或沉积层形核长大,进而凝固、堆积。目前研究者主要针对凝固机理研究,分析液滴在基体上的扩展行为、临近液滴在扩展过程的相互作用。雾化液滴的扩展时间取决于材料性能、表面张力、液滴尺寸等因素。在碰撞初期雾化液滴具有的动能起主要作用,在液滴扩展过程中的液体流动性是主要因素,而在扩展后期表面能变得重要。

（5）沉积件冷却与凝固。

沉积件的冷却凝固状态及过程对于沉积件组织形态、沉积过程中的表面状态、收缩率和沉积层孔隙率均有明显影响。沉积件冷却凝固主要有三个过程:① 根据周围气体流动情况及周围气体温差,通过其轮廓表面向周围气体介质进行对流传热;② 沉积件表面辐射散热,特别是对于擦点较高的合金,在沉积过程中通过辐射散失的热量较多;③ 沉积件通过沉积基体传热,但是在控制收得率和提高致密度方面,要特别注意避免这部分热量散失太快,一般来说沉积器需要一定的预热温度。

2.金属喷射沉积装置及关键技术

喷射成形装置主体主要由真空浇铸室、雾化喷嘴装置、沉积板等几部分组成,另外还含有排气管、收粉器等。如图 6-26 所示。

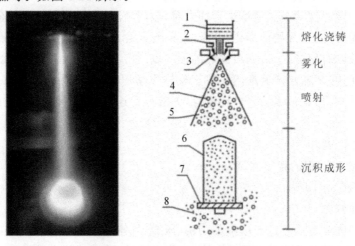

图 6-26　金属喷射成形过程示意图

1—熔体;2—粒子注入器;3—气体雾化;4—液滴;5—喷射的粒子;6—沉积器;7—沉积板;8—过喷

图 6-27 是使用金属喷射成形技术制备环装毛坯的系统。

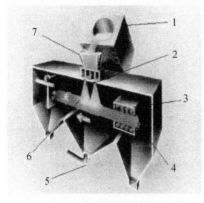

(a) 设备示意图

(b) 雾化喷嘴

(c) 沉积基体运动装置

图 6-27　喷射成形环坯制备系统

1—感应熔炼炉；2—雾化喷嘴；3—预热系统；4—基体；5—旋风；6—沉积层；7—中间包

一般说来，金属喷射沉积工艺由两个基本过程组成：金属溶液经过气体雾化成为细小颗粒过程；颗粒沉积在不同形状以及运动形式的基板过程。显然，这两个过程主要涉及喷射成形的液态金属雾化和直接沉积技术。液态金属雾化和直接沉积技术的核心是雾化熔滴的沉积和凝固结晶，这是在极短的时间内发生和完成的一种动态过程。

研究结果表明：① 液态金属雾化的熔滴尺寸呈不对称的统计分布，随着合金性质、喷嘴几何尺寸和雾化参数的变化，颗粒分布有很大不同，一般为 $10\sim30~\mu m$，多数集中在 $75\sim150~\mu m$ 范围内。气体雾化时对流换热起主导作用，其换热系数和冷却速率均可由一定的解析式给出，在一定的有效换热系数下，熔滴的冷速主要取决于颗粒的大小。一般说来，当颗粒直径小于 $5~\mu m$，冷速 $v\approx106~K/s$。当颗粒直径为 $300~\mu m$ 时，冷速 $v\approx103~K/s$。② 雾化沉积凝固大尺寸整块致密件的过程是一个特定条件下的凝固过程，基本特点是在沉积表面形成一层极薄而又有适当厚度的部分液态金属，大块致密件则由这一薄层内的液态金属不断凝固推进而形成。从以上喷射成形工艺过程可知，金属喷射沉积的实际操作依赖于几项关键技术。其一，雾化颗粒撞击基板时的状态，若为液态，则与传统铸造接近；若为固态，则无法形成工件。因此，要求在撞击基板前的瞬间为半固态或过冷液态。其二，喷嘴的设计与制造，对于喷射成形工艺，希望喷嘴雾化所得颗粒具有高的冷速、小而均匀的颗粒尺寸分布。目前 MIT 开发的超音速雾化喷嘴具有优良的性能，但容易损坏。Osprey 公司开发的亚音速两极喷嘴，寿命较长，适应大规模工业化生产。其三是控制技术，因为金属喷射成形是一个多变量输出与多变量输入的非线性过程，传统的控制技术已不适应，为此，必须采用近年来发展起来的材料智能加工(intelligent proces sing of materials)技术。它基于专家系统、神经网络等人工智能，并应用基于激光技术的光学传感系统，以及采用模糊逻辑控制。

3. 喷射成形制件组织与性能

(1) 组织细小均匀。

在喷射成形过程中，微小的雾滴依靠与高速气体的对流换热，过热和结晶潜热能迅速释放出来。在凝固过程中，由于冷却速度快，大量细小晶核瞬时形成，在短时间内来不及长大，最后得到细小均匀的凝固组织，其晶粒大小一般为 $10\sim100~\mu m$。而且，在未完全凝固的雾滴中以及沉积坯表面的半固态薄层中已凝固的枝晶由于机械溅射作用而被打碎,在随后的凝固过程中也会形成细小的等轴晶组织。模拟结果表明,雾化液滴在沉积时刻获得的速度高达 $50\sim100$ m/s,在半固态雾化液滴高速撞击基板或沉积体表面时,其冲击动能可产生足够大的剪切应力和剪切速度,将深过冷雾化液滴中的枝晶打碎,形成非枝晶的组织。沉积基板冷却速度较低,这时沉积材料处于一种高温退火状态,使未变形的枝晶进一步均匀化,使已变形或断裂枝晶臂生长与粗化,出现球化组织。

(2) 成分均匀,无宏观偏析。

在喷射成形过程中,合金的冷凝速度非常快,溶质原子来不及扩散和偏聚,且沉积坯表层处于半凝固态,无横向液态金属流动,喷射到沉积坯表层的雾滴原地凝固,保持与母合金一致的成分,因此喷射沉积可获得无宏观偏析的毛坯,其微观偏析程度也大大减弱。

(3) 固溶度增大,氧化程度小。

超高的冷却速度致使沉积材料的固溶度明显提高,原始颗粒与急冷边界基本消除。另外,金属喷射沉积过程中的金属以熔滴存在的时间极其短暂(0.3 s),且沉积是在惰性气体中完成的,金属氧化程度较小。由于液体金属一次成形,避免了粉末在冶金工艺中储存、运输等工序带来的氧化,减轻了材料的受污染程度。

(4) 较高的材料致密度。

喷射成形工艺中,由于在凝固时基本不发生金属液的宏观流动,毛坯中不发生缩孔,而且喷射成形工艺减少了氧化,降低了杂质含量,可获得比较致密的毛坯。深过冷金属雾化液滴高速撞击到沉积衬底上,与沉积层良好地结合在一起,直接沉积后的密度可以达到理论密度的 95%,如果工艺控制合理则可达到 99%。

(5) 在制备金属基复合材料上有着独特的优势。

将陶瓷颗粒与雾化金属液共同喷射沉积,能获得均匀分布的颗粒增强相金属基复合材料(MMC)。传统制备方法如搅拌铸造和复合铸造等由于熔融金属和增强相颗粒接触时间长,难以避免金属/陶瓷界面反应,生成组织粗大的不利相。而喷射成形由于凝固时间短,界面反应被有效抑制。

6.3.3　喷射成形的主要应用

喷射成形主要应用在钢铁产品以及高强度铝合金方面,主要是充分利用其快速凝固特点,消除高合金钢铁中的宏观偏析,使合金元素均匀分布,改善材料的机械性能和热处理性能。

1. 钢铁方面

喷射成形工艺在轧辊方面的应用已经表现出突出的优势。例如,日本住友重工铸锻公司利用喷射成形技术使得轧辊的寿命提高了 $3\sim20$ 倍;已向实际生产部门提供了 2000 多个型钢和线材轧辊,最大尺寸为外径 800 mm,长 500 mm。该公司正致力于冷、热条带轧机使用的大型复合轧辊的直接加工成形研究。

又如,英国制辊公司及 Osprey 金属公司等单位的一项联合研究表明,采用芯棒预热以及多喷嘴技术,能够将轧辊合金直接结合在钢质芯棒上,从而解决了先生产环状轧辊坯,再装配到轧辊芯棒上的复杂工艺问题,并在 17Cr 铸铁和 018V315Cr 钢的轧辊生产上得到了应用。

其次,喷射成形工艺在特殊钢管的制备方面也获得重要进展。

比如,瑞典 Sandvik 公司已应用喷射成形技术开发出直径达 400 mm,长 8000 mm,壁厚 50 mm 的不锈钢管及高合金无缝钢管,而且正在开展特殊用途耐热合金无缝管的制造。美国海军部所建立的 5 t 喷射成形钢管生产设备,可生产直径达 1500 mm,长度达 9000 mm 的钢管。

喷射成形工艺在复层钢板方面也显示出应用前景。MannesmannDemag 公司采用该工艺已研制出一次形成的宽 1200 mm、长 2000 mm、厚 8～50 mm 的复层钢板,具有明显的经济性而受到美国能源部的重视。

2.铝合金方面

① 高强铝合金　如 Al-Zn 系超高强铝合金。由于 Al-Zn 系合金的凝固结晶范围宽,比重差异大,采用传统铸造方法生产时,易产生宏观偏析且热裂倾向大。喷射成形技术的快速凝固特性可很好地解决这一问题。在发达国家已被应用于航空航天飞行器部件以及汽车发动机的连杆、轴支撑座等关键部件。

② 高比强、高比模量铝合金　Al-Li 合金具有密度小,弹性模量高等特点,是一种具有发展潜力的航空航天用结构材料。铸锭冶金法在一定程度上限制了 Al-Li 合金性能潜力的充分发挥。喷射成形快速凝固技术为 Al-Li 合金的发展开辟了一条新的途径。

③ 低膨胀、耐磨铝合金　如过共晶 Al-Si 系高强耐磨铝合金。该合金具有热膨胀系数低、耐磨性好等优点,但采用传统铸造工艺时,会形成粗大的初生 Si 相,导致材料性能恶化。喷射成形的快速凝固特点有效地克服了这个问题。喷射成形 Al-Si 合金在发达国家已被制成轿车发动机气缸内衬套等部件。

④ 耐热铝合金　如 Al-Fe-V-Si 系耐热铝合金。该合金具有良好的室温和高温强韧性、良好的抗蚀性,可以在 150～300 ℃甚至更高的温度范围使用,部分替代在这一温度范围工作的钛合金和耐热钢,以减轻重量、降低成本。喷射成形工艺可以通过最少的工序直接从液态金属制取具有快速凝固组织特征、整体致密、尺寸较大的坯件,从而可以解决传统工艺的问题。

⑤ 铝基复合材料　将喷射成形技术与铝基复合材料制备技术结合在一起,开发出一种"喷射共成形(sprayco-deposition)"技术,很好地解决了增强粒子的偏析问题。

6.4　金属粉末注射成形原理及应用

6.4.1　金属粉末注射成形技术的发展概况及原理

1972 年 R. E. Wiech 等人发明了 Wiech 工艺,在此技术基础上创建了"金属粉末注射成形公司"——Parmatech 公司,并开发了几种新产品。

金属粉末注射成形(MIM)技术的出现,为精密零件的制造尤其是形状复杂的零件的制造带来了一场革命。20 世纪 80 年代,美国 Remington 武器公司、IBM 公司、Form Physics 公司、Ford 航天和通信公司等纷纷加入 MIM 技术的开发和生产中。到 20 世纪末,全球有 250 余家公司和机构从事 MIM 技术的研究、开发、生产和咨询业务。在我国,中南工业大学、华中科技大学等也开始了 MIM 技术的研究与应用开发工作。

粉末注射成形(powder injection molding，PIM)是一种采用黏结剂固结金属粉末、陶瓷粉末、复合材料、金属化合物的一种特殊成形方法，它是在传统粉末冶金技术的基础上，结合塑料工业的注射成形技术而发展起来的一种近净成形(near-shaped)技术。PIM工艺主要包括黏结剂与粉末的混合、制粒、注射成形、脱脂及烧结五个步骤。注射成形装备原理如图6-28所示。

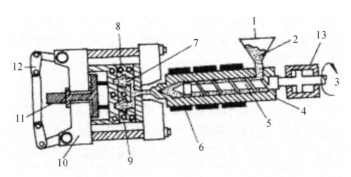

图 6-28　金属粉末注射成形原理示意图

1—装料斗；2—注射混合料；3—转动联轴器；4—料筒；5—螺杆；6—加热器；7—制品；
8—冷却套；9—模具；10—移动模板；11—液压中心顶杆；12—活动撑杆；13—注射液压缸

常见的粉末注射成形方法是：金属粉末的注射成形(metal powder injection molding，MIM)和陶瓷粉末的注射成形(ceramic injection molding，CIM)两种，下面以金属粉末的注射成形为例，概述其过程原理及关键技术。

6.4.2　MIM 技术的工艺过程及特点

1. MIM 的基本工艺流程

MIM 的基本工艺流程如图 6-29 所示，注射过程自动化框图如图 6-30 所示。主要经过金属粉末与黏结剂的混炼、制粒、注射成形、制坯、脱脂、烧结等工序。全自动化的注射成形机对成形过程可采用全自动化操作，对成形过程中的各工艺参数(注射压力、注射速度、模具温度等)可实施自动化监控和调整。

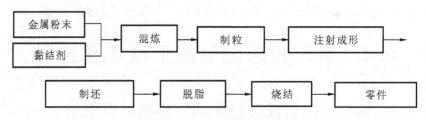

图 6-29　MIM 的基本工艺流程

2. MIM 技术的特点

1) 技术优势

① 与传统粉末冶金技术相比，MIM 技术可以制造传统粉末冶金技术无法制造的零件，拓宽了粉末冶金的应用范围。

② 传统粉末冶金产品大多存在密度不均，造成特性差异；而用 MIM 技术制造的产品具有性能各向同性，组织均匀。

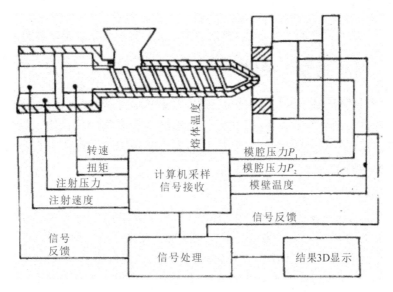

图 6-30 注射过程的自动化、智能化示意图

③ 与精密(熔模)铸造相比,MIM 的尺寸精度更高、没有铸造的成分偏析,如表 6-5 所示。

表 6-5 MIM 与精密铸造(investment casting)成形能力的比较

	精密铸造	MIM
最小孔直径/mm	2	0.4
盲孔(Φ2)最大深度/mm	2	20
最小壁厚/mm	2	<1
最大壁厚/mm	—	10
4 mm 直径的公差/mm	±0.2	±0.06
表面粗糙度 $Ra/\mu m$	5	1

④ 与传统粉末冶金(PM,powder metallurgy)技术相比。如表 6-6 所示。

表 6-6 MIM 与传统粉末冶金技术的对比

	粉末	黏结剂	成形	脱脂	烧结
MIM	球形、微细粉	大量,提供流动性	注射	时间长	收缩大、均匀、密度高
PM	粗粉	少量,作润滑剂	模压	时间短	收缩小、不均、密度低

⑤ 各种零件制造方法运用范围(模压烧结、粉末注射成形、精密铸造成形)。

2)MIM 技术的不足

① 采用大量高分子聚合物作黏结剂,提高了粉末的流动性,可以形成复杂形状的零件,但黏结剂的脱除却是一个需要严格控制的长时间的过程;

② 需要采用微细粉作为原料,微细粉的价格高;

③ 小批量生产形状简单的零件,MIM 无法取代传统粉末冶金技术的主导地位;

④ 受到脱脂的限制,MIM 技术难以制造壁厚较大的零件(这一点,也大大地限制了

MIM 技术的应用）。

但随着 MIM 技术研究的不断深入，制约 MIM 技术的障碍正在不断被打破。

6.4.3　MIM 的技术关键

MIM 的技术关键是黏结剂技术（包括黏结剂的制备技术、黏结剂的脱除技术）。对于特定的粉末要选择恰当的黏结剂体系，且必须保证黏结剂在脱脂阶段快捷、顺利地脱除，使产品在烧结前不出现变形、开裂等缺陷。黏结剂的配方和脱脂工艺往往是企业或公司的核心保密内容或受专利保护。

1.黏结剂技术

黏结剂技术是 MIM 技术的核心。正是由于采用了黏结剂，才使得粉末具有良好的流动性和充填模腔的能力，并使 MIM 突破了传统粉末冶金在成形复杂形状零件时充填困难的障碍；并且，注射出的物料具有流体的性质，使得注射出的坯料的密度和成分均匀，烧结收缩一致性好，所得产品的性能具有各向同性的特点，故解决了传统粉末冶金产品存在密度不均匀的问题。

但黏结剂的脱除是一道过程复杂、需要精确控制且耗时的工序，要经历一系列复杂的物理化学反应过程，它取决于黏结剂体系的性能、金属粉末的性质、脱脂气氛、脱脂温度、气体压力、催化剂等因素。

不恰当的黏结剂体系和脱脂方法，会产生塌陷、鼓泡、变形、开裂等缺陷；而理想的黏结剂既能提供良好的流动性、又能方便地脱除。

MIM 技术对黏结剂的基本要求如表 6-7 所示。

表 6-7　MIM 对黏结剂的基本要求

工序	要求
流动性	① 黏度＜10Pa·s(注模温度)； ② 黏度随温度变化小； ③ 冷却时具有较高的强度； ④ 以小分子形式填到粉末间
与粉末的相互作用	① 与粉末结合黏附力强，接触角小； ② 对粉末有毛细管作用； ③ 不腐蚀粉末，对粉末是化学惰性的
脱除要求	① 黏结剂由具有不同特性的多组元组成； ② 分解产物无腐蚀性，无毒性； ③ 低灰分，低金属盐类； ④ 分解温度高于注射和混炼温度
生产要求	① 成本低，容易得到，安全，不污染环境； ② 强度高，有良好的润滑性； ③ 可重复使用，放置长时间不变质； ④ 热导率高，热膨胀系数低，易溶于常规溶剂

部分用于 MIM 的黏结剂组成如表 6-8 所示。

表 6-8　部分用于 MIM 的黏结剂组成

序号	组成（质量分数）
1	70％石蜡、20％微晶蜡、10％甲基乙基酮
2	67％聚丙烯,22％微晶蜡,11％硬脂酸
3	33％石蜡,33％聚乙烯,33％蜂蜡,1％硬脂酸
4	69％石蜡,20％聚丙烯,10％巴西棕榈蜡,1％硬脂酸
5	45％聚苯乙烯,45％植物油,5％聚乙烯,5％硬脂酸
6	65％环氧树脂,25％石蜡,10％硬脂酸丁酯
7	75％花生油,25％聚乙烯
8	50％巴西棕榈蜡,50％聚乙烯
9	55％石蜡,35％聚乙烯,10％硬脂酸
10	58％聚苯乙烯,30％矿物油,12％植物油

2. 脱脂技术

黏结剂的脱除是利用黏结剂的物理化学性质来实现的。如：利用黏结剂随温度而产生的物态变化来进行脱脂；利用黏结剂在溶剂中具有一定的溶解度来脱脂；利用黏结剂与气态物质反应生成气态或液态产物的特性采用该物质作催化剂来脱脂；利用毛细管作用脱脂；等等。

常用的脱脂方法有：热脱脂、溶剂脱脂＋热脱脂、虹吸脱脂＋热脱脂,催化脱脂等。

传统的黏结剂在热脱脂过程中,由于黏结剂几乎是在成形坯内外同时分解,脱脂速度极慢,往往需要数十小时甚至数天,加快热脱脂速度往往会造成鼓泡和开裂等无法弥补的缺陷。采用液/固或气/固界面反应脱脂（即溶剂脱脂和气相脱脂）,可以使脱脂过程由外及里推进,可以有效地提高脱脂速度,已成为黏结剂开发的主要方向。由于水的价格低廉、无毒、有利于环保等原因,开发水溶性黏结剂体系是溶剂脱脂技术研究的重点。

最有代表性的是 20 世纪 90 年代初,美国 BASF 公司开发的 Meta-mold 法,利用草酸作为聚醛树脂分解为甲醛的催化剂。催化剂使聚醛树脂在软化温度下进行分解,避免了液相的生成,减少了生坯变形,从而保证了烧结后的尺寸精度,大大缩短了脱脂时间,是 MIM 产业的一个重大突破。Meta-mold 法可生产大零件,但废气（甲醛）需处理后才能排放,投资成本较高。

3. MIM 专用设备技术

MIM 工艺中,粉末对注射机螺杆的磨损要远高于塑料对注射机螺杆的磨损。为此,必须对螺杆进行表面涂覆处理,以提高其耐磨性。德国的 Boy 公司开发了耐磨螺杆,寿命长。

为了实现真空和气氛脱脂还需要有专用的脱脂炉。德国的 Cremer 公司已开发出了适应该技术的连续脱脂和烧结一体化炉,该技术的脱脂速率可达到 $1 \sim 4$ mm/h。

4. 零件尺寸精度的控制

MIM 零件的尺寸精度与粉末体性质、混炼工艺、注射工艺、脱脂及烧结工艺等密切相关：

① 粉末松装比重高、粉末装载量高,则烧结收缩率小,尺寸控制要容易得多;

② 混炼工艺会影响金属粉末与黏结剂混合的均匀性,剪切速度较高的混料机,混合的均匀性较好;

③ 注射过程中,喂料在流道中的流动方式会影响生坯的均匀性;而不当的注射工艺及模具设计与制造,会导致欠注、塌陷、鼓泡、起皮、开裂、飞边等缺陷。

④ 黏结剂的脱除需要精确的控制,否则会造成变形或开裂,严重影响制品的尺寸精度和性能。

⑤ 烧结阶段,样品会发生 $14\%\sim18\%$ 的线收缩,以实现致密化。烧结条件(如:烧结温度、烧结气氛、升温速度、烧结时间等)也会影响烧结收缩率,从而影响零件的尺寸。

目前世界上最好的 MIM 制件精度为 $\pm0.05\%$,一般为 $\pm0.1\%$。

5.烧结及气体保护

由粉末材料压制成形的压坯,其强度和密度通常较低,为了提高压坯的强度,需要在适当的条件下进行热处理,从而使粉末颗粒相互结合起来,以改善其性能,这种热处理就叫烧结。图 6-31 所示为典型的烧结过程。

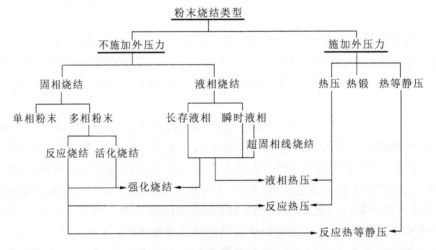

图 6-31 典型的烧结过程分类

烧结是粉末冶金生产过程中必不可少的最基本工序之一,对粉末冶金材料和制品的性能有着决定性的影响。在烧结过程中,压坯要经历一系列的物理化学变化,且不同的材料组成有着不同的变化过程。通常烧结可分为不加压烧结和加压烧结两种。

烧结过程通常是在烧结炉内完成的,它是在低于压坯中主要组分熔点的温度下进行加热的,使它们之中相邻的颗粒间形成冶金结合。除在高温下不怕氧化的金属(如铂)外,所有金属的烧结都是在真空或保护气氛中进行的。在保护气氛中进行烧结,可将烧结过程分为预热或脱蜡、烧结、冷却等三个阶段,故烧结炉一般也是由这三个部分组成。

烧结炉按热源可分为燃料加热和电加热两种;按生产方式的不同可分为连续式和间歇式两类。而常用的连续式烧结炉按制品在炉内移动(传送)方式的不同又可分为推杆式烧结炉、网带式烧结炉、步进式烧结炉等。下面介绍几种典型的烧结及气体保护工艺与设备。

1)钟罩式烧结炉

钟罩式烧结炉是采用一种电加热方式的间歇式烧结炉,其结构如图 6-32 所示,主要由炉底座、外罩、内罩三个部分组成。

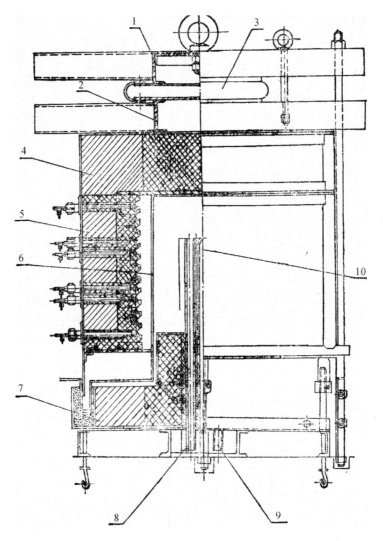

图 6-32　钟罩式烧结炉

1—上盖架；2—下盖架；3—气囊；4—护盖；5—炉膛；6—钢内罩；7—炉底；8—进气管；9—排气管；10—热电偶

烧结操作时,先把粉末压坯整齐地排好垛放在炉中央的台座上,罩好内罩,降下外罩后通入保护气体并开始通电加热。

因为钟罩炉采用的是两层钟罩,成批生产时每一个加热外罩可配用二个炉座及内罩,当其中一个内罩里的零件烧结保温完成后,外罩逐渐吊起上升并转移到另一个待烧结的内罩上。采用钟罩式烧结炉时,由于炉体中热容量最大的外罩常常在高温下继续使用,故可以减少热量损失、节约预热外罩的电能,比其他间歇烧结炉经济、效率高。

2）网带传送烧结炉

直通型网带传送式烧结炉是一种铁基粉末冶金零件生产中最常用的烧结炉,多用于质量不大的小型零件生产。如图 6-33 所示,它由装料端、烧除带、高温烧结带、缓冷带、水套冷却带及出料端组成。在装料端将压坯装在连续运转的网带上,在烧结炉的出料端将烧结件取下。

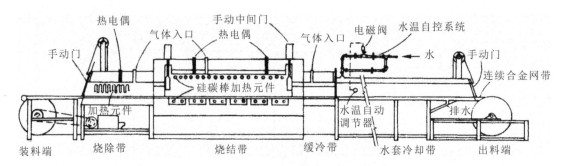

图 6-33　直通型网带传送式烧结炉纵剖面图

3）保护气体发生装置

在粉末冶金的烧结中,使用最广泛的保护气体是煤气、氨气、氢气及氮基气体等。下面介绍两种主要的保护气体发生装置。

① 煤气发生装置

图 6-34 所示为常用的放热型煤气发生器示意图。右边燃料气体(天然气)及空气通过流量计进入比例混合器。通过压气机加大混合气体的压力,使气体强制通过入口处的火封及燃烧器进入反应室并通过催化剂层。催化剂被燃烧的气体加热,使得反应更加彻底。燃烧后的气体通过冷却器,进行冷凝以去掉大部分水。如果不再需要进一步净化,气体可直接通入炉内。

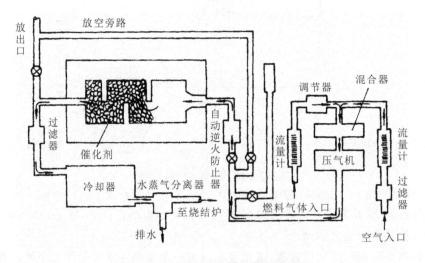

图 6-34　放热型煤气发生器示意图

放热型气氛有如下优点:可燃性低,因而使用安全;导热性差,热损失少,生产成本低;放热型气体发生器性能可靠,不易出故障。

② 氨气发生装置

图 6-35 为分解氨气发生装置示意图。氨气首先经过过滤器除去所含的油,然后经过减压阀将压力降至工作压力。在分解之前,氨气先通过热交换器得到预热,分解后的气体流经热交换器后进入水冷套冷却,然后进入干燥器。干燥器可采用活性氧化铝、硅胶或分子筛,其作用是吸收残氨和水分,从而进一步净化并干燥分解氨。干燥器一般为双塔分子筛干燥,因为当一个干燥塔内的干燥剂的毛细孔隙中吸满水分后,需将其加热,进行气体循环流通,使干燥剂再生。此时便换用另一个干燥塔工作。约 8 小时切换一次。

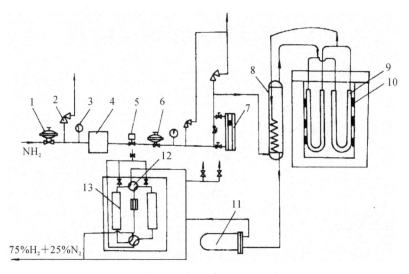

图 6-35　分解氨气发生装置示意图

1—减压阀；2—安全释放阀；3—压力表；4—油过滤器；5—电磁阀；6—减压阀；7—浮子流量计；

8—热交换器；9—U 形分解器；10—加热元件；11—水冷套；12—四通切换阀；13—分子筛干燥器

由液氨生成的氨气体积大（1 kg 液氨可生成 2.83 m³ 的氨气）。氨气分解后生成 75％H_2 ＋25％N_2，氢气的含量高，具有很高的可燃性，必须和使用纯 H_2 的场合一样，注意安全、防止爆炸。

6.4.4　MIM 技术的发展动向

MIM 技术由于受到金属粉末成本和黏结剂技术不完善等因素的影响，目前它仍主要用于生产体积小、形状复杂的精密零件。最新的发展举例如下：

① 粉末共注射成形技术（powder co-injection molding，PCM）。英国 Cranfield 大学将 MIM 与表面工程技术结合起来，利用双筒注射机，第一个喷嘴注入表面层材料，第二个喷嘴注入芯部材料，采用一次注射可以生产出复合材料零部件。

② 微型注射成形技术（micro-MIM）。德国第三材料研究所发明的 micro-MIM 技术，源于印刷制版术。经 X 射线辐射制成模型，再经过电子成形实现粉末沉积来制成坯体。由这种方法可生产出最小尺寸达 20 μm，最小单重为 0.02 g 的金属结构件（微型泵、微齿轮等），也可生产陶瓷和塑料件。该技术在微（精、细）型制造领域具有巨大的应用前景。

MIM 零件举例如图 6-36 所示。

(a) 不锈钢表带扣环

(b) 汽车制动器零件

图 6-36　MIM 零件举例

6.5 其他粉末成形新技术

6.5.1 等静压成形技术

1. 等静压成形技术概述

等静压成形示意图如图 6-37 所示。这种方法借助高压泵的作用把流体介质(气体或液体)压入耐高压的钢质密封容器内,高压流体的静压力直接作用在弹性模套内的粉料上,粉料在同一时间内、在各个方向上均衡地受压而获得密度分布均匀和强度较高的压坯。

等静压成形按其特性分成冷等静压(CIP)和热等静压(HIP)两种。前者常用水或油作为压力介质,故有液静压、水静压或油静压之称;后者常用气体(如氩气)作为压力介质,故有气体热等静压之称。

等静压成形和一般的钢模压制法相比有下列优点:① 能够压制具有凹形、空心等复杂形状的零件;② 压制时,粉末体与弹性模具的相对移动很小,所以摩擦损耗也很小,单位压制压力较钢模压制法的低;③ 能够压制各种金属粉末和非金属粉末,压制坯件密度分布均匀,对难熔金属

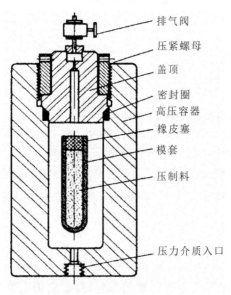

图 6-37 等静压成形示意图

（图中标注，从上到下：排气阀、压紧螺母、盖顶、密封圈、高压容器、橡皮塞、模套、压制料、压力介质入口）

粉末及其化合物尤为有效;④ 压坯强度高,便于加工和运输;⑤ 冷等静压的模具材料是橡胶和塑料,成本较低;⑥ 能在较低的温度下制得接近完全致密的材料。

等静压成形的缺点是:① 对压坯尺寸精度的控制和压坯表面的精度都比钢模压制法的低;② 尽管采用干袋式或批量湿袋式的等静压成形,生产效率有所提高,但通常其生产效率仍低于自动钢模压制法的生产效率;③ 所用橡胶或塑料模具的使用寿命比金属模具的要短得多。

1) 冷等静压

冷等静压由冷等静压机完成。冷等静压机主要由高压容器和流体加压泵组成,其辅助设备有流体储罐、压力表、输送流体的高压管道和高压阀门等。图 6-38 为冷等静压机的工作系统。物料装入弹性模套被放入高压容器内。压力泵将过滤后的流体注入压力容器内使弹性模套受压,施加压力达到了所要求的数值之后,开启回流阀使流体返回储罐内备用。

压力容器是压制粉末的工作室,其大小由所需要压制工件的最大尺寸按一定的压缩率放大计算。工作室承受压力的大小应由粉末特性、压坯性能的压坯尺寸来确定。根据不同的要求,高压容器可被设计成单层筒体、双层筒体或缠绕式筒体。

冷等静压按粉料装模及其受压形式可分湿袋模具压制和干袋模具压制两类。

湿袋模具压制的装置如图 6-39(a)所示。把不需要外力支持也能保持一定形状的薄壁软模装入粉末料,用橡皮塞塞紧封袋口,然后套装入穿孔金属套一起放入高压容器中,使模

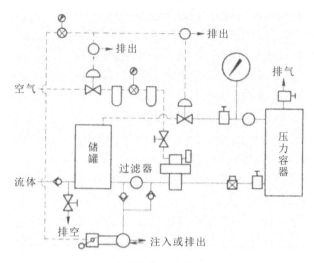

图 6-38　冷等静压机工作系统示意图

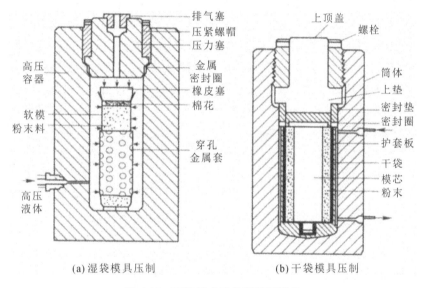

(a) 湿袋模具压制　　　　(b) 干袋模具压制

图 6-39　两种形式的冷等静压模具

袋浸泡在液体压力介质中经受高压泵注入的高压液体压制。湿袋模具压制的优点是：能在同一压力容器内同时压制各种形状的压件，模具寿命长、成本低；其缺点是：装袋脱模过程中消耗的时间多。

干袋模具压制的装置如图 6-39(b) 所示。干袋固定在筒体内，模具外层衬为穿孔金属护套板，粉末装入模袋内靠上层封盖密封。高压泵将液体介质输入容器内产生压力使软模内的粉末均匀受压。压力除去后即从模袋中取出压块，模袋仍然留在容器中供下次装料使用。干袋模具压制的特点是生产率高，易实现自动化，模具寿命长，生产率较高。

2）热等静压（hot isostatic pressing，HIP）

把粉末压坯或把装入特制容器（粉末包套）内的粉末体，置入热等静压机高压容器中，施以高温和高气压，使这些粉末体被均匀压制和烧结成致密的零件或材料的过程称为粉末热等静压。粉末体（粉末压坯或包套内的粉末）在等静压高压容器内同一时间经受高温和高压的联合作用，可以强化压制与烧结过程，降低制品的烧结温度，改善制品的组织结构，消除材料内部颗粒间的缺陷和孔隙,提高材料的致密度和强度。

热等静压设备通常是由装备有加热炉体的压力容器和高压介质输送装置及电气设备组成。但热等静压技术最新的发展趋势是,用预热炉在热等静压机外加热工件,省去压力容器内的加热炉体,这将会提高压力机容器的有效容积,消除了由于容器内炉体装接电极柱造成密封的困难,成倍地提高热等静压机的工作效率。

热等静压机的压力容器是用高强度钢制成的空心圆筒体,直径一般为 150～1500 mm,高 500～3500 mm,工件的体积在 0.028～2.0 m³ 之间。通常压力范围为 7～200 MPa,最高使用温度范围为 1000～2300 ℃。

目前世界上生产 HIP 设备的国家主要有美国、瑞典、俄罗斯、日本和中国等。前身为 ABB 公司的美国的 Avure 公司是 HIP 设备设计和制造方面的领军企业,为最主要的设备供应商。少数国家具有制备生产大型 HIP 设备的能力,俄罗斯在 HIP 方面研究的比较透彻,但是对外公布的较少。美国的 Avure 公司前身为 ABB 公司,是世界上最早生产大型 HIP 设备的厂商,该公司生产的 HIP 设备具有安全性高、可靠性好、高效率及设备规格多样等特点,因此成为世界 HIP 设备供应商中的领军者。国内对 HIP 设备进行研发的单位主要有北京钢铁研究总院及中国航空工业川西机器有限责任公司。钢铁研究总院在 1977 年研发出我国第一台热等静压机,是中国最早热等静压技术装备的研究、开发、设计、生产及应用者,是中国目前生产大型、超大型、高难度专业用热等静压装备的资质最强、技术力量比较雄厚的供应商。在国家科技重大专项基金的支持下,川西机器有限责任公司已经具备了制造最大工作热区直径达 1250 mm、最高工作压力达 200 MPa,最高工作温度达 2000 ℃ 的大型热等静压设备的能力。

国内外已采用热等静压技术制取核燃料棒、粉末高温合金涡轮盘、钨喷嘴、陶瓷及金属基复合材料等。如今它在制取金属陶瓷、硬质合金、难熔金属制品及其化合物、粉末金属制品、金属基复合材料制品、功能梯度材料、有毒物质及放射性废料的处理等方面都得到了广泛应用。

3)烧结-热等静压

烧结-热等静压(sinter-HIP)过程是把经模压或冷等静压制作的坯块放入热等静压机高压容器内,依次进行脱蜡、烧结和热等静压,使工件的相对密度接近 100%。这是继常规热等静压制作技术之后开发出的一种先进工艺。脱蜡(或其他成形剂)和烧结可在真空状态下或在工艺确定的气体(如氢、氮氢混合气、甲烷)保护下进行。按照传统的烧结概念,液相和固相烧结都会促进烧结坯块内部孔隙减少,并产生收缩和致密化。在这一过程中,烧结温度和时间是要准确控制的参数。热等静压可使烧结坯块密度进一步提高,以接近理论密度值。

烧结-热等静压过程中的热等静压阶段可使产品均匀收缩与致密化,温度、压力、时间三个工艺参数的相互关系如图 6-40 所示。粉末体的致密化是由材料的塑性、高温下的蠕变和原子扩散速度所确定的。烧结-热等静压已在硬质合金、钛合金、先进陶瓷材料的制备方面获得了广泛应用。

2. 金属粉末热等静压近净成形技术

1)工艺流程与冶金机制

粉末热等静压整体成形(Near-net shape hot isostatic pressing, NNS-HIP)是利用的高温高压,结合模具控形技术和计算机模拟,使得松散的粉末在压力和温度的驱动下,实现粉末的致密和成形目标件的方法。目前,热等静压整体成形技术在航空航天高性能复杂难加

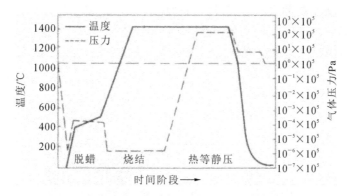

图 6-40　脱蜡-烧结-热等静压时的温度、压力及时间的关系

工零件的成形方面,因该工艺成形的零件组织均匀,同时力学性能与同材质锻件相当,尺寸精度较高,且材料利用率超过 90%。已被美国、俄罗斯和英国等航空航天技术先进的国家视为具有发展潜力的成形技术。

金属粉末热等静压整体成形的工艺流程图,如图 6-41 所示。首先,根据目标零件的形状,结合计算模拟,设计出对应的包套和控形型芯模具,包套和控形型芯模具材料一般为软钢或者玻璃材料;将包套和控形型芯模具组装,向其空腔内填装金属粉末;粉末填装完成后,对包套进行高温抽气,当包套内部压力到达 10^{-3} Pa 以下后封焊包套;将封焊好的包套置于高温高压的热等静压设备中,传递压力的气体介质一般为惰性气体(氮气或者氩气)。压强一般设置为 $100 \sim 200$ MPa,温度根据材料特性设定(TG-DSC 曲线或者相变分析确定),一般在 $0.6 \sim 0.7$ T_m(金属熔点);在高温和高压的驱动下,包套挤压软化的粉末变形致密并成形;最后,根据包套和控形型芯的材料和形状,选择机加工或者酸蚀的方法去除包套,获得最终的粉末压制目标零件。热等静压整体成形航空航天复杂零件的实物展示如图 6-42 所示。与传统工艺相比较,该工艺有以下四个优点:

(1) 零件性能保持了高度各向同性　传统的成形方法如铸造会有元素的偏析,在不同方向上力学性能并非一致,容易在薄弱环节发生失效。锻件没有元素偏析,但其受锻造方向的影响,易导致零件出现各向异性。热等静压制件成形时,粉末受等向压力作用,组织均匀细小,晶粒取向随机,保证了其力学性能上的高度各向相同。

(2) 材料利用率高　热等静压成形复杂零件过程中几乎没有任何废料,而且成形件后

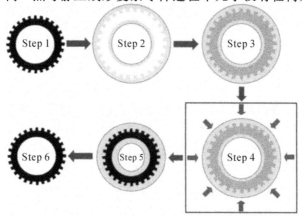

图 6-41　热等静压整体成形工艺流程示意图

续加工量小。在贵重金属的成形上有很大的材料成本优势,材料利用率高达百分之九十。

(3)性能优异 热等静压整体成形的零件拉伸性能达到锻件标准。

(4)工艺流程短 工艺流程简单,加工周期短,能极大地提高大型复杂难机加工结构的生产效率。

图 6-42 热等静压近净成形零件展示

NNS-HIP 工艺主要参数有温度、压力和时间。可以看成高温下的压制,或者是高压下的烧结,属于复杂热-力耦合过程,同时也是一种大变形过程。金属粉末 NNS-HIP 的致密化机理通常可以认为由以下几种机制组成:

(1)颗粒靠近与重排机制 热等静压之前,包套内的粉末处于振实状态,颗粒与颗粒之间呈点状接触,粉体内存在大量的空隙,每个颗粒配位数很少。加压时,粉末颗粒发生平移或翻转,小的颗粒会被挤入大的空隙中,大的颗粒间的搭桥空洞发生坍塌,使粉末体相对致密度迅速提高。

(2)塑性变形流动机制 当颗粒靠近与重排到一定程度时,颗粒间的接触面积迅速增大并彼此相互抵触。这时要使粉末体继续致密化,就需提高压力,或者提高温度降低粉末产生塑性流动的临界切应力。当粉末体所受压应力超过它的屈服剪切用力的时候,颗粒将以滑移的方式产生塑性变形,使颗粒的一部分挤入相邻的空隙中,增加粉体的致密度。

(3)扩散蠕变机制 当粉末颗粒产生大量的塑性变形流动后,颗粒基本上已连成了一片整体,粉体的相对致密值迅速接近理论致密值。残留的气孔相互独立,弥散分布在粉末体中,并在表面张力的作用下由狭长形球化成圆形。这时塑性流动机制不再起作用。而粉末的位错蠕变、体积扩散、晶粒扩散等现象被激活,原子或空穴发生缓慢的扩散与蠕变,粉末原子缓慢进入残余孔隙中。

以上三种致密化机制并无严格分界线,它们同时作用促使粉末致密化,只是在各个阶段所处的主导机制不同。在致密化早期,颗粒的相对移动对相对密度的贡献显著,颗粒重排在热等静压的压力上升初期比较明显;扩散与蠕变则在高温下的表现更显著,但对密度的贡献较少;塑性变形则是热等静压最主要的致密化机制。在相对密度低于 90% 时,颗粒的移动、变形、颗粒簇的相对运动以及颗粒间结合区的拉伸断裂等机制成为热等静压早期致密化的主要机制。

NNS-HIP 工艺由于施加力是各向相同的静压力,因而与传统工艺相比,NNS-HIP 工艺具有成形零件致密度高、成形零件复杂和短流程等优点,现在在铸件缺陷修复、高性能零件制坯等方面广泛应用。

2）典型组织与性能

对于 NNS-HIP 技术成形的常见金属，如铁基、镍基、钛基合金材料的性能如表 6-9 所示，由表可见，NNS-HIP 制件的综合力学性能与锻件相当。

表 6-9 几种常见金属的 HIP 件性能与传统性能对比

材料 ＼ 性能	抗拉强度/MPa	伸长率/(%)	传统性能
316L	600～700	45～55	铸件:抗拉 500～550 延伸率 20%～40%
Ti6Al4V	900～1200	12～20	锻件:抗拉 900～1000 延伸率 8%～10%
Inconel 718	1000～1200	4～16	锻件:抗拉 900～1000 延伸率 40%
TiAl	550～650	—	锻件:抗拉 500～700 延伸率 1%～3%

由于 NNS-HIP 属于粉末冶金，并在烧结过程中粉末受到等向压力，所以 NNS-HIP 成形的材料组织都非常均匀，如铁基、镍基、钛基合金材料的组织如图 6-43 至图 6-46 所示。

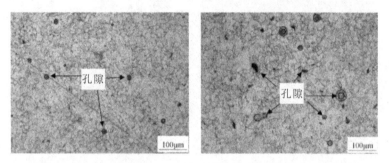

图 6-43 NNS-HIP 成形 316L 的微观组织（均匀的组织与少量孔洞）

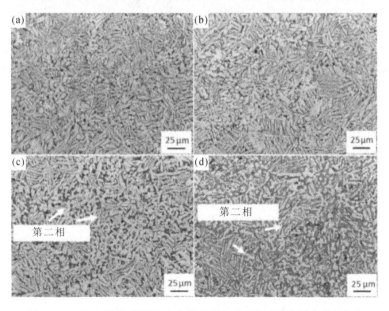

图 6-44 NNS-HIP 成形钛合金的微观组织（等轴晶和板条状组织）

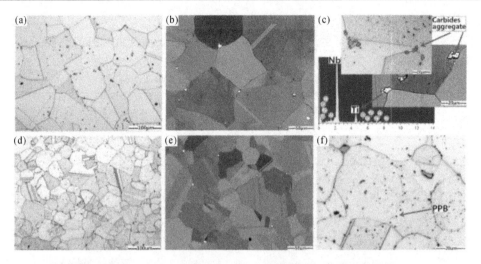

图 6-45　NNS-HIP 成形 Inconel 718 的微观组织（粉末颗粒边界）

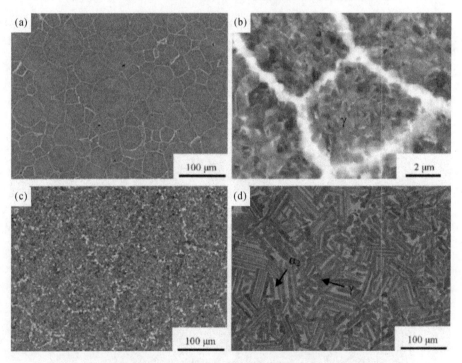

图 6-46　NNS-HIP 成形 TiAl 合金的微观组织

3）典型应用

二十世纪八九十年代，美国、俄罗斯率先开展 HIP 在难加工材料零件整体成形方面的研究与应用。1990 年，世界知名的 HIP 装备生产企业美国 ABB 公司建立了一整套包括从粉末制备到 NNS-HIP 成形的生产线，生产铬合金叶片环、涡轮盘、低合金钢蒸气涡轮盘和涡轮轴密封圈等复杂零件，综合力学性能与同质锻件相当。由于使用粉末整体成形大大减少了加工量和加工时间，生产成本降低了 25%～40%。

俄罗斯是应用 NNS-HIP 技术最成熟的国家，已成功制造了压气机的轴和盘件等航空航天关键零件，并在大型远程客机ИЛ-96-300、Ty-204，运输机ИЛ-76、ИЛ-7 的发动机 ПС-90A 的盘件中得到应用，在该领域代表了世界领先水平。

另外,英国、法国在该领域也做了大量工作。世界知名航空发动机生产商英国 Rolls-Royce 公司持续资助英国伯明翰大学等单位研究 NNS-HIP 成形技术,用于航空发动机钛合金和镍基高温合金机匣(见图 6-47)的整体成形,并被列为未来二十年航空发动机关键零件制造的战略储备技术。

(a) 钛铝合金　　　　　　　　　　　(b) 镍基合金

图 6-47　英国伯明翰大学与 Rolls-Royce 公司合作利用 HIP 成形的发动机机匣零件

欧洲火箭推进领导企业法国 SEP 公司提出了一套称为 ISOPREC 的 NNS-HIP 成形工艺,包括成形过程模拟及包套和型芯优化设计等功能,并成形出了尺寸精度达 0.1 mm 的直升机发动机涡轮轴、叶轮等复杂零件,以及航空用高温盘。

我国研究 HIP 材料制备、扩散连接和处理铸件的单位较多,但研究 NNS-HIP 成形技术的单位较少,起步也较国外晚。2006 年,华中科技大学、英国伯明翰大学以及英国 Rolls-Royce 公司联合成立了"中英先进材料及成形技术联合实验室",依托材料成形与模具技术国家重点实验室,致力于 NNS-HIP 成形技术的研究与开发,目前已成功实现了钛合金整体叶盘、涡轮盘和机匣模拟件的整体模拟与成形,综合力学性能与同质锻件相当(见图 6-48)。

  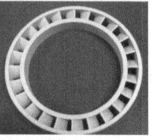

(a) 闭式涡轮-Ti64(ϕ400)　　　(b) 闭式涡轮-Ni625(ϕ200)　　　(c) 叶盘-Ti64(ϕ200)

(d) 机匣-Ti64(ϕ200)　　　　(e) 机匣-Ti64

图 6-48　典型的航空航天发动机关键零部件

中航工业集团公司北京航空材料研究院(621所)自20世纪90年代开始,研究航空发动机FGH95高温合金涡轮盘NNS-HIP成形,零件性能与国外同类产品相当。航天材料及工艺研究所(703所)利用NNS-HIP整体成形技术,成形了TC4薄壁筒体和高温合金舵芯骨架,综合力学性能与同质锻件相当,精度与精密铸件相当。近年来,中国科学院沈阳金属所和北京航空航天大学也开始研究复杂零件NNS-HIP成形技术,均取得较好成果。

6.5.2　金属粉末增材制造技术

1.金属粉末增材制造技术概述

1)成形原理

金属粉末材料增材制造(additive manufacturing，AM)属于一种制造技术。它依据三维CAD设计数据,采用离散的粉末材料逐层累加制造实体零件。相对于传统切削的材料去除和模具成形的材料变形,增材制造是一种“自下而上”材料累加的制造过程,在材料加工方式上有本质区别。

增材制造具有明显的数字化特征,集新材料、光学、高能束、计算机软件、控制等技术于一体。其工作过程可以划分为两个阶段:

(1)数据处理过程。对计算机辅助设计的三维CAD模型进行分层“切片”处理,将三维CAD数据分解为若干二维轮廓数据。

(2)叠层制作过程。依据分层的二维数据,采用某种工艺制作与数据分层厚度相同的薄片实体,每层薄片“自下而上”叠加起来,构成了三维实体,实现了从二维薄层到三维实体的制造。从工艺原理上来看,数据从三维到二维是一个“微分”过程,依据二维数据制作二维薄层然后叠加成“三维”实体的过程则是一个“积分”过程。该过程将三维复杂结构降为二维结构,降低了制造难度,在制造复杂结构(如栅格、内流道等)方面较传统方法具有突出优势。

2)粉末材料特征及工艺种类

粉末材料是目前最为常用的金属类增材制造用材料。金属粉末作为金属制件增材制造中的主要原材料也具有特殊要求。目前,金属粉体材料一般用于粉末冶金工业,粉末冶金成形是将粉末预成形后利用高压高温条件进行最终的定型,整个过程中,材料发生的物理冶金变化相对缓慢,材料有比较充分的时间进行融合、扩散、反应。

增材制造工艺与粉末冶金工艺相比有明显的区别,粉末材料在热源作用下的冶金变化是极速的,成形过程中粉体材料与热源直接作用,粉体材料没有模具的约束以及外部持久压力的作用。一般认为直径小于1 mm的粉体材料适用于增材制造,粒径在50 μm左右的粉体材料具有较好的成形性能,球形粉末通常更有利于铺展及增材制造工艺。

常见的金属粉末增材制造的主要技术方法包含:激光选区熔化(selective laser melting，SLM)、电子束选区熔化(selective electron beam melting，SEBM)、激光工程净成形(laser engineered net shaping，LENS)等。下面介绍这些典型方法。

2.典型方法及特点

1)激光选区熔化

激光选区熔化(selective laser melting，SLM)技术是2000年左右出现的一种新型增材制造技术。它利用高能激光热源将金属粉末完全熔化后快速冷却凝固成形,从而得到高致密度、高精度的金属零部件。SLM技术是利用高能激光将金属粉体熔化并迅速冷却的过程,而该过程激光的快热快冷会导致一系列典型的冶金缺陷,如球化、残余应力、微裂纹、孔隙及各向异性等,这些缺陷势必会影响制件的组织及性能。其组织特点与形成原因如下:

(1) 球化。

在 SLM 过程中,金属粉末经激光熔化后如果不能均匀地铺展于前一层,而是形成大量彼此隔离的金属球,这种现象被称为 SLM 过程的球化现象。

球化现象对 SLM 技术来讲是一种普遍存在的成形缺陷,严重影响了 SLM 成形质量,其危害主要表现在以下两个方面:

球化的产生导致了金属件内部形成孔隙。由于球化后金属球之间都是彼此隔离开的,隔离的金属球之间存在大量孔隙,大大降低了成形件的力学性能并增加了表面粗糙度,如图 6-49 所示。

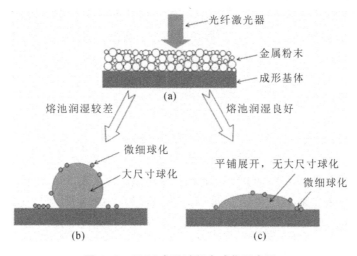

图 6-49　SLM 成形过程中球化示意图

球化的产生会使铺粉辊在铺粉过程中与前一层产生较大的摩擦力。不仅会损坏金属表面质量,严重时还会阻碍铺粉辊使其无法运动,最终导致成形零件失败。

球化现象的产生归结为液态金属与固态表面的润湿问题。图 6-50 所示为熔池与基板润湿状况示意图。其中 θ 为气液间表面张力 $\sigma_{L/V}$ 与液固间表面张力 $\sigma_{L/S}$ 的夹角。三应力接触点达到平衡状态时合力为零,即

$$\sigma_{V/S} = \sigma_{L/V}\cos\theta + \sigma_{L/S} \tag{6-11}$$

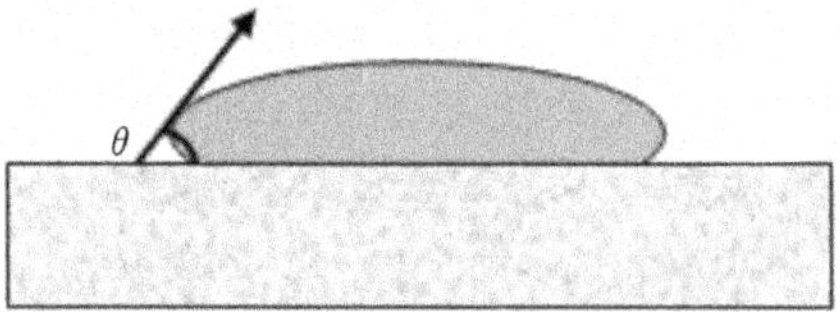

图 6-50　熔池与基板的润湿示意图

当 $\theta < 90°$ 时,SLM 熔池可以均匀地铺展在前一层上,不形成球化;反之,当 $\theta > 90°$ 时,SLM 熔池将凝固成金属球后黏附于前一层上。这时,$-1 < \cos\theta < 0$,可以得出球化时界面张力之间的关系为

$$\sigma_{V/S} = \sigma_{L/V}\cos\theta + \sigma_{L/S} \tag{6-12}$$

由此可见,对激光熔化金属粉末而言,液态金属润湿后的表面能小于润湿前的表面能,因此从热力学的角度上讲,SLM 的润湿是自由能降低的过程。产生球化的原因主要是吉布

斯自由能的能量最低原理。金属熔池凝固过程中,在表面张力的作用下,熔池形成球形以降低其表面能。目前,SLM 球化的形成过程、机理与控制方法是技术难点。

(2)孔隙。

SLM 技术的另外一个成形缺陷是在成形过程中容易形成孔隙,孔隙的存在急剧降低了零件的力学性能。孔隙形成的最主要原因是 SLM 过程的球化。

当 SLM 的熔化道中形成大量分散的金属球时,金属球之间会存在大量的孔隙。由于前一层金属球之间的孔隙会造成金属粉末无法进入,当进行第二层扫描时,前一层未填充的间隙就成了 SLM 零件内部的孔隙。孔隙形成的第二个原因是气孔的引入。由于激光熔化的过程非常快,成形过程中往往也需要惰性气体的保护。金属的熔化过程中一部分原先分布在粉末中的气体来不及溢出,金属就已经固化,因此在熔池中形成了气孔。

假设颗粒的平均尺寸为 45 μm,颗粒中的孔隙在粉末熔化后自动收缩成球形。由体积相等可求得形成气泡的体积为 10 μm。斯托克斯公式指出,气体的上浮速度 v_u 的表达式为

$$v_u = \frac{2r_g^2(\gamma_1 - \gamma_g)}{9\eta_1} \tag{6-13}$$

式中:r_g——气泡的半径;

η_1——液体的黏度;

γ_1、γ_g——液体和气体的重度,其数值约为密度的 10 倍。从式(6-13)可以直观地看出,气泡的体积越大,上浮的速度也越快。假设每层铺粉厚度为 0.02 mm,则可以通过计算得出上升所用的时间约为 8×10^{-5} s,SLM 冷却到固相所用的时间约为 5×10^{-4}s,因此金属液中的气泡有足够的时间逃逸,因此我们很难在 SLM 成形件中观察到宏观气泡。同样的道理,利用凝固时间及铺粉层厚,可以推导出来不及溢出的气泡的半径约在 3 μm 以下。

(3)裂纹。

SLM 成形过程中容易产生裂纹,裂纹的产生也是 SLM 形成体孔隙的一个原因,如图 6-51 所示。

这是由于 SLM 是一个快速熔化-凝固的过程,熔体具有较高的温度梯度与冷却速度,这个过程会在很短的时间内瞬间发生,将产生较大的热应力,SLM 的热应力是由于激光热源对金属作用时,各部位的热膨胀与收缩变形趋势不一致造成的,如图 6-52(a)所示,在熔化过程中,由于 SLM 熔池瞬间升至很高的温度,熔池以及熔池周围温度较高的区域有膨胀的趋势,而离熔池较远的区域温度较低,没有膨胀的趋势。由于两部分相互牵制,熔池位置将受到压应力的牵制,而远离熔池的部位受到拉应力;在熔体冷却过程中,熔体逐渐收缩,如图 6-52(b)所示;相反地,熔体凝固部位受到拉应力,而远离熔体部位则受到压应力。积累的应力最后以裂纹的形式释放。可以看出,SLM 过程的不均匀受热是产生热应力的主要原因。

热应力最具有普遍性,是 SLM 过程产生裂纹的主要因素。当 SLM 制件内部应力超过材料的屈服强度时,即产生裂纹以释放热应力。微裂纹的存在会降低零件的力学性能,损害零件的质量并限制实际应用。目前,消除 SLM 零件内部裂纹的方法为热等静压(hot isostatic pressing,HIP)。英国伯明翰大学采用 SLM 方法成功成形了复杂形状的 Hastelloy X 镍基高温合金。然而,由于镍基合金与其他金属相比,具有较高的热膨胀系数,所以镍基合金内部的热应力较高,从而形成裂纹。对 Hastelloy X 镍基合金 SLM 成形件进行 HIP 处理之后,内部裂纹均得到闭合,力学性能得到大幅度提高。从断口形貌来看,进行 HIP 处理之后,孔隙均得到闭合。

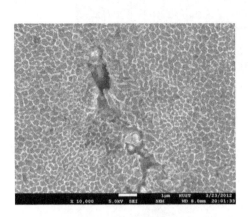

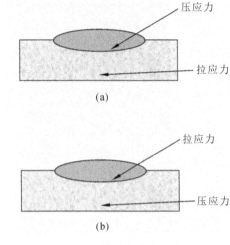

图 6-51　SLM 制件裂纹图　　　　　　图 6-52　热应力产生示意图

对于 SLM 技术成形的常见金属,如铁基、镍基、钛基及其复合材料的性能如表 6-10 所示:SLM 制件的强度和硬度一般大于锻件或铸件,而韧性却较差。

表 6-10　几种常见金属的 SLM 件性能与传统性能对比

性能 材料	抗拉强度 /MPa	屈服强度 /MPa	伸长率/(%)	硬度/HV	传统性能
316L	600～800	450～550	10～15	250～350	铸件:抗拉 500～550 伸长率 20%～40%
304	400～550	190～230	8～25	200～250	铸件:抗拉 400～500 伸长率 20%～40%
Ti6Al4V	1150～1300	1050～1100	10～13	300～400	锻件:抗拉 900～1000 伸长率 8%～10%
Inconel625	800～1000	700～800	7～12	300～400	锻件:抗拉 900～1000 伸长率 40%
AlSi10Mg	400～500	180～250	3～5	120～150	铸件:抗拉 300～400 伸长率 2.5%～3%
Al-20Si	500～550	350～400	1.5～2.5	/	铸件:抗拉 100～300 伸长率 0.4%～4.6%

激光选区熔化形成的组织非常细小(见图 6-53～图 6-56),这与熔化成形过程中的冷却速度非常快有关。光与粉末的作用时间非常短,冷却速度和梯度都非常大,可达 10^6 K/s,因此,微观组织显示出独特的特点。

2)电子束选区熔化

电子束选区熔化(selective electron beam melting,SEBM)技术是 20 世纪 90 年代中期发展起来的一类新型增材制造技术。它利用高能电子束作为热源,在真空条件下将金属粉末完全熔化后快速冷却并凝固成形,其具有能量利用率高、无反射、功率密度高、扫描速度快、真空环境无污染、低残余应力等优点。

SEBM 技术是利用高能电子束将金属粉末熔化并迅速冷却的过程,而该过程若控制不当,成形过程中就容易出现"吹粉"和"球化"等现象,并且成形零件会存在分层、变形、开裂、

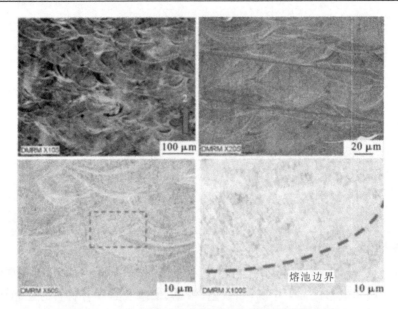

图 6-53 SLM 成形 316L 的微观组织(熔池及热影响区)

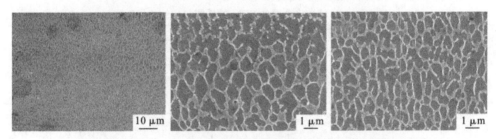

图 6-54 SLM 成形 Al 合金的微观组织(共晶 Si 包围 Al 基体)

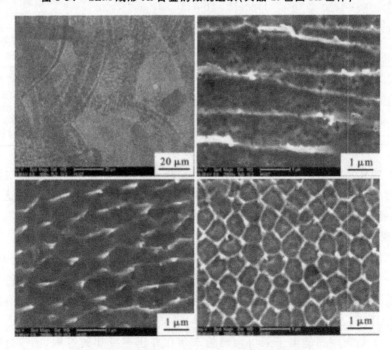

图 6-55 SLM 成形 Inconel 625 制件的显微组织

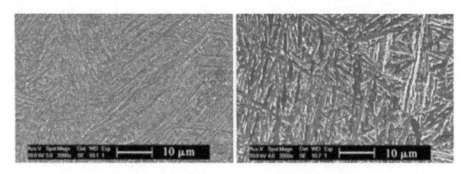

图 6-56　SLM 成形 Ti6Al4V 制件的显微组织

气孔和熔合不良等缺陷,这些缺陷势必会影响制件的组织及性能。其组织特点与形成原因如下:

(1)"吹粉"现象。

"吹粉"是 SEBM 成形过程中特有的现象,它是指金属粉末在成形熔化前即已偏离原来位置的现象,从而导致无法后续成形。"吹粉"现象严重时,成形底板上的粉末床会全面溃散,从而在成形舱内出现类似"沙尘暴"的现象。

目前国内外对"吹粉"现象形成的原因还未形成统一的认识。一般认为,高速电子流轰击金属粉末引起的压力是导致金属粉末偏离原来位置形成"吹粉"的主要原因,然而此说法对粉末床全面溃散的现象却无法进行解释。德国奥格斯堡 IWB 应用中心的研究小组对"吹粉"现象进行了系统的研究,指出除高速电子流轰击金属粉末引起的压力外,由于电子束轰击导致金属粉末带电,粉末与粉末之间、粉末与底板之间以及粉末与电子流之间存在互相排斥的库仑力(FC),并且一旦库仑力使金属粉末获得一定的加速度,还会受到电子束磁场形成的洛伦兹力(FL)。上述力的综合作用是发生"吹粉"现象的主要原因。无论哪种原因,目前通过预热提高粉末床的黏附性使粉末固定在底层,或预热提高了导电性,使粉末颗粒表面所带负电荷迅速导走,是避免"吹粉"的有效方法。

(2)球化现象。

球化现象是 SEBM 和 SLM 成形过程中一种普遍存在的现象。在一定程度上提高线能量密度能够减少球化现象的发生。另外,采用预热增加粉末的黏度,将待熔化粉末加热到一定的温度,可有效减少球化现象。对于球化现象的理论解释可以借助 Plateau-Rayleigh 毛细不稳定理论指出:球化现象与熔池的几何形状密切相关,在二维层面上,熔池长度与宽度的比值大于 2.1 时,容易出现球化现象。然而,熔融的金属球并不是通过长熔线分裂形成的,球化现象的发生受粉床密度、毛细力和润湿性等多重因素的影响。

(3)变形与开裂。

复杂金属零件在直接成形过程中,由于热源迅速移动,粉末温度随时间和空间急剧变化,导致热应力的形成。另外,由于电子束的加热、熔化、凝固和冷却速度快,同时存在一定的凝固收缩应力和组织应力,在上述三种应力的综合作用下,成形零件容易发生变形甚至开裂。

通过成形工艺参数的优化,尽可能地提高温度场分布的均匀性,是解决变形和开裂的有效方法。对于 SEBM 成形技术而言,由于高能电子束可实现高速扫描,因此能够在短时间内实现大面积粉末床的预热,有助于减少后续熔融层和粉床之间的温度梯度,从而在一定程度上能够减轻成形应力导致变形开裂的风险。为实现脆性材料的直接成形,在粉末床预热的基础上,可采用随形热处理工艺,即在每一层熔化扫描完成后,通过快速扫描实现缓冷保温,从而通过塑性及蠕变使应力松弛,防止应力应变累积,达到减小变形、抑制零件开裂、降低残余应力水平的目的。

除预热温度外,熔化扫描路径同样会对变形和开裂具有显著的影响。不同扫描路径下成形区域温度场的变化对制件温度场均匀程度的影响结果表明:扫描路径的反向规划和网格规划降低了制件温度分布不均匀的程度,避免了成形过程中制件的翘曲变形。

(4)气孔与熔化不良。

由于 SEBM 技术普遍采用惰性气体雾化球形粉末作为原料,在气雾化制粉过程中不可避免地形成了一定含量的空心粉,并且由于 SEBM 技术熔化和凝固速度较快,空心粉中含有的气体来不及逃逸,从而在成形零件中残留形成气孔。

此类气孔形貌多为规则的球形或类球形,在制件内部的分布具有随机性,但大多分布在晶粒内部,经热等静压处理后此类孔洞也难以消除。

除空心粉的影响外,成形工艺参数同样会导致孔洞的生成。当采用较高的能量密度时,由于粉末热传导性较差,容易造成局部热量过高,尚未引起球化时同样会导致孔洞的生成,并且在后续的扫描过程中孔洞会被拉长。

此外,当成形工艺不匹配时,制件中会出现由于熔合不良形成的孔洞,其形貌不规则,多呈带状分布在层间和道间的搭接处。熔合不良与扫描线间距和聚焦电流密切相关,当扫描线间距增大,或扫描过程中电子束离焦,均会导致未熔化区域的出现,从而出现熔合不良。

目前 SEBM 成形材料涵盖了不锈钢、钛及钛合金、Co-Cr-Mo 合金、TiAl 金属间化合物、镍基高温合金、铝合金、铜合金和铌合金等多种金属及合金材料。其中 SEBM 钛合金是研究最多的合金,对其力学性能的报道较多。

瑞典 Arcam 公司 SEBM 成形 TC4 钛合金的室温力学性能,无论是沉积态,还是热等静压态,SEBM 成形 TC4 的室温拉伸强度、塑性、断裂韧性和高周疲劳强度等主要力学性能指标均能达到锻件标准,但是沉积态力学性能存在明显的各向异性,并且分散性较大。经热等静压处理后,虽然拉伸强度有所降低,但断裂韧性和疲劳强度等动载力学性能却得到明显提高,而且各向异性基本消失,分散性大幅下降。

图 6-57 为 SEBM 成形 Ti6Al4V 合金的金相显微组织。从图中可以看出制备的合金以片层状 α 相为主体,相邻 α 相片层组织之间存在尺寸很小的间隙 β 相。在 SEBM 制备 Ti6Al4V 合金过程中,电子束将粉末熔化,随着温度从 β 相变点以上迅速降低,液态熔化层合金快速凝固,形成片层状 α 相。

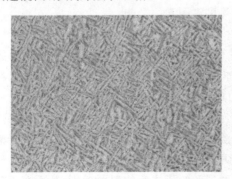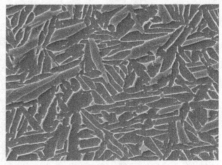

图 6-57 典型的 SEBM 成形 Ti6Al4V 制件的显微组织

对于生物医用 Co-Cr-Mo 合金,经过热处理之后其静态力学性能能够达到医用标准要求,并且经热等静压处理后其高周疲劳强度达到 $400\sim500$ MPa(循环 10^7 次),经时效处理后,其 700 ℃ 的高温拉伸强度高达 806 MPa。

对于目前航空航天领域广受关注的 γ-TiAl 金属间化合物,SEBM 成形 Ti48Al2Cr2Nb 合金,经热处理(双态组织)或热等静压后(等轴组织)具有与铸件相当的力学性能。同时,意大利 Avio 公司的研究进一步指出,SEBM 成形 TiAl 室温和高温疲劳强度同样能够达到现有铸件技术水平,并且表现出比铸件优异的裂纹扩展抗力和与镍基高温合金相当的高温蠕变性能。

对于航空航天领域关注的镍基高温合金,SEBM 成形 Inconel625 合金的力学性能与锻造合金还存在一定的差距。然而在 2014 年,瑞典 Arcam 公司用户年会上,美国橡树岭国家实验室的研究人员报道:对于航空航天领域应用最为广泛的 Inconel718 合金,SEBM 成形材料的静态力学性能已经基本达到锻件技术水平。

总之,目前 SEBM 成形材料的力学性能已经达到或超过传统铸造材料,部分材料的力学性能达到锻件技术水平,这与 SEBM 成形材料的组织特点密切相关。部分材料如镍基高温合金的力学性能与锻件还存在一定的差距,一方面与 SEBM 成形材料存在气孔、裂纹等冶金缺陷有关;另一方面,还与传统材料的合金成分和热处理制度均根据铸造或锻造等传统技术设计有关。

3) 激光工程净成形

激光工程净成形(laser engineered net shaping,LENS)技术是在激光熔覆工艺基础上产生的一种激光增材制造技术,其思想最早是在 1979 年由美国技术联合研究中心(United Technologies Research Center,UTRC)的 Brown CO 等人提出。由于激光熔覆成形时极快的加热与冷却速度,可获得组织细化与性能优良的金属零件,根据零件不同部位使用性能要求的差异,在成形过程中选择不同的合金粉末,可实现具有梯度功能零件的成形。但是因为在 LENS 系统中采用高功率激光器进行熔覆,因此就会遇到与选择性激光熔化系统中不一样的新问题,恰当地解决好这些问题是成形加工的关键。其组织特点与形成原因如下:

(1) 体积收缩过大。

由于在 LENS 系统中采用高功率激光器成形。在高功率激光熔覆作用下,加工后金属件的密度将与其冶金密度相近,从而造成较大的体积收缩现象,如图 6-58 所示。

(2) 粉末爆炸迸飞。

粉末爆炸迸飞是指在高功率脉冲激光的作用下,粉末温度由常温骤增至其熔点之上,引起其急剧热膨胀,致使周围粉末飞溅流失的现象。发生粉末爆炸迸飞时,常常伴有"啪、啪"声,在扫描熔覆时会形成犁沟现象,如图 6-59 所示。激光焦点位于熔覆表面处,焦斑直径为 0.8 mm。这种犁沟现象使粉末上表面的宽度常常大于熔覆面宽度两倍之多,从而使相邻扫描线上没有足够厚度的粉末参与扫描熔覆,无法实现连续扫描熔覆加工。这种粉末爆炸迸飞现象是在高功率脉冲激光熔覆加工中所特有的现象,原因有两个:其一是该激光器一般运行在 500 W 的平均功率上,但脉冲峰值功率可高达 10 kW,大于平均功率的 15 倍之多;其二是脉冲激光使加工呈不连续状态,在铺粉层上形成热的周期性剧烈变化。

(3) 微观裂纹。

在激光工程近成形过程中,可能出现裂纹、气孔、夹杂、层间结合不良等缺陷,其中,裂纹会严重降低零件的力学性能,导致零件报废。所以裂纹的防止与消除也是激光金属直接成形领域一个很重要的研究方向。陈静等分析了激光金属直接成形过程中冷裂纹和热裂纹两种不同的裂纹产生的原因和机理,并指出熔覆层中的热应力是根本原因。

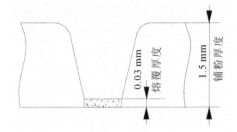
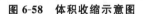

图 6-58　体积收缩示意图

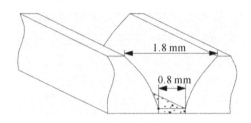

图 6-59　爆炸进飞犁沟现象示意图

除了前面提到的宏观裂纹,成形零件内部还会出现一些微观裂纹,而晶界是零件内部定向晶组织的薄弱环节,裂纹一旦产生,就会沿着晶界迅速扩展,产生沿晶开裂现象。而转向枝晶或等轴晶,由于枝晶方向和定向晶不同,会在一定程度上抑制沿晶开裂,所以微观裂纹多终止在转向枝晶或等轴晶处。

裂纹的消除一直是 LENS 技术的一个难点,可以通过预热基板,减小熔覆层和基板的温度梯度;在成形过程中加强散热、防止热积累;对零件进行去应力退火等热处理方法以消除内应力,防止裂纹的产生。

（4）成分偏析。

LENS 成形中的熔池存在流动,熔体的对流驱动力主要来自两种不同机制:一是熔池水平温度梯度决定的浮力引起的自然对流;二是表面张力差引起的强制对流机制,二者的综合作用决定了熔池内部的流动特征。浮力驱动的自然对流速度较小,远小于张力梯度引起的强制对流。一般情况下,液态金属的表面张力温度系数都小于零,激光直接成形过程熔体温度越高表面张力系数越小,熔池的中心温度高于边缘温度,导致熔池边缘表面张力大于熔池中心,形成了表面张力差,出现环形对流,同时鉴于元素密度差异,容易产生成分偏析。

（5）残余应力。

LENS 工艺是一个局部快速加热和冷却的成形过程,成形零件内部容易产生较大的残余应力,导致零件开裂。因此,残余应力一直是 LENS 领域的研究热点,特别是当成形变曲率复杂薄壁件时,容易出现较大的残余应力,导致薄壁件发生变形。图 6-60 为薄壁透平叶片外轮廓,各个部位曲率半径不同,成形过程曲率半径最小的部位容易发生翘曲。LENS 成形残余应力影响因素主要包括扫描路径、工艺参数以及零件结构。针对 LENS 成形薄壁件残余应力,最早可追溯到以 H13 工具钢四方空心盒为制造对象,沿平行激光束扫描方向残余应力以拉应力为主,沿沉积高度方向残余应力以压应力为主。扫描速度对 Z 向残余应力影响较小,而对 Y 向的残余应力影响较大,当扫描速度较小时,Y 向残余应力为压应力,当扫描速度较大时则变为拉应力。板型样件的 LENS 残余应力平行于激光束扫描方向,在靠近基材处表现为压应力,随着层数增加压应力减小并逐步改变为拉应力;与激光束扫描方向垂直的应力相对较小。扫描路径对薄壁件残余应力的影响规律,研究发现单向扫描比往复扫描残余应力大,容易产生特定方向的裂纹。然而对于复杂结构零件 LENS 成形,轮廓曲率半径特征对残余应力和变形均有影响。表 6-11 所示为 LENS 技术与传统方法制造零件性能对比。

表 6-11　LENS 技术与传统方法制造零件性能对比

材料	拉伸强度/MPa	屈服强度/MPa	伸长率/(%)
LENS 316	799	500	50
316 退火	591	243	50
LENS IN625	938	584	38
IN625 退火	841	403	30
LENS Ti6Al4V	1077	973	11
Ti6Al4V 退火	973	834	10

图 6-60　透平叶片外轮廓

3. 典型应用

1) 轻量化结构

金属增材制造技术能实现传统方法无法制造的多孔轻量化结构的成形。多孔结构的特征在于孔隙率大,能够以实体线或面进行单元的集合。多孔轻量化结构将力学和热力学性能结合,如高刚度与重量比,高能量吸收和低热导率,因此被广泛用在航空航天、汽车结构件、生物植入体、土木结构、减震器及绝热体等领域。传统工艺制造多孔结构有铸造法、气相沉积法、喷涂法和粉末烧结法等(见图 6-61)。其中,铸造多孔孔形无法控制,外界影响因素大;气相沉积法沉积速度慢,且成本高;喷涂工序复杂,且需致密基体;粉末烧结法容易产生裂纹,影响力学性能。特别是,上述传统工艺均无法实现多孔结构尺度和形状的精确调控,更难以实现梯度孔隙等复杂拓扑制造。

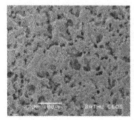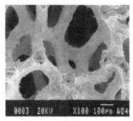

(a) 铸造法　　　　(b) 气相沉积法　　　　(c) 喷涂法　　　　(d) 粉末烧结法

图 6-61　传统工艺制造多孔结构

与传统工艺相比,金属增材制造可以实现复杂多孔结构的精确可控成形。面向不同领域,成形多孔轻量化结构的材料主要有钛合金、不锈钢、钴铬合金及纯钛等,根据材料的不同,最优成形工艺也有所变化。图 6-62 展示了金属增材制造成形多材料多类型复杂空间多孔零件。

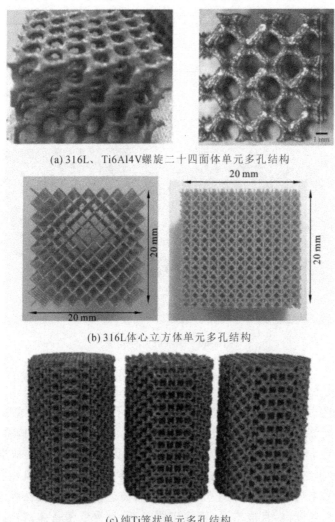

(a) 316L、Ti6Al4V 螺旋二十四面体单元多孔结构

(b) 316L 体心立方体单元多孔结构

(c) 纯 Ti 笼状单元多孔结构

图 6-62 金属增材制造成形的复杂空间多孔零件

生物支架与修复体要求材料具有良好的生物相容性、匹配人体组织的力学性能,还要求其内部具有一定尺度的孔隙,以利于细胞寄生与生长,促进组织再生与重建。图 6-63 是利用金属增材制造技术成形的 CoCr 合金三维多孔结构,内部孔隙保证了良好的连通性,二维截面显示多孔连接区域支柱的尺度均匀性好。经压缩实验表明多孔结构的弹性模量为 11 GPa,与人体松质骨的力学性能接近。多孔结构中不同的孔形和孔径会显著影响力学性能及生物行为,其中孔径越小,越有利于细胞生长;而孔形影响尖角的数量,在这些区域,细胞分布将更为密集。

2) 个性化植入体

除了内部复杂多孔结构外,人体组织修复体往往还需个性化外形结构。金属烤瓷修复体(porcelain fused to metal,PFM)具有金属的强度和陶瓷的美观,可再现自然牙齿的形态

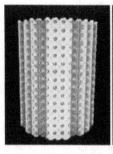

(a) Micro-CT检测结构　　　　　　　　　　(b) 二维截面SEM形貌

图 6-63　SLM 制造 CoCr 合金多孔结构

和色泽。CoCr 合金凭借其优异的生物相容性和良好的力学性能广泛用于修复牙体牙列的缺损或缺失。以前通常采用铸造法制造 CoCr 合金牙齿修复体,但由于体积小,且仅需单件制造,导致材料浪费问题严重,而铸件缺陷也极大地影响合格率。金属增材制造近年来开始用于口腔修复体制造,制造的义齿(金属烤瓷修复体)已获临床应用。图 6-64 为金属增材制造成形的 CoCr 合金牙冠、正畸托槽及临床应用。图 6-65 为金属增材制造成形的个性化多孔骨植入体。采用金属增材制造技术后,可以大大缩短包括口腔植入体在内的各类人体金属植入体和代用器官的制造周期,并且可以针对个体情况,进行个性化优化设计,大大缩短手术周期,提高人们的生活质量。

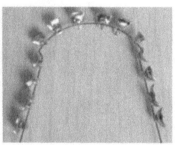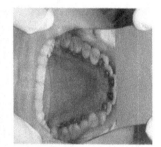

(a) 牙冠牙桥试装　　　　　　(b) 个性化舌侧正畸托槽　　　　　　(c) 临床应用

图 6-64　金属增材制造成形的个性化义齿和个性化舌侧正畸托槽

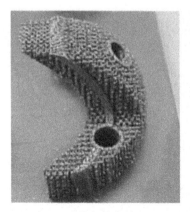

(a) 臀部植入骨　　　　　　　(b) 膝部胫骨干　　　　　　　(c) 股骨髋部

图 6-65　金属增材制造成形的个性化多孔骨植入体

3）随形冷却水道模具

模具在汽车、医疗器械、电子产品及航空航天领域应用十分广泛。例如,汽车覆盖件全部采用冲压模具,内饰塑料件采用注塑模具,发动机铸件铸型需模具成形等。模具功能多样化带来了模具结构的复杂化。例如,飞机叶片、模具等零件由于受长期高温作用,往往需要在零件内部设计随形复杂冷却流道,以提高其使用寿命。直流道与型腔几何形状匹配性差,导致温度场不均,易引起制件变形,并降低模具寿命。使冷却水道布置与型腔几何形状基本一致,可提升温度场的均匀性,但异形水道传统机加工,难加工甚至无法加工。金属增材制造技术逐层堆积成形,在制造复杂模具结构方面较传统工艺具有明显优势,可实现复杂冷却流道的增材制造。主要采用材料有 S136、420 和 H13 等模具钢系列,图 6-66 为德国 EOS 公司 SLM 制造具有复杂内部流道的 S136 零件及模具,冷却周期从 24 s 减少到 7 s,温度梯度由 12 ℃减少为 4 ℃,产品缺陷率由 60％降为 0,制造效率增加 3 件/分钟。图 6-67 为其他厂商制造的随形冷却水道模具。

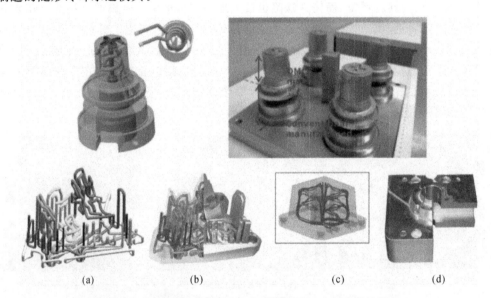

(a)　　　　　　　　(b)　　　　　　　　(c)　　　　　　(d)

图 6-66　金属增材制造成形的具有内部随形冷却水道的模具

(a) 德国弗朗霍夫研究所成形　　　(b) 法国PEP公司成形的　　　(c) 意大利Inglass公司成形
　　的铜合金模具镶块　　　　　　随形冷却通道模具　　　　　高复杂回火系统模具

图 6-67　金属增材制造成形的复杂模具

4）复杂整体结构

钛合金、镍基高温合金等材料适应高强度、高温服役等应用条件,在航空航天等领域应用广泛。但这些材料面临难切削、锻造和铸造工艺复杂的突出问题。目前,金属增材制造已可制造多种类钛合金(如 Ti6Al4V、Ti55)和镍基高温合金(如 Ni718、Ni625)。美国宇航局 (NASA)马歇尔太空飞行中心成形了整体结构的高温合金火箭喷嘴零件(见图 6-68),其过程耗时 40 h,而传统方法需要花费数月时间,显著节省了时间和成本,并进行点火测试,燃烧温度达到 3315 ℃。美国著名火箭发动机制造公司 Pratt & Whitely Rocketdyne 就以 SLM 技术为基础,对火箭发动机及飞行器中的关键构件的现有制造技术全面重新评估。美国 F-35 先进战机广泛采用选区激光熔化成形制造复杂功能整体构件,机械加工量减少 90% 以上,研发成本降低近 60%。美国通用电气公司(GE)和英国 Rolls-Royce 公司也非常重视 SLM 成形技术,并用其完成了高温合金整体涡轮盘、发动机燃烧室和喷气涡流器等关键零部件的制造。图 6-69、图 6-70 为 SLM 制造的其他不同材料的复杂整体结构零件。

图 6-68　NASA 成形的高温合金火箭喷嘴

(a) TiAl 叶片　　　　　　　　　　　(b) 高温合金火焰筒外壁

图 6-69　国外金属增材制造成形的航空航天整体结构件

(a) Ti_6Al_4V 薄壁框架结构　　　　　　　　(b) Ni625 整体涡轮盘

图 6-70　金属增材制造成形的复杂整体结构零件

金属增材制造技术对于航空航天业的巨大吸引力从积极支持金属增材制造技术研发的

公司名单中即可略知一二，其中的 Lockheed Martin、Pratt & Whitney、Boeing、GE、Rolls-Royce、MTS 等都是全球知名的航空产品供应商。MTS 公司旗下的 AeroMat 是目前将金属增材制造技术实际应用到航空领域最成功的例子，AeroMat 采用金属增材制造技术制造 F/A-18E/F 战斗机钛合金机翼件，可以使生产周期缩短 75%，成本节约 20%，生产 400 架飞机即可节约 5000 万美元。该项目获得 2003 年度美国国防部制造技术成就奖提名第一名。Lockheed Martin 公司也在其军用飞机制造厂安装了金属增材制造生产设备，该公司高层官员说：金属增材制造技术可以将传统方法中的由几百个零部件组成的结构改成单件结构，改善了结构完整性，减轻了重量，以前几个月的工作量现在可以在两周之内完成。对于某些零件或结构件，如果采用传统方法制造，仅生产专用加工工具就需要两年时间，定购钛合金板材需要一年半时间，而所有这些在使用金属增材制造技术后只需几十个小时即可。图 6-71 为金属增材制造的薄壁复杂零件。

图 6-71　金属增材制造成形的薄壁复杂零件

参 考 文 献

[1] 柳百成. 21 世纪的材料成形加工技术[J]. 航空制造技术,2003(6):17-21.

[2] 谢建新,等. 材料加工新技术与新工艺[M]. 北京:冶金工业出版社,2004.

[3] 樊自田,等. 先进材料成形技术与理论[M]. 北京:化学工业出版社,2006.

[4] 夏巨谌. 材料成形工艺[M]. 2 版. 北京:机械工业出版社,2015.

[5] 樊自田,等. 铸造质量控制应用技术[M]. 2 版. 北京:机械工业出版社,2015.

[6] 樊自田. 材料成形装备及自动化[M]. 2 版. 北京:机械工业出版社,2018.

[7] 中华人民共和国政府.《中国制造 2025》,国发〔2015〕28 号,2015 年 5 月 19 日.

[8] 刘金山,曾晓文. 技术创新的多螺旋模式研究——基于美国制造业创新中心的范式解读[J]. 美国研究,2018(2):50-67.

[9] 陈丁跃,等. 汽车智能化设计与技术[M]. 北京:化学工业出版社,2018.

[10] 樊自田,等. 水玻璃砂工艺原理及应用技术[M]. 2 版. 北京:机械工业出版社,2016.

[11] 朱佩兰,徐志锋,余欢,等. 无模精密砂型快速铸造技术研究进展[J]. 特种铸造及有色合金,2013,33(2):136-140.

[12] 黄希,王恒,张敏,等. 快速精密铸造技术的研究现状和发展趋势[J]. 铸造技术,2013,34(12):1690-1693.

[13] 赵洪锋,单忠德,刘丰,等. 基于酯硬化碱性酚醛树脂的无模砂型打印[J]. 铸造,2016,65(4):309-318.

[14] 刘丽敏,单忠德,兰盾,等. 基于无模铸造精密成形技术的型砂切削性能研究[J]. 铸造,2016,65(12):1167-1171.

[15] 傅强. 基于无模铸型制造技术的碱性酚醛树脂适用性研究[D]. 太原:太原理工大学,2017.

[16] 黄乃瑜,叶升平,樊自田. 消失模铸造原理及质量控制[M]. 北京:机械工业出版社,2004.

[17] FAN ZITIAN, JIANG WENMING, LIU FUCHU, et al. Status quo and development trend of lost foam casting technology[J]. China Foundry, 2014, 11(4): 296-307.

[18] 戴锅生. 传热学[M]. 北京:高等教育出版社,1999.

[19] 张也影. 液体力学[M]. 北京:高等教育出版社,1999.

[20] 黄天佑,黄乃瑜,吕志刚. 消失模铸造技术[M]. 北京:机械工业出版社,2004.

[21] 樊自田,蒋文明,赵忠. 铝(镁)合金消失模铸造近净成形技术研究进展[J]. 中国材料进展,2011,30(7):38-47.

[22] 唐波,樊自田,赵忠,等. 压力场对 ZL101 铝合金消失模铸造性能的影响[J]. 特种铸造及有色合金,2009,29(7):638-641.

[23] 李继强，樊自田，等. 镁合金真空低压消失模铸造影响因素及充型能力的研究[J]. 铸造技术，2007，28(1)：74-78.

[24] CAMPBELL J. Effects of vibration during solidification[J]. Int Met Rev，1981(2)：71-108.

[25] 山本康雄，三宅秀和，等. 减压振动铸造法[P]. 日本发明专利：JP1-186240A.

[26] 潘迪，樊自田，赵忠，等. 机械振动对 ZL101 消失模铸造组织及性能的影响[J]. 特种铸造及有色合金，2009，(3)：290-292.

[27] JIANG WENMING，FAN ZITIAN，LIAO DEFENG，et al. A new shell casting process based on expendable pattern with vacuum and low-pressure casting for aluminum and magnesium alloys[J]. International Journal of Advanced Manufacturing Technology，2010，51(1-4)：25-34.

[28] 赵忠. 振动压力下铝（镁）合金消失模铸造组织性能研究[D]. 武汉：华中科技大学，2010.

[29] 肖伯涛. 振动消失模铸造铸铁合金的组织及性能特征[D]. 武汉：华中科技大学，2013.

[30] 蒋文明. 铝（镁）合金真空低压消失模壳型铸造技术基础研究[D]. 武汉：华中科技大学，2011.

[31] JIANG WENMING，LI GUANGYU，FAN ZITIAN，et al. Investigation on the interface characteristics of Al/Mg bimetallic castings processed by lost foam casting [J]. Metallurgical and Materials Transactions A，2016，47(5)：2462-2470.

[32] JIANG WENMING，JIANG ZAILIANG，LI GUANGYU，et al. Microstructure of Al/Al bimetallic composites by lost foam casting with Zn interlayer[J]. Materials Science and Technology，2018，34(4)：487-492.

[33] FLEMINGS M C. Behavior of metal alloys in the semi-solid state[J]. Metallurgical Transactions A，1991，22A(5)：957-981.

[34] MIDSON S P，BRISSING K. Semi-solid casting of aluminum Alloys：A State Report[J]. Modern Casting，1997，February：41-43.

[35] 郑志凯，毛卫民，王东. 蛇形通道浇注对过共晶 Al-Si 合金显微组织的影响[J]. 特种铸造及有色合金，2017，37(1)：61-64.

[36] 王冰，靳玉春，赵宇宏，等. 轻合金半固态流变挤压铸造的研究进展[J]. 铸造技术，2015，36(12)：2913-2916.

[37] 毛卫民. 半固态金属浆料先进制备技术的研究进展[J]. 铸造，2012(8)：839-855.

[38] 张树国，杨湘杰，郭洪民，等. 流变挤压铸造成形技术与装备研究[J]. 特种铸造及有色合金，2017，37(10)：1074-1077.

[39] PASTERNAK L，CARNAHAN R，DECKER R，et al. Semi-solid production processing of magnesium alloys by thixomolding[C]// Proceedings of the Second International Conference on the Semi-solid Processings of Alloys and Composites. 1992：159-169.

[40] KANAME KONO. Method and apparatus for manufacturing light metal alloy[P]. US Patent，5836372 (Nov. 17，1998).

［41］　杨少锋，王再友. 压铸镁合金的研究进展及发展趋势［J］. 材料工程，2013(11)：81-88.

［42］　JELINEK P，ADAMKOVA E. Lost cores for high-pressure die casting［J］. Archives of Foundry Engineering，2014，14(2)：101-104.

［43］　万里，刘学强，胡祖麒，等. 高真空压铸 AlSi10MnMgFe 合金的组织和力学性能［J］. 特种铸造及有色合金，2014，34(5)：499-503.

［44］　赵卫红，苏海章，黄志垣，等. 高真空压铸技术在汽车变速箱壳体中的应用［J］. 特种铸造及有色合金，2018，38(5)：514-516.

［45］　朱鹏. 真空压铸辅助装备关键技术的开发与应用［D］. 武汉：华中科技大学，2014.

［46］　熊守美. 铸造技术路线图:高压铸造［J］. 铸造，2017，66(6)：529-534.

［47］　李新雷，郝启堂，介万奇. 反重力铸造装备技术的应用与发展［J］. 铸造技术，2011，32(3)：380-383.

［48］　康敬乐，丁苏沛，孙剑飞，等. 中国低压铸造装备技术的发展与展望［J］. 中国铸造装备与技术，2016，(5)：1-11.

［49］　佘瑞平，黄敏，赵拴勃，等. 差压铸造与装备轻量化［J］. 热加工工艺，2014，43(11)：82-83.

［50］　姜不居. 熔模精密铸造［M］. 北京：机械工业出版社，2004.

［51］　吕志刚. 我国熔模铸造的历史回顾与发展展望［J］. 铸造，2012，61(4)：347-356.

［52］　刘林. 高温合金精密铸造技术研究进展［J］. 铸造，2012，61(11)：1273-1285.

［53］　赵效忠. 陶瓷型芯的制备与使用［M］. 北京：科学出版社，2013.

［54］　吴玉娟. 高 Nb-TiAl 基合金铸造性能及工艺研究［D］. 北京：北京工业大学，2014.

［55］　刘维伟. 航空发动机叶片关键制造技术研究进展［J］. 航空制造技术，2016(21)：50-56.

［56］　周尧和，胡壮麒，介万奇. 凝固技术［M］. 北京：机械工业出版社，1998.

［57］　JIANG WENMING，CHEN XU，FAN ZITIAN，et al. Effects of vibration frequency on microstructure，mechanical properties and fracture behavior of A356 aluminum alloy obtained by expendable pattern shell casting［J］. International Journal of Advanced Manufacturing Technology，2016，83(1-4)：167-175.

［58］　冠宏超，李金山，张丰收，等. 钢的电磁铸造及其研究进展［J］. 铸造技术，2001(3)：46-48.

［59］　左玉波，赵志浩，朱庆丰，等. 低频电磁铸造细化铝合金组织的机理［J］. 中国有色金属学报，2013，23(1)：51-55.

［60］　陈维平，李元元. 特种铸造［M］. 北京：机械工业出版社，2018.

［61］　吕炎，等. 精密塑性体积成形技术［M］. 北京:国防工业出版社,2003.

［62］　林兆荣. 金属超塑性成形原理及应用［M］. 北京:航空工业出版社,1999.

［63］　陈森灿，叶庆荣. 金属塑性加工原理［M］. 北京:清华大学出版社,1991.

［64］　毛文锋，侯冠群. 超塑性研究和应用新发展［J］. 航空科学技术,1994(6):28-31.

［65］　张正修，等. 精冲技术的发展与应用［J］. 模具技术,2000(9):30-35.

［66］　直妍，阳林，吴道建，等. 液压成形技术及其新进展［J］. 热加工工艺,2004(12):63-65.

［67］　阮雪榆，赵震. 模具的数字化制造技术［J］. 中国机械工程,2002,13(22):1891-1902.

[68] 江雄心,万平荣,林志平. 直齿圆柱齿轮精锻工艺[J]. 锻压技术,2002(5):1-3.

[69] 陈亚伟. 直齿圆柱齿轮温塑性精成形[D]. 长春:吉林大学,2015.

[70] 张立新. 直齿轮冷锻成形工艺研究[D]. 长春:长春理工大学,2006.

[71] TUNCER, DEAN T. A precision forging hollow parts in novel dies [J]. Journal of Mechanical Working Technology,1998(1):39-50.

[72] 李更新,杨永顺,郭俊卿,等. 直齿圆柱齿轮温挤压工艺及其模具[J]. 模具技术,2004(1):34-36.

[73] 孙红星,刘百宜,王伟钦,等. 直齿圆柱齿轮双向挤镦均匀成形工艺研究[J]. 热加工工艺,2013,42(17):1-4.

[74] 田福祥,林化春,孟凡利,等. 直齿圆柱齿轮热精锻-冷推挤精密成形研究[J]. 锻压机械,1997(6):26-28.

[75] 王师. 直齿圆柱齿轮两步精密成形工艺研究[D]. 南昌:南昌大学,2012.

[76] 王广春,赵国群,夏世升. 直齿轮精锻成形新工艺及试验研究[J]. 机械工程学报,2005,41(2):12-125.

[77] 方泉水,辛选荣,等. 直齿圆柱齿轮浮动凹模冷闭式镦挤成形数值模拟分析[J]. 锻压技术,2007,32(2):23-27.

[78] 谢晋世. 大模数直齿轮温冷复合精密成形工艺研究[D]. 合肥:合肥工业大学,2012.

[79] 王美娟. 内高压成形工艺的专利技术综述[J]. 山东工业技术,2016(9):61.

[80] 石朋飞,张海丹,滕松,等. 内高压成形研究与应用[J]. 模具制造,2016,16(2):10-12.

[81] 刘振. 内高压成形机关键技术研究[J]. 价值工程,2015,34(15):114-115.

[82] 苑世剑,何祝斌,刘钢,等. 内高压成形理论与技术的新进展[J]. 中国有色金属学报,2011,21(10):2523-2533.

[83] 孟庆当,李河宗,董湘怀,等. 304 不锈钢薄板微塑性成形尺寸效应的研究[J]. 中国机械工程,2013,24(2):280-283.

[84] 王广春,郑伟,姜华,等. 纯铜微镦粗过程尺寸效应的试验研究[J]. 机械工程学报,2012,48(14):32-37.

[85] 吴晓,林富生,薛春娥. 精密微成形技术的研究现状[J]. 机电产品开发与创新,2009,22(6):10-12.

[86] 陈世雄,彭必友,潘仁元,等. 室温微成形尺寸效应对材料强韧性影响的研究现状[J]. 锻压技术,2016,41(11):1-8.

[87] 单德彬,郭斌,王春举,等. 微塑性成形技术的研究进展[J]. 材料科学与工艺,2004,12(5):449-453.

[88] 薛春娥. 微塑性成形工艺的发展现状[J]. 湖南农机,2012,39(9):94-96.

[89] 王清泉. 浅谈精密微塑性成形技术的现状及发展趋势[J]. 科技创新与应用,2015(11):115.

[90] 韩星会,华林,胡亚民. 轴类零件径向锻造压入量研究[J]. 锻压装备与制造技术,2006,41(6):75-78.

[91] 张洪奎,陈新建,王文革,等. 径向锻造技术的应用[J]. 宝钢技术,2005(5):15-17.

[92] 王振范,胡宗式. 径向锻造终锻过程的流函数法解析[J]. 东北大学学报(自然科学

版),1994(1):35-39.

[93]　杨宗毅.实用轧钢技术手册[M].北京:冶金工业出版社,1995.

[94]　中国冶金百科全书总编辑委员会《金属塑性加工》卷编辑委员会.中国冶金百科全书
·金属塑性加工[M].北京:冶金工业出版社,1999.

[95]　刘忠艳.特种车辆铝合金轮毂液态模锻成型中的数值模拟[D].哈尔滨:哈尔滨工业
大学,2007.

[96]　陈席国.铝合金液态模锻数值模拟及缺陷预测[D].哈尔滨:哈尔滨工业大学,2010.

[97]　李志远,钱乙余,张九海.先进连接方法[M].北京:机械工业出版社,2000.

[98]　刘春飞,张益坤.电子束焊接技术发展历史、现状及展望(Ⅰ)～(Ⅴ)[J].航天制造技
术,2003(1～5).

[99]　中国机械工程学会焊接学会.焊接手册(第1卷)　焊接方法及设备[M].北京:机械
工业出版社,2000.

[100]　周万盛,姚君山.铝及铝合金的焊接[M].北京:机械工业出版社,2006.

[101]　INOUE A,TAKEUCHI A. Recent developments and application products of bulk
glassy alloys[J]. Acta Mater,2011(59):2243-2267.

[102]　ANANTHARAMAN T R. Metallic glasses-production,properties and applica-
tions[J]. Trans Tech Publications Ltd,1984.

[103]　SCHROERS J,PHAM Q,DESAI A. Thermoplastic forming of bulk metallic
glass-technology for MEMS and micro-structure fabrication[J]. J. Microelectro-
mech. Syst. ,2007,16(2):240-247.

[104]　PAULY S,LOBER L,PETTERS R,et al. Processing metallic glasses by selec-
tive laser melting[J]. Mater. Today,2013,16(1/2):37-41.

[105]　LI B,LI Z Y,XIONG J G,et al. Laser welding of Zr45Cu48Al7 bulk glassy alloy
[J]. J. Alloys Compd,2006,413(1-2):118-121.

[106]　KIM J,LEE D,SHIN S,et al. Phase evolution in Cu54Ni6Zr22Ti18 bulk metallic
glass Nd:YAG laser weld[J]. Mater. Sci. Eng. ,2006,A 434:194-201.

[107]　XIA C,XING L,LONG W Y,et al. Calculation of crystallization start line for
Zr48Cu45Al7 bulk metallic glass at a high heating and cooling rate[J]. J. Alloys
Compd. ,2009(484):698-701.

[108]　张云鹏,肖鹏,王雷.材料成形技术[M].北京:冶金工业出版社,2016.

[109]　李滔,王顺成,郑开宏,等.金属材料铸锻复合成形技术的研究进展[J].材料导
报,2014,28(11):119-122.

[110]　胡建国.复合成形技术[J].锻压机械,2002,37(5):39-41.

[111]　胡亚民,王志强.金属复合成形技术的新进展[J].现代制造工程,2002(10):
94-96.

[112]　贺毅强.金属及金属基复合材料粉末成形技术的研究进展[J].热加工工艺,2013,
42(4):109-112.

[113]　阮发林.AZ91D镁合金摩托车轮毂铸锻复合成形研究[D].哈尔滨:哈尔滨工业大
学,2011.

[114]　高吉祥.薄板坯连铸连轧超高强耐候钢的组织性能研究[D].广州:华南理工大

学,2012.

[115] 毛新平,高吉祥,柴毅忠. 中国薄板坯连铸连轧技术的发展[J]. 钢铁,2014,49(7): 49-60.

[116] 殷瑞钰,张慧. 新形势下薄板坯连铸连轧技术的进步与发展方向[J]. 钢铁,2011, 46(4): 1-9.

[117] 张海鸥,熊新红,王桂兰,等. 等离子熔积成形与铣削光整复合直接制造金属零件技术[J]. 中国机械工程,2005,16(20): 1863-1866.

[118] 余智明. 等离子熔积铣削复合精确成形技术基础研究[D]. 武汉:华中科技大学,2007.

[119] 汪亮. 等离子熔积直接成形金属原型表面激光光整关键技术[D]. 武汉:华中科技大学,2004.

[120] 石钊. 复杂形状金属零件的等离子熔积无模成形路径规划[D]. 武汉:华中科技大学,2007.

[121] 周火金. 复杂叶轮零件的熔积-铣削复合制造研究[D]. 武汉:华中科技大学,2012.

[122] 袁绍华,张海鸥,王桂兰,等. 熔积和铣削复合精密无模快速制造金属零件[J]. 新技术新工艺,2011(11): 74-77.

[123] 张志峰. 钢电磁连续铸造技术的研究[D]. 大连:大连理工大学,2001.

[124] 桂治元. 高强铝合金微合金化与电磁成型技术的研究[D]. 大连:大连理工大学,2007.

[125] 康纪龙. 电磁场对铜合金水平连铸坯组织及偏析的影响研究[D]. 大连:大连理工大学,2012.

[126] 于延浩. 镁合金电磁连铸成型技术研究[D]. 大连:大连理工大学,2005.

[127] 罗亚君. 大规格7系铝合金铸锭均冷环缝式电磁搅拌铸造技术研究[D]. 北京:北京有色金属研究总院,2018.

[128] 王高松. 铝合金低频电磁铸造工业化技术研究[D]. 沈阳:东北大学,2011.

[129] 赵志浩. 轻合金低频电磁水平连续铸造工艺及理论研究[D]. 沈阳:东北大学,2005.

[130] 申俊杰,田文怀,王雷,等. 电铸液中添加剂含量与电铸镍晶体组织和性能的关系研究[J]. 兵器材料科学与工程,2009,32(1):69-71.

[131] MASANORI K,RITSU K,YASUSHI M. Rapid prototyping by selective electro-deposition using electrolyte jet[J]. Annals of the CIRP,1999,47(1): 161-164.

[132] 杨建明,朱荻,薛玉君. 脉冲电铸镍锰合金及其微观组织结构分析[J]. 航空精密制造技术,2004,40(6): 22-24.

[133] 雷卫宁,朱荻,曲宁松. 纳米晶粒精密电铸层力学性能的试验研究[J]. 机械工程学报,2004,40(12): 124-127.

[134] KRAUSE A,UHLEMANN M,GEBERT A,et al. The effect of magnetic fields on the electrodeposition of cobalt[J]. Electrochimica Acta,2004,49(24): 4127-4134.

[135] 章勇,朱增伟,朱荻. 柔性摩擦辅助电铸新技术的研究[J]. 中国机械工程,2012, 23(8):893-896.

［136］ 马群. 薄壁凹凸结构电铸成形基础研究［D］. 南京:南京航空航天大学,2016.

［137］ 彭永森. 薄壁复杂结构件电铸成形基础试验研究［D］. 南京:南京航空航天大学,2014.

［138］ 范晖. 金属零件叠层模板电沉积成形的基础研究［D］. 南京:南京航空航天大学,2009.

［139］ 周波. 金属微零件的微电铸成形工艺研究［D］. 兰州:兰州理工大学,2018.

［140］ 裴和中. 镍钴合金电铸成形精密器件应用与机理的研究［D］. 昆明:昆明理工大学,2013.

［141］ 赖智鹏. 多时空脉冲强磁场金属板材电磁成形研究［D］. 武汉:华中科技大学,2017.

［142］ 熊奇. 大尺寸铝合金板件电磁成形设计与实现［D］. 武汉:华中科技大学,2016.

［143］ KAMAL M, DAEHN G S. A uniform pressure electromagnetic actuator for forming flat sheets［J］. Journal of Manufacturing Science and Engineering, 2007, 129 (2):369-379.

［144］ QIU LI, YU YIJIE, YANG Y, et al. Analysis of electromagnetic force and experiments in electromagnetic forming with local loading［J］. International Journal of Applied Electromagnetics & Mechanics, 2018(4):1-9.

［145］ 李亮. 我国多时空脉冲强磁场成形制造基础研究进展［J］. 中国基础科学·研究进展, 2016,(4):25-35.

［146］ 严思梁. 基于建模的铝合金薄壁件电磁渐进成形机理研究［D］. 西安:西北工业大学,2017.

［147］ 崔晓辉. 电磁脉冲成形多物理场耦合数值模拟及实验研究［D］. 武汉:华中科技大学,2013.

［148］ 樊索. 伺服压力机的传动分析与控制策略研究［D］. 武汉:华中科技大学,2017.

［149］ GERMAN R M. Power metallurgy science［M］. Metal Power Industries Federation,1984.

［150］ 黄培云. 粉末冶金原理［M］.2 版. 北京:冶金工业出版社,1997.

［151］ 王盘鑫. 粉末冶金学. 北京:冶金工业出版社,2005.

［152］ 美国金属学会. 金属手册,粉末冶金(中译本)［M］.北京:机械工业出版社,1994.

［153］ KONDOH K, TAKIKAWA T, WATANABE R. Effect of lubricant on warm compaction behavior of iron powder particles［M］. Journal of the Japan Society of Powder and Powder Metallurgy, 2000, 47(9):941～945.

［154］ 陈帆. 现代陶瓷工业技术装备［M］.北京:中国建材工业出版社,1999.

［155］ 曹茂盛. 超微颗粒制备科学与技术［M］. 哈尔滨:哈尔滨工业大学出版社,1996.

［156］ 国家自然科学基金委员会. 自然科学学科发展战略调研报告——冶金矿业学科［M］. 北京:科学出版社,1997.

［157］ 马福康. 等静压技术［M］. 北京:冶金工业出版社,1992.

［158］ 张健. 新型 MIM 多组元蜡基黏结剂［D］. 长沙:中南工业大学,2000.

［159］ 樊自田. 金属零件快速成形技术中材料及工艺的基础研究［D］. 武汉:华中理工大学,1999.

[160] 刘春林. 金属粉末喷射成型技术与应用[J]. 宁波高等专科学校学报，2004，16(2)：26-27，31.

[161] 杨卯生，钟雪友. 金属喷射成形原理及其应用[J]. 包头钢铁学院学报，2000，9(12)：175-180.

[162] 沈军，李庆春. 雾化沉积快速凝固过程的计算机模拟[J]. 金属学报，1994，30(8)：343.

[163] 徐轶. 喷射成形高温合金及高速钢组织性能研究[D]. 成都：西南交通大学，2012.

[164] 李杰，雷皓，张玉红，等. 喷射成形技术制备钢铁材料的研究进展[J]. 材料导报，2012(s1)：150-152.

[165] 张永安，熊柏青，韦强，等. 喷射成形制备高性能铝合金材料[J]. 机械工程材料，2001，25(4)：22-25.

[166] 张碌，周哲玮. 喷射成形中的喷射雾化机理研究[J]. 粉末冶金技术，1999，17(3)：163-169.

[167] TING J，ANDERSON I E. A computational fluid dynamics(CFD) investigation of the wake closure phenomenon[J]. Material Science and Engineering，2004，379：264-276.

[168] 李元元，等. 金属粉末的温压成形技术及其装备[R]. 中国科学院《技术科学论坛》学术报告会，2002.